U0395985

焦甜醇甜香特色烟叶
定向生产与应用

主　编　叶晓青　邹　勇　陈雨峰
副主编　李淮源　陈壮壮　吕　乔
　　　　周　诚

华南理工大学出版社
SOUTH CHINA UNIVERSITY OF TECHNOLOGY PRESS

·广州·

图书在版编目（CIP）数据

焦甜醇甜香特色烟叶定向生产与应用/叶晓青，邹勇，陈雨峰主编． －－广州：华南理工大学出版社，2024.8.（2024.9 重印）－－ISBN 978 － 7 － 5623 － 7585 － 2

Ⅰ. TS45

中国国家版本馆 CIP 数据核字第 2024YX9919 号

Jiaotian Chuntianxiang Tese Yanye Dingxiang Shengchan Yu Yingyong

焦甜醇甜香特色烟叶定向生产与应用

叶晓青　　邹勇　　陈雨峰　　主编

出 版 人：柯　宁

出版发行：华南理工大学出版社

（广州五山华南理工大学 17 号楼，邮编 510640）

　　　　　http：//hg. cb. scut. edu. cn　　　　E-mail：scutc13@ scut. edu. cn

　　　　　营销部电话：020 － 87113487　　87111048（传真）

责任编辑：欧建岸

责任校对：洪　静

印 刷 者：广东虎彩云印刷有限公司

开　　本：787mm×960mm　1/16　印张：20.75　插页：3　字数：507 千

版　　次：2024 年 8 月第 1 版　印次：2024 年 9 月第 2 次印刷

定　　价：169.00 元

焦甜醇甜香特色烟叶定向生产与应用

主　编：叶晓青　邹　勇　陈雨峰
副主编：李淮源　陈壮壮　吕　乔　周　诚

编辑委员会

第一作者简介

叶晓青，男，汉族，高级工程师，1968 年 9 月生，广东省揭阳市人。1989 年 7 月毕业于上海轻工业专科学校食品系烟草工艺专业，1989 年 7 月至 1995 年 7 月在广州卷烟一厂技术科工作，1995 年至今在深圳卷烟厂（现深圳烟草工业有限责任公司）工作。现任深圳烟草工业有限责任公司物资采购中心部长、烟叶创新工作室领办人、青年托举人才导师、企业内训师，广东省烟叶标准质量监督检查组成员。主要从事卷烟工艺、烟叶原料管理与研究等工作，主持开发金装硬盒"椰树""特美思"系列、"好日子"软硬盒卷烟产品。曾任国家烟草专卖局第五届全国评烟委员会内在评吸委员、国家烟草质量监督检验中心感官质量检验评吸委员。近年来，主持中国烟草实业发展中心、中烟商务物流有限责任公司、深圳烟草工业有限责任公司等各级科研项目十余项，通过省部级成果鉴定 2 项，获中烟实业、韶关市人民政府等地市级"科技进步奖" 6 项，授权发明专利 5 项，在《农业机械学报》《烟草科技》等 EI 杂志及《中国烟草学报》《中国烟草科学》等重要期刊发表学术论文二十余篇，在 CORESTA、中国烟草学会等国内外学术会议上发表会议论文十余篇，出版《定向型特色烤烟生产理论与实践》《烟用香精香料研究进展》2 部专著。

"工商研"三方在广东
南雄基地单元考察

"工商研"三方在湖南永州基地单元考察

"工商"双方在深烟工业区域加工中心考察（一）

"工商"双方在深烟工业区域
加工中心考察（二）

基地单元科研项目实施

烟叶基地建设座谈

项目成果评价鉴定（省部级）

序

　　阴云忽扫尽，朝日吐清光。三年新冠肺炎疫情后第一个金秋十月双节齐集假日，令人喜笑颜开。秋水共长天一色，秋日的空气中弥漫着干草香、坚果香，沁人心扉。在这唯美的好日子里，叶晓青先生等主编的《焦甜醇甜香特色烟叶定向生产与应用》即将付梓出版。邀我作序，我欣然允之。

　　与晓青相识多年。他深耕卷烟工艺、烟叶原料管理与研究工作三十余载，心系企业发展，为人谦和，躬自厚而薄责于人，敬业求实，思维活跃，善于思考，有敏锐的观察力。他工作之余，喜欢品茶，这也许是他思维活跃的源泉。

　　晓青十分重视特色烟叶原料生产技术开发，始终紧抓"好日子"卷烟品牌培育与新形势下对烟叶原料的新需求这个"牛鼻子"，勇于创新，敢于突破，解决了一个又一个"好日子"品牌高端烟叶原料生产与加工关键技术难题。他立足焦甜醇甜香风格特色典型烟区——广东南雄和湖南永州，聚焦烟叶生产中存在的实际问题，组织科技攻关，开展特色烟叶生态环境特征、防御低温移栽技术、肥料减量配施运筹技术、烟叶烘烤特性、工艺优化、上部烟叶可用性定向提升等6个方面研究，集成焦甜醇甜香特色烟叶"精量轻简"定向生产技术并实际应用。利用该定向技术生产的烟叶加工而成的"国产焦甜醇甜熟烟香模块"能够突出配方主体香韵强度，强化"好日子"产品"熟烟香"风格特征，提升产品的辨识度。这些技术的研究与应用取得了较明显的效果。

　　晓青十分重视特色优质烟叶的打叶复烤环节。卷烟结构的快速提升对优质原料的保障供应提出了更高的要求，开发适用于卷烟品牌的特色烟叶复烤加工工艺及原料应用技术意义重大。初烤的焦甜醇甜香特色优质烟叶需要有配套的打叶复烤技术来进一步巩固并加强其特色风格。以满足"好日子"品牌卷烟结构提升需求为目标，晓青立足焦甜醇甜香风格特色烟叶质量特征，晓青联合行业内外单位，探索特色烟叶切基分类加工模式，集成和示范焦甜醇甜香特色烟叶"精量轻简"定向加工技术，统筹推进特色烟叶生产、原料加工、配方设计工作，取得了有益的进展。

晓青十分重视烟叶基地单元建设与管理。他积极推进品牌导向型现代烟草农业基地单元建设工作。深圳烟草工业有限责任公司先后建设了 7 个国家烟草专卖局（公司）烟叶基地单元，实现烟叶原料全基地化调拨。特色烟叶基地单元在规模化生产、科技创新、调拨加工、应用跟踪等环节遇到不少组织管理方面的问题，他带领团队积极面对，以焦甜醇甜香特色烟叶基地单元建设与管理为实证案例，运用现代管理理论与方法，探索和寻找解决方案，凝练总结出实用性强的焦甜醇甜香特色烟叶定向生产的组织管理模式。

晓青十分重视烟叶原料团队人才培育。盖有非常之功，必待非常之人。他深知人是科技创新最关键因素。他善于带队，既关心团队中年长者期望，又努力创造机会培育年轻人成长。问渠那得清如许，为有源头活水来。他鼓励团队成员要有使命感，持续学习，一路向前。本书作者大多数为年轻人，他们有好奇心，基础理论知识扎实，视野开阔，思维敏捷。唯有绿荷红菡萏，卷舒开合任天真。我相信，这些年轻人假以时日，必有所成。

最近阅读到哈佛大学一段有意思的话，作为本序结尾，以供思考。

哈佛大学定义：①什么叫幸福？每天在学习和成长中的感觉就叫幸福。②何为智慧？掌握了世界万物发展的规律就是智慧。③人性是什么？说话让人喜欢，做事让人感动，做人让人想念。④每天开口给什么？给人希望，给人智慧，给人快乐，给人自信，给人方便。

用你的力量，让这世界变得更好！

陈建军

2023 年 10 月 8 日星期日

前　言

　　烟叶作为卷烟产品生产与发展的基础性、关键性和制约性资源，是事关企业发展的战略资源。卷烟工业企业要实现高质量发展，必须有优质的烟叶原料供应作保障，且对烟叶原料特性的稳定和风格特色应持续提出更高的要求。深圳烟草工业有限责任公司"好日子"推崇"醇熟烟香"的卷烟风格，追求"烟香天成"，产品质量要求"高香、低焦、低害、舒适"。粤北、湘南烟区烟叶具有独特、绵长而甜润的焦甜香，香气浓郁芬芳、烟气醇厚丰满，余味绵长舒适，属典型的"焦甜醇甜香型"特色烟叶，在"好日子"卷烟配方中可起到调节烟气浓度、劲头等作用，能较好吻合"好日子"品牌卷烟风格需求，烟叶外观质量、化学成分协调性较好，工业可用性较高，在"好日子"品牌中具有不可或缺的作用，是深圳烟草工业公司"好日子"品牌发展的保障。

　　特色烟叶是指在品质特征上有不同于其他烟叶特点的烟叶，这些特点能为工业所接受，并且在卷烟配方中得到利用，具有特殊性、稳定性、可用性、规模性四个特征。它是在特定的生态条件和一定的栽培技术下产生并在卷烟工业使用中形成的。特定的生态条件是特色烟叶形成的生态基础，与生态条件相匹配的品种和栽培技术是形成特色烟叶的条件。烟叶的特色是在烟叶生产中产生并在卷烟工业使用中逐渐形成的。在这个过程中，工业不断对烟叶在质和量上作出选择，农业则按工业要求进行调整，直至作为必要的原料进入配方才可以说特色已经形成。

　　基于以上认识，分析焦甜醇甜香特色烟叶的生态基础及品质特征，以明确"好日子"品牌焦甜醇甜香特色烟叶需求与特征定位；开展烟叶移栽、肥料运筹、上部烟叶定向提升及烘烤等栽培调制技术研究，以明确焦甜醇甜香特色烟叶彰显技术；开展特色烟叶分切加工工艺研究，以进一步提高特色烟叶工业可用性；开展特色烟叶定向生产组织管理研究，以固化特色烟叶生产、加工质量水平就显得十分必要和有意义。

1

　　本书立足于广东、湖南等东南烟区典型焦甜醇甜香风格特色优质烟叶烟区实际，以"好日子"品牌烟叶可用性为导向，系统研究焦甜醇甜香特色烟叶质量特征以及特色彰显保障技术，开展基于烟叶叶面区位质量特征的分切加工工艺研究与实践，着力打造"好日子"品牌焦甜醇甜香特色烟叶定向生产、加工与应用技术体系，内容涉及烟草学、食品科学、作物生理生态学、植物营养学、农产品加工与贮藏、统计学、土壤学、气象学等学科知识。全书包括六章，第一章焦甜醇甜香特色烟叶的生态基础与品质特征，第二章"好日子"品牌导向的焦甜醇甜香特色烟叶品质特征，第三章"好日子"品牌焦甜醇甜香特色烟叶定向生产技术研究，第四章"好日子"品牌焦甜醇甜香特色烟叶分切加工工艺研究，第五章"好日子"品牌焦甜醇甜香特色烟叶定向生产组织与管理，第六章焦甜醇甜香特色烟叶的工业应用与验证。项目研究涵盖范围广，分析方法先进，内容系统新颖，全面系统地反映了作者在广东、湖南等东南烟区焦甜醇甜香特色优质烟叶开发方面所取得的主要理论与应用研究成果，理论与实践紧密结合，内容十分丰富，可作为烟草领域教育、科研、生产人员的参考用书。

　　在本书编辑出版之际，真诚感谢中国烟草实业发展中心、广东省烟草专卖局（公司）、广东烟草韶关市有限公司、湖南省烟草专卖局（公司）、湖南省烟草公司永州市公司、华南农业大学、深圳烟草工业有限责任公司等单位领导及同志在项目实施和研究成果成书过程中给予的关心、支持与帮助。在本书撰写过程中，我们还参阅了大量国内外文献，并列于书后。在此，一并向上述单位、有关人员、文献作者致以最诚挚的感谢。

　　由于作者水平有限，书中难免存在错误和疏漏之处，敬请广大读者和烟草界同仁批评指正，以帮助我们在今后的科研工作中做得更好。愿与各位烟草界同仁一起，继续为烟草科技事业作出贡献。

作　者

2024 年 1 月于深圳

目　录

第一章　焦甜醇甜香特色烟叶的生态基础与品质特征 ·············· 1

　第一节　焦甜醇甜香特色烟叶的生态基础 ·············· 1

　　一、焦甜醇甜香特色烟叶概念的由来 ·············· 1

　　二、焦甜醇甜香型烟叶产区地形地貌特征 ·············· 6

　　三、焦甜醇甜香型烟叶产区气候特点 ·············· 8

　　四、焦甜醇甜香型烟叶产区土壤类型与特点 ·············· 13

　第二节　焦甜醇甜香特色烟叶外观区域质量特征 ·············· 18

　　一、烟叶外观质量评价方法 ·············· 18

　　二、焦甜醇甜香型烟叶外观质量特征 ·············· 19

　　三、焦甜醇甜香型烟叶外观质量的年际变化 ·············· 19

　　四、焦甜醇甜香型烟叶外观区域特征 ·············· 20

　第三节　焦甜醇甜香特色烟叶化学成分特征 ·············· 21

　　一、焦甜醇甜香特色烟叶常规化学成分总体特征 ·············· 21

　　二、焦甜醇甜香型烟叶代表性产区烟叶化学成分特征 ·············· 22

　　三、焦甜醇甜香型烟叶部分主要化学成分特征分析 ·············· 26

　第四节　焦甜醇甜香特色烟叶感官质量特征 ·············· 26

　　一、烤烟感官质量评价指标 ·············· 26

　　二、焦甜醇甜香特色烟叶感官质量总体特征 ·············· 26

　　三、焦甜醇甜香型烟叶代表性产区感官质量评价结果 ·············· 27

第二章　"好日子"品牌导向的焦甜醇甜香特色烟叶品质特征 ·············· 30

　第一节　"好日子"品牌焦甜醇甜香烟叶的工业应用 ·············· 30

　　一、"好日子"品牌焦甜醇甜香烟叶使用现状 ·············· 30

　　二、"好日子"品牌焦甜醇甜香烟叶的香型风格评价 ·············· 31

　　三、"好日子"品牌焦甜醇甜香烟叶的风格特征分析 ·············· 38

　第二节　广东南雄、湖南永州烟区生态条件分析与评价 ·············· 41

　　一、生态环境资源概况 ·············· 41

　二、土壤资源状况 ……………………………………………………… 43

　三、气候条件分析 ……………………………………………………… 45

第三节　"好日子"品牌导向的焦甜醇甜香烟叶风格特色定位 ……… 47

　一、感观品质与外观特征 ……………………………………………… 47

　二、广东南雄、湖南永州特色烟叶品质区域分类与定位 …………… 49

第三章　"好日子"品牌焦甜醇甜香特色烟叶定向生产技术研究 ……… 50

第一节　焦甜醇甜香特色烟叶移栽技术研究 ………………………… 50

　一、适宜的移栽期试验研究 …………………………………………… 50

　二、促根剂应用技术试验研究 ………………………………………… 56

第二节　焦甜醇甜香特色烟叶肥料运筹技术研究 …………………… 60

　一、基于水肥一体化的上部叶营养平衡调控技术研究 ……………… 60

　二、化肥减量配施聚天门冬氨酸的技术研究 ………………………… 64

第三节　焦甜醇甜香上部烟叶可用性定向提升技术研究 …………… 76

　一、高成熟度上部烟叶采收技术研究 ………………………………… 76

　二、成熟期烤烟对高温逆境的响应机制与防控技术研究 …………… 94

第四节　焦甜醇甜香烟叶烘烤特性研究 ……………………………… 119

　一、焦甜醇甜香烟叶烘烤特性概述 …………………………………… 119

　二、焦甜醇甜香烟叶烘烤特性的研究 ………………………………… 126

　三、主要结论 …………………………………………………………… 145

第四章　"好日子"品牌焦甜醇甜香特色烟叶分切加工工艺研究 ……… 152

第一节　烟叶分切加工概述 …………………………………………… 152

　一、分切加工的理论基础 ……………………………………………… 152

　二、分切加工的工艺与设备研究进展 ………………………………… 155

第二节　焦甜醇甜香特色烟叶叶面不同区位质量特征 ……………… 158

　一、广东南雄特色烟叶主等级十段区位质量特征差异 ……………… 158

　二、湖南永州特色烟叶主等级十段区位质量特征差异 ……………… 179

　三、主要结论 …………………………………………………………… 199

第三节　焦甜醇甜香特色烟叶分切加工技术研究 …………………… 201

　一、不同分切工艺对复烤加工质量的影响 …………………………… 201

　二、不同分切长度对感官质量的影响 ………………………………… 208

三、不同分切长度对物理特性及均质化的影响 ……………………………… 221

第四节　焦甜醇甜香特色烟叶分切加工工艺工业验证 …………………… 237

一、风格特征评价 …………………………………………………………… 237

二、感官质量评价 …………………………………………………………… 238

三、配方模块（替代性）评价 ……………………………………………… 238

第五章　"好日子"品牌焦甜醇甜香特色烟叶定向生产组织与管理 ……… 241

第一节　现代烟草农业与特色烟叶基地单元建设 ……………………… 242

一、现代烟草农业及其基本特征 …………………………………………… 242

二、现代烟草农业基地单元建设背景及要求 ……………………………… 242

三、"好日子"品牌特色烟叶基地单元建设的主要内容与实践 ………… 244

第二节　特色烟叶基地单元定向生产组织与管理 ……………………… 250

一、烟叶生产组织模式概述 ………………………………………………… 250

二、"种、采、烤、分一体化"生产组织与管理 ………………………… 251

三、特色烟叶基地单元烟农专业合作社组织与管理 ……………………… 254

第三节　特色烟叶科技创新体系的组织与管理 ………………………… 262

一、烟叶科技创新的意义 …………………………………………………… 262

二、"好日子"品牌特色烟叶科技创新的重点内容 ……………………… 263

三、"好日子"品牌特色烟叶科技创新的组织与管理 …………………… 265

四、"好日子"品牌特色烟叶创新成果的示范与推广 …………………… 267

第四节　"好日子"品牌特色烟叶复烤加工管理 ……………………… 269

一、烟叶复烤加工概述 ……………………………………………………… 269

二、烟叶复烤加工的组织与管理 …………………………………………… 271

三、"好日子"品牌特色烟叶区域加工中心建设基本要求与实践 ……… 275

第六章　焦甜醇甜香特色烟叶的工业应用与验证 ……………………… 280

第一节　焦甜醇甜香特色烟叶"精量轻简"定向生产技术集成与示范 …… 280

一、"精量轻简"定向生产技术集成与示范的目的与意义 ……………… 280

二、"精量轻简"定向生产技术集成 ……………………………………… 280

三、示范应用效果 …………………………………………………………… 281

第二节　焦甜醇甜香特色烟叶"精量轻简"定向加工技术集成与示范 …… 285

一、"精量轻简"定向加工技术集成与示范的目的与意义 ……………… 285

二、"精量轻简"定向加工技术集成 ················ 286

三、定向加工技术生产验证 ················ 287

第三节 焦甜醇甜香特色烟叶在"好日子"品牌卷烟中的应用 ········ 291

一、焦甜醇甜香型烟叶在"好日子"品牌中的使用现状 ········ 292

二、焦甜醇甜型烟叶在"好日子""熟烟香"品类构建中的应用 ···· 297

三、焦甜醇甜香型烟叶构建"好日子""熟烟香"品类及应用成果 ···· 306

四、焦甜醇甜香型烟叶在品牌发展中的展望 ········ 308

参考文献 ················ 310

第一章　焦甜醇甜香特色烟叶的生态基础与品质特征

第一节　焦甜醇甜香特色烟叶的生态基础

烤烟科学研究和生产实践证实：工业引导香型特色，生态决定特色，品种彰显特色，技术保障特色。这也成为我国特色优质烟叶开发的核心技术路径。产区生态条件对烟叶品质的贡献度超过50%，直接决定烟叶风格特色。要生产出特色优质烟叶，生态条件至关重要。而影响烤烟生长发育、产量、品质及其风格特色的生态条件主要是地形地貌、气候条件和土壤条件。

史宏志等（2016）采用欧式距离进行聚类分析方法，将我国浓香型产区按气候类型划分为5个区，分别为豫中豫南高温低湿长光区、豫西陕南鲁东中温低湿长光区、湘南粤北赣南高温高湿短光区、皖南高温高湿中光区、湘中赣中桂北高温高湿短光区，为进一步研究和明确焦甜醇甜香型烟叶产区生态环境特征提供了依据和借鉴。

一、焦甜醇甜香特色烟叶概念的由来

（一）特色烟叶的定义及其发展

21世纪初，中式卷烟概念的提出对我国优质原料生产提出了全新的要求，生产风格独特、质量优良、能够满足中式卷烟多样性需求的核心原料是摆在烟草科研和生产者面前的重要任务（陈建军等，2009；李旭华等，2011）。为了开发特色鲜明的具有区位优势的优质卷烟原料，各地结合当地的生态条件，积极研究和探索优质烟叶开发技术，逐渐形成了一些具有区域特色并为工业企业所认可的中式卷烟原料品牌。在这种大背景下，按照市场需要提高烟叶质量，充分利用生态条件的优势，发挥现代的或发掘传统的有效生产技术的潜力，按照中式卷烟的发展方向，围绕卷烟工业对原料的需要，开发"名、优、特"烟叶，一直是各烟叶主产区烟草研究的热点和烟草行业关注的焦点（唐远驹，2004；邱立友等，2009；陈建军等，2019；叶晓青等，2021）。

所谓特色烟叶是指在品质特征上有不同于其他烟叶特点的烟叶。这些特点能为工业所接受，并且在卷烟配方中得到利用（唐远驹，2004）。它是在特定的生态条件和一定的栽培技术下产生并在卷烟工业的使用中形成的。特定的生态条件是特色烟叶形成的生态基础，与生态条件相匹配的品种和栽培技术是形成特色烟叶的条件，卷烟工业对烟叶的使用是特色烟叶形成的过程。烟叶的特色是在烟叶生产中产生并在卷烟工业的使用中逐渐形成的。在这个过程中，工业不断对烟叶在质和量上作出选择，农业则

1

按工业要求进行调整，直至作为必要的原料进入配方才可以说特色已经形成。认识和理解特色烟叶这个形成过程对开发特色烟叶有重要的意义。

特色烟叶具有特殊性、稳定性、可用性、规模性四个特征（唐远驹，2004，2008）。一是特殊性，特色烟叶不仅是优质烟叶，其品质特征还必须有不同于其他烟叶的特点。特色烟叶可以存在一些不足，只要它的特点能为工业所接受，并且在卷烟配方中被利用，而它的缺陷可以通过卷烟配方和加工过程得到很好解决。特色烟叶必须具备不同于其他烟区烟叶的特点。这些特点包括烟叶内在品质、化学成分、物理特性、安全性等方面，特别是烟叶感官质量的香型表现、香韵特征、烟气特征、口感特征等。它可以是一个方面或多个方面的特征，也可以是一个方面或多个方面内某一项或多项内容的特征。这些特征不同于其他的烟叶，而且对烟叶品质有利。二是稳定性，特色烟叶的特色必须相对稳定，包括：①时间上的连续性，特色烟叶产区生产的烟叶在不同的年份都应当具有这些特色；②烟叶指标范围的稳定性，特色烟叶的化学成分、物理特征和内在品质，都应有一个大致一定的范围值，这个范围值相对稳定。三是可用性，特色烟叶的特色必须为卷烟工业所接受，并且在卷烟配方中得以利用。为卷烟工业所利用的特色，在产品风格的形成中具有重要的作用，否则烟叶的"特色"没有任何意义。卷烟工业的认可和利用是成为特色烟叶的关键。四是规模性，特色烟叶必须具有一定的规模，只有形成一定规模，该特色才能在卷烟产品中得到稳定的利用，产生经济效益。

史宏志等（2016）认为特色优质烟叶还有第五个特征——高效性，即特色烟叶因其特色而具有高可用性，在经济效益上相对于普通烟叶也更高。

叶晓青、陈建军等（2023）认为特色优质烟叶还应具有第六个特征——可持续性，即特色烟叶的生产与使用是一种可以长久维持的过程或状态，它与经济、社会、资源和环境保护协调发展，特别是与环境保护友好联系，构成一个有机整体。它既满足生产者、烟草行业和消费者的需求，又不损害后人利益。

烟草种植区划研究与特色优质烟叶开发紧密关联。我国历史上已经开展过三次全国性的烟草种植区划工作。第一次是在 20 世纪 60 年代，农业部门根据地域分布将我国分为六大烟区。第二次是在 20 世纪 80 年代初期至中期，根据烤烟的生态适宜性对全国烟草种植适宜类型进行了区划，将全国所有地区分成最适宜区、适宜区、次适宜区和不适宜区四个区划类型，同时也进行了烟草种植区域划分，将全国划分成 7 个一级区、27 个二级区。这些工作使我国不合理的烟草种植布局得到了很大改变，区域化生产明显增强，植烟区域基本上分布在最适宜区、适宜区（王彦亭等，2010）。

2003 年，由国家烟草专卖局组织牵头，郑州烟草研究院和中国农科院农业资源与农业区划研究所技术负责，在云南、贵州、广西、广东、江西、福建、安徽、湖南、湖北、重庆、四川、河南、山东、陕西、甘肃、辽宁、吉林、黑龙江、新疆、内蒙古、浙江等 21 个烟叶产区的共同参与下，开展了新一轮烟草种植区划研究工作。经过将近

5 年的研究，利用新的研究技术和手段，完成了现时生产条件下的烤烟生态适宜性分区和烟草种植区域划分，形成了新一轮中国烟草种植区划。新一轮区划充分借鉴了已有研究成果，分为生态类型区划和种植区域区划。按照生态类型区划一般原则，将我国按烤烟生态适宜性划分为烤烟种植最适宜区、适宜区、次适宜区和不适宜区；区域区划采用二级分区制，将我国烟草种植区划分为 5 个一级烟草种植区和 26 个二级烟草种植区。5 个一级烟草种植区为西南烟草种植区、东南烟草种植区、长江中上游烟草种植区、黄淮烟草种植区、北方烟草种植区。

此外，从 2017 年中国烟草总公司关于发布《全国烤烟烟叶香型风格区划》的通知中我们可以看出，这种区划将全国烤烟烟叶产区划分为 8 大生态区，相应地把烟叶风格划分为 8 种香型。

（二）焦甜醇甜香特色烟叶概念的提出

随着我国经济社会的高速发展和中式卷烟内涵的发展，市场对卷烟产品质量特征提出了更高要求，迫切需要企业提供品类风格多样化的产品以满足消费者需求，品牌发展对我国优质原料风格特色多样化生产提出了更高要求，工业企业对烟叶原料的利用由粗放向精细化转变。

显然，对于同一烟草类型来说，从烟叶使用价值角度划分烟叶类型是精准利用烟叶制造卷烟的前提和重要基础。国外大多数国家根据卷烟工业需要将烟叶分为"主料型"和"填充料型"两大类。我国在 20 世纪 60 年代根据烟叶燃吸时的香气类型将烟叶划分为清香型（如云南、四川）、中间香型（如贵州、重庆）和浓香型（如河南、湖南）三类。其中，浓香型烟叶风格特征表现为烟气浓郁沉溢，有愉快的焦甜香，香气质厚实，香气量充足丰满，具爆发力，透发性好，烟味浓而不烈，纯而不杂，余味悠长舒适（李旭华等，2011）。

刘好宝等（1995）根据当时我国烤烟生产实际和国内外市场要求，将优质烟叶划分为 3 大类型，即混合型香吃味料烟叶、烤烟型香味料烟叶、优质填充料烟叶，并提出了质量指标。史宏志等（1998）则将烟叶香气类型划分为清香型、浓香型、中间香型及过渡类型（清偏中、中偏清、浓偏中、中偏浓）等。有学者还曾提出把我国烟叶的香型划分为浓香型、偏浓香型、中间型、偏清香型、清香型等 5 种。

2003 年，中式卷烟成为烟草科技主攻方向，明确了以中国烟叶为主体、高档进口烟叶为补充的原料供应体系。2004 年启动的部分替代进口烟叶工作是特色优质烟叶开发的技术先行，标志着我国烟叶生产进入了主攻质量、彰显特色的新阶段。2008 年，特色优质烟叶开发正式启动，确定了"提高质量水平、突出风格特色"的主攻方向，烟叶品质持续改善，风格特色进一步彰显。

烤烟焦甜香风格特色香型的提出可以追溯至 21 世纪初皖南焦甜香烟叶风格特色的发现。2006 年国家烟草专卖局正式立项实施"皖南特殊香气风格烟叶形成机理及配套技术研究"项目，通过 3 年多的努力取得了显著的开创性成果，揭示了皖南焦甜香风格形成的土壤基础、物质基础和代谢基础（邱立友等，2009，2010；史宏志等，2009a，2009b），为我国特色优质烟叶开发提供了成功范例。

与此同时，在2006年国家烟草专卖局印发的烟草行业中长期科技发展规划中，特色优质烟叶开发被列为国家烟草专卖局科技重大专项。经过几年的筹备和论证，2009年6月决定实施。2011年在对实施方案进行重大调整后正式实施。按照"香型统筹课题，课题服务香型"的研究思路和"分类研究、分期实施、联合攻关、动态调整"的工作要求，将专项研究划分为"三纵三横"（3+3）6个项目组：设立浓香型特色烟叶项目组、清香型特色烟叶项目组和中间香型特色烟叶项目组，探索香型开展系统研究开发，构成"三纵"；设立烟叶质量风格特色感官评价方法、烟叶香型风格特征化学成分研究、低危害烟叶开发3个项目组，开展共性研究，构成"三横"。

在烟草行业"大市场、大企业、大品牌"战略推进背景下，开展全国烤烟烟叶香型风格区划研究已迫在眉睫。为此，2014年郑州烟草研究院联合行业十多家工业企业、中国农科院区划所等在中国烟草总公司立项开展全国烤烟烟叶风格区划研究工作，在继承传统三大香型基础上，系统分析、借鉴、整合行业多年来在烟叶质量风格特色研究方面取得的大量科技成果，尤其是特色优质烟叶开发重大专项研究成果，深入研究全国烤烟烟叶质量风格特征，构建全国烤烟烟叶风格区划体系。

根据特色优质烟叶开发重大专项烟叶特色感官评价方法的研究结果，特色烟叶的评价是以香型评价为基础，以香韵评价为依据，以烟气及口感特征为补充，同时将风格特征与品质特征相结合，定性与定量相结合，感官评价与特征化学成分分析相结合（罗登山，2019）。将干草香定义为烤烟的本香，根据不同烟叶的香气特点归纳总结了烤烟烟叶的15种香韵组成和9种杂气种类。香韵组成分别为干草香、清甜香、正甜香、焦甜香、青香、木香、豆香、坚果香、焦香、辛香、果香、药草香、花香、树脂香和酒香。杂气种类分为青杂气、生青气、枯焦气、木质气、土腥气、松脂气、花粉气、药草气和金属气。

历经3年多的研究，中国烟草总公司于2017年发布了《全国烤烟烟叶香型风格区划》（中烟办〔2017〕132号）的通知，在原来的浓香型、清香型、中间香型等三种类型区划的基础上进行了重新区划、细分，将全国烤烟产区分为8大香型区。该区划以中式卷烟配方原料需求为中心，按照以生态为基础、以香韵为依据、以化学成分和物质代谢为支撑的技术路径，遵循香型风格区划的特征可识别、工业可用性、产地典型性、配方可替代、管理可操作的五项基本原则，依据生态、感官、化学、代谢4个维度研究结果，并采用"典型地理生态+特征香韵"的方法命名，将全国烤烟烟叶划分为西南高原生态区——清甜香型（Ⅰ区）、黔桂山地生态区——蜜甜香型（Ⅱ区）、武陵秦巴生态区——醇甜香型（Ⅲ区）、黄淮平原生态区——焦甜焦香型（Ⅳ区）、南岭丘陵生态区——焦甜醇甜香型（Ⅴ区）、武夷丘陵生态区——清甜蜜甜香型（Ⅵ区）、沂蒙丘陵生态区——蜜甜焦香型（Ⅶ区）、东北平原生态区——木香蜜甜香型

（Ⅷ区）等8种香型，突破了传统浓、中、清三大香型划分。

其中，烤烟烟叶香型风格区划Ⅴ区为南岭丘陵生态区——焦甜醇甜香型，至此焦甜醇甜香特色烟叶概念被明确提出。其风格特征以干草香、焦甜香、焦香、烘焙香为主体，辅以醇甜香、木香、坚果香、酸香、辛香等；焦甜香突出，醇甜香较明显，甜香香韵较丰富，微有枯焦气、木质气和青杂气，烟气浓度中等至稍大，劲头中等。具有焦甜香突出、醇甜香较明显风格特征的一类烟叶，被统称为焦甜醇甜香特色烟叶。

南岭丘陵生态区——焦甜醇甜香型（Ⅴ区）区域分布涵盖江西、安徽全部，广东、湖南大部及广西部分产地，具体包括郴州、永州、韶关、宣城、赣州、芜湖、长沙、衡阳、邵阳、池州、抚州、益阳、娄底、贺州、株洲、黄山、宜春、吉安、清远等19个地级市产区（表1-1），分布于72个县级产区。典型产地为桂阳（郴州）。

表1-1 南岭丘陵生态区——焦甜醇甜香型（Ⅴ区）区域烟区名称

省份	地级市	产区县
广东省	韶关（4）	南雄、始兴、乳源、乐昌
	清远（1）	连州
湖南省	郴州（8）	桂阳、嘉禾、永兴、宜章、安仁、临武、北湖、苏仙
	永州（7）	江华、宁远、蓝山、江永、新田、道县、东安
	衡阳（5）	衡南、常宁、耒阳、祁东、衡阳县
	邵阳（3）	邵阳县、隆回、新宁
	株洲（1）	茶陵
	娄底（1）	新化
	长沙（2）	浏阳、宁乡
	益阳（1）	安化
江西省	赣州（8）	信丰、石城、瑞金、会昌、宁都、兴国、赣县、安远
	宜春（2）	上高、万载
	吉安（4）	峡江、福安、泰和、永丰
	抚州（7）	崇仁、资溪、广昌、黎川、乐安、宜黄、金溪
广西壮族自治区	贺州（3）	钟山、富川、昭平
安徽省	芜湖（2）	南陵、湾沚（芜湖县）
	宣城（7）	旌德、宣州、郎溪、广德、泾县、绩溪、宁国
	黄山（3）	歙县、徽州、休宁
	池州（4）	东至、贵池、青阳、石台

广东南雄、湖南永州烟区属于典型的焦甜醇甜香型烟叶产区。两个产区烟叶烟气浓郁沉溢，有愉快的焦甜香，香气质厚实，香气量充足丰满，具爆发力，透发性好，烟味浓而不烈，纯而不杂，余味悠长舒适。

我们（李旭华等，2011；陈建军等，2019；叶晓青等，2021）研究表明，焦甜醇甜香型烟叶具备如下基本特性：①烟气焦甜醇甜香；②低糖，还原糖含量15%左右；③中烟碱，2.5%左右；④糖碱比6～8。

二、焦甜醇甜香型烟叶产区地形地貌特征

地形地貌是影响烟叶质量的重要生态因子之一。它不仅对光、热、水进行再分配，而且还控制土壤类型的发生及其在空间上的分布规律，从而影响和决定着烟草的生长发育及烟叶质量。在跨几个气候区的大范围内，气候条件是烟叶良好生长发育的主导因素；在同一个气候区，则地形地貌和土壤等土地条件对烟叶质量起主导作用。

地形地貌既会导致热量和雨量在一定范围内的再分配，又会深刻影响土壤理化性状，特别是土壤空气、土壤温度和土壤养分等性状。因此在同一个气候区内，地形地貌的不同会使不同区域内的温、光、水和热量条件有相对的不同，而这几个因素是影响烟叶（特别是优质烟叶）生长的重要因素。从烟叶优质角度看，日本烤烟在多雨的条件下，种植在排水良好的丘陵地带的烟叶品质较好，美国烤烟质量最优的产地也在丘陵地区，而津巴布韦烤烟则多种植在多山高原地区。

20世纪60年代烟草科技工作者对河南省优质烟原料基地研究表明，山坡地所生产的烟叶无论外观质量还是烟气质量都明显优于平原地区所产烟叶。20世纪80年代河南、山东和安徽等省烟草种植区划研究也证实了这一结论，并把地形地貌类型作为划分烤烟适宜生态类型的重要因素。全国区划研究报告中指出：在对山东丘陵和平原地所产的烟叶进行质量评价时，在香气质、香气量区评吸总分上，丘陵地区所产烟叶都明显地优于平原地区，而且差异分别达到显著和极显著水平；在海拔高度超过1800 m的地区难以生产出优质烤烟。由以上研究可知，地形地貌对烟叶品质有着深刻的影响。而生产实践也证明了中低山、低山、丘陵、高原等都是适宜烟草生产的地形地貌。

根据全国烤烟烟叶香型风格区划结果，我国焦甜醇甜香型烟叶产区分布于北纬24°17′～31°19′、东经110°58′～119°40′区域（图1-1），地区海拔60～1800 m，产区海拔大多数60～300 m，多位于低海拔丘陵地区。一般来说，丘陵山区自然坡度15°以下的耕地为宜烟耕地，平地次之，洼地最差。生产优质烤烟的土壤条件以山坡地、山麓和丘陵地的坡脚为好。地势高，排水好，地下水位低，土壤通透性好，土壤有效钾含量高，烟株通风透光良好。

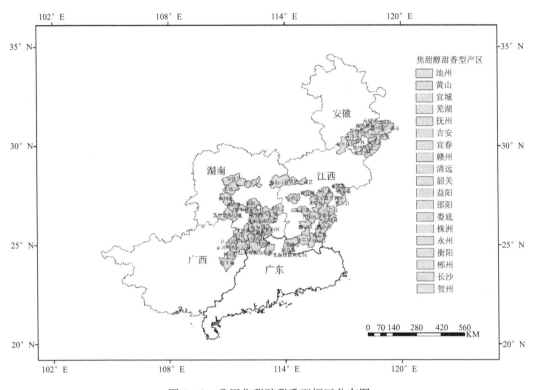

图1-1　我国焦甜醇甜香型烟区分布图

评价地形地貌指标主要有海拔高度、坡度、坡向等3项。

海拔高度是影响气温最重要、最直接的因素，而气温是影响烤烟生长发育和产量及其质量的重要环境条件。焦甜醇甜香型烟叶产区主要位于山区，山地丘陵面积占80%以上，盆地河谷约占20%，因此海拔高度是特色优质烟叶开发评价的一个非常重要的指标。海拔不同还会造成地形等其他生态条件的差异，同时土壤的风化发育、土壤类型的形成、土壤养分的有效性等也常随海拔的变化而发生显著变化。有研究指出，海拔是影响烤烟品质和香型的重要因素，认为在一定的海拔范围内，海拔越高，可能越容易形成清香型烟叶特色，反之则形成浓香型烟叶特色。

焦甜醇甜香型烟叶产区烤烟多分布在低海拔的丘陵地区，大多数海拔为150～300 m。如粤北南雄产区为浅山丘陵，主要为红色岩系经分化剥蚀而成的低丘，地势较为平缓，相对高差小于50 m，平均海拔为159.71 m，始兴120.48 m，乳源276.70 m，乐昌353.26 m；湘南产区平均海拔高度为252 m，其中桂阳平均海拔为216 m、江华313 m、隆回422 m、浏阳98 m；皖南产区平均海拔为60～200 m，属于中低纬度低海拔区。桂北产区平均海拔为250～500 m，贺州丘陵和小盆地适宜种植烤烟，是广西烤烟主产区之一，被认定为焦甜醇甜香型特色优质烟叶产区。

在山地条件下，坡向是影响光照和降雨的重要因素之一，通过影响烤烟生长期光照和雨量进而影响烤烟产量、质量及其风格特征。南坡气温高于北坡，一般情况下，受东南暖湿气流、西南暖湿气流影响，迎风坡降水量多于背风坡。

在烟草种植适宜性上，坡度影响水分、养分、耕层堆积厚度等因素。例如25°以上极易造成水土流失，对烤烟生长发育不利。而平原或低洼地区，坡度太小易于聚集雨水，水肥易出现过剩现象，也不宜种植烤烟。理想的烤烟生长条件为缓缓起伏的坡地，一般坡度以5°为最宜，不超过15°。这类缓坡地不仅土层较厚，而且排水通畅，空气流通。如在倒春寒夜间温度降低，冷空气顺坡下注聚集于谷地，而坡上空气则比较温暖，有利于烤烟生长发育和优良品质的形成。

三、焦甜醇甜香型烟叶产区气候特点

（一）焦甜醇甜香型烟叶产区气候的基本特征

焦甜醇甜香型烟叶产区气候的基本特征是温度较高，昼夜温差小，降雨充沛，光照中等。整个生育期日均温度24.14 ℃，随着生育期推移日均温度逐渐升高，其中移栽期和伸根期日均温度17.55 ℃，旺长期22.14 ℃，成熟前期25.33 ℃，成熟中后期28.19 ℃，成熟后期27.48 ℃。在整个生育期中，昼夜温差变化不大，平均为8.3 ℃。降雨充沛，累计降水量963.4 mm，其中移栽期和伸根期降水总量平均为197.9 mm，旺长期213.7 mm，成熟前期252.4 mm，成熟中后期156.9 mm，成熟后期142.5 mm。光照适宜，累计日照时数805.8 h，日照率为39.34%，其中移栽伸根期日照1032 h，旺长期135.9 h，成熟前期141.5 h，成熟中后期223.6 h，成熟后期201.7 h。

史宏志等（2016）研究浓香型烟叶产区气候指标结果表明，烤烟成熟期、旺长期和全生育期日均温度、成熟期和全生育期地表温度、成熟期和全生育期不低于10 ℃积温、成熟期和全生育期昼夜温差、各生育期平均相对湿度、气压等指标变异系数较小，均在15%以下，具有相对较高的稳定性。其中，各个生育阶段大气压指标的变异系数最小，在3%以下。按照传统香型分类方法，烟叶分为浓香型、中间香型和清香型，不同香型烟叶在不同生态条件下形成。为了明确浓香型烟叶产区所具有的共同气候特征，确定两个标准来筛选各气候指标：一是在浓香型烟叶产区内变异性较小，指标变异系数低于15%；二是与清香型和中间香型有显著差异，且呈规律性变化。根据研究结果，并与其他两个香型典型烟叶产区气候条件进行对比分析，同时符合这两个标准的指标有成熟期日均气温、成熟期日均地温、成熟期昼夜温差、成熟期和全生育期不低于10 ℃积温等4个。进一步分析表明，浓香型烟叶产区烤烟成熟期日均温度（25.3 ℃）和全生育期不低于10 ℃积温（1604.5 ℃）均分别显著高于清香型、中间香型烟叶产区的。

综上所述，成熟期日均温度和全生育期不低于10 ℃积温较高及昼夜温差较小是浓香型焦甜醇甜香型烟叶产区的典型特征,其中成熟期日均温度和地表温度分别集中在25.3 ℃和28.5 ℃左右;成熟期相对湿度集中在74% ~85%之间;成熟期昼夜温差主要集中在8.6 ℃左右。

(二) 代表性焦甜醇甜香型烟叶产区气候条件特点

1. 粤北烟叶产区气候因子分析

粤北烟叶产区包括韶关市的南雄、始兴、乳源、乐昌和清远市的连州,属于亚热带季风气候。由于粤北海拔较高,也可称为中亚热带季风气候。冷暖交替明显,春季低温阴雨,夏季高温潮湿,秋季昼暖夜凉,冬季寒冷雨稀。光能资源充沛,但日照时数相对不足 (冯颖等,1999)。年均日照时间1473 ~1925h,年均太阳辐射总量为4145 ~4689 MJ·m⁻²。太阳辐射的月总量分布不均,7月太阳辐射总量最大,为604 MJ·m⁻²,2月的太阳辐射总量最小,仅为223 MJ·m⁻²,两者相差近3倍。热量资源丰富,气温垂直差异大。粤北产区热量资源较丰富,全年不低于10 ℃的年活动积温为5900 ~6700 ℃,全年无霜期300 d左右,最冷月 (1月) 平均气温为8.9 ~10.3 ℃,最热月 (7月) 平均气温为27.4 ~28.7 ℃,年平均气温为18.7 ~21.6 ℃。年降水量为1400 ~2400 mm,雨水充沛,且雨季开始较早 (3月)。降水量集中在春末夏初 (4—6月)。湿度较大,年平均相对湿度在76% ~80%之间。地形特征强烈影响年降水量。

南雄市位于大庾岭南麓,东经113°55′30″~114°44′38″,北纬24°56′59″~25°25′20″,是粤北山区优质烟叶主要产区,所产烟叶呈现典型的焦甜醇甜香型风格特征,也是我国著名的浓香型优质烟叶产区之一。南雄盆地主要为红色岩系经分化剥蚀而成的低丘,地势较为平缓,相对高差低于50 m,具有无霜期长 (293 d)、不低于10℃积温 (6396.9 ℃/年) 高、日均气温不低于20 ℃的时间长,光、热、水资源比较丰富等突出特点 (金亚波等,2014)。

南雄气温分布特点。优质烤烟生产对气温有严格要求,大田生育期最适温度为22 ~28 ℃,最低不能低于10 ~13 ℃,最高不能高于35 ℃。南雄烟区年均温度19.40 ~20.70℃,平均20.02 ℃,烤烟生育期间2—6月平均气温19.55 ℃,与国外优质烟区的气温相似。不低于10 ℃活动积温较高,不低于20 ℃持续天数在100 d以上,能满足优质烤烟生长发育需要。一般来讲,还苗期与伸根期气温18 ~28 ℃,旺长期气温20 ~28 ℃,成熟期气温20 ~25 ℃,有利于特色优质烟叶生长。南雄烟叶产区还苗期与伸根期 (2月中旬—3月中旬) 气温偏低 (12.40 ~15.10 ℃),旺长期 (3月中旬—4月中旬) 和成熟期 (4月中旬—6月下旬) 气温适宜焦甜醇甜香型特色优质烟叶生长。大田期温差较小,平均7.52 ℃,有利于同化产物向叶内积累。温热因素变异系数小,年际间比较稳定。

南雄光照变化特点。南雄烟区年均总日照时间1581.44 h,烤烟大田生育期日照时间

369.20～690.50 h，平均 486.12 h，较世界优质烟叶产地津巴布韦烟区（768.00 h）、美国烟区（1104.00 h）、巴西烟区（696.00 h）低。从时空分布看，3 月中旬日照时数最短（13.5 h），此时段为烤烟伸根期，但降水量仅 44.7 mm，温度较低（15.19 ℃）。可见，此时段烤烟经常遭受低温、持续小雨和寡日照天气。随后，旬日照时数持续增加至 6 月上旬（47.8 h），然后又降至 6 月中旬（40.4 h），再继续升高至 6 月下旬大田期最长旬日照时数（56.7 h），其中 6 月中旬较低的旬日照时数与此时段降水量较多有一定的联系。大田期日照时间年际间变化较大，并且具有烤烟生长前期偏低偏弱，后期偏高偏强的特点。日照时间偏短，不利于烤烟的健壮生长和正常成熟。

南雄降水分布特点。南雄烟区降水量和大田期空气相对湿度都有随着烤烟的生长逐月增加的趋势。年均降水量 1467.71 mm，烤烟大田生育期（2—6 月）降水量 906.45 mm，但降水时空分布不均衡，2—6 月份降水量可占到全年降水量的 60% 以上。3 月上旬、中旬降水量较低，为 40 mm，这为伸根期烟株形成发达根系提供了良好条件；3 月下旬降水量增大至近 100 mm，充足的降水为烟株进入旺长期准备了足够的水分；随后在 4 月上旬至 6 月上旬，旬降水量维持在 60～80 mm 之间；6 月中旬降水量略有增加；6 月下旬降水量又下降至 60 mm 以下。从旬降水量变异来看，整个大田期旬降水量年度间变异较大，尤其在 3 月下旬和 6 月中旬这两个时间段极易遭受干旱或涝灾。烤烟生长前期降水量偏少，有利于烤烟根系的发展和炼苗，提高烟株素质；中期雨量充沛，有利于烤烟茎叶迅速生长；后期雨水过多则对烟叶的正常落黄和成熟采收不利。大田期空气相对湿度偏高（79.84%）易导致烟株病虫害发生。降水量变异系数较大，表明降水量存在着时空分布不均匀的特点。

综上，南雄烟区烟叶生育期雨量充沛，湿度较大，有利于烟叶叶片扩展，提高烟叶疏松度和柔韧性，有利于烟叶后期氮代谢减弱和促进烟叶成熟，有利于烟叶焦甜香韵的形成。大田前期气温较低，光照时数短，旺长及成熟期气温较高，光照时数较长，热量丰富，光照较强，可能是南雄浓香型烟叶风格特色形成的气候因素（张小全等，2011）。

2. 湘南烟叶产区气候因子分析

湘南产区生产的特色优质烟叶颜色橘黄、油分充足、叶片适中，燃烧后烟灰洁白，香气浓郁、口感纯净、余味饱满，被称为焦甜透发浓香型优质烟叶，因其质量高而受到国内市场的欢迎。湖南大部分地方属于中亚热带东部湿润季风气候区，湘南、湘东北浓香型烟叶产区分别兼有向南亚热带和北亚热带过渡的特征。湘东南浓香型烟叶产区不低于 0℃ 活动积温不足 6100 ℃，其中湘东南的桂东不低于 0℃ 活动积温是湖南省低值区，只有 5642.2 ℃，衡阳及以南地区为 6400～6600 ℃，其他地方为 6040～6360 ℃。湖南多年平均降水为 1200～1700 mm，属于我国多雨区之一，但降水不均，前涝后旱。湖南年日照时数为 1300～1800 h，分布总趋势是洞庭湖地区最多，湘中、湘南其次，湘西最少。

湘南烟叶产区气温与日较差变化规律。史宏志等（2015）对代表性气象观测站30年气温数据进行分析的结果表明，湘南烟叶产区（桂阳、常宁、江华）从3月下旬移栽后至采收完毕（7月中旬）逐旬气温均处于上升趋势，3月下旬至4月中旬气温变化为12～20 ℃，且气温日较差变幅较大，6月中旬以后，气温稳定在25 ℃以上，易出现日平均气温不低于35 ℃的高温酷热天气，对上部烟叶的成熟有一定影响，易出现高温逼熟问题。但永州地区的江永和江华两地受地形和植被的影响，温度条件与湘南其他产烟基地县存在明显的差异，5月下旬至采收期（7月中旬），气温为23～30 ℃，有利于上部烟叶质量的形成（鲁金舟等，2012）。

湘南烟叶产区降水量变化特征。湘南地区降水量自烟苗移栽后3月下旬至4月下旬呈略有下降的趋势，在大田期前期的4月下旬降雨有个较低值，之后又较稳定增加，大部分地区降水量在5月中旬至6月中旬达到生育期内旬降水量最大值，常宁出现在5月下旬（70.1 mm），江华出现在6月上旬（83.3 mm），桂阳出现在6月中旬（82.8 mm）。从多年降雨变异情况看，5月中旬至6月下旬降雨多，降雨波动大，较容易受干旱和洪涝威胁。7月上中旬降雨减少，波动较大，又容易受干旱威胁。

湘南烟叶产区日照时数变化特点。湘南产区3月下旬至4月中旬日照较少，由于此段时间冷空气活动频繁，低温阴雨天气较多，部分年份不利于还苗伸根。其中，3月下旬的日照时数最短，为20～24 h；江华由于雨季开始早，日照最小，仅为20.6 h；桂阳日照略多，有26.5 h。从3月中旬至5月下旬日照时数呈上升变化，在5月下旬到达第1个峰值，6月上中旬则有所下降，6月中旬后日照又明显增加，到7月中旬达到第2个峰值。其中，桂阳日照时数最多，达85.5 h；江华日照时数最少，为68.4 h。从日照变化和分布看，桂阳烟叶生长后期日照时数迅速增加，日照较多，有利于烤烟烟叶正常成熟。

影响该区焦甜醇甜香型烟叶生产的主要气候障碍是前期低温寡照，中期多雨寡照，后期高温干旱。对烟叶生长造成的不利影响主要表现为育苗期过长，烟苗纤弱，抗逆性差；移栽后根系生长缓慢，易发生早花、病毒病和青枯病；烟叶成熟期时间短，偶尔会发生高温逼熟现象。主要土壤障碍是部分土壤黏重，不适于优质特色烟叶生长。部分紫色土有机质含量较低，应注意提高土壤生物活性和有机质含量，以达到提高烟叶产量、品质的目的。

在2017年中国烟草总公司发布的《全国烤烟烟叶香型风格区划》中，湘南产区桂阳产地被列为典型焦甜醇甜香型产区。

桂阳县位于北纬25°27′15″～26°13′30″、东经112°13′26″～112°55′46″，地处南岭北麓，湘江支流的春陵江中上流，属亚热带湿润季风气候区，耕地面积3.93×10⁴ hm²。全县多为山冈丘陵，植被保护完好，周边森林覆盖率高。据气象数据统计，桂阳县50年来年平均气温17.2 ℃，年降水量1471.7 mm，年日照时数1604.7 h（何传宝等，2014）。桂阳温、光、水资源的季节分布与优质烤烟生长发育环境需求规律相协调。

桂阳烤烟育苗期为每年的 12 月至翌年 2 月，平均气温 6.7 ℃，降雨 233.9 mm，日照时数 255.3 h。移栽期为 3 月，平均气温 11.1 ℃，一般在 3 月上旬稳定通过 8.0 ℃，3 月 20 日左右稳定通过 10.0 ℃，日照时数 67.7 h，降水量 151.4 mm，雨日 19.7 d，雨天多而雨量小，蒸发量 73.9 mm，远低于降水量。团棵期和旺长期为 4—5 月，平均气温 19.8 ℃，昼夜温差 7.7 ℃，日照时数 228.4 h，降水量 402.8 mm，雨日 37.3 d，雨量增加而雨日渐少，时晴时雨，蒸发量 255 mm。烟叶成熟采收期在 6—7 月，平均气温 25.4 ℃，昼夜温差 8.2 ℃，日照时数 421.1 h，降水量 292.2 mm，雨日 2d，多为阵雨，连日雨极少见。

此外，适宜的空气湿度是桂阳烟区上部叶开片优于其他产区的重要原因。

3. 皖南烟叶产区气候因子分析

皖南焦甜醇甜香型烟叶产区主要包括安徽南部宣城、芜湖和池州等产烟县，所产烟叶浓香型风格突出，表现出显著的焦甜香韵，这与其独特的气候因子有直接关系。光照充足，热量丰富，降水充沛，雨热同步，是皖南产区生态有利条件。

皖南产区位于北纬 29°～31°19′，东经 117°～119°49′，地区海拔 60～100 m。产区海拔大多 60～200 m，属于中低纬度低海拔产区。年日照时数 2074 h，烤烟生育期大约 680 h。年均气温 16 ℃，无霜期 240 d，烟叶生产季节平均温度 20.9 ℃，其中还苗期平均温度 13.5 ℃，旺长期 22.9 ℃，成熟期 26.3 ℃。年降水量 1200～1400 mm，烤烟生育期大约 729.3 mm，并且降水分布较匀，雨热同步，非常有利于烤烟的生长和成熟。月相对湿度比较稳定，各月均在 78%～80% 之间（表 1-2）。

表 1-2　安徽宣城烤烟生育期气温和雨量均值表（1981—2011）

| 月份 | 平均气温/℃ | | | | 降水量/mm | | | 月总降水量/mm | 总日照时数/h | 月相对湿度 |
	上旬	中旬	下旬	平均	上旬	中旬	下旬			
3 月	7.5	9.3	10.6	9.1	27.7	36.0	50.3	114.0	135	78%
4 月	13.1	14.7	18.7	15.5	24.2	39.6	33.5	97.3	145.3	78%
5 月	19.2	20.7	22.8	20.9	37.5	62.4	37.2	137.1	173.9	78%
6 月	23.8	24.5	25.1	24.5	53.5	103.5	99.2	256.0	148.4	80%
7 月	25.7	28.6	29.8	28.0	100.8	74.9	13.2	188.9	212.5	79%
8 月	28.9	27.2	26.5	27.5	56.3	31.8	34.4	122.5	212.1	

资料来源：引自史宏志、刘国顺主编《浓香型特色优质烟叶形成的生态基础》。

皖南充足的光照、充沛的降水和适宜的生长温度为烤烟生长和光合产物积累创造了有利的气象条件，与皖南通透性良好的砂性土壤相结合，使得皖南烤烟碳氮代谢的适时转换，奠定了皖南焦甜醇甜香特色风格形成的生态基础和物质代谢基础。成熟期温度高日照强，容易形成水肥适度调亏，有利于彰显烟叶焦甜香质量风格。

前期（2—4 月）低温阴雨、中期（6 月 10 日—7 月 10 日）梅雨连绵、后期高温干旱强日照是皖南烤烟的不利气候因子，需注意采取必要的防御栽培措施。

四、焦甜醇甜香型烟叶产区土壤类型与特点

（一）焦甜醇甜香型烟叶产区成土母岩母质基本特征

成土母岩是形成土壤的物质基础，土壤的一些性质主要是来自成土母质，即使最古老的土壤也残留着母质的影响。在一定的地理区域内，其他成土条件相似的情况下，母质对土壤理化性质、土壤肥力及土壤类型的分异起着重要的作用，进而影响生长在土壤上的烤烟产量和品质。在不同烟草种植区调查时，要注意充分研究成土母质的特征状况。

根据史宏志等（2016）的研究结果，焦甜醇甜香型烟叶产区的成土母岩类型主要包括碳酸钙含量较高的沉积岩、黏土岩类沉积岩、碎屑岩类沉积岩和河流沉积物。其中碳酸钙含量较高的沉积岩主要包括石灰岩、白云岩和黄土状沉积物三种；黏土岩类沉积岩主要包括紫色页岩和板页岩；碎屑岩类沉积岩为紫砂岩。从 37 个选取的烟田样点数调查结果看，石灰岩样点数为 15 个，约占 41%；白云岩样点数为 3 个，约占 8%；黄土状沉积物的样点数为 9 个，约占 24%。所以碳酸盐型的成土母岩比例约占总数的 73%。紫色页岩样点数为 1 个，约占 3%；板页岩的样点数为 1 个，约占 3%；黏土岩类比例约占总数的 6%。紫砂岩的样点数为 1 个，约占 3%；河流沉积物的样点数为 7 个，约占 19%。可见，焦甜醇甜香型烟区碳酸盐型的成土母岩样点数所占比例最大，河流沉积物次之，而紫色页岩、板页岩和紫砂岩最少。

碳酸盐型母岩中的石灰岩和白云岩属于沉积岩中的化学岩，主要矿物成分为方解石和白云石等碳酸盐矿物，在温带湿润地区化学风化和生物活动较强，它们主要发生溶解、碳酸化作用，风化作用快，又属于易风化矿物，风化产物黏细，黏粒含量相对较高；而碳酸盐型母岩中的黄土状沉积物为碳酸盐型的成土母质，其颗粒主要以粉粒为主，质地黏细；紫色页岩和板页岩属于沉积岩中的细粒岩，岩石颗粒较细，黏土矿物含量高，吸水膨胀，失水收缩，容易破碎，在适宜的环境条件下岩石碎块进一步化学风化，这时形成的风化产物黏重。

河流沉积物根据物质组成可以分为砂质沉积物、壤质沉积物和黏质沉积物。在野外的调查中发现宣州的河流沉积物质地较细，粉粒和黏粒含量也相对较高。

综上所述，焦甜醇甜香型烟区的成土母岩的岩石颗粒小，形成的风化产物黏粒含量高，并且黏粒均较细。而成土母质特征对土壤发育及其性状都有着直接的影响，发育在上述母质上的土壤质地细，保水能力强，养分状况良好，有机质含量高，富含钙质，水分渗透性差，淋洗强度小，盐基离子迁移速度慢。

已有的研究结果表明，不同烟叶产区农业地质背景与烟叶风格特色的形成相关性较小，地质年代跨度大，成土母质较为多样，与香型之间多有交叉和重叠，没有发现

在不同香型产区的成土母质有明显的差异，在焦甜醇甜香型烟区之间与烟叶香韵表现吻合度也较低。

（二）焦甜醇甜香型烟叶产区的土壤类型与分布

土壤是地球岩石圈表面能够生长植物的疏松表层，是作物赖以立足和摄取水分、养分的场所。其具有同时满足作物对水、肥、气、热需要的能力，使作物正常生长发育并获得产量。所以，土壤是作物生长的基本条件和重要资源。烤烟生长发育和质量特色的形成是在特定的生态环境条件下完成的。生态条件包括气候、土地条件等诸多生态因子。土壤作为农业生产的基本生产资料和烤烟生长的介质，直接影响着烤烟根系的生长发育、生理活性和对营养元素的吸收利用，进而影响烟株的形态建成和产质量的形成。土壤是由成土母质逐渐发育形成的，土壤的发生和地质背景的不同显著影响土壤的物理、化学性质，土壤矿质元素组成和含量包括微量元素、地球化学元素等与土壤发生和地质背景密切相关，并显著影响烤烟的生理代谢和烟叶化学成分组成及含量。深入研究焦甜醇甜香型烟叶产区土壤分布特征和土壤发育及地质背景特点，明确土壤因素和地质背景与烟叶质量和特色风格形成的关系，对阐明焦甜醇甜香型特色优质烟叶形成机理，以及通过土壤选择和土壤改良提高烟叶质量，彰显焦甜醇甜香型风格特色具有重要意义。

不同烟草种植生态区土壤有一定差异，同一生态区在大的气候特征相似的条件下土壤类型也不尽相同，这些差异对烟叶的香韵表现和质量特征有显著影响。根据调查研究结果，焦甜醇甜香型烟叶产区土壤类型主要有水稻土、紫色土、红壤、黄壤等 4 类。土壤类型与分布见表1-3。

表1-3 焦甜醇甜香型烟叶产区土壤类型及分布

生态区名称	土壤类型	比例/%	当地名称	分布产区
湘南粤北赣南高温高湿短光区	水稻土	85	沙泥田、牛肝土、鳝泥田、红泥地、棕泥土、石灰性土田	湖南桂阳、嘉禾、江华、江永；广东南雄、始兴、连州；江西信丰、会昌、石城、瑞金
	紫色土	10	—	湖南桂阳、嘉禾、江华、江永；广东南雄、始兴、连州；江西信丰、瑞金
	黄壤	3	—	湖南桂阳、嘉禾、江华、江永
	红壤	2	—	湖南桂阳、嘉禾、江华、江永
皖南高温高湿中光区	水稻土	90	沙泥田、红泥田、马肝土田、紫泥田、麻沙泥田、紫砂泥田	安徽宣城、泾县、郎溪、芜湖、东至、青阳
	红壤	5	—	黄山
	紫色土	5	—	—

（续上表）

生态区名称	土壤类型	比例/%	当地名称	分布产区
赣中湘中桂北高温高湿短光区	水稻土	93	棕沙泥田、鳝泥田、沙泥田、红泥地、麻沙泥田、潮沙泥田、石灰性田	江西广昌、黎川、乐安、资溪、崇仁、南丰、安福、峡江、泰和、永丰；湖南浏阳、宁乡；广西富川、钟山、昭平
	紫色土	5	—	江西广昌
	红壤	2	—	江西崇仁

（三）代表性焦甜醇甜香型烟叶产区土壤特点

1. 粤北烟叶产区土壤条件状况

韶关全市成土岩母质为岩浆岩类、沉积岩类、变质岩类及第四纪沉积物4大类（李婷婷等，2021）。岩浆岩类以侵入岩类的花岗岩分布最广，侵位造山构成韶关地区山地地貌的主要格架；喷出岩以中生代酸性流纹质火山岩较多，局部少量分布。沉积岩类在韶关地区分布也较广泛，主要有砂页岩类、紫红色砂页岩、碳酸盐岩类。其中以泥盆系浅海相沉积分布最广，在韶关盆地、翁源盆地、乐昌周边常构成褶皱丘陵。紫红色砂页岩主要分布在南雄盆地、仁化等地，形成于白垩纪至第三纪，多呈紫红、砖红等色，反映沉积时的强氧化环境。变质岩类分布较为分散，面积不大，主要为片岩，其次为板岩、千枚岩、石英岩等，作为区域变质基底分布于盆地外围。第四纪沉积物主要由冲积、洪积等地质作用形成多级阶地，由全新世—更新世的河流冲积相、河流洪冲积相、洪积相等组成，沉积物质主要为砂质黏土、中细砂、砂质砾石等，主要分布于山间及河流流域等区域。

粤北烟叶产区植烟土壤质地为壤土、黏壤土、黏土，壤土约占45%，黏壤土约占45%，黏土约占10%。南雄和始兴植烟土壤主要为由紫砂页岩母质发育成的紫色土（地），紫色页岩为母质发育成的牛肝土田、花岗岩，砂页岩或宽谷冲积物母质发育成的砂泥田。乐昌和乳源主要植烟土壤为石灰岩发育成的水稻土（石灰土田）和红色石灰土（红火泥地）。清远连州主要植烟土壤为石灰岩母质发育成的水稻土（石灰土田）和红色石灰土（红火泥地），少量紫色页岩母质发育成的紫色土。针对部分酸性和偏酸性的砂泥田，在烟叶生产中应注意施用白云石粉或生石灰以提高土壤pH；而部分过碱的紫色土则应选用酸性肥料为主，适当平衡烤烟根系酸碱度，促进根系对土壤养分的有效吸收。

粤北4类主要植烟土壤341个代表性土样测定结果表明，有机质2.23%，碱解氮106.32 mg·kg^{-1}，有效磷40.23 mg·kg^{-1}，有效钾125.16 mg·kg^{-1}，有效钙0.65 g·kg^{-1}，有效镁0.01 g·kg^{-1}，有效锌1.73 mg·kg^{-1}，有效铁129.93 mg·kg^{-1}，

有效硼 0.34 mg·kg^{-1}，有效钼 0.258 mg·L^{-1}，有效锰 56.23 mg·kg^{-1}，有效铜 2.15 mg·kg^{-1}，水溶性氯 16.12 mg·kg^{-1}；土壤 pH 均值为 6.29，且 pH 值变异系数较小，处于优质烟叶生产最适宜范围。紫色土氮元素含量相对较低，烤烟生长旺长期应注意增施氮肥，保障烟叶生长发育；土壤磷养分普遍处于丰富水平；砂泥田、牛肝土田和红火泥地的钾素营养普遍较缺乏。广东烟区土壤微量元素中，铜、锌、铁、锰、钙、镁元素处于丰富至很丰水平，但普遍缺乏硼、钼、氯元素（刘兰等，2018）。

南雄具有良好的土壤环境条件，是生产典型焦甜醇甜香型特色优质烟叶的优势。该产区主要有两类植烟土壤：一是旱地紫色土类碱性紫色土亚类的牛肝地和紫砂地，前者的成土母质为紫色砂页岩，后者为紫色砂页岩分化的残积物和坡积物；二是水田水稻土类潴育型水稻土亚类紫泥田的 5 个土种，分别为牛肝土田、紫砂泥田、碱性牛肝土田、黄泥底牛肝土田、黄泥牛肝田，它们的成土母质也为紫色砂页岩的残积物、坡积物或洪积物。

根据我们对产烟区 179 个代表性土样测定结果，南雄烟区 4 种类型植烟土壤 pH 均值为 6.53，土壤有机质含量 2.31%，全氮含量 0.13%，碱解氮含量 123.89 mg·kg^{-1}，全磷含量 0.06%，速效磷含量 24.08 mg·kg^{-1}，全钾含量 1.57%，速效钾含量 74.07 mg·kg^{-1}。以 2.5 和 97.5 的百分位值估算，南雄烟区植烟土壤 pH 以及有机质、全氮、碱解氮、全磷、速效磷、全钾和速效钾含量范围分别为 4.30 ～ 8.03，0.75% ～ 4.25%，0.05% ～ 0.24%，28.06 ～ 217.61 mg·kg^{-1}，0.03% ～ 0.12%，6.85 ～ 58.85 mg·kg^{-1}，0.59% ～ 2.90%，20.00 ～ 207.50 mg·kg^{-1}（王怡等，2014），见表 1-4。

表 1-4　南雄烟区植烟土壤养分指标基本统计量

项目	pH	有机质/%	全氮/%	碱解氮/(mg·kg^{-1})	全磷/%	速效磷/(mg·kg^{-1})	全钾/%	速效钾/(mg·kg^{-1})
样本数	179	179	179	179	179	179	179	179
范围	4.10～8.13	0.68～5.00	0.04～0.27	23.46～255.50	0.03～0.13	4.70～88.30	0.36～3.63	15.00～280.00
平均值	6.53	2.31	0.13	123.89	0.06	24.08	1.57	74.07
2.5%分位值	4.3	0.75	0.05	28.06	0.03	6.85	0.59	20
97.5%分位值	8.03	4.25	0.24	217.61	0.12	58.85	2.9	207.5

普遍认为，烤烟适宜的土壤 pH 范围为 5.0 ～ 7.5。南雄烟区植烟土壤 pH 为 4.35 ～ 8.13，平均 6.53，pH 5.0 ～ 7.5 的样品占总样品数的 68.76%，含氯量低（5.03 ～ 13.95 mg·kg^{-1}），且种烟历史悠久，当地烟农具有较高的种烟技术水平。因此，南雄烟区具备良好的生产特色优质烤烟的基础土壤条件和资源优势。

2. 湘南烟叶产区土壤条件状况

该地区植烟面积较广，土壤类型丰富，主要有水稻土、黄壤、红壤、旱地紫色土等。其中水稻土面积最大，约占整个烟区植烟土壤的85%，在湘南、广东和赣南烟区都是主要的植烟土壤，根据成土母质和土壤发育不同可分为紫沙泥田、麻沙泥田、紫泥田、牛肝土田、石灰性土田等。其次为旱地紫色土，主要分布在广东南雄和赣南部分烟田。黄壤、红壤主要分布在湖南郴州和永州，所占比例较小。

水稻土是我国重要的耕作土壤之一，是淹水灌耕下，经水下耕翻、耙耘、平整土地，使原有土壤属性逐渐发生改变，形成了与原始母土形状具有明显差异的土壤类型。

湘南植烟的水稻土主要为潴育性水稻土，水稻土的有机质和养分含量都较丰富，但不同母质发育的水稻土和不同区域的水稻土土壤性状差异较大，土壤 pH 4.5～8.0，适宜于烟稻轮作，是该地区的主要植烟土壤。

牛肝土田主要特征为土壤 pH 中偏酸性，质地介于粉砂质黏壤土至粉砂质黏土之间，土质较黏重，保肥能力强，易板结，土壤有机质、氮、磷素含量较丰富，土壤钾素含量中等，烟叶产量较高，质量较好，浓香型风格特征较明显。

沙泥田主要特征为土壤 pH 属于强酸性，质地大部分为壤土，部分为黏壤土，土质较疏松，供肥性能好，但保肥性能较差，土壤有机质、氮、磷素含量较丰富，但土壤钾素含量偏低，烟叶产量中等，质量稍次，焦甜醇甜香型风格特征稍弱。

紫色土成土母质为紫色砂页岩，土壤 pH 较高，偏碱性，质地以粉沙壤土为主，黏壤土次之，土质较疏松，土层较薄，保肥保水能力较差，土壤有机质、氮素含量较低，土壤磷和钾素含量较丰富，烟叶产量相对较低，但质量较优，焦甜醇甜香型风格特征很典型。

黄壤是在湿润亚热带气候和生物条件下形成的地带性土壤，原始植被为亚热带常绿-落叶针阔混交林、常绿阔叶林和热带山地湿性常绿阔叶林。砂岩、页岩互层母质上发育的黄壤，通透性和供肥性均较好，适合种植烤烟。发育于页岩、板岩、凝灰岩和泥岩等泥质岩类的黄壤，质地黏重，通透性差，不利于优质烤烟生产。

红壤主要成土母质有石灰岩、第四纪红色黏土、板页岩，在亚热带生物气候条件下形成，气候温和，无霜期长达 240～250 d，原始植被为常绿阔叶林。pH 4.5～6.0，有机质、土壤养分含量中等，质地较黏重，锌、硼比较缺乏。发育于石灰岩、板页岩母质的红壤适合于烤烟生长，发育于第四纪红土的红壤不适合优质烤烟生产。

湖南省郴州和永州地区植烟土壤质地相对比较黏重，主要为黏土类和黏壤土类，其中黏土类占 70.0%，黏壤土类占 30.0%。

桂阳烟叶产区属于典型的焦甜醇甜香型特色优质烟叶产地。其土壤成土母质除石灰岩、板页岩外，还有部分紫色页岩；土种多为紫色土、饭石土、黄泥、鸭屎泥。产烟区 345 个代表性土样化验结果表明，土壤 pH 为 5.5～7.5，有机质 4.85%，全氮 0.27%，全钾 1.09%，全磷 0.10%，碱解氮 233.9 mg·L^{-1}，速效钾 102.44 mg·L^{-1}，有效磷 29.18 mg·L^{-1}，有效锌 4.45 mg·L^{-1}，有效铁 68.18 mg·L^{-1}，有效硼 0.21 mg·L^{-1}，有效钼 0.258 mg·L^{-1}，有效锰 20.00 mg·L^{-1}，有效铜 4.73 mg·L^{-1}，水溶性氯 18.52 mg·L^{-1}。各种元素均未超出临界限度，适合优质烤烟生长发育与风格特色形成。而亚表层为质地较黏且排水良好的土层，土壤保水保肥能力较强，在沙壤土中所产的烟叶颜色橘黄，口感舒适，余味纯净。独特的高有机质含量的沙壤土赋予了桂阳烟区特色优质烟叶的天然品质和天然特色。境内最大河流春陵江流域烟区土壤类型为紫色土，其矿物质和烟需素丰富，生长的烟株健壮，抗病性强，生产的烟叶质量好。

3. 皖南烟叶产区土壤条件状况

皖南宣城植烟地区主要土壤类型有水稻土、红壤、紫色土等。其中水稻土占总植烟土壤面积的 90% 以上，主要有砂泥田、黄泥田、麻石砂泥田、扁石泥田、马肝田等，分布在整个皖南烟区。紫色土约占总植烟土壤面积的 5%，以酸性紫砂土为主。红壤比例更小，主要分布在黄山一带新开发烟田。

该地区土壤质地为沙壤土、壤土、黏壤土和水稻黏土，砂性土壤有机质含量低于黏土，土壤保水保肥性相对较差，其中 48.28% 属于砂土或壤土。

皖南产区土壤通透性好，肥力适中，是形成焦甜香烟叶风格的土壤基础。对皖南主要生态因子与烟叶风格关系的系统研究结果表明，在皖南特定的光温条件下，土壤因素在焦甜香风格形成中起着关键作用。皖南产区通透性良好、肥力中等的沙壤土是焦甜香风格形成的土壤基础。该区水稻黏土较为紧实，通透性不良，有机质含量高，不利于烟叶早发和后期烟叶大分子物质的降解转化，烟叶糖分含量和香气物质含量偏低，烟叶焦甜醇甜香型风格较弱。

第二节　焦甜醇甜香特色烟叶外观区域质量特征

一、烟叶外观质量评价方法

烟叶外观质量是指人们感官可以作出判断的外在质量因素。与烟叶内在质量密切相关的外观因素主要有部位、颜色、成熟度、叶片结构、身份、油分、色度、长度、宽度和残伤等。烟叶外观质量评价采用定性描述为主，主要依据是《中华人民共和国国家标准　烤烟》（GB2635—1992），判定方法是眼观、手摸，是目前主流的烤烟外观质量评价方式。

随后，为深入分析不同产区外观评价结果，定量评价逐渐被引入烟叶外观质量评价中。烟叶外观质量的定量评价是根据近年的外观评价结果和有关烤烟分级专家的意见，以 GB2635—1992 烤烟分级标准为基础，建立的烟叶外观质量评定打分标准。在不同的应用场景应考虑方法的便捷性、科学性和可对比性，采用不同方式或两者相结合的方式进行。目前，烟叶外观质量的定量评价多以烟叶颜色、成熟度、结构、身份、油分、色度等 6 项外观因素为评价指标，每项指标均按 10 分制进行打分，对品质因素各档次赋以不同分值，分值越高，质量越高；采用《中国烟草种植区划》建立的烟叶外观质量评价体系，以颜色、成熟度、叶片结构、身份、油分、色度的权重分别为0.30、0.25、0.15、0.12、0.10 和 0.08 计算烟叶外观质量总分，总分越高，烟叶外观质量越好。

此外，烤烟区域特征在烟叶外观特点的鉴别因素中具有重要作用，能够很好地从外观角度区分地区烟叶质量特色。

二、焦甜醇甜香型烟叶外观质量特征

南岭丘陵生态区烤烟烟叶成熟期处于高温高湿的气候环境中，昼夜温差较小，物质积累和消耗此消彼长，内含物积累相对较少，而且空气湿度大，从而导致烤后烟叶颜色容易转深，身份相对较薄。

一般认为，南岭丘陵生态区—焦甜醇甜香型烟叶深黄，叶面隐含暗红色，多属橘黄深色色域，广东部分产区烟叶金黄，属橘黄浅色色域；叶面颗粒感较强，成熟度较高；叶片结构疏松；叶面油润感较强，油分多数"有~多"质量档次；烟叶颜色的均匀度、光泽、饱满度较好；色度较好，一般在"强~浓"质量档次；叶片内含物充实度略欠，身份相对偏薄。

与中国烤烟平均水平相比较，南岭丘陵生态区—焦甜醇甜香型上部烟叶、中部烟叶外观质量与全国平均水平相当，下部烟叶外观质量略低于全国平均水平。下部烟叶身份、油分和色度分值略低于全国均值，颜色和叶片结构分值与全国均值相当，成熟度略高于全国均值。中部烟叶颜色、成熟度和叶片结构分值略高于全国均值，其他外观指标分值略低于全国均值。上部烟叶颜色、成熟度、叶片结构和身份分值略高于全国均值，其他外观指标分值略低于全国均值。

三、焦甜醇甜香型烟叶外观质量的年际变化

南岭丘陵生态区—焦甜醇甜香型烟叶外观质量的年际变化见表 1 - 5。南岭丘陵生态区—焦甜醇甜香型烟叶颜色相对略深，成熟度相对较高，叶片疏松度略欠。中部烟叶成熟度和叶片结构 5 年均值与全国均值相当，其他外观指标分值略低于全国均值。上部烟叶成熟度 5 年均值高于全国均值，叶片结构和身份分值与全国均值相当，其他外观指标分值略低于全国均值。综合来看，2018—2022 年，焦甜醇甜香型产区中部、上部烟叶外观质量略低于全国平均水平。

从表 1 - 5 可以看出，2018—2022 年，焦甜醇甜香型 V 区中部烟叶外观质量以 2021 年最好，2022 年略有降低；上部烟叶外观质量逐年提升，2022 年达到相对最好水平。

表1-5 2018—2022年焦甜醇甜香型Ⅴ区烟叶外观质量的年际变化

指标	部位	2018年	2019年	2020年	2021年	2022年	香型5年均值	全国5年均值
颜色	中部	8.2	8.0	8.1	8.2	8.2	8.1	8.2
	上部	7.8	7.8	7.9	8.2	8.0	7.9	8.0
成熟度	中部	8.2	8.0	8.1	8.2	8.2	8.1	8.1
	上部	8.0	7.9	8.1	8.3	8.2	8.1	8.0
叶片结构	中部	8.0	8.0	7.9	7.9	8.1	8.0	8.0
	上部	6.2	6.0	5.9	5.9	6.4	6.1	6.1
身份	中部	7.5	7.5	7.8	7.8	7.5	7.6	7.7
	上部	6.8	6.8	6.5	6.4	7.0	6.7	6.7
油分	中部	6.2	6.0	6.0	6.2	6.0	6.1	6.3
	上部	6.4	6.1	6.2	6.2	5.9	6.2	6.4
色度	中部	5.4	5.4	5.4	5.8	5.7	5.5	5.7
	上部	5.8	5.9	6.1	6.2	5.7	5.9	6.1
外观总分	中部	76.5	75.4	76.4	77.3	76.6	76.4	77.0
	上部	71.9	71.0	71.4	72.8	72.9	72.0	72.3

资料来源：中国烟叶质量白皮书，2022年。

四、焦甜醇甜香型烟叶外观区域特征

在地理区域范围上，根据"生态-外貌"原则，依据几个重要的鉴别特征——烟叶的共性区域特征（颜色、成熟度、叶片结构、身份、油分和色度）、烟叶区域差异特征（底色、蜡质、光泽度、叶面组织、柔韧性）以及烟叶厚度区域特征，可以基本反映出不同区域特色烤烟外观的总体特征及其分布格局（魏春阳，2010）。

从选取的几个焦甜醇甜香型代表型产地烤烟区域外观特征分析结果来看（表1-6），总体的底色为微红，叶面组织为稍粗糙~粗糙，柔韧性为柔软，蜡质感弱，光泽度为较暗~较鲜亮，主脉为细~适中，叶面叶背色差为小~中，尖基差为中~大，阔度属宽的范畴。

表 1-6　焦甜醇甜香型不同产地烤烟外观区域特征分析

产地	底色	叶面组织	柔韧性	蜡质感	光泽度	主脉	叶面叶背色差	尖基差	阔度
湖南桂阳	微红	稍粗糙	柔	弱	较暗	适中	小	中	宽
湖南江华	微红	稍粗糙	柔	弱	较鲜亮	适中	小	中	宽
湖南新田	微红	稍粗糙	柔	弱	较暗	细	中	大	宽
广东南雄（粤烟97）	微红	粗糙	柔	弱	较暗	适中	小	大	宽
广东南雄（K326）	微红	稍粗糙	柔	弱	较暗	适中	小	大	宽
江西石城	微红	稍粗糙	柔	弱	较暗	适中	小	大	宽

左伟标等（2022）的研究表明，烟叶外观特征与感官特征关系密切，烟叶尖基差越小，则焦香、焦甜香越好；油分越多，则焦甜香越明显，香型越显著。烟叶尖基差、油分、柔韧性可作为影响或反映焦甜醇甜香型主产区的关键外观指标。

第三节　焦甜醇甜香特色烟叶化学成分特征

一、焦甜醇甜香特色烟叶常规化学成分总体特征

测定焦甜醇甜香型烤烟生态区（湖南 19 个采样点，广东 5 个采样点）代表性样品结果表明，2010—2022 年的年度化学成分平均值具有以下规律。

（1）总植物碱：中部叶在 1.90%～2.91% 之间，呈现出上升趋势；上部叶在 3.03%～3.81% 之间，总体略微上升。

（2）总氮：中部叶在 1.57%～1.93% 之间，含量总体较为稳定；上部叶在 1.77%～2.34% 之间，含量总体波动不大。

（3）还原糖：中部叶在 22.86%～28.96% 之间，含量波动范围较大；上部叶在 18.28%～26.19% 之间，含量波动范围较大。

（4）总糖：中部叶在 28.1%～34.55% 之间，上部叶在 23.52%～33.96% 之间，含量波动范围较大。

（5）钾：中部叶在 2.26%～2.76% 之间，上部叶在 2.03%～2.49% 之间，两者含量波动不大。

（6）淀粉：中部叶在 4.42%～6.02% 之间，含量波动较小；上部叶在 3.66%～5.92% 之间，含量波动较大。

（7）糖碱比：中部叶在 8.89～14.78 之间，年度间波动较大；上部叶在 5.75～8.74，年度间波动较大。

（8）钾氯比：中部叶在 8.68～13.72 之间，上部叶在 6.93～9.82 之间，总体略

有波动。

进一步比较分析发现，南岭丘陵生态区—焦甜醇甜香型烟叶化学成分与其他香型区相比，该区烟叶样品还原糖含量、总糖含量略低于全国平均水平，总植物碱含量略高于全国平均水平，淀粉含量、钾含量以及钾氯比值较高。中部叶和上部叶的化学成分协调性评价分值较高，年度均值基本在80.0分以上，总体上略高于全国均值。

二、焦甜醇甜香型烟叶代表性产区烟叶化学成分特征

（一）湖南产区

笔者统计了2020—2022年湖南3个地级市（郴州、永州、衡阳）9个县区焦甜醇甜香型烟叶产区的样品常规化学成分检测结果，统计数据见表1-7。

下部叶、中部叶、上部叶总植物碱含量各年度均值分别在1.49%～2.30%、2.53%～3.02%、3.32%～3.88%之间，总体总植物碱含量较高，含量略高于全国均值。

下部叶、中部叶、上部叶总氮含量分别在1.49%～1.68%、1.84%～1.93%、2.13%～2.31%之间，总氮含量均高于全国均值水平，且2020—2022年呈小幅上升趋势。

下部叶、中部叶、上部叶还原糖含量分别在26.34%～26.82%、25.11%～26.42%、20.21%～21.23%之间，各部位平均值均略低于全国均值。

下部叶、中部叶、上部叶钾含量分别在2.76%～2.88%、2.25%～2.45%、1.98%～2.25%之间，钾含量总体较高，各年度波动不大，且高于全国均值。

下部叶、中部叶、上部叶淀粉含量分别在3.28%～4.23%、4.45%～5.45%、3.78%～4.25%之间，且2020—2022年总体呈上升趋势，均值与全国均值差异不大。

湖南产区烤烟烟叶的氮碱比和糖碱比均略低于全国均值；钾氯比与全国均值相差不大。总体来看，湖南省焦甜醇甜香型烟叶产区的下部烟叶和中部烟叶化学成分协调性较好，上部烟叶化学成分协调性稍差于前两者。

表1-7 湖南烟叶产区2020—2022年烟叶主要化学成分的年际变化

指　标	部位	2020年	2021年	2022年	省3年均值	全国3年均值
	下部	1.75	2.30	1.49	1.85	1.62
总植物碱/%	中部	2.80	3.02	2.53	2.78	2.26
	上部	3.36	3.88	3.32	3.52	3.11
	下部	1.49	1.68	1.61	1.59	1.56
总　氮/%	中部	1.84	1.84	1.93	1.87	1.77
	上部	2.21	2.13	2.31	2.22	2.14

（续上表）

指　标	部位	2020 年	2021 年	2022 年	省 3 年均值	全国 3 年均值
还原糖/%	下部	26.82	26.34	26.42	26.53	26.65
	中部	25.21	26.42	25.11	25.58	26.24
	上部	21.04	21.23	20.21	20.83	23.27
总　糖/%	下部	33.12	31.51	31.05	31.89	33.35
	中部	29.58	29.83	30.03	29.81	32.7
	上部	24.03	24.53	23.45	24.00	27.92
钾/%	下部	2.76	2.88	2.84	2.83	2.33
	中部	2.45	2.41	2.25	2.37	2.01
	上部	2.25	2.07	1.98	2.10	1.8
氯/%	下部	0.22	0.23	0.19	0.21	0.27
	中部	0.31	0.23	0.21	0.25	0.26
	上部	0.24	0.24	0.28	0.25	0.3
淀　粉/%	下部	3.25	3.28	4.23	3.59	3.8
	中部	4.45	4.61	5.45	4.84	4.61
	上部	4.01	3.78	4.25	4.01	4.15
氮碱比值	下部	0.85	0.73	1.08	0.89	1.01
	中部	0.66	0.61	0.76	0.68	0.82
	上部	0.66	0.55	0.70	0.63	0.72
糖碱比值	下部	15.33	11.45	17.73	14.84	17.83
	中部	9.00	8.75	9.92	9.23	12.56
	上部	6.26	5.47	6.09	5.94	8.22
钾氯比值	下部	12.55	12.52	14.95	13.34	13.56
	中部	7.90	10.48	10.71	9.70	11.92
	上部	9.38	8.63	7.07	8.36	8.64

（续上表）

指　标	部位	2020 年	2021 年	2022 年	省 3 年均值	全国 3 年均值
	下部	0.81	0.84	0.85	0.83	0.8
还原糖/总糖	中部	0.85	0.89	0.84	0.86	0.81
	上部	0.88	0.87	0.86	0.87	0.84

（二）广东产区

表 1-8 是广东省韶关市两个收购点（南雄古市、南雄水口）2020—2022 年的常规化学成分检测结果统计表。

韶关烟叶产区下部叶、中部叶、上部叶总植物碱含量年度均值分别在 1.82%～2.17%、2.15%～2.86%、3.15%～3.43% 之间，下部烟叶总植物碱含量偏高，下部叶、中部叶、上部叶均高于全国平均值。

下部叶、中部叶、上部叶总氮含量分别在 1.42%～1.78%、1.48%～1.97%、1.89%～2.27% 之间，其中，中部叶和上部烟均低于全国平均值。

下部叶、中部叶、上部叶还原糖三年之间波动较大，分别在 20.96%～26.58%、20.39%～25.42%、18.89%～22.03% 之间，且均低于全国平均值。各部位总糖含量 2020—2022 年也表现出类似的趋势。

下部叶、中部叶、上部叶钾含量分别在 2.07%～2.62%、1.89%～2.57%、2.03%～2.35% 之间，各部位钾含量属较高范畴，全部高于全国平均值。

下部叶、中部叶、上部叶淀粉含量分别在 3.32%～5.32%、3.88%～5.56%、3.61%～4.32% 之间，除上部烟叶以外，淀粉含量均高于全国近三年均值。

与湖南产区类似，韶关产区各部位烟叶氮碱比和糖碱比均低于全国平均值，同时，钾氯比也略低于全国平均值。总体上，广东韶关烟叶产区各部位烟叶化学成分协调性相对较好。

表 1-8　广东烟叶产区 2020—2022 年烟叶主要化学成分的年际变化

指　标	部位	2020 年	2021 年	2022 年	省 3 年均值	全国 3 年均值
	下部	1.82	2.29	2.17	2.09	1.62
总植物碱/%	中部	2.15	2.76	2.86	2.59	2.26
	上部	3.43	3.15	3.32	3.30	3.11
	下部	1.42	1.64	1.78	1.61	1.56
总　氮/%	中部	1.48	1.78	1.97	1.74	1.77
	上部	2.08	1.89	2.27	2.08	2.14

（续上表）

指　标	部位	2020 年	2021 年	2022 年	省 3 年均值	全国 3 年均值
还原糖/%	下部	25.49	20.96	26.58	24.34	26.65
	中部	24.87	20.39	25.42	23.56	26.24
	上部	20.49	18.89	22.03	20.47	23.27
总　糖/%	下部	32.46	24.87	32.96	30.10	33.35
	中部	32.31	24.32	30.34	28.99	32.7
	上部	23.02	22.04	25.99	23.68	27.92
钾/%	下部	2.56	2.62	2.07	2.42	2.33
	中部	2.34	2.57	1.89	2.27	2.01
	上部	2.23	2.35	2.03	2.20	1.8
氯/%	下部	0.21	0.27	0.17	0.22	0.27
	中部	0.23	0.29	0.20	0.24	0.26
	上部	0.21	0.31	0.24	0.25	0.3
淀　粉/%	下部	4.28	3.32	5.32	4.31	3.8
	中部	5.51	3.88	5.36	4.92	4.61
	上部	3.61	3.84	4.32	3.92	4.15
氮碱比值	下部	0.78	0.72	0.82	0.77	1.01
	中部	0.69	0.64	0.69	0.67	0.82
	上部	0.61	0.60	0.68	0.63	0.72
糖碱比值	下部	14.01	9.15	12.25	11.63	17.83
	中部	11.57	7.39	8.89	9.10	12.56
	上部	5.97	6.00	6.64	6.20	8.22
钾氯比值	下部	12.19	9.70	12.18	11.15	13.56
	中部	10.17	8.86	9.45	9.44	11.92
	上部	10.62	7.58	8.46	8.70	8.64
还原糖/总糖	下部	0.79	0.84	0.81	0.81	0.8
	中部	0.77	0.84	0.84	0.81	0.81
	上部	0.89	0.86	0.85	0.86	0.84

三、焦甜醇甜香型烟叶部分主要化学成分特征分析

烤烟特征香型的形成和风格的彰显是以特点的物质积累为前提，烟草科技工作者在烤烟香型风格形成的化学基础方面展开了诸多研究。其中，焦甜醇甜香型烟叶感官风格的形成与部分主要化学成分之间的相关性逐步得到验证。

（1）糖含量较低。焦甜醇甜香型烟叶产区总糖含量（22%～26%）和还原糖含量（16%～20%）在各生态区处于较低水平（如广东韶关烟区 2021 年烟叶含糖量）；Amadori 反应物含量较高。

（2）含氮物质较高。总氮含量（1.4%～2.1%）和总植物碱含量在各生态区中属于较高水平，且其烤烟游离氨基酸总量相对较高（贾国涛，2023）。

（3）氯含量在各生态区中处于中等，总体在 0.0%～1.0% 之间。

（4）钾含量在各生态区中略低，总体在 1.2%～2.5% 之间。

（5）多酚物质。莨菪亭含量在八大生态区中含量中等，芸香苷含量则较高。此外，新绿原酸、绿原酸、隐绿原酸、芦丁等 4 种成分的含量在焦甜醇甜香型烟叶中含量较低（谢媛媛，2018）。

（6）香气物质在八大生态区中总体处于中等水平，其中具有明显差异特征的是巨豆三烯酮及其前体物略低。

（7）类胡萝卜素在焦甜醇甜香型烟叶中的含量总体低于其他生态区，但其中叶黄素的比例较高。

第四节　焦甜醇甜香特色烟叶感官质量特征

一、烤烟感官质量评价指标

烟草企业以中华人民共和国烟草行业标准《YC/T138—1998 烟草及烟草制品 感官评价方法》为基础，形成 9 分制烤烟感官质量指标量化评价方法。评价感官质量的指标主要有香型、香型风格程度、香气质、香气量、浓度、劲头、杂气、刺激性、余味、甜度和工业可用性。参照《中国烟草种植区划》建立的烤烟感官质量评价方法，以香气质、香气量、杂气、刺激性、余味的权重分别为 30%、30%、8%、15%、17% 计算感官质量总分。

二、焦甜醇甜香特色烟叶感官质量总体特征

（一）风格特征

中式烤烟八大香型生态区的划分是综合生态、感官、化学、代谢四个维度的研究

结果，其中感官风格的划分指标包含香韵、杂气、浓度和劲头。根据 8 种香型烟叶感官风格评价比较结果，南岭丘陵生态区—焦甜醇甜香型烟叶具备以下风格特征：以干草香、焦甜香、焦香、烘焙香为主体，辅以木香、醇甜香、坚果香、酸香、树脂香、辛香等，焦甜香突出，焦香较明显，树脂香微显，微有枯焦气、木质气和青杂气，烟气浓度、劲头中等。

（二）感官质量特征

中国烟叶质量白皮书（2022）中对湖南、广东、江西、安徽、广西等省区的焦甜醇甜香型烟叶产区近五年（2018—2022 年）的感官质量评价结果显示：南岭丘陵生态区—焦甜醇甜香型烟叶的显著特征是香气量相对较足，烟叶浓度相对较浓。其中，中部烟叶烟气浓度分值略高于全国均值，杂气、刺激性和余味分值与全国均值相当，其他感官指标分值低于全国均值。上部烟叶浓度分值高于全国均值，其他各指标与全国均值相当。烟叶总体感官质量与全国平均水平基本相当。

三、焦甜醇甜香型烟叶代表性产区感官质量评价结果

（一）湖南产区

湖南省是焦甜醇甜香型烟叶的主要产地，包括 7 个焦甜醇甜香型烟叶生产地级市。样品主要选取了湖南郴州、永州、衡阳等风格较为突出的 3 个地级市共计 7 个县区的烟叶样品，跟踪其 2020—2022 年的感官质量变化。

2020—2022 年湖南烟叶样品感官质量评价情况见表 1－9。由表 1－9 可知，上部叶的香气质、香气量、浓度以及感官质量总分的 3 年均值明显高于全国平均水平，刺激性、余味、杂气等方面与全国平均水平相当。总体来说，上部烟叶在烟气风格上比全国平均水平突出。中部烟叶的香气质、香气量、浓度、杂气等感官指标优于全国均值，刺激性、余味等方面则并不突出，感官质量总体上略好于全国平均。下部烟叶烟气浓度和杂气 3 年均值略高于全国均值，其他感官指标与全国均值相当，但其香气质相对全国均值较差。从烤烟烟气风格上来说，湖南的焦甜醇甜香型风格突出，部位上则以上部烟叶风格最佳，其次为中部叶，下部叶风格较弱。

表 1－9　湖南 2020—2022 年烟叶感官质量评价结果

指　标	部位	2020 年	2021 年	2022 年	省 3 年均值	全国 3 年均值
香型风格程度	下部	5.8	5.8	5.7	5.8	—
	中部	6.2	6.1	6.2	6.2	—
	上部	6.1	6.2	6.3	6.2	—

（续上表）

指 标	部位	2020 年	2021 年	2022 年	省 3 年均值	全国 3 年均值
香气质	下部	6.0	6.0	6.0	6.0	6.1
	中部	6.6	6.5	6.7	6.6	6.4
	上部	6.3	6.2	6.4	6.3	6.1
香气量	下部	5.8	5.7	6.0	5.8	5.8
	中部	6.4	6.4	6.5	6.4	6.3
	上部	6.5	6.4	6.5	6.5	6.3
浓度	下部	5.9	6.0	6.0	6.0	5.8
	中部	6.5	6.4	6.6	6.5	6.3
	上部	6.7	6.6	6.7	6.7	6.5
杂气	下部	6.0	6.1	6.0	6.0	5.9
	中部	6.3	6.2	6.3	6.3	6.1
	上部	5.9	6.0	5.8	5.9	5.9
刺激性	下部	6.0	6.1	6.0	6.0	6.0
	中部	6.0	6.2	6.0	6.1	6.1
	上部	5.8	5.8	5.9	5.8	5.9
余味	下部	6.0	6.0	6.0	6.0	6.0
	中部	6.2	6.2	6.2	6.2	6.2
	上部	5.9	5.9	5.8	5.9	5.8
感官质量总分	下部	66.0	65.9	66.7	66.2	66.4
	中部	70.6	70.6	71.3	70.8	69.4
	上部	68.1	67.8	67.9	67.9	67.5

（二）广东产区

广东省是我国焦甜醇甜香型烟叶的产地之一，韶关市是广东焦甜醇甜香型烟叶的代表性生产基地。样品选自韶关的乐昌、乳源、始兴和南雄等 4 个县具有代表性的烟叶产地，跟踪评价各个县 2020—2022 年的烟叶样品的感官质量平均表现。

2020—2022 年广东韶关 4 县烟叶样品感官质量评价情况见表 1－10。从总体来看：广东韶关地区焦甜醇甜香型风格较为突出，稍差于湖南产区；广东韶关各县区上部和中部烟叶的香气质、香气量、浓度和杂气等指标均优于全国平均，刺激性和余味等与全国水平差异不大，且上部、中部、下部烟叶感官质量评价总分也略好于全国平均水平。

从韶关主产烟叶县区看，南雄、始兴产区的烟叶焦甜醇甜香型风格最为突出；乐昌、乳源产区的焦甜醇甜香型风格相对较弱。在感官质量上，南雄产区的上部和中部烟叶的香气质、香气量、浓度均好于其他产区，感官质量总分最高；始兴和乳源产区各部位感官质量总分略好于广东省平均得分；乐昌产区各部位烟叶总体表现稍差。

表 1-10　广东韶关 2020—2022 年烟叶感官质量评价结果

指标	部位	乐昌	乳源	始兴	南雄	省 3 年均值	全国 3 年均值
香型风格程度	下部	5.6	5.6	5.6	5.7	5.6	—
	中部	6.1	6	6.1	6.2	6.1	—
	上部	6	6.1	6.1	6.2	6.1	—
香气质	下部	6	6	6.1	6.1	6.1	6.1
	中部	6.5	6.5	6.5	6.6	6.5	6.4
	上部	6.2	6.1	6.2	6.4	6.2	6.1
香气量	下部	5.9	6	6	6	6.0	5.9
	中部	6.4	6.4	6.4	6.5	6.4	6.3
	上部	6.3	6.4	6.3	6.4	6.4	6.3
浓度	下部	6.1	6	6.1	6.1	6.1	5.9
	中部	6.3	6.5	6.5	6.6	6.5	6.3
	上部	6.6	6.6	6.6	6.7	6.6	6.5
杂气	下部	5.7	6.1	6	6	6.0	5.9
	中部	6.1	6.3	6.2	6.2	6.2	6.1
	上部	5.9	6.1	6.1	6.2	6.1	5.9
刺激性	下部	5.7	6	6.1	6.1	6.0	6
	中部	6	6.1	6.2	6.2	6.1	6.1
	上部	5.6	6	5.9	6	5.9	5.9
余味	下部	5.8	6	6.1	6.1	6.0	6
	中部	5.9	6.2	6.3	6.2	6.2	6.2
	上部	5.9	5.9	6	6	6.0	5.9
感官质量总分	下部	64.9	67.1	67.4	67.4	66.7	66.4
	中部	68.9	70.5	70.7	71.2	70.3	69.4
	上部	67.1	68.6	68.3	69.5	68.4	67.5

第二章 "好日子"品牌导向的焦甜醇甜香特色烟叶品质特征

第一节 "好日子"品牌焦甜醇甜香烟叶的工业应用

一、"好日子"品牌焦甜醇甜香烟叶使用现状

(一)"好日子"品牌不同风格原料库存情况

基于品牌发展的产品配方结构和战略定位,"好日子"品牌二类以上卷烟产品的原料储备构成是以清甜香型烟叶为主,作为主体原料的库存储备;焦甜醇甜香型烟叶作为重要调香味级主要原料储备,蜜甜、醇甜以及清甜密甜香型烟叶作为辅助原料储备。焦甜醇甜香型烟叶由于具有成熟焦甜香香韵明显、香气浓郁、透发性好、烟气绵长厚实、浓度较大、余味舒适等品质特性,在"好日子"卷烟配方中起到调香主体的作用,是"好日子"品牌不可或缺的重要原料。因此,在深圳烟草工业公司的"十四五"规划中,焦甜醇甜香型烟叶的储备是未来"好日子"品牌持续发展的重要基石。当前,深圳烟草工业公司的原料结构见表2-1。

表2-1 2022年深圳烟草工业公司国产烟叶原料库存比例

烟叶风格	占比/%	产地
清甜香	49.59	云南、四川
焦甜醇甜香	22.31	湖南、广东
蜜甜香	16.2	贵州
醇甜香	10.91	湖北
清甜密甜香	1	福建

(二)"好日子"品牌焦甜醇甜香烟叶使用比例

根据国家烟草专卖局的明确要求,2015年1月1日起,国内生产卷烟盒标焦油含量不超过10 mg/支。烟叶的总糖含量与焦油含量呈正相关关系,焦甜醇甜香烟叶总糖含量相对较低,有利于降低卷烟的焦油含量。而且焦甜醇甜香烟叶具有香气量足、透

发性好、烟香丰富浓郁等特质,可以弥补不同价位卷烟采用稀释、过滤、通风等降焦技术后造成的卷烟香气损失,保香增香效果好,可以有效保证消费者体验感和满足感。随着降焦减害工作的持续推进,"好日子"品牌中高端、高价位卷烟配方的不断迭代优化,目前焦甜醇甜香型烟叶(含进口烟)在"好日子"品牌配方中的使用比例占总使用量 27.98%,尤其是在高价位、高端卷烟配方中,使用比例均达到 30% 左右(表 2 - 2)。

围绕深圳烟草工业公司"十四五"发展规划,在未来的品牌发展方向上,"好日子"品牌将围绕"卷烟产量稳定,品牌结构优化提升"的目标进行。为满足市场需求,"好日子"品牌将逐年减少低价位、低端卷烟,进一步优化卷烟结构,增强品牌竞争力。随着高端卷烟的产量逐步提升,从目前深圳烟草工业公司的原料储备和配方使用数据来看,具备特色风格的优质焦甜醇甜香型烟叶在数量稳定上和品质需求上仍存在一定的缺口。因此,作为"好日子"品牌的核心调香味原料,优质焦甜醇甜香特色烟叶如何持续有效保障供应,是下一步"好日子"品牌导向焦甜醇甜香烟叶生产的重要工作。

表 2 - 2 "好日子"品牌焦甜醇甜香烟叶(含进口)占配方比例

年度	卷烟类别					
	高价位	高端	中端	中低端	低价位	加权平均
2022	31.82%	29.76%	20.31%	44.02%	55.52%	27.98%

说明:高价位卷烟指含税批发价在 600 元(含 600 元)/条以上的卷烟;高端卷烟指含税批发价在 263 ~ 600 元(含 263 元)/条的卷烟;中端卷烟指含税批发价在 113 ~ 263 元(含 113 元)/条的普一类及二类卷烟;中低端卷烟指含税批发价在 70 ~ 113 元(含 70 元)/条的高三类卷烟;低价位卷烟指含税批发价在 70 元/条以下的低三类及四五类卷烟。

二、"好日子"品牌焦甜醇甜香烟叶的香型风格评价

烟叶的质量风格是卷烟产品设计时选择和使用的基础。从"好日子"品牌所关注的角度来看,风格主要是指香型风格,优质主要是指感官质量,这些指标是特色优质烟叶开发所要研究和优化的核心指标。而烟叶质量风格评价是特色优质烟叶开发研究中的重要内容。采用科学合理的评价指标体系,对"好日子"品牌所使用的焦甜醇甜香烟叶香型风格进行客观评价和科学定位,使"好日子"品牌焦甜醇甜香烟叶的后续开发得到合理的引导和有力支持。

(一)评价方案

(1)焦甜醇甜香烟叶样品收集。烟叶样品等级选择 C3F 和 B2F,等级选择基于以

下两个原则：一是选择烟叶香气风格特征突出，品质特征明显，商业企业收购比例较高，配伍性好，在"好日子"品牌产品叶组配方香气风格构成中发挥着主导作用；二是同一植株不同部位烟叶感官质量风格存在规律性变化，在明确该等级香气风格特征基础上，容易推知相邻等级烟叶风格特征。

烟叶样品品种选择以产地多年主栽品种烟叶样品为评价对象。

烟叶样品选择 2021 年采购的烟叶样品进行评价。

（2）样品收集。统一按照《中国烟叶公司关于特色优质烟叶开发重大专项烟叶样品管理办法的通知》（中烟〔2011〕23 号）中的"特色优质烟叶开发重大专项烟叶样品管理办法"进行取样。

（3）样品制备。主要技术参数和要求如下：片烟或烟丝回潮、干燥温度低于40℃，切丝宽度 1.0 mm±0.1 mm；卷烟材料使用50～60CU 的非快燃卷烟纸，烟支物理指标符合 GB 5606.3—2005 要求；样品保存在−6～0℃的低温环境内。

（4）评价小组。由深圳烟草工业公司日常参与产品质量风格特征评价及配方工作的 7 人组成感官质量评价专家组，对来样进行感官评价与类型划分。

（5）评价方法。参照《烤烟烟叶质量风格特色感官评价方法》（YC/T 530—2015）的方法和要求，采用0～5等距标度评分法对烟叶风格特征和品质特征进行评价（表2－3）。烟叶风格特征中的香韵、烟气浓度、劲头参照《全国烤烟烟叶香型风格区划研究》方法进行评价；烟叶品质特征中的香气特性评价指标包括香气质、香气量、透发性、杂气，烟气特性评价指标包括细腻程度、柔和程度、圆润感；口感特性评价指标包括刺激性、干燥感、余味。结果统计按照上述标准进行。

表2－3　烤烟烟叶感官香型风格特征评价指标及评分标度

项目	指标	标度值		
		0～1	2～3	4～5
风格特征	香韵	干草香		
		清甜香		
		焦甜香		
		蜜甜香	无～微有	稍明显～尚明显	较显～明显
		醇甜香		
		烘焙香		
		酸香		
		青香		

（续上表）

项目	指标		标度值	
		0～1	2～3	4～5
风格特征	香韵 木香 豆香 坚果香 焦香 辛香 果香 药草香 花香 树脂香 酒香	无～微有	稍明显～尚明显	较显～明显
	烟气浓度	小～较小	中等～稍大	较大～大
	劲头	小～较小	中等～稍大	较大～大
品质特征	香气特征 香气质	差～较差	稍好～尚好	较好～好
	香气量	少～微有	稍有～尚足	较充足～充足
	透发性	沉闷～较沉闷	稍透发～尚透发	较透发～透发
	杂气 青杂气 生青气 枯焦气 木质气 土腥气 松脂气 花粉气 药草气 金属气	无～微有	稍有～有	稍重～重
	烟气特征 细腻程度	粗糙～较粗糙	稍细腻～尚细腻	较细腻～细腻
	柔和程度	生硬～较生硬	稍柔和～尚柔和	较柔和～柔和
	圆润感	毛糙～较毛糙	稍圆润～尚圆润	较圆润～圆润

（续上表）

项目		指标	标度值		
			0 ～1	2 ～3	4 ～5
品质特征	口感特征	刺激性	无～微有	稍有～有	较大～大
		干燥感	无～弱	稍有～有	较强～强
		余味	不净不舒适～欠净欠舒适	稍净稍舒适～尚净尚舒适	较净较舒适～纯净舒适

（二）评价结果与分析

（1）香韵强度。对 2021 年深圳烟草工业公司采购的广东南雄、湖南永州两地烟叶样品香韵强度评价与分析，感官评价结果如图 2－1 ～ 图 2－4 所示。

湖南永州地区 C3F 烟叶样品香韵强度从高到低为干草香、焦甜香、焦香、烘焙香、木香、醇甜香等（图 2－1），以干草香、焦甜香、焦香、烘焙香为主体香韵，其特征香韵种类组成中的蜜甜香、醇甜香、坚果香、辛香微有显露。B2F 烟叶样品香韵强度从高到低为干草香、木香、焦甜香、焦香、烘焙香、醇甜香等（图 2－2），以干草香、焦甜香、焦香、烘焙香、木香为主体香韵，其特征香韵种类组成中的醇甜香、坚果香、辛香较显露，辅助香韵中树脂香微显。结合等级部位来看，以 B2F 为代表的上部烟叶的焦甜香、焦香较协调，特征香韵中的各个指标较均衡；以 C3F 为代表的中部烟叶特征表现为焦甜香韵突出，甜香香韵较为明显，辅有醇甜香和蜜甜香。

广东南雄地区 C3F 烟叶样品香韵强度从高到低为干草香、焦甜香、焦香、烘焙香、木香、辛香等（图 2－3），以干草香、焦甜香、焦香、烘焙香为主体香韵，其特征香韵种类组成中的醇甜香、木香、坚果香、辛香微露。B2F 烟叶样品香韵强度从高到低为干草香、焦香、木香、焦甜香、醇甜香、烘焙香等（图 2－4），以干草香、焦香、木香、焦甜香为主体香韵，其特征香韵种类组成中的醇甜香、坚果香、辛香较显露。结合等级部位来看，以 B2F 为代表的上部烟叶的焦香、木香较明显，树脂香微显；以 C3F 为代表的中部烟叶特征表现为焦甜香、焦香、木香较明显。

广东南雄地区烟叶与湖南永州地区烟叶香气风格特征相比，两个地区烟叶主体香韵种类基本一致。广东南雄地区烟叶中、上部位焦甜香、焦香较均衡，辅助香韵中均有木香。湖南永州地区烟叶的甜香香韵强度（醇甜香、焦甜香）明显高于广东南雄烟叶，表现为焦甜香韵突出，甜香香韵明显，尤其是醇甜香韵较明显。湖南永州和广东南雄两地烟叶的香气风格特征虽然同属焦甜醇甜香型，但仍略有区别。

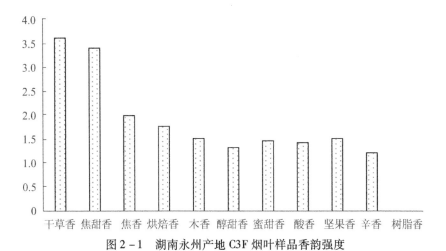

图 2-1 湖南永州产地 C3F 烟叶样品香韵强度

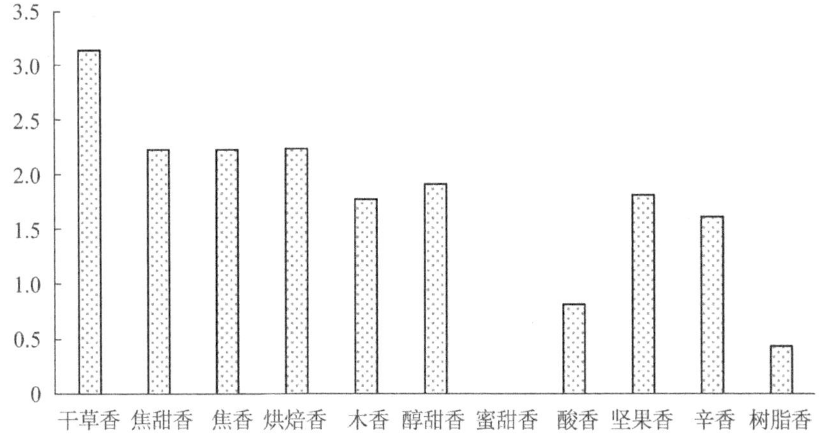

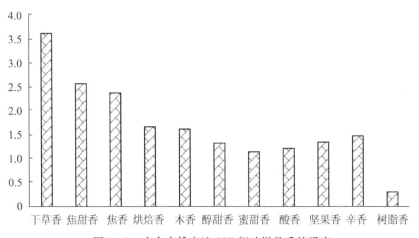

图 2-2 湖南永州产地 B2F 烟叶样品香韵强度

图 2-3 广东南雄产地 C3F 烟叶样品香韵强度

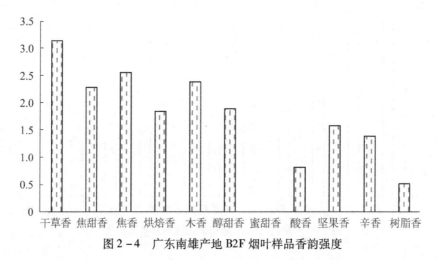

图 2-4　广东南雄产地 B2F 烟叶样品香韵强度

（2）浓度和劲头。2021 年深圳烟草工业公司采购的广东南雄、湖南永州两地烟叶样品浓度和劲头感官评价结果如图 2-5、图 2-6 所示。

评价结果表明，湖南永州地区烟叶的劲头与广东南雄地区烟叶相比，差异不明显，浓度略高。从中、上部位烟叶的评价结果来看，湖南永州地区和广东南雄地区烟叶的风格共性特点是劲头的感受比浓度的感受更明显。

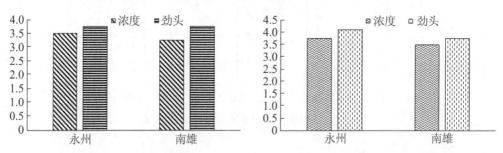

图 2-5　永州和南雄地区 C3F 浓度　　　图 2-6　永州和南雄地区 B2F 浓度
　　　　和劲头评价结果　　　　　　　　　　　　和劲头评价结果

（3）香气特性。2021 年深圳烟草工业公司采购的广东南雄、湖南永州两地烟叶样品香气特性评价结果如图 2-7、图 2-8 所示。

根据两地烟叶样品香气特性评价结果可知，湖南永州地区烟叶与广东南雄地区烟叶的香气特性表现各有特点。湖南永州地区烟叶香气特性的特点为中部烟叶香气质较好，透发性较好，香气量较香气质略欠，上部烟叶透发性较好，香气质与香气量较匹配。广东南雄地区烟叶的香气特性表现为中上部烟叶香气质稍好，香气量较足，透发性略显不足。

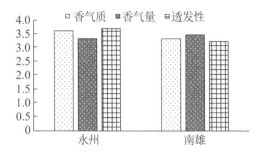

图2-7 永州和南雄地区 C3F 香气
特性评价结果

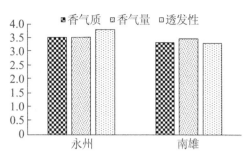

图2-8 永州和南雄地区 B2F 香气
特性评价结果

（4）杂气特征。2021年湖南永州地区烟叶和广东南雄地区烟叶的杂气种类组成基本一致，包括青杂气、生青气、枯焦气和木质气四种，无土腥气、花粉气、松脂气、药草气、金属气等其他杂气类型。

部位间四种杂气标度值相比较（表2-4），青杂气、枯焦气和木质气是上部烟叶＞中部烟叶，生青气是中部烟叶＞上部烟叶；部位间枯焦气上部烟叶分值与中部烟叶分值差异较明显，其余杂气分值差异不明显。

地区差异则表现为湖南永州地区烟叶的中部烟叶青杂气相对明显，广东南雄地区上部烟叶的枯焦气和木质气相对明显。

表2-4 2021年永州和南雄地区烟叶杂气评价结果

区域	等级	青杂气	生青气	枯焦气	木质气
永州	C3F	1.11	1.00	1.41	1.32
	B2F	1.41	0.00	2.21	1.55
南雄	C3F	0.00	1.27	1.57	1.34
	B2F	1.22	0.00	2.75	1.76

（5）烟气特性和口感特性。2021年湖南永州地区烟叶和广东南雄地区烟叶的烟气特性和口感特性评价结果见表2-5。

由两地烟气特性和口感特性评价结果来看，湖南永州地区烟叶和广东南雄地区烟叶的区域性差别较小。部位间的差异则表现为中部烟叶的烟气特性和口感特性均好于上部烟叶，尤其是烟气特性中的细腻度指标和口感特性中的刺激性、余味指标，在分值间表现差异较大。

表 2 - 5　2021 年永州和南雄地区烟叶烟气特性和口感特性评价结果

区域	等级	烟气特性			口感特性		
		细腻度	柔和度	圆润感	刺激性	干燥感	余味
永州	C3F	3.62	3.43	3.22	2.26	1.77	3.33
	B2F	3.06	3.39	2.95	2.64	2.15	3.01
南雄	C3F	3.32	3.35	3.13	2.07	1.82	3.61
	B2F	2.87	3.28	2.86	2.54	2.26	3.33

三、"好日子"品牌焦甜醇甜香烟叶的风格特征分析

(一)"好日子"品牌焦甜醇甜香烟叶风格形成因素

成熟期高温是焦甜醇甜香风格形成的决定因素,成熟期日平均气温 25 ～ 27℃是典型焦甜醇甜香型烟叶形成的温度条件。在一定温度条件下,成熟期日最高温和昼夜温差变化等参数也影响焦甜醇甜香型风格的彰显程度,较小的昼夜温差和相对较高且持续时间较长的日最高温度可以强化焦甜醇甜香型风格的表现。在特定区域内和特定温度条件下,光照时数较长、光照充足可以使烟叶的焦甜醇甜香型风格得到强化。大量研究结果证明,焦甜醇甜香型烟叶的彰显与成熟期可见光日均辐射、可见光比例、紫外线日均辐射呈显著正相关,与成熟期红橙光日均辐射正相关性也较大,这些光质成分不仅是光合作用的有效光,也是热量的主要来源,因此对焦甜醇甜香型的彰显有重要作用。土壤的通透性对烟叶的质量影响较大,良好的通透性可以显著提高烟叶质量,进而彰显焦甜醇甜香型风格特色。土壤质地和肥力可以影响香韵的表现,对焦甜醇甜香型起到一定修饰作用。

在焦甜醇甜香型烟叶的主要香韵中,焦甜香和焦香形成的先决因素是成熟期的高温条件。在成熟期高温前提下,其他相关因素的配合可导致不同香韵的形成与构筑。其中焦甜香的强化因素为土壤质地和成熟期降雨量,通透性良好的沙壤土可促进焦甜香韵的形成,当土壤砂粒比例低于 15%,黏粒比例大于 25%时焦甜香韵显著下降。最有利于焦甜香形成的成熟期降雨量为 300 ～ 550 mm,降雨量偏低时,焦甜香韵难以显现,这与降雨导致砂质土壤后期氮素淋失进而促进烟叶香气前体物质降解转化有关。另外,适宜的土壤肥力也影响焦甜香的形成,烟株生长前期和中期需要吸收较多的营养物质以合成丰富的香气前体物,适于焦甜香形成的土壤微生物量碳指标为 350 ～ 380 mg · kg^{-1}。光照强度和土壤肥力是焦香的强化因子,当土壤肥力较高,光照时数较长时可促进焦香的形成。因此,对于烟叶生产、卷烟加工以及相关基础研究而言,明确不同焦甜醇甜香型烟区对香型风格带来的不同影响和作用,是"好日子"品牌优化烟叶原料生产基地布局、设置卷烟原料采购重点区域以及研究香型风格形成的机理等工作的重要依

据。分析和评价焦甜醇甜香烟区生态条件，不但有利于完善焦甜醇甜香烟叶生产的各项技术和措施，而且有利于进一步提升焦甜醇甜香烟叶总体生产能力。

（二）"好日子"品牌焦甜醇甜香烟叶风格共性特征与个性表现

根据两个烟区烟叶的风格特征和品质特性评价结果，将湖南永州和广东南雄烟叶风格的共性特征和个性表现总结为表 2-6。

湖南永州和广东南雄作为焦甜醇甜香风格特征明显的烟区，其烟叶风格特征总体表现为彰显程度较好，香气质感较好，焦甜香较突出；个性表现为香韵分布、强度、香气量和透发状态有所不同。烟气特征总体呈现为烟气柔和、圆润、细腻、浓度较大等特点，个性表现为以青杂气、枯焦气、木质气为主的杂气类型有所不同。

以焦甜醇甜香风格为代表的湖南永州和广东南雄两地烟区烟叶各有不足之处。湖南永州烟区的焦甜醇甜香型烟叶表现为香气质好，透发性好，香气量略显不足，焦甜香韵、醇甜香韵突出，焦香相对较弱，杂气以青杂气为主的特征。广东南雄烟区的焦甜醇甜香型烟叶表现为香气质好，透发性尚好，香气量足，焦甜香韵、焦香相对均衡，醇甜香韵相对较弱，杂气以生杂气、木质气为主的特征。两个烟区各有优势，亦有不足，需要从焦甜醇甜香风格形成的各项影响因素来评估，针对性提出提升两地烟叶风格特征的农艺措施。

表 2-6　湖南永州和广东南雄烟叶风格的共性特征和个性表现对比

风格区	个性表现			共性特征
	彰显程度	香韵表现	香气状态	
湖南永州	彰显	焦甜香、焦香为主体香韵，醇甜香、烘焙香、坚果香、辛香为辅助香韵，焦甜香明显，焦香次之	质感好，香气量较足，透发性好	①存在干草香、焦甜香、焦香、醇甜香、烘焙香、木香、辛香、坚果香等香韵。烟区不同，香韵分布和强度表现存在差异；②干草香为本香香韵，两个烟区均有分布；③焦甜香是两个烟区的特征香韵，表现较强
广东南雄	彰显	焦甜香、焦香为主体香韵，木香、烘焙香、坚果香、辛香为辅助香韵，焦甜香与焦香较均衡	质感好，香气量足，透发性较好	

（三）异常气候对"好日子"品牌焦甜醇甜香烟叶造成的影响

（1）极端高温条件下产生的高温逼熟烟叶。湖南永州、广东南雄两地烟区耕作模式主要为烟稻轮作，烟叶成熟期处于5月下旬至7月下旬左右，自6月中旬后开始进入高温季节，降雨量明显减少，日最高气温不低于35℃，部分区域极端最高气温不低于

38℃。根据已有研究结论，前期降雨量过多，烤烟根系发育不良，根系活力显著下降，烟株难以适应高温胁迫，这是导致高温逼熟现象发生的主要前提因素，高温、高光强可导致高温逼熟现象加重（谷萌萌等，2020）。研究高温逼熟现象对焦甜醇甜香烟叶内在质量造成的影响，可以针对性改进栽培技术，保障烟叶原料正常生产。

以湖南永州、广东南雄两地多年生产经验来看，高温逼熟现象多出现在上部烟叶。选择湖南永州高温逼熟区域收集的 B2F 烟叶为代表，与正常区域收集的同年份、同等级烟叶进行对比评吸测试，表 2-7 是评吸测试结果。从表中可以看出，高温逼熟烟叶与正常烟叶相比，各项指标均不如正常烟叶，表现为香气质下降、杂气显露，口腔舒适性下降，烟气劲头、刺激性明显上升。评委经评吸后还认为，高温逼熟的上部烟叶对焦甜醇甜香烟叶的彰显程度有影响，表现为：①焦甜香韵较正常上部烟叶有减弱；②劲头过大，刺激性过大，呛喉感强烈；③杂气中的枯焦气息加重，口腔残留加重，回甜感减弱。

表 2-7　高温逼熟烟叶内在质量对比评吸表

处理	彰显程度	劲头	烟气浓度	香气质	香气量	杂气	刺激性	余味
	（5分）	（9分）	（9分）	（9分）	（9分）	（9分）	（9分）	（9分）
正常 B2F	4.0	6.5	7.0	6.5	6.0	6.5	6.0	6.0
高温逼熟 B2F	3.0	7.5	7.0	5.5	5.5	5.5	5.0	5.5

（2）低温阴雨寡照条件下生产的早花烟叶。湖南永州、广东南雄两地烟区均属于亚热带大陆性季风湿润气候区。该区域雨量充沛，降雨集中。春季易发生寒潮，气温骤降现象时有发生。烤烟属喜温作物，当气温持续低于16℃、日照不足8小时时容易发生大面积早花。

烤烟出现早花后，叶片数明显减少，生长势减弱，烟株表现为株高下降、节间距缩短；中部烟叶常表现为叶片变小、变狭长、变薄，上部烟叶常表现为叶片开片小、叶面僵硬。收集广东南雄、湖南永州早花发生区域采集的 C3F、B2F 烟叶为代表，与正常区域采集的同年份、同等级烟叶进行对比评吸测试，表 2-8 是评吸测试结果。从表中可以看出，早花烟叶与正常烟叶相比，总体表现为质量指标差异不明显，风格指标差异较大。评委经评吸后还认为，早花烟叶对焦甜醇甜香烟叶的影响主要有以下2点：①焦甜香韵较正常烟叶有减弱，焦香下降明显，醇甜香表达大于焦甜香；②劲头过小，透发性减弱，烟气浓度下降。

表2-8 早花烟叶内在质量对比评吸表

| 处理 | 彰显程度 | 劲头 | 烟气浓度 | 香气质 | 香气量 | 杂气 | 刺激性 | 余味 |
	(5分)	(9分)	(9分)	(9分)	(9分)	(9分)	(9分)	(9分)
正常 C3F	4.0	5.5	6.5	6.5	6.0	6	6.5	6
早花 C3F	3.5	4.5	5.5	6	5.5	6	6.5	6
正常 B2F	4.0	6.5	7	6.5	6.5	6.5	6	6
早花 B2F	3.0	6	6.5	6	6.0	6.5	6	5.5

第二节 广东南雄、湖南永州烟区生态条件分析与评价

一、生态环境资源概况

(一)森林覆盖率

随着农村燃料的改变和退耕还林、植树造林力度加大以及生态农业的发展,森林覆盖率在逐年上升,截至2021年南雄全市森林覆盖率65.97%。永州全市地貌呈"五山、三丘、半水、分半田"的格局,目前森林覆盖率60.5%,居湖南省第二位,2004年比1995年上升27个百分点,烟区生态环境不断得到改善。

(二)水土流失状况

随着森林覆盖率的逐步提高,水土流失面积逐年减少,流失强度逐渐减轻。目前永州市水土流失面积约3865平方千米,以分布在湘江流域为主。全境水土流失主要原因是气候因素,降雨多而集中,时空分布不均造成水力侵蚀以及不规范矿产开采导致局部崩塌、滑坡、泥石流等重力侵蚀危害。烤烟主烟区集中在非矿产开采区,水土流失程度相对较轻,对烤烟生产影响甚微。

(三)环境污染状况

南雄属农业大市,工业欠发达,水和大气污染程度轻,境内的浈江135条河流95%以上江段水质各项指标达二类标准,江河水质总体良好,饮用水源整体水质状况综合评价达到国家Ⅰ类标准;全市空气质量优良以上达标率99.16%,达标率100%;空气质量稳定,全年二氧化硫、氮氧化物、烟尘达标排放率均为100%。实行地膜回收工作,烟区土壤中的农药与地膜残留污染也很轻微,对烟叶生产可持续发展影响甚微。尤其是近年来推广统防统治、卫生栽培以及稻草覆盖栽培措施,土壤污染程度不断减轻。

永州属农业大市,工业欠发达,水和大气污染程度轻,境内的潇水、湘江上游等733条河流95%以上江段水质各项指标达二类标准;空气质量优于国家二级标准。烟

区土壤中的农药、地膜等残留污染也很轻微，对烟叶生产可持续发展影响甚微。尤其是近年来推广统防统治、卫生栽培以及稻草覆盖栽培措施，土壤污染程度不断减轻。

（四）土壤退化状况

土壤沙化和盐碱化程度轻微。但由于土壤复种指数高，轮作周期短，无机肥使用期长，部分烟区土壤板结，通透性能降低。随科技兴烟措施的普及，推行冬前深耕晒垡，推广稻草还田，合理安排轮作等用养相结合措施，土壤退化现象逐步得到遏制。

（五）水资源状况

河流水资源方面。南雄境内共有大小河流135条，总长1329.74千米，丰富的水资源为烤烟灌溉提供了有利条件。永州境内共有大小河流733条，总长10 515千米。潇水是湘江上游最大支流，发源于蓝山县，流经江华、江永、宁远、道县、双牌，于零陵注入湘江，干流长354千米，流域面积12 099平方千米。全市流域面积在1000平方千米以上的河流另有祁水、白水、紫溪河、芦洪江、永明河、宁远河、新田河等，这些大小河流以湘江、潇水为主干呈树枝状密布全区，为烤烟灌溉提供了有利条件。

雨水资源方面。南雄年均降雨量1550.23 mm，3—7月降雨量1010.9 mm，占全年的65.21%，其中4—6月降雨量707.04 mm，占全年的45.61%，各月分布不均。移栽期月降雨量约为100 mm，3—4月旺长期月均降雨量为150～200 mm，5月高峰达到250 mm左右，雨水资源与烤烟生长吻合得较好。永州年平均降雨量1377.3 mm，各月分布不均。移栽期月降雨量约为100 mm，4—6月旺长期月均降雨量约为200 mm，5月高峰达到250 mm左右，7月减少到150 mm左右，雨水资源与烤烟生长吻合得较好。

有效灌溉能力方面。南雄全市地表水与地下水资源丰富。地表水：水资源量17.04亿立方米，境内地表水资源量16.52亿立方米，径流量34.17亿立方米。只要加强烟水配套设施建设，合理蓄、引，就能充分满足烟叶生长需要。永州全市地表水与地下水资源丰富。地表水：全市多年平均总降水量334.3亿立方米，占全省3000亿立方米的11.1%。能形成径流的地表水193.5亿立方米，占全省地表水的12.2%，平均每平方千米地表水86.2万立方米。人均占有年径流量4445立方米，高出全国2700立方米的64.6%，比全省的3038立方米多46%。耕地每亩平均拥有水量4357立方米，是全国1700立方米的2.5倍，比全省平均的3030立方米高44%。地下水：全市有较大的富水构造12个，地下水年供给量55亿立方米，枯年地下径流27亿立方米，地下水排泄量15.9亿立方米。较大的地下河199条，枯水季年流量6.83亿立方米，大于5升/秒的大泉356个，年水量3亿立方米，其他泉井739口，年水量3.18亿立方米。在丘岗盆地，地下水污染少，水质好，水温和流量比较稳定。只要加强烟水配套设施建设，合理蓄、引，就能充分满足烟叶生长需要。

（六）能源状况

永州水力资源丰富，居全省第三位，全市水能理论蕴藏量218.2万千瓦，其中江华、道县 30 万千瓦以上，蓝山、祁阳、零陵、双牌 20 万千瓦以上，宁远、江永、东安、冷水滩 10 万千瓦以上，新田 3.15 千瓦。全市可供开发的水能资源 101.5 万千瓦，占理论蕴藏量的 46.5%，为集约化烘烤贮备了足够的电力资源。永州与湖南煤炭主产区郴州毗邻，交通便捷，为烤烟用煤提供了有利条件。

二、土壤资源状况

（一）土地资源状况

南雄市地处广东省东北部，位于大庾岭南麓，介于东经 113°55′30″ ～ 114°44′38″、北纬 24°56′59″ ～ 25°25′20″，东连江西省信丰县，北与江西省大余县交界，东南接江西省全南县，西南毗邻始兴县，西北与仁化县接壤，东西极限 84 千米，南北极限 52 千米，全市总面积 2326.18 平方千米，土地总面积 3355.08 万亩，占湖南省总面积的 9.0%，其中土壤面积 2750.09 万亩，占总面积的 81.96%。

南雄市境内四周群山环抱，中部丘陵平原，称南雄红层盆地，是远古时代恐龙的故乡。四周群山环抱，浈凌二江斜贯腹地。地势为西北高，东南低。西北山区最高峰为观音栋，海拔 1429 米。南部山区最高山峰为青嶂山，海拔 917 米。中部为狭长丘陵，自东北向西南沿浈江两岸伸展，直到始兴县马市，称为南雄红层盆地。南雄现有紫色土旱地面积 8.3 万亩，此类烟地富含磷、钾元素，土壤质地疏松，是生产南雄型的焦甜醇甜香风格特色烟叶的代表土壤，尤以南雄黄坑片区土壤质量最佳。

永州位于湖南省南部，五岭山脉北麓，东与郴州市的临武、嘉禾、桂阳县和衡阳的常宁县接壤，西与广西的恭城、灌阳、全州县相连，南与广东连州、连南县和广西贺州市、富川县毗邻，北与邵阳市的新宁、邵阳县和衡阳市的祁东县相接。辖 8 县 1 市 2 区，即宁远、新田、蓝山、江华、江永、道县、东安、双牌县，祁阳市和零陵、冷水滩区。地理坐标为北纬 24°39′ ～ 26°51′、东经 111°06′ ～ 112°21′ 之间，南北最长距离 245 千米，东西最长距离 144 千米，土地总面积 3355.08 万亩，占湖南省总面积的 9.0%，其中土壤面积 2750.09 万亩，占总面积的 81.96%。

北部属零祁盆地，包括东安、双牌两县，祁阳市和零陵、冷水滩两区，总面积 5704 平方千米，是全省商品粮生产基地之一。零祁盆地中的东安县有耕地 28.56 万亩（水田 22.3 万亩、旱土 6.26 万亩），是全市烤烟恢复性发展和培育县。全境地貌类型俱全，山地、丘陵、平岗、盆地相间分布，大体呈"五山、三丘、半水、分半田"的格局。

（二）耕地资源状况

南雄市耕地 37 454.24 公顷（56.18 万亩），其中水田 28 760.51 公顷（43.14 万亩），占 76.79%；水浇地 1269.76 公顷（1.90 万亩），占 3.39%；旱地 7423.97 公顷（11.14 万亩），占 19.82%。乌迳镇、湖口镇、油山镇、珠玑镇、黄坑镇等 5 个乡镇耕地面积较大，占南雄全市耕地的 47.84%。耕地资源丰富，地层发育较齐全，旱地以紫色土为主，水田以砂泥田与牛肝土田为主，对发展烟叶生产具有较大的潜力。

永州全市有耕地 516 万亩，占土地总面积 15%，其中水田 393 万亩，占耕地面积 76%；旱土 123 万亩，占耕地面积 24%。耕地资源丰富，地层发育较齐全，以红壤和黄壤为主，对发展烟叶生产具有较大的潜力。

（三）土壤类型

南雄主要植烟土壤为紫色土、牛肝土田、砂泥田三种，其反映了南雄地形地貌复杂多变、母岩母质多样，从而形成了多种类型的土壤特点，适宜轮作安排。

永州全区土壤分为 9 个土类，82 个土属。即田土 367.6 万亩，潮土 7.4 万亩，红壤 1500 万亩，山地黄壤 389 万亩，黄棕壤 157 万亩，山地灌丛草甸土 11.5 万亩，黑色石灰土 122.7 万亩，红色石灰土 128.7 万亩，紫色土 65.5 万亩。其中，田土中灰泥田土属 95.6 万亩，河砂泥土属 60.6 万亩，黄砂泥土属 51.9 万亩，青泥田土属 53.6 万亩，四个土属面积大，分布广，反映了永州市地形地貌复杂多变、母岩母质多样，从而形成了多种类型的土壤特点，适宜轮作安排。

（1）南雄市土壤理化性状。

紫色土 pH 7.63，速效氮 58.95 mg·kg^{-1}，速效磷 16.90 mg·kg^{-1}，速效钾 146.9 mg·kg^{-1}，有机质 11.36 g·kg^{-1}。全氮、碱解氮、速效磷较缺，全磷、速效钾含量丰富，属低氮高钾型土壤，最适宜优质烟叶生长。

牛肝土田 pH 7.00，速效氮 121.18 mg·kg^{-1}，速效磷 32.82 mg·kg^{-1}，速效钾 123.0 mg·kg^{-1}，有机质 21.41 g·kg^{-1}，pH 值大较为适宜，有机质、全氮、碱解氮、全磷、速效磷含量丰富，但速效钾较为缺乏。

砂泥田 pH 5.23，速效氮 123.79 mg·kg^{-1}，速效磷 42.02 mg·kg^{-1}，速效钾 84.7 mg·kg^{-1}，有机质 21.73 g·kg^{-1}。pH 值偏低，有机质、全氮、碱解氮、速效磷含量丰富，但速效钾严重缺乏。

（2）永州市土壤理化性状。

①耕作层、土层厚度。田土：耕层厚度小于 10 cm 的 3.8 万亩，占 1%；10～15 cm 的 178 万亩，占 46%；16～20 cm 的 169 万亩，占 43%；大于 20 cm 的 42 万亩，占 11%。旱土：耕层厚度小于 10 cm 的 3 万亩，占 3%；10～15 cm 的 31 万亩，占 26%；16～20 cm 的 51 万亩，占 42%；大于 20 cm 的 38 万亩，占 31%。

②土壤质地。田土：粗砂土 1.0 万亩，占 0.2%；砂壤土 120.5 万亩，占 30.6%；壤土 55 万亩，占 14%；黏壤土 178.5 万亩，占 45.4%；黏土 38 万亩，占 9.6%。旱土：粗砂土 3.4 万亩，占 2.8%；沙壤土 32 万亩，占 26%；壤土 20 万亩，占 16.2%；黏壤土 54 万亩，占 44%；粗土 14 万亩，占 11.7%。

③pH 值。全市平均值为 6.82。其中田土偏碱：pH 小于 5.4 的 10 万亩，占 2.5%；pH 在 5.5～6.4 之间的 128 万亩，占 33%；pH 大于 6.5 的 255 万亩，占 64.8%。旱土偏酸：pH 小于 5.4 的 11.4 万亩，占 12.7%；pH 5.5～6.4 的 73 万亩，占 54%；pH

大于 6.5 的 36 万亩,占 29.3%。

④有机质。土壤有机质丰富。有机质平均含量为 3.85%。其中,田土中土壤有机质大于 1.5% 的 355 万亩,小于 1.5% 的 38 万亩。旱土中土壤有机质大于 1.5% 的 81.7 万亩,小于 1.5% 的 41.3 万亩。有机质大于 1.5% 的土壤 436.7 万亩,所占比例为 84.6%。

⑤其他。全市土壤平均含全氮 0.235%,碱解氮 212.7mg·kg^{-1},全磷 0.0795%,有效磷 21mg·kg^{-1},全钾 1.11%,速效钾 84.7mg·kg^{-1}。

（四）土地分类及烤烟适应性初步评估

根据土地对农林牧业生产的适应程度划分,永州全市土地可分为 5 大类:一类宜农耕地 545.81 万亩,占 16.3%;二类宜林地 2178.21 万亩,占 64.9%;三类宜牧地 255.64 万亩,占 7.6%;四类宜其他用途地 242.92 万亩,占 7.2%;五类不宜地 132.5 万亩,占 3.9%。综合烤烟生长所需土壤质地、酸碱度、土壤肥力等指标要求,其中一类宜农耕地均适宜烤烟生长。

三、气候条件分析

（一）气候条件概况

南雄属中亚热带湿润型季风气候区,水热资源丰富,雨热同季,光照充足,是我国烟叶种植最佳生态区之一。

（1）热量。多年平均气温 19.79 ～ 20.98℃,最冷 1 月,平均气温 11.22 ～ 12.13℃;最热 7 月,平均气温 29.92 ～ 30.01℃。无霜期 306 ～ 320 天,严冬十分短,日最低气温 0℃ 以下只有 3 ～ 8 天,极端最低气温 -3.3 ～ 4.4℃。

（2）雨量。多年年均降雨量 1550.23 mm,3—7 月降雨量 1010.9 mm,占全年的 65.21%,其中 4—6 月降雨量 707.04 mm,占全年的 45.61%。

（3）光照。多年平均日照时数为 1460.88 ～ 1977.70 h。3—7 月大田生长期日照时数 605 ～ 692 h,4—5 月日照时数为 202 ～ 212 h。

永州属亚热带大陆性季风湿润气候区,四季分明,无霜期长,热量丰富,雨水充沛。

（1）热量。多年平均气温 17.6℃ ～ 18.6℃,最冷 1 月,平均气温 5.9 ～ 7.4℃,最热 7 月,平均气温 26.5 ～ 29.5℃。无霜期 286 ～ 311 天,严冬较短,日最低气温 0℃ 以下只有 8 ～ 15 天,多年平均降雪天数 3 ～ 7 天,极端最低气温 -4.9 ～ 8.4℃,超过 10℃ 的作物生长期有 250 ～ 258 天,超过 10℃ 的活动积温 5530 ～ 5860℃,5—7 月日温超过 20℃ 有 78 ～ 84 天。

（2）雨量。多年年均降雨量 1377.3 mm,4—6 月降雨量 635 mm,占全年的 46.1%,7—9 月降雨量 324.4 mm,占全年的 23.6%。

（3）光照。多年平均日照时数为 1360～1740 h，太阳总辐射量 101.5～113 kcal·cm^{-2}，全年 7 月最大量为 13～16 kcal·cm^{-2}。3—7 月大田生长期日照时数 705～762 h，日照率在 40% 以上，6—7 月日照时数为 286～441 h。

（二）烟叶生长期不利气候影响

南雄自然灾害比较多发，主要灾害性气象有旱涝灾害、大风冰雹灾害。具体对烤烟生长不利的方面有：育苗期低温阴雨天气较多；移栽后至还苗期干旱；4—5 月有洪涝灾害与冰雹，6 月采收期有高温天气，烟叶容易高温逼熟，对烤烟生长有一定的影响。高温与降雨分布不均匀是烟叶生长后期最主要的障碍因子。

永州是一个自然灾害较为多发地区，主要灾害性气象有旱涝灾害、冰冻、大风冰雹灾害。具体对烤烟生长不利的方面有：育苗期低温阴雨天气较多；大田前期大风、暴雨、冰雹发生概率较大；4—6 月降雨频繁，日照相对减少，对烤烟生长有一定的影响；雨季结束较早，7—9 月是旱季，降雨量 324.4 mm 左右，占全年的 23.6%，但蒸发量高达 700 mm，干旱发生频率较高。高温干旱是烟叶生长后期最主要的障碍因子。

（三）适应性初步评估

从气候状况看，南雄适宜烤烟生长。苗床期极端温度为 -3.3～4.4℃，1 月平均气温在 12℃ 左右，冬季冰冻不明显，加之近年来普遍采用集约化大棚育苗，具有明显的增温、保温效果，不会对烟苗产生冻害。大田期平均气温 16～28℃，10℃ 以上的有效积温 1500～1700℃，热量能充分满足烤烟生长需要，特别是后期充足热量，有利于烟叶焦甜醇甜香风格的形成。年均降雨量 1550.23 mm，主要集中在 4—6 月，雨热同期，有利于烟叶后期生长与干物质积累。年平均日照时数 1460.88～1977.70 h，3—7 月大田生长期日照时数 605～692 h，4—5 月日照时数为 202～212 h，有利于优质烟叶的形成。

从气候状况看，永州适宜烤烟生长。苗床期极端温度为 -4.9～-8.4℃，1 月平均气温在 7.8℃ 左右，尤其是营道盆地，1 月平均气温在 7.5℃ 以上，江华、江永两县在 8.3℃ 以上，冬季冰冻不明显，加之近年来普遍采用集约化大棚育苗，具有明显的增温效果，不会对烟叶产生冻害。大田期平均气温 22～23℃，10℃ 以上的活动积温 3000～3300℃，热量能充分满足烤烟生长需要，特别是后期的高温，有利于烟叶的成熟与烘烤。年均降雨量 1377.3 mm，主要集中在 4—6 月，6 月下旬后，降雨量明显减少，有利于烟叶自然落黄和采收烘烤。年平均日照时数 1360～1740h，年日照百分率 35%～37%，各月日照分布不均，季节变化较大，夏季约占 40% 以上，有利于优质烟叶的形成。

第三节　"好日子"品牌导向的焦甜醇甜香烟叶风格特色定位

一、感观品质与外观特征

（一）感官品质指标的筛选和赋值

参考《烤烟　烟叶质量风格特色感官评价方法》（YC/T 530—2015）中评价烟叶感官风格和质量的评价方法，结合深圳烟草工业公司对配方原料质量和风格的需求偏好，设定香气质指标、风格特色指标和香气状态指标，质量指标以香气质、透发性、杂气的加和表征香气品质优劣，以正甜香、辛香、焦甜香加和表征香韵特色指标，以香气量、浓度、香型加和表征风格特征指标，感官评价总得分以（香气质量×0.4＋风格特征×0.3＋香韵特色×0.3）计算，具体见表2-9。

表2-9　感官品质指标的筛选和赋值

指标	内容	权重
香气品质	香气质、透发性、杂气	0.4
香韵特色	正甜香、辛香、焦甜香	0.3
风格特色	香气量、浓度、香型	0.3

（二）烟叶外观特征指标分值与感官品质相关分析

图2-9分析了烟叶外观特征指标分值与感官品质的相关性。从图中可以看出，外观特征指标中颜色与焦甜醇甜香型烟叶的感官质量评价结果相关性最强，其次为柔软度，相关性最弱的为身份、叶片结构、成熟度。总体来看，颜色、柔软度、油润感与焦甜醇甜香型烟叶的感官质量评价结果关系密切。

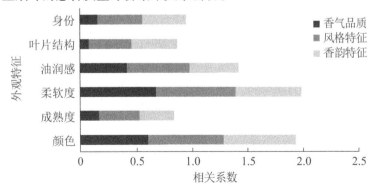

图2-9　烟叶外观特征指标分值与感官品质指标的相关系数

（三）外观特征指标和感官品质指标的逐步回归分析

针对与感官品质相关性较高的指标，采用逐步回归分析的方法进一步分析。回归方程以油润感、柔软度、颜色分值为自变量，感官质量总得分为因变量进行逐步回归分析。因变量经检验后符合正态分布。从表 2-10 可以看出，颜色、柔软度和油润感是影响烟叶感官质量的重要因素。

表 2-10　感官总分与外观特征指标分值的逐步回归方程参数表

入选自变量	通径系数	R_2	P
油润感	0.486	0.286	0.0141
柔软度	0.585	0.356	0.0095
颜色	0.7058	0.632	0.0018

（四）"好日子"焦甜醇甜香烟叶外观品质的建立

依据上述分析评价结果，建立了"好日子"焦甜醇甜香烟叶外观指标的优先级和分选档次表（表 2-11）。依据配方需求，将分选档次由好到差分为三档，各指标的分选优先级顺序为柔软度＞颜色深浅＞油润感＞叶片结构。

表 2-11　"好日子"焦甜醇甜香烟叶外观指标及标度

指标优先级	1	2	3	4
分选档次	柔软度	颜色	油润感	叶片结构
1 档	柔软、较柔软	金黄～深黄	强、较强	尚疏松
2 档	较柔软	金黄～深黄	一般	尚疏松、稍密
3 档	较硬脆、较僵硬	正黄～金黄	弱	稍密、紧密

（五）"好日子"焦甜醇甜香烟叶品质特征需求

结合"好日子"卷烟产品对焦甜醇甜香型烟叶的质量需求，湖南永州、广东南雄两地烟区的感官质量以提升劲头、浓度和香气量的匹配度为主要任务，在风格特色上以丰富香韵表现和提升烟气质量为主要目标。烟叶外观以颜色、柔软度、油润度为主要指标，要求烟叶颜色金黄～深黄，叶片结构较柔软～柔软，油润感强～较强；品吸质量表现为"高浓度，高香气，浓度劲头匹配，焦甜醇甜香韵突出，香韵丰富"的特点，详见表 2-12。

表2-12 **"好日子"焦甜醇甜香型烟叶成熟品质指标**

分类	指标	要求
外观质量特征	颜色、柔软度、油润感	颜色金黄～深黄，柔软度较柔软～柔软，油润感强～较强
感官质量特征	品质要求	高浓度，高香气，浓度劲头匹配
	风格要求	焦甜醇甜香韵突出，香韵丰富

二、广东南雄、湖南永州特色烟叶品质区域分类与定位

广东南雄、湖南永州地区的焦甜醇甜香型烟叶焦甜香突出，醇甜香明显，甜香香韵较丰富，香气浓郁饱满，具有鲜明的风格和地域特色，是国产烟叶香型风格的重要组成部分。卷烟品牌风格的形成是以烟叶风格为基础的。焦甜醇甜香型烟叶因其具有馥香浓郁的风格特色，在中式卷烟配方中既可作为主体原料提供主体香韵，又可作为调香味原料发扬和彰显主体烟叶风格，是中式烤烟型卷烟风格发扬和塑造的关键原料之一。立足于卷烟工业企业对焦甜醇甜香型烟叶原料配方定位和品质需求，在烟叶风格特征上，焦甜醇甜香型烟叶的发展重点是稳定和提高焦甜香、干草香的主体香韵，丰富木香、醇甜香、坚果香等辅助香韵，增强烟气的甜润感，其中较大的烟气浓度和香气量是形成风格的基础。在化学成分方面，焦甜醇甜香型烟叶重点以提高烟叶的糖碱比为主要任务，提高中部烟叶和上部烟叶的糖含量，避免中部烟叶和上部烟叶的烟碱异常升高。与此同时，焦甜醇甜香型烟叶烟区应紧扣国家烟草专卖局关于落实上部烟叶开发的核心任务，持续改善上部烟叶在卷烟配方的适用性和工业可用性，以进一步增强焦甜醇甜香型烟区的区位优势和烟叶质量特色。

第三章 "好日子"品牌焦甜醇甜香特色烟叶定向生产技术研究

第一节 焦甜醇甜香特色烟叶移栽技术研究

一、适宜的移栽期试验研究

烤烟是喜光、喜温、不耐干旱的作物，移栽期不同会导致烟株大田生育期所面临的温、热、水、病等自然条件出现显著差异，因此移栽期对烟株的生长发育起着至关重要的作用，影响到烤烟的农艺性状、经济性状及上部烟叶的开片程度、上部烟叶在烤烟产量中所占百分率。鉴于目前新圩基地上部烟叶开片不充分、成熟不一致，上部烟叶比例过高，这对上部烟叶的可用性产生了负面影响。本试验将开展移栽期大田试验，旨在将移栽期进行适当调整以促使该烟区上部烟叶开片、成熟，降低上部烟叶比例，从而提高上部烟叶的可用性。

（一）材料与方法

（1）试验材料。供试品种为云烟87，由新田县烟草专卖局（分公司）提供。

（2）试验设计。试验于2017年在湖南省永州市新田县新圩镇祖亭下村开展。设置大田试验，以移栽期为试验因素，随机区组设计。共设4个处理，分别为CK（对照）——常规时间移栽（3月10日），T1——提前5 d移栽（3月5日），T2——推迟5 d移栽（3月15日），T3——推迟10 d移栽（3月20日）。每个处理设置3次重复，每个重复植烟100株，株行距1.2 m×0.5 m。土壤属水稻土，基本理化性质：pH 6.3，有机质52.0 g·kg^{-1}，碱解氮160.1 mg·kg^{-1}，有效磷12.8 mg·kg^{-1}，速效钾84.5 mg·kg^{-1}。

（3）测定项目与方法。①土壤理化特性。翻耕起垄时，以五点取样法选取土层30 cm的土样，测定土壤的pH、有机质、碱解氮、有效磷、速效钾等肥力指标。土壤pH采用电位法测定；有机质含量采用重铬酸钾氧化法测定；碱解氮含量采用碱解扩散法测定；有效磷含量采用钼锑抗比色法测定；速效钾含量采用原子吸收法测定。

②烤烟生育时期。记录移栽期、还苗期、伸根期、团棵期、旺长期、现蕾期、打顶期、成熟期、采收始期与采收完毕期的时间周期。

③烟株农艺性状。在成熟期进行调查，包括打顶株高、茎围、节距、叶面积系数、

最大叶长、最大叶宽、SPAD 值、叶片厚度，以及对其他一些长势长相等形态指标给以描述，参照国家烟草行业 YC/T 142—1998 和 YC/T 39—1996 标准执行。

④烤后烟叶经济性状。通过定株测量的方法，调查选定的烟田烤后烟叶产量、中上等烟比例、均价、产值。

⑤烤后烟叶常规化学成分。总糖、还原糖、总氮、烟碱、钾和氯含量均采用 Pulse-3000 连续流动分析仪测定。

（4）数据处理与分析。相关数据统计分析采用 Microsoft Excel，SPSS 19.0 和 DPS 7.05 软件进行。

（二）主要结果

（1）大田生长期气温分析。新田气候属于亚热带大陆性季风湿润气候区，气候温和，热量充足，雨量充沛，降雨集中。春季寒潮频繁，天气阴晴多变，气温升降无常；夏旱经常，暑热期长。收集并整理 2017 年新田的气象数据得到表 3 - 1。从表 3 - 1 可以看出，2017 年 3 月日均最高气温为 15.5℃，这段时间烟苗正好处于移栽和伸根期。有研究指出，烤烟的生育前期如日平均气温低于 13～18℃将抑制生长促进发育，导致"早花"。4—6 月这 3 个月中，温度均处于烟草生长的适宜温度范围内，满足烟叶正常生长的需求。而 7 月温度则较高，日均最高气温达到了 33.6℃。通过走访和实地调研发现，2017 年 6—7 月降雨量大，降雨集中，降雨量分别为 201.6 mm 和 119.8 mm，田间渍水严重，而此时正是中上部烟叶成熟采收期，高温高湿容易导致烟叶赤星病、野火病和黑胫病等病害的发生。

表 3 - 1　烟叶田间生长期天气状况

年份	气候	3 月	4 月	5 月	6 月	7 月
	日均最高气温/℃	15.5	24.3	28.1	28.9	33.6
2017 年	日均最低气温/℃	9.5	15.8	19.0	22.8	25.3
	降水总量/mm	143.3	194.3	222.5	201.6	119.8

每年 3 月都是新圩基地烟苗移栽的季节，刚栽下的烟苗都需要 4～5d 时间去适应大田环境，这段时间天气的好坏密切影响着烟苗的生根、还苗和发棵。因此关注烟苗移栽期的天气，并选择适宜的时间移栽显得尤其重要。2017 年度，项目移栽期试验设置了 4 个处理，分别是 3 月 5 日移栽、3 月 10 日移栽、3 月 15 日移栽和 3 月 20 日移栽。从图 3 - 1 可看出，3 月 5 日—3 月 10 日，虽然在 9 日短暂下降，但总体温度是抬升的；3 月 10 日—3 月 15 日，在 12 日温度出现急剧降低，最高降低了 12℃，总体温度波动较大；3 月 15 日—3 月 20 日，温度总体呈抬升趋势，变化幅度在 10～16℃间；

3月20日—3月25日，温度先上升后下降，但波动幅度较小，最大4℃左右。

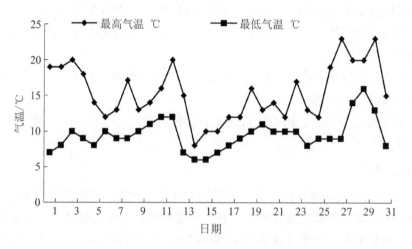

图3-1　2017年3月新田气温走势

（2）不同移栽期对烤烟生育期的影响。2017年，CK、T1、T2、T3处理下烟苗从移栽到团棵的时间分别为41 d、36 d、35 d和38 d，旺长期时间分别为21 d、27 d、24 d和23 d。对比可知，提前5 d（T1）和推迟5 d（T2）移栽均明显缩短了烟苗的成活时间，并延长其旺长期，而推迟10 d（T3）移栽虽然也有促进作用，但效果不如前两者明显。各移栽期处理下烟苗的生长期表现出如此的规律性，可能与移栽时的天气有关。在介绍气候背景时候，已分析过各移栽时间的天气状况。3月5日—3月10日，总体温度抬升；3月10日—3月15日，在12日温度出现急剧降低，最高降低了12℃，总体温度波动较大；3月15日—3月20日，温度总体呈抬升趋势，变化幅度在10～16℃之间；3月20日—3月25日，温度先上升后下降，但波动幅度较小，最大在4℃左右。提前5 d（T1）和推迟5 d（T2）移栽时，温度呈抬升趋势，有利于烟苗成活生根。3月10日常规移栽（CK）时在12日遭遇冷空气影响，气温急剧下降了12℃，可能影响了烟苗的还苗。而推迟10 d（T3）移栽时，温度有所波动，但幅度不大，还有此时烟苗苗龄可能偏大，这些都可能影响了烟苗的生长。分析烟叶成熟采收时期可知，3月5日移栽（T1）的烟开始采收和采收结束的时间可比3月10日移栽（CK）的提早7 d左右，3月20日移栽（T3）的则延迟了5～7天，3月15日移栽的与CK差异不大。总体上，以T1和T2处理的效果较理想。

表3-2　烤烟生育期调查

处理	移栽期	团棵期	旺长期/d	现蕾期	打顶期	采收始期	采收结束	大田生育期/d
CK	3月10日	4月20日	21	5月11日	5月14日	6月2日	7月15日	127
T1	3月5日	4月10日	27	5月7日	5月10日	5月26日	7月8日	125
T2	3月15日	4月19日	24	5月13日	5月16日	6月2日	7月15日	122
T3	3月20日	4月27日	23	5月19日	5月22日	6月9日	7月20日	122

（3）不同移栽期对烟株农艺性状的影响。各处理打顶后统一留叶19片，在移栽后90 d，烟株处于成熟期的时候，分别测量烟株的各项农艺指标。T1与CK相比，提前5 d移栽的烟苗，在成熟期株高提高了10.3 cm，节距提高了20.1%，叶面积系数达到2.8，提高了16.7%，最大叶长、最大叶宽均有所增加，且差异显著。T2、T3成熟期各项农艺指标差异不大，但与CK相比，株高、节距、叶面积系数分别提高了2.6～4.6 cm、11.4%～15.9%和8.3%，最大叶长、宽也稍有增加。总体上，提前5 d移栽（T1）的烟株成熟期的长势更旺盛，T2、T3次之。

表3-3　成熟期烟株农艺性状测量

处理	株高/cm	茎围/cm	节距/cm	叶面积系数	最大叶长×最大叶宽/cm
CK	109.5±1.4b	9.4±0.3a	4.4±0.2c	2.4±0.1c	75.2×27.1
T1	119.8±1.9a	9.7±0.2a	5.3±0.2a	2.8±0.1a	80.2×28.7
T2	115.1±2.2ab	9.4±0.3a	5.1±0.2b	2.6±0.2b	77.6×28.8
T3	112.3±2.3b	9.7±0.6a	4.9±0.3b	2.6±0.1b	76.8×28.8

注：表中数据的方差分析用邓肯氏新复极差法，同列数据中具有相同字母的两数据之间未达到5%的显著水平，具有不同字母的两数据之间达到5%的显著水平，下同。

（4）不同移栽期对上部叶生长速率的影响。试验选取上部倒数第4片叶作为观测叶，在叶龄为0 d，5 d，10 d，15 d，20 d，25 d和30 d的时候，测定其叶片长宽，得图3-2。由图可知，上部叶长宽均在叶龄0～20 d阶段中快速增长，在20 d后增长缓慢，趋势平缓。在叶龄为0～20 d内，CK、T1、T2和T3的叶长平均增长速率分别为3.0 cm/d、3.5 cm/d、3.4 cm/d和3.4 cm/d，最大增长速率分别为4.4 cm/d、4.7 cm/d、5.2 cm/d和4.7 cm/d；叶宽平均增长速率分别为1.3 cm/d、1.3 cm/d、1.6 cm/d和1.7 cm/d，最大增长速率分别为2.0 cm/d、2.1 cm/d、3.0 cm/d和2.2 cm/d。对比发现，推迟5 d移栽（T2）的烟株上部烟叶叶长在叶龄0～20 d平均增长速率和最大增长速率均大于其他处理，分别达到了3.4 cm/d和5.2 cm/d；叶宽的平均增长速率和最大增长速率也均大于其他处理，分别达到了1.6 cm/d和3.0 cm/d，上部叶生长较快。

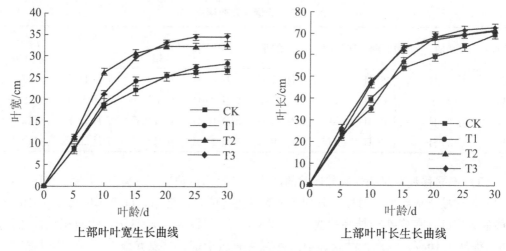

上部叶叶宽生长曲线　　　　　　　　　　　上部叶叶长生长曲线

图 3 - 2　移栽期对上部叶生长曲线的影响

（5）不同移栽期对烤后烟叶单叶重和含梗率的影响。由图 3 - 3a 可知，各等级烟叶单叶重均表现出 T2 > T1 > T3 > CK。其中 B2F 烟叶的单叶重，T2、T1、T3 处理分别比 CK 提高了 13.6%、10.7% 和 3.9%，C3F 的单叶重则分别提高了 21.1%、15.8% 和 11.6%，X2F 的单叶重分别提高了 13.2%、10.5% 和 6.6%。由图 3 - 3b 可知，移栽期对各等级烟叶的含梗率的影响规律并不明显。其中 B2F 烟叶的含梗率表现出 T2 ≈ T1 > T3 > CK，C3F 烟叶的含梗率表现出 CK > T3 > T2 > T1，而 X2F 烟叶的含梗率则表现出 CK > T1 > T3 > T2。

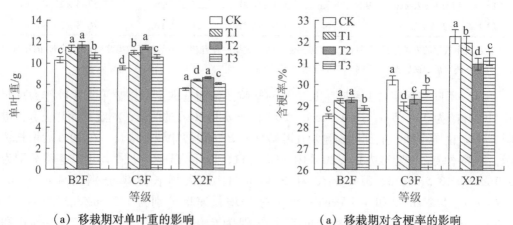

（a）移栽期对单叶重的影响　　　　　　（a）移栽期对含梗率的影响

图 3 - 3　移栽期对烤后烟叶单叶重和含梗率的影响

（6）不同移栽期对烤后烟叶的常规化学成分的影响。由表 3 - 4 可发现，3 月 10 日移栽（CK）和 3 月 5 日移栽（T1）的中、上部叶烟碱含量普遍偏高，中部叶烟碱含量分别为 3.4% 和 3.2%，上部叶烟碱含量分别为 4.1% 和 3.9%。随着移栽期推后，中、上部叶烟碱含量有所降低，并在优质烟叶适宜的烟碱范围内，与 CK 相比，其降低幅度约为 20.5% 和 17.1%。同时，随着移栽期推后，中、上部叶糖类含量均有所上升，其中以推迟 5 d 移栽（T2）较为明显，其中、上部叶总糖含量分别达到了 21.5% 和 23.9%，而下部叶则有所降低，但仍处于适宜范围内。CK 和 T1 上部叶糖碱比分别为 3.5 和 4.5，处于较低水平，未能达到浓香型优质烟叶的适宜范围；而 T2 上、中、下部烟叶糖碱比分别为 6.2、9.0 和 7.2，表现最为突出。同时，试验也表明移栽期对烟叶的总氮、钾和氯影响并不显著。总体上，在传统移栽时间上，推迟 5～10 d 移栽有利于协调烟叶内各化学成分，提高烟叶质量，其中以推迟 5 d 移栽（T2）效果最显著。

表 3-4 烤后烟叶的常规化学成分分析

处理	等级	烟碱/%	总糖/%	还原糖/%	总氮/%	钾/%	氯/%	糖碱比
CK		4.1±0.02a	14.2±0.07c	13.9±0.04c	3.0±0.01b	3.6±0.14a	0.6±0.01a	3.5±0.02d
T1		3.9±0.03b	17.9±0.15b	16.3±0.16b	3.0±0.02b	3.6±0.12a	0.6±0.03a	4.5±0.05c
T2	B2F	3.5±0.01c	21.5±0.33a	20.8±0.26a	2.6±0.00c	3.6±0.08a	0.5±0.01a	6.2±0.11a
T3		3.4±0.02d	18.6±0.25b	16.1±0.29b	3.3±0.01a	3.7±0.08a	0.5±0.01a	5.5±0.11b
CK		3.4±0.03a	20.0±0.10c	19.7±0.24c	2.5±0.02a	4.1±0.09a	0.6±0.02a	6.0±0.08d
T1		3.2±0.02b	21.5±0.23b	20.8±0.32b	2.5±0.01a	4.0±0.11a	0.6±0.03a	6.7±0.11c
T2	C3F	2.7±0.04c	23.9±0.24a	22.9±0.27a	2.1±0.01b	4.0±0.11a	0.6±0.03a	9.0±0.11a
T3		2.8±0.01c	21.8±0.14b	21.1±0.13b	2.1±0.02b	3.7±0.10b	0.4±0.02b	7.9±0.04b
CK		2.1±0.03b	20.7±0.47a	19.5±0.57a	2.1±0.02c	4.4±0.03c	0.4±0.01d	9.7±0.13b
T1		2.6±0.04a	14.7±0.21c	13.8±0.29c	2.5±0.01a	4.9±0.04a	0.7±0.01b	5.6±0.14d
T2	X2F	2.1±0.02b	15.4±0.33c	14.4±0.26c	2.3±0.01b	4.7±0.08b	0.8±0.01a	7.2±0.08c
T3		1.8±0.01c	18.8±0.16b	17.8±0.19b	1.8±0.01d	4.8±0.01ab	0.5±0.02c	10.7±0.09a

（7）不同移栽期对烤后烟叶经济性状的影响。为了进一步了解各处理烟叶的生产情况，在田间采取定株测产的方法简单测量了烟叶产量。T1 与 CK 相比，产量提高了 5.0 kg·亩$^{-1}$，产值提高了 174.3 元·亩$^{-1}$，中上等烟比例提高了 3.0 个百分点，而均价和上等烟比例则与 CK 相当。T2 与 CK 相比，产量、产值、上等烟比例和中上等烟比例分别提高了 5.7 kg·亩$^{-1}$、176.5 元·亩$^{-1}$、5.4 个百分点和 4.4 个百分点。T3 与 CK 相比，虽然产量达到了 165.1 kg·亩$^{-1}$比 CK 要高，但产值和均价约和 CK 持平，主要与 T3 处理下上等烟比例较低有关，对比发现 T3 的中上等烟比例达到了 90.3%，比 CK 高，但其上等烟比例却比 CK 降低了 2.9 个百分点。总体上，T1、T2 的产量、产值和上等烟比例均有增加，其中 T2 的上等烟比例最高，达到了 45.5%，与其他处理均达到显著性差异。

表3-5　烤后烟叶经济性状分析

处理	产量/(kg·亩⁻¹)	产值/(元·亩⁻¹)	均价/(元·kg⁻¹)	上等烟比例/%	中上等烟比例/%
CK	162.8±1.17c	3527.5±55.56b	21.6±0.07ab	40.1±1.52b	87.8±1.15c
T1	167.8±1.47a	3701.8±71.68a	22.1±0.05a	39.3±0.91b	90.8±0.43b
T2	168.5±1.99a	3704.0±68.64a	22.0±0.13a	45.5±1.19a	92.2±0.22a
T3	165.1±1.36b	3538.8±42.03b	21.4±0.08b	37.2±1.47c	90.3±0.35b

（三）主要结论

提前5 d（T1）、推迟5 d（T2）和推迟10 d（T3）移栽均能有效缩短烟苗的成活时间，并延长其旺长期，三者烟苗从移栽到团棵的时间分别比CK缩短了5 d、6 d和3 d，而旺长期则延长了6 d、3 d和2 d。研究发现，这可能与其移栽后4～5 d内的天气有关，T1、T2和T3移栽后，气温呈抬升的趋势，而CK移栽后经历了一次气温急剧下降的过程。在烟株长势方面，与CK相比，T1的株高、节距、叶面积系数分别提高了2.6～4.6 cm、11.4%～15.9%和8.3%，最大叶长、宽也稍有增加，而T2、T3次之；但分析经济性状发现，T2表现最为突出，与CK相比，产量、产值、上等烟比例和中上等烟比例分别提高了5.7 kg·亩⁻¹、176.5 元·亩⁻¹、5.4个百分点和4.4个百分点。同时研究也发现，在传统移栽时间基础上，推迟5～10 d移栽中上部叶烟碱会有所降低，而含糖量则有所上升，其中又以推迟5 d（T2）移栽表现最突出，T2处理下上、中、下部烟叶烟碱为3.5%、2.7%和2.1%，糖碱比分别为6.2、9.0和7.2。试验表明，推迟5 d（T2）处理下，烟叶生产中的经济价值和烟叶的利用价值最为协调，表现最突出。

二、促根剂应用技术试验研究

植物生长调节剂是一类人工合成的外源性植物激素，对植物的生长发育具有调控作用。而根系的生长发育、分布状况直接影响着烟株的长势长相，影响烟叶对钾离子的吸收。目前，大多数研究的烟草生长调节剂都是赤霉素、CC（氯化胆碱）、吲哚乙酸等常见调节剂。已有研究表明，施用植物生长调节剂具有在一定程度上调节烟草的根系发育、改善化学成分等作用。但是对于吲哚丁酸（IBA）作为烟草促根剂的研究仍然很少。促根剂可以促进烟苗早生快发，以避免低温天气对烟苗造成不良影响，对幼苗株高、侧根数、根长和根干重具有促进作用，同时能够提高根系活力，增强根系代谢能力，有效提高植株的抗逆性。

本试验旨在研究IBA对烤烟的生长发育，以及烤后烟叶钾含量、烟碱含量、总氮、总糖、还原糖和蛋白质等常规化学成分的影响，为促根剂在烤烟有效化学成分改善方面提供理论和实践依据以及技术应用的参考价值。

（一）试验材料与方法

（1）试验材料。供试材料为烤烟品种云烟87，由永州市烟草公司新田县分公司提供。

（2）试验设计。

CK（对照）：250 ml/穴清水灌根；

T1：浓度 100 mg·L^{-1} 促根剂 250 mL/穴灌根；

T2：浓度 200 mg·L^{-1} 促根剂 250 mL/穴灌根；

T3：浓度 300 mg·L^{-1} 促根剂 250 mL/穴灌根。

每个处理重复 3 次，共 12 个小区。每个小区种烟 40 株，株行距 1.2 m×0.5 m，周边设双行保护行。

试验选择在新圩镇祖亭下村开展。土壤属水稻土，基本理化性质：pH 7.64，有机质 33.89 g·kg^{-1}，全氮 1.91 g·kg^{-1}，破解氮 163.76 mg·kg^{-1}，有效磷 26.00 mg·kg^{-1}，速效钾 172.66 mg·kg^{-1}。

（3）测定项目与方法。

①土壤理化特性。年前翻耕起垄时，以五点取样法选取土层 30 cm 的土样，测定土壤的 pH、有机质、全氮、碱解氮、有效磷、速效钾等肥力指标。

②烤烟生育时期。记录移栽期、还苗期、伸根期、团棵期、旺长期、现蕾期、打顶期、成熟期、采收始期与采收完毕期的时间周期。

③烟株农艺性状。在成熟期测量基本农艺性状，在成熟期调查打顶株高、茎围、节距、最大叶长、最大叶宽，以及对其他一些长势长相等形态指标给以描述。分别取倒数第 4 位叶、倒数第 11 位叶、倒数第 16 位叶用于观测上部叶、中部叶、下部叶的农艺性状变化，参照国家烟草行业 YC/T 142—1998 和 YC/T 39—1996 标准执行。

④烤后烟叶经济性状。通过定株测量的方法，调查选定的烟田烤后烟叶产量、上等烟叶比例、中上等烟比例、均价、产值。

⑤烤后烟叶常规化学成分。选取烤后具有代表性的 B2F、C3F、X2F 烟叶，分别作为上部、中部、下部烟叶主要化学成分的测定样品，测定总糖、还原糖、总氮、烟碱和钾含量。

（4）数据处理与分析。相关数据统计分析采用 Microsoft Excel、SPSS 21.0 软件进行。

（二）主要结果

（1）促根剂对烤烟生育期的影响。农艺性状考察按照生育进程进行全面调查。选择调查田块时，现场选择大田生长势强、中、弱三个等级进行调查。试验各处理的生育时期见表 3-6。

表 3-6　不同浓度促根剂处理烤烟生育时期调查表

处理	生育时期						旺长期/d	成熟期/d	全生育期/d
	移栽期	团棵期	现蕾期	打顶期	采收始期	采收结束			
CK	3月10日	4月18日	5月4日	5月10日	5月29日	6月29日	16	56	111
T1	3月10日	4月18日	5月4日	5月10日	5月29日	6月29日	16	56	111
T2	3月10日	4月19日	5月6日	5月10日	5月29日	6月29日	17	54	111
T4	3月10日	4月19日	5月6日	5月10日	5月29日	6月29日	17	54	111

通过对烟株大田生育期的调查发现，移栽后，与对照烟株相比，T2 和 T3 延长了旺长期，为烟株进入成熟期积累了更多的有机物质，能促进烟叶产量的提高。同时，T2 和 T3 也延迟了团棵和现蕾。T1 处理对烟株生长影响不显著。施用促根剂并不会显著影响烟叶的成熟、采收时间，各处理采收始期一致，采收结束时间也一致，大田生育期为 111 天。

（2）促根剂对烟株农艺性状的影响。各处理打顶后统一留 18 片叶，在移栽后 90 天，烟株处于成熟期的时候，分别测量烟株的各项农艺指标。

通过调查不同处理大田生育期烤烟的农艺性状，由表 3-7 可知，成熟期烟株株高以 T2 处理最好，显著高于其他处理，但各处理烟株茎围无明显差异。节距与株高的表现类似，以 T2 处理最高。T2、T3 处理下的单株叶面积显著大于其他处理，说明施用较高浓度促根剂后，可一定程度促进烟株生长和促进叶片开片。总的来说，T2 处理的烟株在成熟期的农艺性状表现最好。

表 3-7　不同浓度促根剂对烤烟农艺性状的影响

处理	株高/cm	茎围/cm	节距/cm	单株叶面积/cm²
CK	110.67 ± 1.36b	10.67 ± 0.22a	6.04 ± 0.20b	24 341.77 ± 835.98b
T1	110.50 ± 2.29b	10.40 ± 0.22a	6.05 ± 0.07b	24 438.38 ± 478.34b
T2	112.50 ± 2.18a	10.75 ± 0.25a	6.24 ± 0.12a	24 880.30 ± 1134.89a
T3	110.61 ± 2.33b	10.72 ± 0.25a	6.10 ± 0.09ab	24 849.77 ± 1164.07a

（3）促根剂对烤后烟叶的常规化学成分的影响。由表 3-8 可以看出，各处理烟叶的烟碱含量均在 1.5%～3.5% 的适宜范围内，且随着促根剂浓度的增加呈现先升高后降低的趋势，上、中、下部烟叶烟碱含量均以 T2 处理最高，T1 处理次之。中、上部烟叶总糖、还原糖含量整体上随着促根剂浓度的增加有上升趋势，但下部叶变化规律不

明显。总氮含量随着叶位的降低呈现出逐步降低的变化规律。随着施用的促根剂浓度增加，上部烟叶烟碱含量逐渐降低，但各处理中、下部烟叶总氮含量并未表现出明显的变化规律。各处理烟叶钾含量均在1%以上，处于适宜范围内，呈现下部叶最高，中部叶次之，上部叶最低的趋势，但钾含量随着促根剂浓度的增加未表现出变化规律。

总体来看，T1、T2处理在一定程度上提高了中、上部烟叶的总糖和还原糖含量，提高了烟叶烟碱含量以及降低了上部烟叶总氮含量，烟叶化学成分更加适宜。这两种处理有望改善烟叶常规化学成分的内在协调性。

表3-8 不同浓度促根剂对烤后烟叶的常规化学成分的影响

处理	部位	烟碱/%	总糖/%	还原糖/%	总氮/%	钾/%	糖碱比
CK		2.80±0.01b	16.55±0.67b	14.60±0.27c	2.65±0.02a	1.55±0.13a	5.91±0.19b
T1	B2F	2.96±0.11a	17.66±0.93a	15.27±0.29b	2.34±0.01b	1.05±0.35c	5.97±0.53b
T2		3.02±0.02a	17.28±0.53ab	16.08±0.55ab	2.35±0.01b	1.38±0.34b	5.74±0.11c
T3		2.72±0.07b	17.11±0.21ab	16.90±0.17a	2.14±0.01c	1.48±1.28a	6.19±0.33a
CK		2.34±0.13b	19.89±1.27c	16.13±0.70c	1.67±0.01b	1.72±0.17ab	8.61±0.19b
T1	C3F	2.47±0.10b	21.63±1.19a	17.64±0.32b	1.84±0.01a	1.80±1.08a	8.76±0.30b
T2		2.66±0.02a	20.37±0.75b	19.29±17.33a	1.65±0.01b	1.74±1.28ab	8.81±0.10b
T3		2.18±0.01c	21.41±0.31a	17.80±0.38b	1.57±0.01c	1.65±0.07b	9.43±0.59a
CK		1.67±0.21b	13.17±0.96ab	11.30±1.05ab	1.42±0.00b	1.86±0.44c	7.68±0.95a
T1	X2F	1.89±0.01a	11.81±0.24c	10.42±0.99b	1.55±0.01a	2.46±1.28a	6.35±0.22c
T2		1.90±0.11a	14.96±1.02a	13.45±0.66a	1.61±0.02a	2.21±0.52b	7.83±0.14a
T3		1.76±0.03b	12.75±0.32b	11.45±0.44ab	1.45±0.01b	2.55±0.01a	7.19±0.21b

（4）促根剂对烤后烟叶经济性状的影响。观察表3-9可发现，T1、T2和T3处理的产量分别比对照提高了96 kg·亩⁻¹、151.05 kg·亩⁻¹和31.8 kg·亩⁻¹，产值分别比对照提高了1647元·亩⁻¹、4668元·亩⁻¹和507元·亩⁻¹，均价分别比对照提高了0.60元·kg⁻¹、1.20元·kg⁻¹和0.40元·kg⁻¹，上等烟比例分别比对照提高了1.83个百分点、3.90个百分点和1.00个百分点，中上等烟比例分别比对照提高了3.73个百分点、4.30百分点和2.01百分点。对比发现，T2处理烟株的产量、产值、上等烟叶比例和中上等烟叶比例均最高，T1处理较高，T3处理次之。总的来说，T2处理综合表现效果最好。

表3-9 不同浓度促根剂对烤后烟叶经济性状的影响

处理	产量 /(kg·亩$^{-1}$)	产值 /(元·亩$^{-1}$)	均价 /(元·kg^{-1})	上等烟比例 /%	中上等烟 比例/%
CK	152.18 ±1.57c	3514.40 ±124.26b	21.70 ±0.57a	42.30 ±1.10c	87.50 ±0.32c
T1	158.58 ±1.17b	3624.20 ±120.23ab	22.30 ±0.25a	44.13 ±1.37b	91.23 ±0.28a
T2	162.25 ±1.21a	3825.60 ±68.34a	22.90 ±0.28a	46.20 ±1.50a	91.80 ±0.29a
T3	154.30 ±0.91c	3548.20 ±135.54b	22.10 ±0.56a	43.30 ±1.25bc	89.51 ±0.32b

（三）主要结论

试验结果表明，适宜浓度的促根剂能够显著促进烟株的生长发育，改善烤后烟叶的内在品质，提高烤烟的产量、产值、均价、上等烟比例和中上等烟比例，明显增加烤烟的经济价值。其中，产量比对照增加了31.8～151.05 kg·亩$^{-1}$，产值比对照提高了507～1647元·亩$^{-1}$，均价比对照提高了0.40～1.20元·kg^{-1}，上等烟比例分别比对照提高了1.00～3.90个百分点，中上等烟比例分别比对照提高了2.01～4.30个百分点。同时，试验在一定程度上提高了总糖、还原糖和钾含量，降低了烟碱和总氮含量。

总体上看，本试验的研究结果表明，T2处理促进了烤烟烟株的生长发育，帮助提高烤烟品质，增加烟叶的经济效益。本试验中，综合各处理多方面的效果，在实际生产中施用浓度为200 mg·L^{-1}的促根剂效果最为理想。

第二节　焦甜醇甜香特色烟叶肥料运筹技术研究

一、基于水肥一体化的上部叶营养平衡调控技术研究

上部叶开片不良，成熟不一致，主要还是上部烟叶营养平衡的问题。因此本试验基于现代农业装备施用高效液态肥料以改善上部叶营养平衡，促进上部叶充分发育，增强耐熟性。

（一）材料与方法

（1）试验材料与背景。供试材料为烤烟品种云烟87，由新田县烟草专卖局（分公司）提供。试验选择在湖南省永州市新田县新圩镇祖亭下村开展，土壤属水稻土，基本理化性质：pH 6.3，有机质52.0 g·kg^{-1}，碱解氮160.1 mg·kg^{-1}，有效磷12.8 mg·kg^{-1}，速效钾84.5 mg·kg^{-1}。

（2）试验设计。设置大田试验，采用随机区组设计，以当地常规水肥管理模式为对照（CK），设置水肥一体化处理（T1）。每个处理设置3次重复，每次重复种烟100

株。各处理保持氮磷钾肥用量一致。

（3）测定项目与方法。

①土壤理化特性。年前翻耕起垄时，以五点取样法选取土层 30 cm 的土样，测定土壤的 pH、有机质、碱解氮、有效磷、速效钾等肥力指标。土壤 pH 采用电位法测定；有机质含量采用重铬酸钾氧化法测定；碱解氮含量采用碱解扩散法测定；有效磷含量采用钼锑抗比色法测定；速效钾含量采用原子吸收光度法测定。

②烤烟生育时期。记录移栽期、还苗期、伸根期、团棵期、旺长期、现蕾期、打顶期、成熟期、采收始期与采收完毕期的时间周期。

③烟株农艺性状。在成熟期进行调查，包括打顶株高、茎围、节距、叶面积系数、最大叶长、最大叶宽、SPAD 值、叶片厚度，以及对其他一些长势长相等形态指标给以描述，参照国家烟草行业 YC/T 142—1998 和 YC/T 39—1996 标准执行。

④烤后烟叶经济性状。通过定株测量的方法，调查选定的烟田烤后烟叶产量、中上等烟比例、均价、产值。

⑤烤后烟叶常规化学成分。总糖、还原糖、总氮、烟碱、钾和氯含量均采用 Pulse-3000 连续流动分析仪测定。

（4）数据处理与分析。相关数据统计分析采用 Microsoft Excel，SPSS 19.0 和 DPS 7.05 软件进行。

（二）主要结果

（1）水肥一体化对烤烟生育期的影响。通过对烟苗大田生育期的调查发现，打顶后立即按照 1 kg 纯 N/亩施用量追施烤烟专用液体肥，烟叶落黄推迟了 7 d，而整个采收时间要推迟到 7 月 23 日，比对照多出 9 d，可能对晚稻的正常移栽有影响。

表 3 - 10　水肥一体化对烤烟生育期的影响

处理	打顶期	采收始期	中部叶采收期	上部叶采收期	采收结束
CK	5 月 16 日	5 月 31 日	6 月 14 日	6 月 27 日	7 月 14 日
T1	5 月 16 日	6 月 7 日	6 月 21 日	7 月 3 日	7 月 23 日

（2）水肥一体化对烟株农艺性状的影响。各处理打顶后统一留叶数 19 片，在追肥 20 d 后，分别测量烟株的各项农艺指标。T1 与 CK 相比，打顶后立即按照 1 kg 纯 N/亩施用量追施烤烟专用液体肥，株高提高了 5.4 cm，节距提高了 5.9%，叶面积系数达到 3.1，提高了 10.7%，上部叶长、宽分别为 68.3 cm、23.4 cm，比对照有所增加，且差异显著。上部叶开片度等于上部叶长除以宽，可以反映叶片的总体开片程度。由表 3 - 11 可以看出，打顶后追施烤烟专用液体肥可以促进上部烟叶的开片。

61

表 3 - 11　成熟期烟株农艺性状测量

处理	株高/cm	茎围/cm	节距/cm	叶面积系数	上部叶长×宽/cm	开片度/%
CK	117.1 ± 1.5b	10.1 ± 0.4a	5.1 ± 0.1b	2.8 ± 0.2b	67.1 × 21.9	32.6 ± 0.1b
T1	122.5 ± 1.0a	10.0 ± 0.3a	5.4 ± 0.2a	3.1 ± 0.1a	68.3 × 23.4	34.1 ± 0.3a

注：表中数据的方差分析用独立样本 T 检验，同列数据中具有相同字母的两数据之间未达到 5% 的显著水平，具有不同字母的两数据之间达到 5% 的显著水平。

（3）水肥一体化对上部叶生长速率的影响。试验选取上部倒数第 4 片叶作为观测叶，在叶龄为 0 d，5 d，10 d，15 d，20 d，25 d 和 30 d 的时候，测定其叶片长宽，得图 3 - 4。由图 3 - 4 可知，上部叶长宽均在叶龄 0 ～ 20 d 阶段快速增长，在 20 d 后增长缓慢，趋势平缓。在叶龄 0 ～ 20 d 内，CK、T1 的叶长平均增长速率分别为 3.4 cm/d 和 3.8 cm/d，最大增长速率分别为 4.5 cm/d 和 7.2 cm/d；两者的叶宽平均增长速率分别为 1.3 cm/d 和 1.6 cm/d，最大增长速率分别为 1.6 cm/d 和 2.6 cm/d。对比发现，打顶后立即按照 1kg 纯 N/亩施用量追施烤烟专用液体肥，显著促进了上部叶的生长。

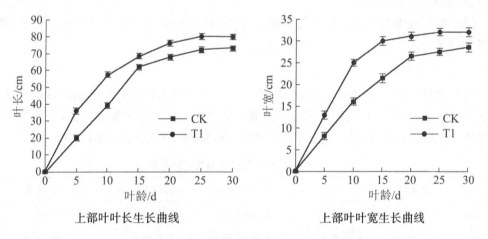

上部叶叶长生长曲线　　　　　　　上部叶叶宽生长曲线

图 3 - 4　水肥一体化对上部叶生长曲线的影响

（4）水肥一体化对烤后烟叶单叶重和含梗率的影响。由图 3 - 5 可知，打顶后立即按照 1 kg 纯 N/亩施用量追施烤烟专用液体肥，明显提高了中、上部叶的单叶重，对下部叶单叶重影响不大，显著降低了上部叶的含梗率，但对中、下部叶的含梗率影响不大。其中，上部叶的单叶重分别提高了 10.7% 和 8.7%，T1 上部叶 B2F 的平均单叶重达到了 14.5 g，而上部叶含梗率则显著降低了 1.2 个百分点，中、下部叶无显著变化。

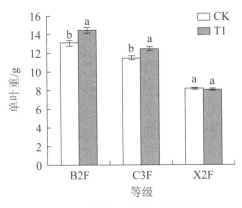

（a）不同处理对单叶重的影响

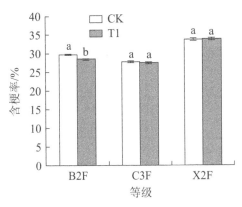

（b）不同处理对含梗率的影响

图3-5 高效液体肥处理对烤后烟叶单叶重和含梗率的影响

（5）水肥一体化对烤后烟叶的常规化学成分的影响。由表3-12可发现，T1与CK相比，打顶后立即按照1 kg纯N/亩施用量追施烤烟专用液体肥，对烤后烟叶烟碱含量的影响并不明显，上、中、下部叶烟碱含量约为3.3%、2.5%和1.8%。但打顶后立即按照1 kg纯N/亩施用量追施烤烟专用液体肥，明显降低了烟叶糖类含量，其上、中、下部叶的总糖含量为13.5%、23.0%和13.4%，分别比CK降低了2.3、4.0和7.9个百分点。CK与T1上部叶糖碱比均小于6，低于优质烟叶的适宜范围，CK的中、下部叶糖碱比为10.6、11.3，T1的中、下部叶糖碱比为9.1、7.2。烟叶内总氮、钾、氯的含量，在打顶追肥后均有所上升。总体上，打顶后立即按照1 kg纯N/亩施用量追施烤烟专用液体肥，对烟叶烟碱影响较小，糖类含量则下降明显，但糖碱比却趋于适宜范围。

表3-12 烤后烟叶的常规化学成分分析

处理	等级	烟碱/%	总糖/%	还原糖/%	总氮/%	钾/%	氯/%	糖碱比
CK	B2F	3.4 ±0.03a	15.8 ±0.38a	15.2 ±0.48a	3.3 ±0.01a	3.7 ±0.10b	0.5 ±0.01b	4.7 ±0.08a
T1		3.3 ±0.02b	13.5 ±0.32b	12.9 ±0.34b	3.2 ±0.01b	4.1 ±0.13a	0.6 ±0.02a	4.1 ±0.08b
CK	C3F	2.5 ±0.02a	27.0 ±0.45a	25.7 ±0.12a	2.1 ±0.01b	3.8 ±0.02a	0.4 ±0.02a	10.6 ±0.22a
T1		2.5 ±0.02a	23.0 ±0.13b	21.6 ±0.17b	2.3 ±0.01a	3.7 ±0.15a	0.5 ±0.02a	9.1 ±0.07b
CK	X2F	1.9 ±0.05a	21.3 ±0.17a	20.3 ±0.19a	2.1 ±0.01b	4.2 ±0.07b	0.3 ±0.01b	11.3 ±0.23a
T1		1.8 ±0.02a	13.4 ±0.20b	12.4 ±0.22b	2.4 ±0.01a	5.2 ±0.05a	0.5 ±0.02a	7.2 ±0.19b

注：表中数据的方差分析用独立样本T检验，同列数据中具有相同字母的两数据之间未达到5%的显著水平，具有不同字母的两数据之间达到5%的显著水平。

（6）水肥一体化对烤后烟叶经济效益的影响。为了进一步了解各处理烟叶的生产情况，在田间采取定株测产的方法简单测量了烟叶产量。T1与CK相比，打顶后立即按照1 kg纯N/亩施用量追施烤烟专用液体肥，虽然产量提高了4.6 kg·亩$^{-1}$，但中上等烟比例和上等烟比例却只有86.8%、33.0%，分别降低了2.1和4.9个百分点，均价只有 19.5 元·kg^{-1}，最终导致产值下降，与 CK 相比产值下降了 167.8 元·亩$^{-1}$。

表 3 – 13　烤后烟叶经济性状分析

处理	产量 /(kg·亩$^{-1}$)	产值 /(元·亩$^{-1}$)	均价 /(元·kg^{-1})	上等烟比例 /%	中上等烟 比例/%
CK	165.8 ± 1.51b	3498.4 ± 62.02a	21.1 ± 0.31a	37.9 ± 1.99a	88.9 ± 0.66a
T1	170.4 ± 1.88a	3330.6 ± 106.66b	19.5 ± 0.49b	33.0 ± 1.07b	86.8 ± 0.84b

注：表中数据的方差分析用独立样本 T 检验，同列数据中具有相同字母的两数据之间未达到 5% 的显著水平，具有不同字母的两数据之间达到 5% 的显著水平。

（三）主要结论

打顶后立即按照 1 kg 纯 N/亩施用量追施烤烟专用液体肥（T1），促进了烟株的生长，株高提高了 5.4 cm，节距提高了 5.9%，叶面积系数达到 3.1，提高了 10.7%，上部叶长、宽分别为 68.3cm、23.4cm，开片程度比对照有所增加，但整个烟叶成熟落黄时间推迟了 7 d 左右。分析烤后烟叶的经济性状发现，虽然 T1 产量提高了 4.6 kg·亩$^{-1}$，但中上等烟比例和上等烟比例却只有 86.8%、33.0%，分别降低了 2.1 和 4.9 个百分点，均价只有 19.5 元·kg^{-1}，产值则下降了 167.8 元·亩$^{-1}$。同时在烤后烟叶常规化学成分方面，T1 处理对烟叶烟碱影响较小，上、中、下部叶烟碱含量分别约为 3.4%、2.5% 和 1.9%，糖类含量则下降明显，其上、中、下部叶的总糖含量分别为 13.5%、23.0% 和 13.4%，分别比 CK 降低了 2.3、4.0 和 7.9 个百分点，但糖碱比却趋于适宜范围，糖碱比分别为 4.1、9.1 和 7.2。

二、化肥减量配施聚天门冬氨酸的技术研究

烟草是喜钾作物，在生长发育过程中对钾肥的需求量较大。但我国却存在钾肥资源短缺问题，需要通过进口来保证国内的钾肥供需平衡。我国东南烟区烟草生产中的钾肥用量高达 400 kg·hm^{-2}左右，远高于其他农作物的钾肥用量。长期过量施用钾肥也带来烟叶烟碱含量降低、钾肥利用率下降、土壤钾素富积等问题。减少肥料用量、保证作物产量并维持环境可持续性是绿色农业发展的必然要求。因此，如何降低钾肥用量，或通过绿色环保的肥料增效剂与钾肥配合施用以提高钾肥利用率、降低钾肥资源浪费、减少土壤钾素盈余，对于烟草生产上肥料减量增效具有重要意义。

聚天门冬氨酸（PASP）作为一种环境友好型肥料增效剂，是一种可生物降解的水溶性氨基酸聚合物，利用其螯合离子的特性，可富集土壤中的氮磷钾等营养元素，为作物的生长发育、营养元素吸收提供高效途径。在农业生产上，PASP 可与农药和化肥等结合使用，富集所需营养元素，促进作物吸收氮磷钾，辅助发挥肥效。有研究发现，根施 PASP 可促使土壤速效钾含量提高 35.87%；减钾 50% 并配施 PASP 可提高葡萄对钾素的利用率；PASP 与生根剂结合能够促进玉米幼苗的生长，与液体肥结合可提高玉米的生物量和氮磷钾吸收量，减氮配施 PASP 可提高玉米对氮素的利用率；PASP 与尿

素配施能够通过减缓尿素水解、降低氮肥损失量,从而促进养分的吸收利用,提高水稻产量,改善稻米品质;减氮30%配施PASP能够增加烤烟生长所需的氮素供给量,有效提高烤烟对氮素的利用率。目前的研究多集中在肥料不减量或氮肥减量配施PASP方面,而目前尤其是在钾肥用量较大的烟草生产方面,在钾肥减量条件下配施PASP的效果还鲜见报道。为此,设置了减钾条件下配施不同量PASP对植烟土壤及烤烟钾素吸收利用的影响试验,旨在为烟草生产上的钾肥减量增效提供依据。

(一)材料与方法

(1)试验材料与土壤背景。供试烤烟品种为云烟87,聚天门冬氨酸(polyaspartic acid,PASP)购于广州市缘昌贸易有限公司。分子式 $C_4H_6NO_3$($C_4H_5NO_3$)$C_4H_6NO_4$,密度1.20 g·cm^{-3},褐色液体。

试验于2019年12月至2020年12月在湖南省新田县新圩镇进行。试验田前茬作物为水稻,土壤基本理化性质:pH 7.15,有机质58.40 g·kg^{-1},全氮3.19 g·kg^{-1},全磷1.05 g·kg^{-1},全钾7.49 g·kg^{-1},碱解氮240.46 mg·kg^{-1},有效磷38.65 mg·kg^{-1},速效钾367.57 mg·kg^{-1}。

(2)试验设计。以当地常规施钾量为对照(CK),在钾肥减量10%基础上设置4个PASP用量(钾用量的0、2.5%、5.0%、7.5%)处理,共计5个处理,见表3-14。采用随机区组试验设计,每处理3次重复,共15个小区。每小区植烟200株,行株距1.2 m×0.5 m,种植密度1100株 667 m^2,周边设置双保护行。CK2施用氮磷钾用量比例为1:0.9:2.6,即纯氮(N)142.5 kg·hm^{-2},纯磷(P_2O_5)129.0 kg·hm^{-2},纯钾(K_2O)378.0 kg·hm^{-2},各处理保持氮磷肥料用量一致。钾肥减量通过追肥时减少硫酸钾来实现,PASP施用时间与追施硫酸钾同步,分两次于移栽后38 d和48 d将PASP兑水稀释300倍浇施于烟株根部。其他田间管理按照当地烤烟生产技术规范进行。

表3-14 试验处理设置

单位:kg·hm^{-2}

处理	施钾量	PASP用量	处理	施钾量	PASP用量
CK	378.00	0	KP2	340.20	17.01
KP0	340.20	0	KP3	340.20	25.52
KP1	340.20	8.51			

(3)测定方法。在钾肥追施后10 d、20 d和30 d,在每个小区选择三个点,各处理选取6株长势均匀一致的代表性烟株挂牌标记,参照《烟草农艺性状调查测量方法 YC/T 142—2010》调查烟叶的农艺性状(株高,茎围,有效叶片数,最大叶长、最大叶宽)。

分别于追施钾肥后15 d、25 d、35 d、45 d取样测定淀粉、可溶性糖、还原糖、总氮、总钾。采用蒽酮法测定可溶性糖和淀粉,水杨酸比色法测定还原糖。在追施钾肥后 15 d、25 d、35 d 和 45 d，每处理挖出长势均匀一致的代表性烟株 3 株，将根、茎、叶各部位分开称取鲜重，记录新鲜叶片的鲜重、叶长、叶宽，杀青（105℃，15min）后 80℃烘干至恒重，称取各部分的干重并记录。采用凯氏定氮仪测定总氮含量，用火焰光度计法测定钾含量。氮钾吸收量计算公式：

$$烟株钾素总吸收量（kg \cdot hm^{-2}）= 烟株干质量（kg \cdot hm^{-2}）\times 钾含量（\%）$$

$$烟株氮素总吸收量（kg \cdot hm^{-2}）= 烟株干质量（kg \cdot hm^{-2}）\times 氮含量（\%）$$

选取 B2F、C3F 和 X2F 等级烟叶，粉碎过 80 目筛，测定其烟碱、总氮、总钾、可溶性总糖、还原糖、淀粉等常规化学成分指标。

选取 B2F、C3F 和 X2F 等级烟叶，切丝制作单料烟并组织评吸专家，根据《烟草及烟草制品感官评价方法》（YC/T 138—1998）文件要求对烟叶样品进行评吸，评吸的指标主要包括香气质、香气量、浓度、杂气、刺激性、余味、劲头、甜度等 8 个指标，总分 =（香气质 + 香气量）× 2.5 +（浓度）× 2 +（杂气）+（刺激性）+（余味）+（甜度）+（劲头）。由深圳烟草工业公司完成。

按国家烤烟分级标准（GB2635—92）进行分级，计算不同处理烟叶的上等烟、中等烟比例，统计主要等级（B2F、C3F 和 X2F）烟叶的均价及烟叶产量、产值。

（4）数据分析。采用 Microsoft Excel 2019 和 SPSS 21.0 软件统计数据，运用 Duncan's 法进行处理间的差异显著性检验。

（二）主要结果

（1）减钾配施 PASP 对烤烟农艺性状的影响。由表 3 – 15 可知，减钾 10% 的 KP0 处理的株高、茎围、节距、有效叶片数和最大叶面积均小于 CK，而在减钾 10% 的基础上配施 PASP 的 KP1、KP2 和 KP3 三个处理的农艺性状均有不同程度的提高，其中对株高和最大叶面积的影响最为显著。

在追钾后 10 d，与 CK 相比，KP0 的株高降低了 27.51%，配施 PASP 的 KP1、KP2 和 KP3 的株高均显著大于 KP0，其中 KP2 较 KP0 高 16.63cm，提高 30.13 个百分点；与 CK 相比，KP0 的最大叶面积明显下降 11.32 个百分点，配施 PASP 的三个处理均高于 KP0，表现为随 PASP 用量增加而增大，其中 KP3 比 KP0 增加 29.73 个百分点，且超出 CK 约 158.97 cm²。追钾后 20 d，KP0 的株高比 CK 减小 14.24%，差异显著，配施 PASP 处理的株高随 PASP 用量增加先升高后下降，其中 KP2 最高，且显著高于 CK，KP2 的株高相比 KP0 显著高出 28.71%，KP3 略低于 KP2，但两者无显著差异；KP0 的最大叶面积较 CK 减少 13.39%，最大叶面积在 PASP 处理之间差异显著，变化规律与追钾 10 d 一致，表现为 KP3 > KP2 > KP1，其中 KP3 高达 1388.66 cm²，与 KP0 相比提高 28.07 个百分点。追钾后 30 d，不同处理间株高的变化与 20 d 相似，KP2 的株高比 KP0 显著高出 15.29%，KP2 与 KP3 没有显著差异；配施 PASP 处理的最大叶面积表现同追钾 10 d，与 KP0 相比，KP3 增幅最大，其次是 KP2，KP3 相对 KP0 的增幅为 440.42，增长了 39.77%。

表 3 - 15　减钾配施 PASP 对烤烟农艺性状的影响

取样时间	处理	株高/cm	茎围/cm	节距/cm	有效叶片数/片	最大叶面积/cm²
追钾后 10 d	CK	76.33 ± 0.88a	9.10 ± 0.59a	3.76 ± 0.10a	17.33 ± 0.33a	1056.80 ± 91.28ab
	KP0	55.33 ± 0.88d	8.67 ± 0.35a	3.20 ± 0.08b	14.33 ± 0.33b	937.19 ± 62.05b
	KP1	67.67 ± 1.33c	9.13 ± 0.19a	3.79 ± 0.27a	15.00 ± 1.00b	994.28 ± 48.39ab
	KP2	72.00 ± 1.73b	9.33 ± 0.67a	3.79 ± 0.10a	16.00 ± 0.58ab	1030.11 ± 118.53ab
	KP3	70.50 ± 0.76bc	9.43 ± 0.07a	3.42 ± 0.11ab	17.67 ± 0.88a	1215.77 ± 60.49a
追钾后 20 d	CK	86.67 ± 1.45b	9.43 ± 0.43ab	4.48 ± 0.05a	18.00 ± 0.33a	1251.97 ± 80.75ab
	KP0	74.33 ± 0.88c	8.93 ± 0.07b	3.78 ± 0.07b	17.00 ± 0.58a	1084.32 ± 39.84c
	KP1	86.17 ± 0.60b	9.50 ± 0.15ab	4.12 ± 0.18ab	18.00 ± 1.15a	1102.04 ± 48.59bc
	KP2	95.67 ± 1.86a	9.73 ± 0.43ab	4.35 ± 0.08a	18.00 ± 0.00a	1200.54 ± 29.5bc
	KP3	93.67 ± 1.45a	10.23 ± 0.22a	4.21 ± 0.19ab	19.00 ± 1.00a	1388.66 ± 15.18a
追钾后 30 d	CK	94.33 ± 0.88ab	10.10 ± 0.20ab	4.57 ± 0.05a	18.67 ± 0.00a	1272.89 ± 29.03bc
	KP0	85.00 ± 2.00c	9.30 ± 0.12b	4.49 ± 0.24a	17.00 ± 0.58a	1107.39 ± 28.53d
	KP1	87.67 ± 2.19bc	10.43 ± 0.07a	4.54 ± 0.12a	17.67 ± 0.88a	1233.89 ± 22.47c
	KP2	98.00 ± 1.15a	10.37 ± 0.54a	5.07 ± 0.10a	17.33 ± 0.33a	1341.33 ± 11.91b
	KP3	98.67 ± 3.71a	10.97 ± 0.09a	4.87 ± 0.27a	18.33 ± 0.88a	1547.81 ± 34.85a

注：表中同列数据后不同字母表示在 5% 水平有显著差异。

（2）减钾配施 PASP 对烤烟碳氮代谢的影响。

①对淀粉含量的影响。由表 3 - 16 可知，从处理间的比较来看，追钾后 15 d，KP0 的淀粉含量显著低于 CK，表明单纯减钾 10% 会降低烤烟淀粉含量。追钾后 25 d，上部叶中三个配施 PASP 处理的淀粉含量均高于 KP0，其中最高的 KP2 处理比 KP0 提高了 61.75%。追钾后 35 d，上部叶、中部叶和下部叶中 KP2 处理的淀粉含量显著高于 KP0，分别比 KP0 提高了 33.66%、36.33% 和 132%。追钾后 45 d，上部叶和下部叶的 KP2 显著高于 KP0，但此时期高浓度 PASP 处理的中下部叶淀粉含量有所降低。

表 3 – 16　减钾配施 PASP 对烟叶淀粉含量的影响

单位:%

取样时间	处理	部位		
		上部叶	中部叶	下部叶
追钾后 15 d	CK	25. 10 ± 0. 60a	28. 79 ± 2. 87a	22. 15 ± 0. 25a
	KP0	21. 36 ± 0. 34b	23. 28 ± 0. 58b	20. 53 ± 0. 06b
	KP1	18. 71 ± 0. 35c	16. 23 ± 0. 37c	14. 57 ± 0. 28d
	KP2	15. 62 ± 0. 88d	19. 19 ± 0. 23bc	12. 74 ± 0. 26e
	KP3	16. 80 ± 0. 20d	17. 30 ± 0. 16c	16. 08 ± 0. 52c
追钾后 25 d	CK	15. 34 ± 0. 03c	21. 27 ± 0. 27a	15. 31 ± 0. 04a
	KP0	12. 75 ± 0. 18e	18. 65 ± 0. 46c	14. 16 ± 0. 04b
	KP1	18. 92 ± 0. 24b	19. 81 ± 0. 20b	10. 77 ± 0. 09e
	KP2	20. 55 ± 0. 52a	17. 27 ± 0. 46d	12. 03 ± 0. 27d
	KP3	13. 73 ± 0. 20d	14. 88 ± 0. 24e	12. 48 ± 0. 09c
追钾后 35 d	CK	29. 95 ± 1. 40a	26. 69 ± 0. 88a	17. 84 ± 1. 00b
	KP0	18. 15 ± 0. 12c	18. 03 ± 0. 96b	9. 95 ± 0. 14d
	KP1	20. 27 ± 0. 11c	27. 04 ± 0. 20a	12. 66 ± 0. 42c
	KP2	24. 26 ± 0. 93b	24. 58 ± 2. 29a	23. 15 ± 0. 74a
	KP3	30. 00 ± 0. 28a	16. 46 ± 0. 61b	17. 78 ± 0. 06b
追钾后 45 d	CK	29. 20 ± 0. 77c	34. 69 ± 1. 63a	28. 20 ± 1. 33a
	KP0	26. 51 ± 0. 59c	32. 97 ± 0. 13a	23. 12 ± 0. 17c
	KP1	39. 85 ± 1. 48b	35. 20 ± 0. 73a	26. 40 ± 1. 05ab
	KP2	46. 12 ± 1. 35a	30. 09 ± 0. 09b	27. 65 ± 0. 06a
	KP3	16. 48 ± 0. 23d	24. 27 ± 0. 19c	24. 36 ± 0. 58bc

注:表中同列数据后不同字母表示在 5% 水平有显著差异。

②对总糖含量的影响。从处理间的比较来看,追钾后 15 d 和 25 d(表 3 – 17),KP0 的总糖含量显著低于 CK,表明单纯减钾 10% 使烤烟总糖含量降低。追钾后 25 d,中部叶及上部叶的 KP1 和 KP2 处理的总糖含量显著高于 KP0,两个叶位的 KP2 处理比 KP0 分别提高了 28. 96%、51. 25%。追钾后 35 d,上部叶的 KP1 处理、中部叶和下部叶的 KP2 处理的总糖含量显著高于 KP0,分别比 KP0 提高了 21. 67%、63. 55% 和 42. 04%。追钾后 45 d,上部叶的 KP1 和 KP2 显著高于 KP0。

表 3 – 17　减钾配施 PASP 对烟叶总糖含量的影响

单位:%

取样时间	处理	部位		
		上部叶	中部叶	下部叶
追钾后 15 d	CK	11.51 ± 0.14a	13.01 ± 0.06ab	15.10 ± 0.33a
	KP0	11.58 ± 0.06a	9.83 ± 0.05d	13.12 ± 0.28b
	KP1	10.78 ± 0.11b	12.46 ± 0.23bc	12.87 ± 0.20b
	KP2	11.51 ± 0.07a	13.37 ± 0.12a	9.08 ± 0.05c
	KP3	9.17 ± 0.07c	11.96 ± 0.53c	8.19 ± 0.05d
追钾后 25 d	CK	9.97 ± 0.16a	12.26 ± 0.13b	10.67 ± 0.13b
	KP0	8.50 ± 0.07b	10.15 ± 0.13c	7.59 ± 0.04d
	KP1	7.53 ± 0.18c	12.08 ± 0.11b	11.25 ± 0.08a
	KP2	8.25 ± 0.06b	13.09 ± 0.03a	11.48 ± 0.12a
	KP3	7.43 ± 0.08c	8.19 ± 0.06d	8.05 ± 0.11c
追钾后 35 d	CK	9.98 ± 0.21a	16.40 ± 0.15a	14.95 ± 0.14a
	KP0	7.06 ± 0.09c	9.85 ± 0.03c	10.44 ± 0.10c
	KP1	8.59 ± 0.04b	10.14 ± 0.05c	12.01 ± 0.07b
	KP2	7.45 ± 0.13c	16.11 ± 0.08a	14.83 ± 0.12a
	KP3	8.22 ± 0.12b	12.2 ± 0.22b	10.58 ± 0.09c
追钾后 45 d	CK	9.18 ± 0.19c	11.51 ± 0.17ab	13.50 ± 0.52a
	KP0	7.36 ± 0.11d	11.37 ± 0.03ab	11.34 ± 0.26b
	KP1	11.43 ± 0.21a	11.75 ± 0.04a	10.22 ± 0.26c
	KP2	10.30 ± 0.07b	10.23 ± 0.27c	8.71 ± 0.09d
	KP3	10.47 ± 0.29b	11.06 ± 0.19b	8.95 ± 0.02d

注:表中同列数据后不同字母表示在 5% 水平有显著差异。

③对还原糖含量的影响。由表 3 – 18 可见,不同处理之间,KP0 处理始终显著低于 CK 处理,表明单纯减钾 10% 会降低烤烟还原糖含量。追钾后 15 d,中部叶和下部叶不同 PASP 处理间还原糖含量均以 KP1 处理较高,分别比 KP0 提高了 28.90% 和 16.29%。追钾后 25 d,三个叶位以 KP2 的还原糖含量最高,分别比 KP0 提高了 3.92%、13.60% 和 59.09%。追钾后 35 ~ 45 d,上部叶、中部叶不同 PASP 处理间均以 KP3 较高,达到显著高于 KP0 且与 CK 相当的水平。

表3-18 减钾配施 PASP 对烟叶还原糖含量的影响

单位:%

取样时间	处理	部位		
		上部叶	中部叶	下部叶
追钾后 15 d	CK	9.78±0.05a	9.76±0.06b	10.18±0.03a
	KP0	9.39±0.02b	8.06±0.03c	8.47±0.26b
	KP1	8.64±0.08c	10.39±0.19a	9.85±0.09a
	KP2	7.68±0.07d	9.90±0.12b	7.72±0.07c
	KP3	7.07±0.02e	10.35±0.10a	7.21±0.05d
追钾后 25 d	CK	8.08±0.05a	9.21±0.04a	7.97±0.21c
	KP0	6.63±0.05c	8.09±0.03c	5.28±0.15e
	KP1	6.60±0.05c	8.54±0.07b	8.86±0.06a
	KP2	6.89±0.12b	9.19±0.13a	8.40±0.03b
	KP3	5.62±0.06d	7.14±0.05d	6.63±0.08d
追钾后 35 d	CK	5.78±0.11bc	10.07±0.40a	8.01±0.07b
	KP0	5.05±0.09d	6.96±0.12d	7.96±0.01b
	KP1	5.92±0.06ab	8.93±0.05b	10.00±0.05a
	KP2	5.67±0.06c	7.62±0.04c	6.00±0.07c
	KP3	6.11±0.02a	9.02±0.02b	7.85±1.00b
追钾后 45 d	CK	6.08±0.03a	7.10±0.04a	8.60±0.07a
	KP0	5.24±0.06c	6.22±0.03c	6.98±0.09c
	KP1	5.69±0.04b	6.84±0.05b	7.90±0.04b
	KP2	4.93±0.06d	5.98±0.04d	7.05±0.04c
	KP3	6.06±0.06a	7.04±0.08a	5.73±0.07d

注：表中同列数据后不同字母表示在5%水平有显著差异。

④对氮素吸收的影响。由表3-19可知，追钾后烟株氮素吸收量在烟叶中分配占比最大，各部位在不同处理间均以 KP0 显著小于 CK，并且氮素吸收量最低，其中烟叶 KP0 较 CK 显著下降13.26%～25.67%，但配施 PASP 处理的氮素吸收量均高于 KP0，在不同 PASP 处理之间，烟叶的氮素吸收量表现为随 PASP 增加而先增大后减小，其中最高的 KP2 在各时期分别比 KP0 提高了99.51%、41.55%、55.41%和41.09%，差异显著，与 CK 相比，KP2 在各时期比 CK 高出8.09%～48.29%。根和整株的氮素吸收量的变化与烟叶基本一致，均以 KP2 氮素吸收量较高；茎的氮素吸

收量在追钾 15～25 d 以配施 2.5% PASP 的 KP1 最高, 在追钾后 35 d 及 45 d 以配施 7.5% PASP 的 KP3 最高。

表 3-19　减钾配施 PASP 对烟株氮素吸收的影响

单位: $kg \cdot hm^{-2}$

取样时间	处理	部位			
		叶	茎	根	全株
追钾后 15 d	CK	32.84 ±0.34d	7.07 ±0.14c	13.12 ±0.28a	53.02 ±0.49d
	KP0	24.41 ±0.36e	5.46 ±0.08d	9.26 ±0.29c	39.13 ±0.33e
	KP1	37.33 ±0.51c	10.03 ±0.20a	10.42 ±0.26b	57.78 ±0.77c
	KP2	48.70 ±0.41a	8.69 ±0.20b	13.48 ±0.10a	70.88 ±0.21a
	KP3	41.69 ±0.45b	9.89 ±0.24a	11.09 ±0.40b	62.67 ±0.45b
追钾后 25 d	CK	43.37 ±0.93bc	8.19 ±0.12ab	10.13 ±0.17bc	61.68 ±0.83bc
	KP0	37.62 ±1.02d	7.93 ±0.74b	9.51 ±0.17c	55.06 ±1.82d
	KP1	41.23 ±0.43c	9.45 ±0.33a	7.91 ±0.29d	58.58 ±0.66cd
	KP2	53.25 ±0.86a	7.95 ±0.25b	12.59 ±0.01a	73.79 ±1.10a
	KP3	44.14 ±0.37b	9.35 ±0.39ab	10.32 ±0.34b	63.81 ±0.85b
追钾后 35 d	CK	40.80 ±0.65b	12.41 ±0.38b	11.65 ±0.23b	64.86 ±1.05b
	KP0	31.31 ±0.42d	8.83 ±0.17c	9.41 ±0.27d	49.55 ±0.02d
	KP1	35.46 ±0.40c	11.58 ±0.20b	10.54 ±0.12c	57.58 ±0.56c
	KP2	48.66 ±0.64a	13.36 ±0.06a	13.48 ±0.08a	75.50 ±0.72a
	KP3	40.74 ±0.76b	14.06 ±0.41a	11.01 ±0.27bc	65.82 ±0.93b
追钾后 45 d	CK	46.38 ±0.75b	13.76 ±0.02c	11.52 ±0.18c	71.65 ±0.60c
	KP0	35.53 ±0.34c	9.74 ±0.17e	8.19 ±0.04d	53.46 ±0.52e
	KP1	36.20 ±0.61c	12.37 ±0.16d	13.17 ±0.36b	61.75 ±0.55d
	KP2	50.13 ±0.22a	15.27 ±0.32b	19.68 ±0.36a	85.08 ±0.68b
	KP3	47.26 ±0.59b	20.79 ±0.40a	19.08 ±0.51a	87.13 ±0.45a

注: 表中同列数据后不同字母表示在 5% 水平有显著差异。

⑤对钾素吸收的影响。由表 3-20 可知, 烟株各部位钾素吸收量整体表现为叶 > 茎 > 根。各时期不同部位的钾素吸收量在不同处理间表现不同, 但减钾 10% 的 KP0 均显著低于 CK, 但配施 PASP 处理的钾素吸收量均显著高于 KP0, 并且配施 PASP 处理的钾素吸收量在总体上均表现为随 PASP 用量增加而先升高后下降。追钾后 15 d, 烟叶

KP1、KP2、KP3 的钾吸收量分别超出 KP0 处理 16.53%、47.53%、24.87%。追钾后25 d，烟叶各处理表现同 15 d，PASP 处理中最高的 KP2 在叶、茎和根分别比 KP0 高出19.85、21.88 和 53.20 个百分点，KP2 还显著大于 CK，茎各处理均低于 CK，但 KP2较 CK 仅下降 0.23 kg·hm^{-2}，差异最小。追钾后 35d，叶、茎和根的 KP2 比 KP0 分别提高了 45.61、72.10 和 29.24 个百分点，并且显著高于 CK。追钾后 45 d，叶的 KP1、KP2 和 KP3 较 KP0 的增幅依次为 20.17%、37.55%、26.83%，KP2 增幅最大；茎和根各处理表现基本与叶一致，即 KP2 最高，KP3 次之，KP1 与 CK 持平，未见显著差异。

表 3 - 20 减钾配施 PASP 对烟株钾素吸收的影响

单位：kg·hm^{-2}

取样时间	处理	部位			
		叶	茎	根	全株
	CK	71.38 ± 0.81c	24.61 ± 0.55c	19.93 ± 0.54c	115.92 ± 1.63d
	KP0	63.20 ± 0.25d	21.70 ± 0.23d	15.94 ± 0.37d	100.84 ± 0.35e
追钾后 15 d	KP1	73.65 ± 0.44c	33.46 ± 1.13b	21.27 ± 1.63bc	128.39 ± 2.17c
	KP2	93.24 ± 0.90a	37.26 ± 0.47a	29.93 ± 1.14a	160.43 ± 2.48a
	KP3	78.92 ± 1.75b	31.85 ± 0.23b	23.88 ± 0.97b	134.66 ± 1.01b
	CK	85.59 ± 1.39b	22.90 ± 1.34a	16.22 ± 0.46b	124.70 ± 2.99b
	KP0	76.88 ± 0.65c	18.60 ± 0.56b	15.02 ± 0.26b	110.50 ± 1.20c
追钾后 25 d	KP1	85.74 ± 0.25b	18.72 ± 0.45b	15.61 ± 0.26b	116.29 ± 0.85c
	KP2	92.14 ± 0.61a	22.67 ± 1.75a	23.01 ± 1.38a	137.82 ± 3.69a
	KP3	87.24 ± 0.62b	19.15 ± 0.91b	16.88 ± 0.82b	123.28 ± 1.06b
	CK	106.02 ± 0.86b	37.68 ± 0.30d	37.36 ± 0.18a	181.06 ± 1.26c
	KP0	84.37 ± 1.09d	33.08 ± 1.31e	30.54 ± 0.60c	147.99 ± 1.31d
追钾后 35 d	KP1	102.12 ± 1.02c	44.21 ± 1.26c	39.57 ± 0.76a	185.90 ± 2.44bc
	KP2	122.85 ± 1.15a	56.93 ± 1.31a	39.47 ± 0.49a	219.24 ± 1.47a
	KP3	107.56 ± 0.16b	47.34 ± 0.99b	33.95 ± 0.70b	188.86 ± 0.32b
	CK	118.76 ± 0.31d	79.61 ± 0.81c	59.54 ± 0.48c	257.91 ± 0.80d
	KP0	104.72 ± 0.55e	55.97 ± 0.55d	42.25 ± 0.46d	202.94 ± 1.10e
追钾后 45 d	KP1	125.84 ± 0.68c	80.00 ± 1.01c	60.14 ± 1.64c	265.98 ± 1.94c
	KP2	144.04 ± 0.60a	88.84 ± 0.36a	67.53 ± 1.22a	300.41 ± 0.65a
	KP3	132.82 ± 0.79b	83.25 ± 0.48b	63.79 ± 0.38b	279.85 ± 1.57b

注：表中同列数据后不同字母表示在 5% 水平有显著差异。

从全株来看,各时期 KP0 的钾素吸收量均显著低于 CK,添加 PASP 的处理显著大于 KP0,总体以 KP2 的钾素吸收总量最高,说明减钾 10% 显著降低了烟株的钾素吸收量,而配施一定量的 PASP 能促进烟株对钾素的吸收。

(3)减钾配施 PASP 对烤后烟叶化学成分的影响。

从表 3-21 可以看出,减钾 10% 使烤后烟叶的常规化学成分总体均下降,但配施不同用量 PASP 对化学成分产生了不同程度的影响。KP0 的各叶位总氮含量比 CK 下降了 0.08~0.27 个百分点。在不同 PASP 处理之间上部叶以 KP2 的总氮最高,比 KP0 高出 0.25%,差异显著;中部叶以 KP2、KP3 最接近 CK,但两者差异不显著;下部叶最高的 KP3 比 CK 显著升高 0.26 个百分点,KP2 与 CK 几乎无差别。上部叶的总钾含量以 KP2 最高,比 KP0 高出 0.87%,中、下部叶均以 KP1 最高,分别比 KP0 高出 1.00 和 1.64 个百分点。

表 3-21　减钾配施 PASP 对烤后烟叶化学成分的影响

叶位	处理	总糖/%	还原糖/%	淀粉/%	总氮/%	烟碱/%	总钾/%
B2F	CK	20.11±0.04b	16.84±0.21a	7.34±0.09c	1.92±0.05b	2.42±0.02a	3.73±0.04a
	KP0	18.05±0.12c	15.94±0.15b	6.26±0.05e	1.84±0.01b	1.92±0.01d	1.54±0.05d
	KP1	16.35±0.24d	14.73±0.08c	7.00±0.04d	1.88±0.01b	2.46±0.02a	2.21±0.03c
	KP2	21.83±0.13a	16.82±0.17b	7.61±0.13b	2.09±0.03a	2.23±0.01b	2.41±0.07b
	KP3	16.37±0.10d	13.78±0.12d	8.13±0.06a	1.84±0.03b	2.03±0.01c	2.23±0.03c
C3F	CK	23.63±0.05b	18.71±0.26b	7.78±0.09b	1.62±0.04a	2.06±0.02a	3.29±0.04b
	KP0	22.36±0.10d	16.51±0.27c	6.72±0.13d	1.39±0.03b	1.73±0.01e	2.57±0.12d
	KP1	23.20±0.12c	18.61±0.09b	7.24±0.05c	1.35±0.01b	1.83±0.02d	3.57±0.03a
	KP2	25.44±0.21a	18.89±0.10b	7.82±0.05b	1.62±0.04a	2.02±0.01b	2.82±0.03c
	KP3	22.41±0.05d	20.83±0.06a	9.57±0.14a	1.64±0.01a	1.90±0.00c	2.32±0.05e
X2F	CK	23.76±0.32b	18.04±0.22c	7.33±0.11a	1.55±0.05b	1.62±0.01ab	3.02±0.03b
	KP0	20.58±0.11c	17.36±0.04d	7.10±0.35a	1.28±0.03c	1.29±0.04c	1.81±0.02c
	KP1	20.13±0.19c	18.62±0.13b	7.59±0.08a	1.10±0.03d	1.56±0.03b	3.45±0.07a
	KP2	25.06±0.13a	19.18±0.04a	5.09±0.11b	1.59±0.03b	1.65±0.01a	3.16±0.11b
	KP3	17.08±0.07d	10.41±0.10e	5.51±0.17b	1.81±0.01a	1.69±0.02a	2.99±0.04b

注:表中同列数据后不同字母表示在 5% 水平有显著差异。

淀粉含量 KP0 低于 CK,除下部叶外,上、中部叶表现为随 PASP 用量增加而升高,其中最高的 KP3 分别比 KP0 高出 29.87% 和 42.41%,但淀粉过高可能会导致烟叶的燃烧性变差,下部叶 PASP 处理中的 KP1 比 KP0 升高 6.90%、差异不显著。各处理间,总糖含量 KP0 较 CK 显著降低 1.27%~3.18%,而各 PASP 处理则高于 KP0,其中最高的 KP2 在上、中、下部叶的总糖含量分别比 KP0 升高 3.78、3.08、4.48 个百分点。PASP 处理的上部叶还原糖含量均低于 CK，但 KP2 仅比 CK 下降 0.02 个百分点，没有显著差异；中部叶的 KP2、KP3 分别比 KP0 提高了 2.38%、4.32%；下部叶还原糖含量 KP2 最高。

各叶位 KP0 的烟碱含量分别比 CK 下降 0.50、0.33、0.33 个百分点。配施 PASP 处理，烟碱含量表现为上部叶 KP1 最高，中部叶 KP2 最高，下部叶 KP3 最高，但下部叶的 KP2、KP3 与 CK 差异不显著。这说明单纯减钾 10% 不利于烟碱合成，但减钾配施 2.5% 和 5% PASP 可增加上、中部叶的烟碱含量。

（4）减钾配施 PASP 对烤后烟叶感官质量的影响。

根据 B2F 评吸结果可知，CK 整体风格突出，焦甜香明显，浓度、劲头适中偏大，略有杂气，余味尚舒适；KP0 整体风格弱化，焦香弱化，醇甜香相对突显，略有杂气；KP1 风格接近中部叶，浓度、劲头适中，枯焦气不明显，余味较干净；KP2 整体质量略高于 KP1，表现在上部叶特征明显，焦甜醇甜香风格突出，有枯焦气，余味尚舒适；KP3 与 KP2 整体质量接近，杂气略大于 KP2。B2F 烟叶整体质量排序为 KP2 > KP3 > KP1 > CK > KP0。

表 3-22　减钾配施 PASP 对烤后烟叶感官质量的影响

叶位	处理	香气质 （9分）	香气量 （9分）	浓度 （9分）	杂气 （9分）	刺激性 （9分）	余味 （9分）	劲头 （5分）	甜度 （5分）	总分
B2F	CK	6.8	6.7	6.8	6.3	6.0	6.3	3.5	3.0	72.5
	KP0	6.3	6.5	6.6	6.1	6.0	6.4	3.5	3.0	70.2
	KP1	6.7	6.8	6.7	6.8	6.0	6.5	4.0	3.0	73.5
	KP2	7.2	7.3	7.2	7.4	6.5	6.2	4.0	3.0	77.8
	KP3	7.2	7.1	7.3	7.2	6.5	6.3	4.0	2.5	76.9
C3F	CK	6.8	6.8	6.5	6.5	6.5	6.8	4.0	3.0	73.8
	KP0	6.7	6.8	6.5	6.3	6.5	6.7	3.8	3.0	73.1
	KP1	6.8	6.8	7.2	6.4	6.8	6.7	4.0	3.0	75.3
	KP2	7.3	7.5	6.8	7.0	7.0	6.8	4.0	3.5	78.9
	KP3	7.2	7.1	6.8	6.9	6.7	6.8	4.0	3.0	76.8
X2F	CK	5.7	5.4	5.6	5.8	5.8	5.6	3.0	3.0	62.2
	KP0	5.8	5.3	5.7	6.4	6.2	6.0	3.0	3.2	63.8
	KP1	6.2	5.8	6.2	6.4	7.0	6.3	3.0	3.0	68.1
	KP2	6.1	5.8	6.2	6.5	6.8	6.3	3.0	3.0	67.8
	KP3	6.2	6.0	6.8	6.6	6.8	6.4	3.0	3.4	70.3

注：主要评价指标采用 9 分制，个人感官评分标度以 0.5 分为单位进行打分，总分以评价小组平均分体现，保留一位小数。权重分配：香气质、香气量权重 2.5，浓度权重 2.0，杂气、刺激性、余味、劲头、甜度权重 1.0。

根据 C3F 评吸结果可知，CK 香气质较好，香气量适中，浓度适中，略有枯焦气，刺激不明显，余味较舒适，劲头适中。KP0 与 CK 整体质量差别较小，除略有杂气、劲头略小外，其余感官指标接近。KP1 香气质中等，香气量适中，浓度较浓，略有杂气，其余感官指标适中。KP2 相比 KP1 香气质有所提升,香气量明显增加,刺激、劲头适中,甜润感较明显,整体质量较好。KP3 整体质量相较 KP2 略有下降,主要表现在香气量略有减少,刺激性有所提高。C3F 烟叶整体质量排序为:KP2 > KP3 > KP1 > CK ≈ KP0。

根据 X2F 评吸结果可知,CK 香气质一般,香气量略欠,有杂气,有刺激性,整体质量一般。KP0 香气质一般,香气量略欠,杂气较少,刺激较轻,甜感有所提升。KP1 与 KP2 相比较差别不明显,刺激性减少,杂气略有增加。KP3 浓度有所提高,甜感较明显。X2F 烟叶整体质量排序为:KP3 > KP1 ≈ KP2 > KP0 > CK。

综上所述,减钾配施不同量的 PASP 对中上部烟叶感官质量均有改善,其中以 KP2 处理最好,KP3 次之,减钾不配施 PASP(KP0 处理)烟叶质量有所下降;下部烟叶以 KP3 感官质量最好,KP1、KP2 感官质量接近,略差于 KP3 处理,KP0 质量略高于 CK 处理。

(5)减钾配施 PASP 对烤烟经济性状的影响。由表 3 – 23 可知,减钾 10% 导致 KP0 处理的产量、产值、均价、上等烟比例和中上等烟比例相比对照均下降,配施 PASP 的各处理后以上各个指标均高于 KP0,且大于 CK。

表 3 – 23　减钾配施 PASP 对烤烟经济性状的影响

处理	产量/(kg·hm⁻²)	均价/(元·kg⁻¹)	上等烟比例/%	中上等烟比例/%	产值/(元·hm⁻²)
CK	2347. 25 ± 20. 60b	21. 58 ± 0. 23a	51. 06 ± 1. 22a	86. 50 ± 0. 71a	50653. 66 ± 335. 90d
KP0	2117. 45 ± 19. 71c	21. 14 ± 0. 25a	48. 78 ± 1. 13a	83. 23 ± 0. 53a	44762. 89 ± 215. 45e
KP1	2377. 40 ± 25. 46b	21. 73 ± 0. 25a	51. 92 ± 1. 40a	88. 64 ± 0. 46a	51660. 90 ± 231. 64c
KP2	2466. 79 ± 25. 15a	22. 68 ± 0. 28a	53. 20 ± 1. 60a	91. 85 ± 1. 12a	55946. 80 ± 482. 14a
KP3	2369. 45 ± 20. 10b	22. 43 ± 0. 56a	52. 31 ± 1. 33a	90. 72 ± 0. 83a	53146. 76 ± 218. 71b

注:表中同列数据后不同字母表示在5%水平有显著差异,下同。

KP1、KP2 和 KP3 的产量比 CK 高出 30. 15 ~ 119. 54 kg·hm⁻²,与 KP0 相比分别提高了 259. 95 kg·hm⁻²、349. 43 kg·hm⁻² 和 252. 00 kg·hm⁻²;KP1、KP2 和 KP3 的产值比对照分别提高了 1007. 24 元·hm⁻²、5293. 14 元·hm⁻² 和 2493. 10 元·hm⁻²;KP2 处理的均价、上等烟比例和中上等烟比例均最高,分别比对照提高了 1. 10 元·kg⁻¹、2. 14 个百分点、5. 35 个百分点,比 KP0 提高了 1. 54 元·kg⁻¹、4. 42 个百分点、8. 62 个百分点;配施 PASP 处理之间,除产量之外,KP2 的经济性状与 KP3 相差最小。总体上看,单纯减钾 10% 明显降低了经济效益,但减钾条件下配施不同用量的 PASP 对各经济性状指标产生了不同程度的促进作用,降低了钾肥减量带来的损失。

(三)主要结论

单纯减钾 10% 对株高、茎围、节距等均产生了负面影响,但是配施 PASP 对株高和最大叶面积影响较大,施用 PASP 的处理之间,在株高上以 KP2 表现最好。KP3 次之,说明 PASP 能够促进株高增加，在最大叶面积上 KP3（配施 7.5% PASP）表现最好。减钾 10% 配施 PASP 对烤烟碳氮代谢均有促进作用，具体体现为，配施 5% PASP 处理的上部叶淀粉含量增加 61.75%，总糖、还原糖升高。减钾 10% 不利于氮钾吸收，配施 PASP 起到一定促进作用，尤其是配施 5% PASP 综合表现良好，氮、钾吸收量分别提高 48.29% 和 47.53%。减钾 10% 对烤后烟叶常规化学成分含量有不利影响，配施 PASP 对化学成分起到一定促进作用，上部叶总氮、总钾达到最高，总糖提高 3.08～4.48 个百分点，中部叶还原糖提高 2.38%，总体以配施 5% PASP 表现较好。减钾配施 5% PASP 的 KP2 烤后烟叶感官质量最优，配施 7.5% PASP 的 KP3 整体感官质量略低于 KP2，但差异不大。减钾 10% 对烤烟农艺性状和经济性状均有不利影响，配施 PASP 对株高、最大叶面积、产量、产值等指标有不同程度的促进作用，总体以 KP2 表现最优，株高增加 15.29%～30.13%，产量、产值分别比对照增加 30.15～119.54 kg·hm^{-2}、1007.24～5293.14 元·hm^{-2}。

第三节　焦甜醇甜香上部烟叶可用性定向提升技术研究

一、高成熟度上部烟叶采收技术研究

烟叶成熟度是烟叶质量的核心要素，烟叶适熟采收是生产优质烟叶的关键环节之一。左天觉等（1993）研究认为，在整个烤烟生产环节中，适熟采收对烤后烟叶质量的贡献占 1/3。烤烟上部烟叶是烤烟产量的重要组成部分，一般占单株烟叶产量的 40% 左右（朱尊权，2010）；相比其他部位的烟叶，上部烟叶烟气浓度更高，香气量更足，满足感更强，优质的上部烟叶是生产高档卷烟的重要原料，对卷烟香味及风格都有很大贡献。为适应世界卫生组织《烟草控制框架公约》中第 9 条烟草制品成分管制和第 10 条烟草制品披露的规定等要求和卷烟品牌发展战略，好的上部叶在现代混合型卷烟和低焦油烤烟型卷烟组配方中起主导作用，对卷烟香味及其风格有很大贡献，在国际市场上也十分畅销。而目前国产上部烟叶质量和可用性与国际水平还有很大差距。

就南方烟区而言，上部烟叶普遍存在因成熟不够而带来的叶片僵硬、叶窄偏厚、颜色暗深、油分少等问题，烟叶可用性不够理想，阻碍了上部叶在一、二类卷烟中的合理使用（叶晓青等，2019）。上部叶良好的采收成熟度是保证烤后烟叶质量上乘的前提，受生态环境、品种特性及栽培技术等多种因素影响，不同地区适宜的上部烟叶采收成熟度存在明显差异。刘辉等（2020）的研究认为，贵阳烟区云烟 87 上部烟叶在叶面 80% 黄绿色、主脉变白 2/3 以上时采收，烤后烟叶的外观和感官质量较好。王春凯等（2016）的研究结果表明，云烟 87 在 7～8 成黄时采收的烤后烟叶感官评吸质量显著优于 8～9 成黄时采收的烤后烟叶。烤烟上部烟叶适当提高采收成熟度可以改善烟叶的外观和感官品质，但当成熟度超过一定程度后，烟叶质量呈现下降趋势，具体表现为烟叶过熟、身份变薄、油分减少、香气质下降、杂气和刺激性增加。此外，受烟株生长均衡性和环境因素的影响，即使在同一采收期，不同上部烟叶的成熟度和鲜烟素质也会存在较大差异。因此，针对烟叶产区上部叶成熟特性，研究适宜采收成熟度评判方法与标准对高成熟度特色优质上部烟叶开发、促进中式卷烟发展、增强品牌竞争力具有重要的研究价值和现实意义。

（一）上部烟叶适宜采收成熟度颜色值研究

（1）材料与方法。

①试验材料。供试品种为烤烟云烟87。选取土壤肥力中等、烤烟生长均匀的烟田，行距120 cm，株距50 cm。试验田统一打顶留相同叶数，以上部6片作为试验材料。

②试验设计。试验因素设为采收成熟度和叶位2个因素。根据烟叶的叶面、主脉、支脉状态，采收成熟度设置5个水平：T1（叶面黄色显露10%），T2（叶面黄色显露30%），T3（叶面黄色显露50%），T4（叶面黄色显露70%），T5（叶面黄色显露90%），见表3-24。上部6片叶叶位从下至上记录为D_{13}～D_{18}，叶位设置2个水平：D_{13-15}和D_{16-18}叶位，共10个处理，每个处理3次重复。烟叶采收时，每个叶位选择60片烟叶，按照叶位上杆编烟。采收成熟度试验于2022年在湖南省永州市东安县开展。

表3-24 上部烟叶采收成熟度颜色值试验设计

采收成熟度	烟叶外观形态特征		
	落黄程度	叶面状态	主脉、支脉落黄程度
T1	10%	叶面初显黄	主脉、支脉尚青
T2	30%	叶面约1/3落黄	主脉、支脉初变白
T3	50%	叶面1/2落黄，叶基部初显黄	主脉1/2变白，支脉1/3变白
T4	70%	叶面7成落黄	主脉3/4变白，支脉2/3变白
T5	90%	叶面基本全黄	主脉基本全白，支脉周围尚有青色

（2）测定项目及方法。

①颜色参数值测定。采用NH300色差仪测定烟叶颜色。主要测定参数为：L^*（明度值）、a^*（红绿色度值，正值代表红度，负值代表绿度）、b^*（黄蓝色度值，正值代表黄度，负值代表蓝度）。测定时避开残伤或病斑，在叶片距叶尖1/3处、叶中及距叶基部1/3处各选取2个共6个相对称的点取样测定（图3-6），结果取其平均值，每个处理取15片叶。

②烤后烟叶外观质量评价。烤后烟叶由湖南烟草公司和深圳烟草工业公司的专业分级人员按照处理进行分级，并进行外观质量评价。分级标准参照GB 2635—

图3-6 鲜烟叶测定点

1992；外观质量评价指标为部位、颜色、成熟度、叶片结构、身份、油分、色度，各指标满分9分，分值越高，代表该指标表现越好。外观质量总分为各指标分数的加和。

③烟叶质量风格特色感官评价。选取各处理具有代表性的烟叶样品 B2F，参照深圳烟草工业公司感官质量综合评价方法，并由深圳烟草工业公司技术中心组织 7 名评吸专家进行感官评吸鉴定。品质特征指标包括香气质、香气量、杂气、刺激性和余味，单项指标满分均为 9 分，质量特征越好得分越高。浓度满分 9 分，浓度越高，分值越大。劲头满分 5 分，分值越高，劲头越大。浓度和劲头均不计入总分。

总分 = 香气质 × 2.5 + 香气量 × 2 + 杂气 + 刺激性 + 余味

④经济性状。按照烟叶分级结果对各处理进行产值计算，并计算各处理烟叶正组比例、副组比例、不适用比例和产量。

（3）主要结果。

①不同采收成熟度上部叶烤后烟叶外观质量比较。由表 3 - 25 可知，随着采收成熟度的提高，上部 6 片烟叶成熟度和叶片结构分值呈增加趋势；而身份、油分和颜色分数均呈先增加后降低的趋势，并且在采收成熟度为 T4 时达到最大值。D_{13-15} 和 D_{16-18} 两种叶位的规律较为一致，随着上部叶落黄程度增加，烤后烟叶成熟度增加，叶片组织结构趋于疏松。在烟叶落黄程度 70% 时，D_{13-15} 烟叶外观质量略优于 D_{16-18}。

表 3 - 25　不同采收成熟度上部叶烤后烟叶外观质量比较

叶位	采收成熟度	成熟度（9分）	叶片结构（9分）	身份（9分）	油分（9分）	色度（9分）	总分
D_{13-15}	T1	7.82b	6.32b	6.33c	6.93c	7.09c	34.49
	T2	7.99b	6.48b	6.41c	7.14bc	7.26bc	35.28
	T3	8.13ab	6.53b	6.53ab	7.29ab	7.38ab	35.86
	T4	8.31a	6.75ab	6.77a	7.52a	7.52a	36.87
	T5	8.39a	6.88a	6.71a	7.36a	7.43a	36.77
D_{16-18}	T1	7.35c	6.19b	6.14b	7.13b	7.18b	33.99
	T2	7.49c	6.24b	6.25b	7.22b	7.24b	34.44
	T3	7.76b	6.38ab	6.37ab	7.34ab	7.37ab	35.22
	T4	8.03ab	6.54a	6.49a	7.48a	7.48a	36.02
	T5	8.16a	6.69a	6.35ab	7.32ab	7.44a	35.96

②不同采收成熟度对上部烟叶感官质量的影响。从不同采收成熟度烤后烟叶感官质量评价结果（表 3 - 26）可以看出，随着采收成熟度的提高，上部烟叶感官质量指标评分和总分均呈现先升高后降低的趋势。其中采收成熟度 T4 总分最高，表明在上部叶落黄程度达到 70% 时烟叶香气质、香气量较好，刺激性、劲头适中，杂气较少，香气浓度高，综合评价较好。

表3-26 不同采收成熟度烤后烟叶感官质量评价

叶位	处理	浓度(5分)	劲头(5分)	香气质(9分)	香气量(9分)	杂气(9分)	刺激性(9分)	余味(9分)	总分
D_{13-15}	T1	6.59b	3.42b	6.57b	6.52b	6.32b	6.29b	6.28c	48.36b
	T2	6.66b	3.51ab	6.63b	6.59b	6.41ab	6.35bc	6.39b	48.91b
	T3	6.75ab	3.58a	6.68ab	6.64ab	6.48ab	6.43ab	6.51b	49.40ab
	T4	6.84a	3.64a	6.75a	6.70a	6.58a	6.54a	6.67a	50.07a
	T5	6.82a	3.59a	6.65ab	6.62ab	6.51a	6.42ab	6.54ab	49.34ab
D_{16-18}	T1	6.61b	3.38c	6.56c	6.40c	6.12c	6.28b	6.38c	47.98b
	T2	6.69b	3.42bc	6.64bc	6.45bc	6.21b	6.34b	6.42bc	48.47b
	T3	6.73b	3.49a	6.69ab	6.51b	6.34a	6.46a	6.47b	49.02ab
	T4	6.89a	3.58a	6.76a	6.68a	6.42a	6.49a	6.58a	49.75a
	T5	6.75b	3.51ab	6.72a	6.54b	6.35a	6.44a	6.49b	49.16ab

③不同采收成熟度对上部叶烤后烟叶等级比例和产量的影响。由表3-27可知,不同采收成熟度显著影响烤后烟叶的等级比例和产量。随着采收成熟度的提高,烤后烟叶正组比例和产量均呈先增后降的趋势,在采收成熟度为T4即落黄程度70%时,烤后烟正组比例和产量达到最高;副组和不适用比例均呈先降后升的趋势,在采收成熟度为T4即落黄程度70%时,烤后烟副组和不适用比例最低。可见,适宜的采收成熟度可以显著提高上部烟叶正组比例和产量,减少副组和烤坏烟叶的产生。

表3-27 上部叶不同采收成熟度烤后烟叶等级比例和产量比较

叶位	处理	烟叶分级比例/%			产量/(kg·hm^{-2})
		正组	副组	不适用	
D_{13-15}	T1	32.43d	36.65a	30.92a	557.83
	T2	45.61c	36.29a	18.10b	687.96
	T3	66.21b	25.11b	8.68c	757.50
	T4	79.58a	16.51c	3.91d	785.06
	T5	69.62b	21.79b	8.59c	714.85
D_{13-15}	T1	29.69d	38.42ab	31.89a	497.52
	T2	42.41c	34.29a	23.30b	642.79
	T3	61.61b	30.52bc	7.87c	719.10
	T4	76.85a	20.12d	3.03d	748.64
	T5	66.32b	26.18c	7.50c	704.89

④上部叶采收成熟度与烟叶感官质量之间的相关关系。对不同采收成熟度上部烟叶和香气质、香气量、杂气及感官质量总分进行回归方程拟合(图3-7和表3-28),随着烟叶落黄程度提高,上部烟的感官品质先升后降;D_{13-15}和D_{16-18}分别在落黄程度

6～7 成、7～8 成的香气品质较好，香气量较高，上部烟感官质量的评价最好。

⑤上部叶采收成熟度与烟叶颜色值之间的相关关系。由图 3-8 可知，上部 6 片烟叶的落黄程度与颜色参数 L^*、a^*、b^* 呈线性相关。D_{13-15} 叶位上部烟叶落黄程度 6～7 成时，烟叶参数 L^*、a^*、b^* 的范围分别为 49.34～52.29、-5.81～-3.65、31.79～35.06；D_{16-18} 叶位上部烟叶落黄程度 7～8 成时，烟叶参数 L^*、a^*、b^* 的范围分别为 48.07～50.88、-3.48～-0.95、33.25～36.38。

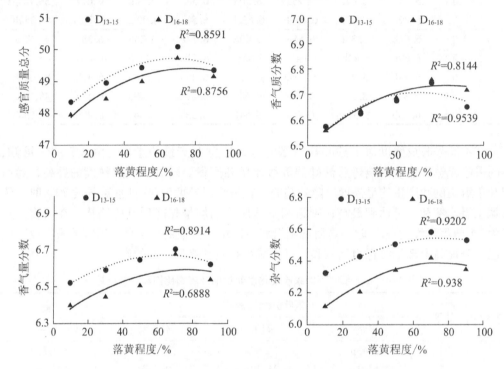

图 3-7 上部叶落黄程度与烟叶感官质量之间的相关关系

表 3-28 上部烟叶不同采收成熟度与烟叶感官质量之间的相关关系

指标	叶位	回归方程	R^2	最佳落黄程度
感官质量	D_{13-15}	$y = -4.26x^2 + 5.81x + 47.71$	0.8591	68%
	D_{16-18}	$y = -3.54x^2 + 5.36x + 47.37$	0.8756	76%
香气质	D_{13-15}	$y = -0.54x^2 + 0.68x + 6.49$	0.8144	63%
	D_{16-18}	$y = -0.39x^2 + 0.61x + 6.50$	0.9539	78%
香气量	D_{13-15}	$y = -0.52x^2 + 0.67x + 6.45$	0.8914	64%
	D_{16-18}	$y = -0.48x^2 + 0.74x + 6.31$	0.6888	77%
杂气	D_{13-15}	$y = -0.52x^2 + 0.79x + 6.23$	0.9202	76%
	D_{16-18}	$y = -0.66x^2 + 1.00x + 6.01$	0.9380	76%

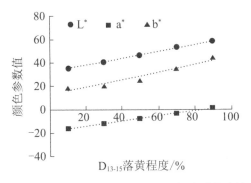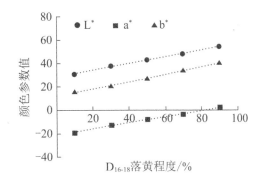

图 3 - 8　上部叶采收成熟度与烟叶颜色值之间的相关关系

表 3 - 29　上部叶采收成熟度与烟叶颜色参数值之间的回归分析

叶位	颜色参数	回归方程	R^2	落黄程度/%		
				60	70	80
D_{13-15}	L^*	$y = 29.53x + 31.62$	0.9366	49.34	52.29	55.24
	a^*	$y = 21.59x - 18.77$	0.8914	-5.81	-3.65	-1.49
	b^*	$y = 32.67x + 12.19$	0.9232	31.79	35.06	38.32
D_{16-18}	L^*	$y = 28.10x + 28.40$	0.9647	45.26	48.07	50.88
	a^*	$y = 25.26x - 21.16$	0.9130	-6.00	-3.48	-0.95
	b^*	$y = 31.27x + 11.36$	0.9069	30.12	33.25	36.38

　　（4）主要结论。烟叶适熟采收是提高烟叶质量的前提。黄是烟叶成熟最直接的体现方式，其落黄程度与烟叶内部质体色素降解、颜色由绿变黄，合成油分、香味物质等物质转化密切相关，可直接反映烟叶采收成熟度。试验结果表明，D_{13-15} 烟叶在成熟落黄 6 ～ 7 成最佳，D_{16-18} 烟叶在成熟落黄 7 ～ 8 成最佳，烤后烟叶外观质量、感官质量最佳，并且正组比例最高，不适用比例较少。适度成熟落黄有利于提高烤后烟叶质量，正组比例和产量增加，减少副组和烤坏烟的产出。随着上部 6 片烟叶成熟落黄，相同叶位上部烟叶身份、油分、色度呈先升后降的趋势，与感官质量分数保持一致，这说明烟叶成熟落黄对烤后烟叶身份、油分和色度贡献最大，利于烟叶香气物质的合成，减少刺激性、杂气等不悦气息，进而提高烟叶质量。

　　研究落黄程度与成熟度的关系较多，但是通过颜色量化烟叶适熟采收较少。以鲜烟叶落黄程度与正面颜色参数建立函数，能够量化烟叶变黄程度，作为判断烟叶田间成熟的一种辅助手段。本试验结果表明，在湖南产区烤烟烟叶颜色参数 L^*、a^*、b^* 随着烟叶落黄逐渐升高，并且与烟叶落黄程度显著相关，这说明随着烟叶成熟度提高，烟叶颜色越亮，绿色越轻，黄色越浓。本试验通过对烟叶落黄程度与感官质量关系进行研究，确定不同叶位烟叶最佳落黄程度，进一步通过烟叶颜色参数量化落黄程度。

试验结果表明，D_{13-15}烟叶在成熟落黄6～7成时，颜色参数L^*、a^*、b^*的范围分别为49.34～52.29、−5.81～−3.65、31.79～35.06；D_{16-18}烟叶在成熟落黄7～8成时，烟叶颜色参数L^*、a^*、b^*的范围分别为48.07～50.88、−3.48～−0.95、33.25～36.38。颜色值与烟叶落黄程度显著相关，因此在判断烟叶成熟度时，色差仪可作为辅助手段，快速判断烟叶成熟度。

主要结论：①随着叶位的提高，烟叶成熟采收的落黄程度提高。上部烟叶采收时，D_{13-15}落黄程度以6～7成为宜；D_{16-18}落黄程度以7～8成为宜。此时，烤后烟叶正组比例、产量、外观质量、感官质量最佳。

②随着烟叶成熟落黄程度提高，上部6片烟叶L^*、a^*、b^*均增加。在相同落黄程度下，D_{13-15}叶位烟叶L^*、b^*值均高于D_{16-18}叶位烟叶，而a^*小于D_{16-18}叶位烟叶。成熟落黄采收时，D_{13-15}烟叶颜色参数L^*、a^*、b^*的范围分别为49.34～52.29、−5.81～−3.65、31.79～35.06；D_{16-18}烟叶颜色参数L^*、a^*、b^*的范围分别为48.07～50.88、−3.48～−0.95、33.25～36.38。

③湖南上部烟叶成熟过程中烟叶参数与落黄程度显著相关，烟叶颜色参数值可以作为快速判断烟叶成熟度的辅助手段。

（二）上部叶适宜采收成熟度及其客观标准的研究

成熟度是烟叶质量的核心要素，田间成熟度好的烟叶耐烤性强，容易获得叶片组织结构疏松、油分香气足、色泽鲜亮的烤烟。采收成熟度好的上部叶是提高上部烟叶质量、保障上部叶可用性的前提条件。目前，在湖南省东安县实际烟叶生产中，上部叶采收成熟度普遍不高，因此上部叶叶片较厚，叶片结构致密，淀粉等大颗粒分子多，易出现挂灰和褐色烟叶。目前国内上部叶优质产区普遍采用上部叶4～6片一次性采收的方式，并取得了较好的效果。因此本研究主要通过在前期选定的烟田内开展上部烟叶成熟度梯度试验，比较不同采收成熟度烤后上部烟叶与"好日子"原料需求的符合度，初步明确满足"好日子"品牌工业需求的东安上部烟叶田间采收成熟度，并通过对不同成熟度处理烟叶采收时的SPAD值测定，初步形成既包含主观判断又包含客观参数指征的适宜采收标准。

（1）材料与方法。在选定的试验田内开展上部烟叶采收成熟度梯度试验，以上数第二片叶为判断依据，设置T1（叶片50%变黄，主脉1/4变白，支脉1/5变白）、T2（叶片100%变黄，主脉1/2变白，支脉1/3变白）、T3（叶片黄白相间，主脉3/4变白，支脉2/3变白）、T4（叶片全白，主脉全白，支脉变白3/4）四个处理，每个处理设置3次重复，分别标记为T1−1，T1−2，……，每个重复0.20 hm²，共用地2.40 hm²。达到各处理对应的叶片特征时4～6片一次采收，编杆标记，分别装入与处理成熟度接近的大田生产烟叶烤房烘烤。

（2）测定项目与方法。

①物理性状测定。在上部烟叶成熟采收时，每个重复选择上部最大叶片测量其物

理性状，包括叶长、叶宽、单叶重、含梗率等指标。

②烟叶 SPAD 值测定。中部叶采收结束后，选取上部叶面积最大的两片叶，分别在叶尖、叶中和叶基三个位置主脉两侧用 SPAD-502PLUS 仪读取 SPAD 值。

③烟叶硝酸还原酶（NR）和转化酶（INV）测定。上部叶采收时，每个处理随机选取有代表性的三株烟叶，分别取上部叶面积最大的一片叶，擦干叶片后在叶中部主脉两侧 2～3 cm 处打孔，打孔取下的叶片用于生理指标的测定。采用试剂盒分别测定其硝酸还原酶（NR）、转化酶（INV）。

④烟叶游离氨基酸含量和糖组分测定。按照 YC/T 282—2009 测定游离氨基酸含量，按照 YC/T 447—2012 测定糖组分（葡萄糖、果糖、蔗糖、麦芽糖）含量。

⑤烟叶含水率、自由水和束缚水含量测定。测定方法参照《植物生理学试验指导》进行。

⑥烟叶中性致香物质测定。烤后烟叶中性致香物质采用 GC/MS 分析测定方法：前处理采用同时蒸馏萃取装置，以二氯甲烷为萃取溶剂，同时蒸馏萃取时间为 2 h；萃取完后，将二氯甲烷萃取液用无水硫酸钠干燥，然后在 50℃下旋转蒸发浓缩至 1 mL，加入内标（乙酸苯乙酯），进行 GC/MS 分析。分析所得图谱经 NIST 计算机谱库检索，选择化合物的特征离子为定量离子，以其定量离子面积和内标定量离子面积比计算其相对含量。

GC/MS 条件：DB-5 弹性石英毛细管柱，60 mm×0.25 mm×0.25 μm；进样口温度 270℃；分流比 20∶1；进样量 1 μL；载气氦气，流速 1 mL/min；传输线温度 280℃；离子源温度 230℃；电离方式 EI；电离电压 70 eV；质量数范围 30～350。

⑦烟叶外观质量评价。烟叶外观质量评价参照王彦亭（中国烟草种植区划）的方法进行：以颜色、成熟度、结构、身份、油分和色度等 6 项作为外观质量评价指标，各指标的权重分别为 0.3、0.25、0.15、0.12、0.10、0.08，外观质量总分 = 颜色×0.3 + 成熟度×0.25 + 结构×0.15 + 身份×0.12 + 油分×0.10 + 色度×0.08。采用指数和法评价烤烟外观质量。具体见表 3-30。

表 3-30　烤烟外观质量评价指标及评分标准

颜色	分数	成熟度	分数	叶片结构	分数	身份	分数	油分	分数	色度	分数
柠檬	6～9	完熟	10～8	疏松	7～10	中等	7～10	多	8～10	浓	8～10
橘黄	7～10	成熟	7～10	尚疏松	4～7	稍薄	4～7	有	5～8	强	6～8
红棕	5～8	尚熟	4～7	稍密	2～4	稍厚	4～7	稍有	3～5	中	4～6
微带青	3～8	欠熟	0～4	紧密	0～2	薄	0～4	少	0～3	弱	2～4
杂色	0～6	假熟	5～8			厚	0～4			淡	0～2

⑧烟叶感官评价。感官评价主要评价指标采用九分制，劲头、甜度采用 5 分制。香气质、香气量权重是 2.5，浓度权重是 2，杂气、刺激性、余味、劲头、甜度的权重

是1。总分=(香气质+香气量)×2.5+(浓度)×2+(杂气)+(刺激性)+(余味)+(甜度)+(劲头)。

（3）结果与分析。

①不同采收成熟度对上部烟叶物理性状和有效叶片数的影响。从表3-31可知，各处理的上部叶叶长和叶宽无显著差异。上部叶单叶重随着采收成熟度的推迟逐渐降低，叶中含梗率则表现先降低后升高的趋势。上部叶有效叶片数随着采收成熟度的推迟，总体呈下降趋势，各处理间差异显著。

表3-31 采收成熟度对上部叶物理性状和有效叶片数的影响

处理	叶长/cm	叶宽/cm	单叶重/g	含梗率/%	上部有效叶片数/g
T1	63.25a	16.33a	13.27a	34.21a	7.26a
T2	64.11a	15.83a	12.5b	33.08b	6.32b
T3	64.08a	17.22a	11.47c	33.32b	5.88c
T4	63.88a	15.46a	9.88d	34.37a	5.32d

②不同采收成熟度对上部叶SPAD值的影响。各处理以顶部第二片叶为测量对象，分别测量叶尖、叶中、叶基的SPAD值，取其平均值作为该烟叶的SPAD值，平均四株烟叶的SPAD值作为该处理的SPAD值（表3-32），同时取下被测烟叶测定其生理指标。

③采收成熟度对上部烟叶质体色素含量的影响。随着采收成熟度增加，烟叶中叶绿素a、叶绿素b、叶绿素总量及类胡萝卜素含量的变化规律基本相似，呈逐渐降低的趋势（图3-9）。烟叶中叶绿素和类胡萝卜素含量均以T1成熟度最高，T4最低，不同成熟度之间存在显著差异。在烟叶整个成熟过程中，叶绿素a降解量为0.54 mg·g^{-1}，大于叶绿素b的降解量0.15 mg·g^{-1}，叶绿素总降解量为0.69 mg·g^{-1}，类胡萝卜素降解量为0.12 mg·g^{-1}。叶绿素降解量显著高于类胡萝卜素是烟叶成熟过程中颜色由绿转黄的重要原因。

表3-32 上部叶不同采收成熟度 SPAD值比较

处理	SPAD值
T1	27.87
T2	21.32
T3	15.49
T4	11.08

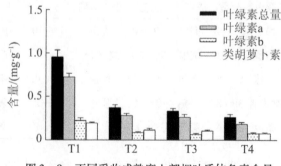

图3-9 不同采收成熟度上部烟叶质体色素含量

④不同采收成熟度上部鲜叶碳氮代谢产物及相关酶活性影响。由表3-33可知，随着采收成熟度的提高，上部叶蛋白质含量呈现显著下降的趋势，而其硝酸还原酶活性则不断降低。蔗糖的含量则随着采收成熟度的提高而逐渐增加，蔗糖转化酶的活性不断降低。淀粉含量及淀粉酶活性均随着采收成熟度的提高，呈现先升高后降低的趋势。

表3-33　不同采收成熟度对上部叶碳氮代谢产物及相关酶活性的影响

处理	SPAD 值	蛋白质 /(mg·g⁻¹)	NR /(U·g⁻¹)	蔗糖 /(μmol·g⁻¹)	INV /(U·g⁻¹)	淀粉 /%	淀粉酶 /(U·g⁻¹)
T1	27.87	220.24a	0.33a	41.38c	97.46a	15.34b	33.12b
T2	21.32	182.37b	0.31a	44.53b	80.57b	20.47a	36.56a
T3	15.49	167.76c	0.25bc	55.48ab	52.42c	15.76b	37.23a
T4	11.08	126.47d	0.21c	59.74a	48.38c	13.35c	34.22b

随着成熟度增加，鲜烟叶氮代谢产物中总氮和游离氨基酸含量逐渐降低（图3-10），在 T3 成熟度时降至最小值 1.96% 和 4.65 μg·g⁻¹。烟叶总植物碱含量呈先升高后降低的变化趋势，在 T2 成熟度时达到最大值 3.41%，之后逐渐降低。

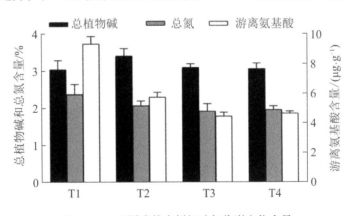

图3-10　不同成熟度鲜烟叶氮代谢产物含量

⑤不同采收成熟度对上部鲜叶水分状况的影响。烟叶叶片中的水分有两种不同的形态，一种是与烟叶组织细胞紧密结合的束缚水，一种是可以自由转运的自由水。自由水/束缚水比值能够反映鲜叶生理代谢功能：比值越大，烟叶的代谢功能越活跃，成熟度越差；比值越小，烟叶的代谢功能越缓慢，成熟度越好。

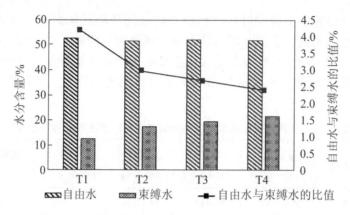

图3-11　不同采收成熟度上部叶鲜叶水分含量比较

从图3-11可以看出，随着上部叶采收成熟度的提高，自由水含量几乎没有变化，束缚水的含量持续升高，自由水/束缚水呈现逐渐下降的趋势。这表明随着上部叶采收成熟度的提高，其鲜叶生理代谢强度逐渐减弱，有利于烟叶成熟采收。

⑥不同采收成熟度对上部烟叶常规化学成分和游离氨基酸含量及糖组分的影响。由表3-34可以看出，随着采收成熟度的推迟，总氮、钾含量逐渐降低，总糖、还原糖呈现先升高后降低的趋势，烟碱含量则是先降低后增加。总体来看，T2、T3处理的化学成分较为协调。

表3-34　不同采收成熟度烤后上部叶常规化学成分的比较

处理	总糖/%	还原糖/%	烟碱/%	总氮/%	钾/%	氯/%	糖碱比
T1	24.52b	17.34b	3.62c	2.14a	2.08a	0.24a	4.79
T2	24.68b	19.55a	3.06c	1.95ab	2.11a	0.18c	6.38
T3	26.78a	18.32b	3.24b	1.82b	1.87b	0.22b	5.65
T4	22.02c	15.35c	3.41a	1.78c	1.74b	0.2b	4.5

不同成熟度烤后上部叶游离氨基酸含量见表3-35。共检测了21种游离氨基酸，包括18种蛋白氨基酸和3种非蛋白氨基酸。参照文献《烤烟游离氨基酸与感官品质的关联及烘烤过程的变化规律研究》将蛋白氨基酸分为8大类，分别为酸性、碱性、芳香族、脂肪族、含羟基类、含硫类、亚氨基酸类和酰胺类氨基酸。与鲜烟叶相比，烤后烟叶中游离氨基酸含量显著增加。随着采收成熟度增加，烤后上部叶各氨基酸组分与总游离氨基酸含量变化趋势相同，均逐渐降低。整个成熟过程中，游离氨基酸总量下降了17.15 mg·g^{-1}，以亚氨基酸类含量下降最多，为9.78 mg·g^{-1}。烟叶中芳香族、酸性、碱性和酰胺类氨基酸占总游离氨基酸的比例随成熟度增加呈逐渐降低趋势，

而脂肪族和亚氨基酸含量占比整体呈升高趋势。

表3-35 不同成熟度烤后上部叶游离氨基酸含量

单位：mg·g⁻¹

分类	T1	T2	T3	T4
酸性	0.93a	0.44b	0.32b	0.19c
碱性	1.00a	0.57b	0.39bc	0.23c
芳香族	1.52a	0.72b	0.50b	0.38c
脂肪族	1.54a	1.28b	1.17b	1.02b
含羟基类	0.75a	0.37b	0.27b	0.21b
酰胺类	3.75a	1.56b	1.07bc	0.88c
含硫类	0.48a	0.38b	0.34b	0.29b
亚氨基酸类	19.24a	15.27b	13.58b	9.46c
非蛋白氨基酸	1.36a	0.95b	0.83c	0.78d
总和	30.58a	21.54b	18.47c	13.43d

对烤后烟叶可溶性糖组分进行分析（图3-12），发现与鲜烟叶相比，烤后烟叶的果糖和葡萄糖含量均显著增加，而蔗糖和麦芽糖含量均有不同程度下降，这与烘烤过程中蔗糖的进一步降解密切相关。糖组分占比仍以果糖和葡萄糖含量占比较高，但二者含量差异较鲜烟叶变化小。随着成熟度增加，烤后烟叶中果糖和葡萄糖含量呈先升高后降低的趋势，最大值均出现在T3成熟度。蔗糖和麦芽糖的含量相对较低，随着成熟度增加，蔗糖含量略微下降，麦芽糖含量则有升高趋势。

⑦采收成熟度对烤后上部叶中性致香物质组成的影响。由表3-36可知，随着采收成熟度增加，绿原酸、芸香苷、多酚物质总量呈现显著增加的趋势，莨菪亭含量则逐渐降低。

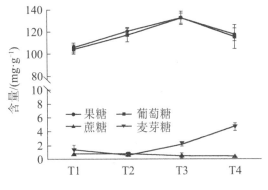

图3-12 不同成熟度烤后上部叶烟叶糖组分含量比较

表 3 - 36　不同采收成熟度烤后上部叶多酚含量的比较

单位：mg·g^{-1}

处理	绿原酸	蒎苧亭	芸香苷	多酚物质总量
T1	8.43d	0.164a	8.87d	17.464
T2	9.87c	0.162a	10.32c	20.352
T3	11.34b	0.153b	12.34b	23.833
T4	12.3a	0.157b	13.22a	25.677

经 GC/MS 分析检测得到 61 种中性致香成分，按照致香官能团的不同，可以将所测致香物质划分为醛类（13 种）、醇类（7 种）、酮类（32 种）、酚类（1 种）、酯类（5 种）和含氮杂环类化合物（3 种）等。随着烟叶成熟度增加，酮类和中性致香物质总含量均呈先升高后降低的变化趋势（图 3 - 13），醇类物质的最大值出现在 T4 成熟度，为 21.17 μg·g^{-1}，酮类和致香物质总量均在 T3 成熟度含量最高，分别为 71.61 μg·g^{-1} 和 88.27 μg·g^{-1}。醛类物质含量在成熟过程中呈逐渐降低的变化趋势，并在 T4 成熟度降至最小值 1.92 μg·g^{-1}。酚类、酯类等其他类致香物质在烤后烟叶中含量较低，且随成熟度增加整体呈升高趋势。从致香物质的占比来看，不同成熟度烟叶中以酮类物质含量占比最大，醇类物质占比次之，这说明酮类和醇类物质对烟叶香气量的贡献较大。

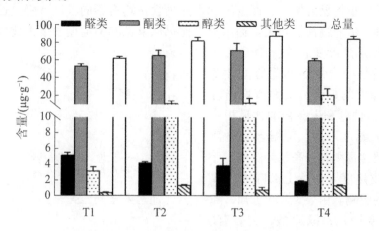

图 3 - 13　不同采收成熟度对烤后上部烟叶中性致香物质组成的影响

⑧采收成熟度对烤后上部叶感官评吸质量的影响。由表 3 - 37 可知，随着采收成熟度的增加，上部叶的香气指标有所改善，其浓度更大，香气更加充足、有爆发力，上部叶的风格特色更加彰显；同时，推迟采收的上部叶杂气、刺激性等负面指标均有

所减轻。其中，T3 处理的香气有质有量，浓度较大，综合表现最好，总分最高；T1 处理总体表现最差，总分最低。T3 处理以后，随着采收成熟度的增加，感官评价指标得分有所下降。

表 3 - 37　不同采收成熟度烤后上部叶感官质量评价得分

处理	香气质 （9分）	香气量 （9分）	浓度 （9分）	杂气 （9分）	刺激性 （9分）	余味 （9分）	劲头 （5分）	甜度 （5分）	总分
T1	5.8	6.2	6.6	6.2	5.3	6.2	4	2.7	67.6
T2	6.1	6.4	6.6	6.3	5.4	6.2	3.4	3	68.75
T3	7.2	6.8	6.9	6.5	6.5	6.4	3.5	3.4	75.1
T4	6.3	6.4	6.9	6.7	6.2	6.1	3.8	2.6	70.95

⑨不同采收成熟度对烤后上部叶外观质量的影响。综合外观质量表现（表 3 - 38）来看，T3 处理的各项指标表现最好。各处理上部叶的颜色得分差异不显著，表明采收成熟度提高对上部叶颜色的改变并没有显著效果。各个处理之间的差异主要体现在成熟度、叶片结构、身份等方面。随着采收的推迟，上部叶成熟度逐渐得到改善，叶片结构由尚疏松转向疏松，身份由稍厚向中等再向稍薄转变。油分方面除 T4 处理油分降低外，其他处理之间差异不明显。T2 和 T4 处理的色度总体表现最好。因此，推迟采收能够有效改善上部叶的成熟度、叶片结构和身份等问题。

表 3 - 38　不同采收成熟度烤烟外观质量评价得分及文字描述

处理	颜色	描述	成熟度	描述	叶片结构	描述	身份	描述	油分	描述	色度	描述	总分
T1	7.9a	柠檬黄－橘黄	7.2b	成熟	5.5c	尚疏松－	6.3c	中等－稍厚	7.9a	有－多	7.7b	强	7.14
T2	8.1a	柠檬黄－橘黄	7.5b	成熟	6.9b	尚疏松－	6.8b	中等－稍厚	7.8a	有－多	8.1a	强－浓	7.58
T3	7.9a	柠檬黄－橘黄	8.1a	成熟	8.2a	尚疏松	7.7a	中等－稍厚	8a	有－多	8.1a	强－浓	8.00
T4	7.9a	柠檬黄－橘黄	8a	成熟－完熟	8.4a	尚疏松＋	6.7b	中等－稍薄	6.8b	有－稍有	7.6b	中－强	7.5

⑩不同采收成熟度对烟叶经济性状的影响。由表 3 - 39 可知，当地采收方式下，（T1）烟叶的产量达到最高。随着上部叶采收成熟度增加，烟叶的产量是逐渐降低的。

但从均价和上等烟比例来看，却以 T3 处理最高，T1 处理最低，这主要是由于推迟采收提高了上部叶的成熟度，因此更多的上部叶进入上等烟的范畴。从产值结果来看，虽然推迟采收使烟叶产量降低，但产值却比当地常规采收方式高 4.36%。综合来看，在上部烟叶颜色处于黄白相间的节点采收经济效益最好（T3）。

表 3-39　不同采收成熟度对烤烟经济性状的比较

处理	产量 /(kg·hm^{-2})	均价 /(元·kg^{-1})	产值 /hm^2	上等烟 比例/%	上部上等 烟比例/%
T1	2501.15a	30.16b	75434.68b	39.17b	26.41d
T2	2489.39a	30.68b	76374.49b	41.01b	29.23c
T3	2340.24b	33.64a	78726.67a	48.32a	37.13a
T4	2284.16b	31.12b	71083.10c	39.22b	33.43b

（4）主要结论。烟叶质体色素是重要的香气前体物质，其本身不具有特征香气，但可以通过分解、转化形成对烟叶品质有重要贡献的香气成分。在烟叶成熟过程中，随着成熟度不断提升，叶绿体结构由完整到破裂，叶绿素发生降解。本试验结果显示，随着烟叶成熟度增加，叶绿素和类胡萝卜素含量均逐渐降低，与孙光伟、陆新莉的研究结果一致。叶绿素含量作为一个重要的生理参数，常被用来指示叶片的生理状况。在整个成熟过程中叶绿素降解量显著大于类胡萝卜素降解量，叶绿素和类胡萝卜素的含量变化差异是造成不同成熟度烟叶之间颜色差异的主要原因，这一颜色变化也是目前生产上判断烟叶成熟度的主要依据。

烟叶成熟进程中，碳氮代谢的强度、协调程度以及动态变化会直接影响烟叶中各类化学成分的含量和比例。淀粉酶是碳水化合物积累代谢过程中的关键酶，负责将烟叶中的淀粉降解为糖类。随着烟叶成熟度增加，淀粉酶活性逐渐降低，说明淀粉的降解能力在下降，这与鲜烟叶中淀粉含量的积累变化相反。蔗糖转化酶可以催化蔗糖水解为葡萄糖和果糖，其活性反映了烟叶对光合产物的利用程度。随着成熟度增加，蔗糖转化酶活性整体呈升高趋势，与鲜烟叶中糖含量的变化趋势相同。本研究还发现，淀粉和糖类物质的含量在 T2 成熟度往后时均出现不同程度的下降，大部分干物质降解一方面用于呼吸消耗，另一方面有利于品质形成，这也是上部叶成熟度逐渐增加的标志。硝酸还原酶是植物体内参与氮素还原、同化和循环的关键酶。随着采收成熟度的增加，上部叶蛋白质含量呈现显著下降的趋势，同时硝酸还原酶的活性不断下降。可见随着采收成熟度的增加，蛋白质开始逐渐降解，同时 N 的同化作用减弱，更多地向形成烟叶风味物质的方向转变；游离氨基酸含量则逐渐降低，研究表明这与衰老叶片中氮素转移活动以及氨挥发有关。总的来看，随着成熟度增加，烟叶内的碳氮代谢活动逐渐从积累向分解和消耗的方向转化。

烤后烟叶化学成分与感官质量密切相关，影响上部烟叶感官质量最主要的化学成分是总氮、总糖和烟碱。目前，我国多数产区上部叶总氮和烟碱含量高于国外优质上部叶。本研究结果显示，随着烟叶成熟度增加，烤后烟叶总氮含量呈下降趋势，总糖含量呈升高趋势，这说明在一定程度上提高烟叶成熟度有利于协调烤后烟叶化学成分，提高烟叶质量。氨基酸在调制过程中发生的棕色化反应是烟草中重要的致香反应，烟叶游离氨基酸含量与感官品质密切相关。本试验结果显示，成熟度高的烟叶中游离氨基酸含量较低，氨基酸组分中脯氨酸含量占比较高，而与品质呈负相关的芳香族、酸性和碱性氨基酸含量占比较低，可能与成熟度高的烟叶在烘烤过程中更有利于氨基酸的降解转化有关。氨基酸与还原糖发生的棕色化反应是烤后烟叶中性致香成分中酮类物质的主要来源，随着成熟度增加，中性致香物质含量呈先升高后降低的变化，与烤后烟叶感官质量变化一致，说明在一定范围内增加烟叶成熟度有利于烤后烟叶质量的提升。

结论：随着成熟度增加，烟叶氮代谢活动强度逐渐减弱，总氮和游离氨基酸含量均逐渐降低，总植物碱含量呈增加趋势。随成熟度增加，烟叶中淀粉的分解代谢活动逐渐减弱，蔗糖的分解代谢逐渐增强，烟叶中糖含量随成熟度增加积累到最大值后开始下降。烤后烟叶则随着烟叶成熟度的增加，内在化学成分协调性、外观感官质量、致香物质、致香物质含量及经济性状均在 T3 成熟度时表现较好。综合比较，T3 处理的采收成熟度对烤后烟叶质量有较大影响。东安产区在 T3 成熟度采收时，烤后烟叶内在化学成分较协调，中性致香物质含量高，感官质量最佳。

（三）上部叶最佳采收方式和成熟度的筛选

基于上部叶不同采收成熟度颜色值研究和采收成熟度的筛选试验，在选定的试验地块开展适宜生产实际应用的上部叶采收方式和成熟度判定标准试验。

（1）材料和方法。试验品种为烤烟云烟87。选取土壤肥力中等烤烟生长均匀的烟田，行距120 cm，株距50 cm。试验田统一打顶留相同叶数，上部 6 片作为试验材料。

试验设计两种采收方式，上部烟叶达到成熟标准一次性采收和上部不同叶位烟叶达到成熟标准分两次采收，具体的采收标准和试验设计见表 3 – 40。其中，T4 处理是根据采收成熟度筛选试验表现最佳的处理，即达到"上数第二片叶达到叶片黄白相间，主脉 3/4 变白，支脉 2/3 变白"标准则一次性采收。在此试验中，根据上数第二片叶的外观表现将 T4 处理转化为"D_{17} 叶位落黄 7 ~ 8 成"则一次性采收。每个处理重复 3 次，试验田采用随机区组排列。不同处理统一参照当地常规烘烤工艺进行烘烤。

表 3-40 试验设计

处理名称	采收方式	采收标准	
		第一次采收	第二次采收
T1	分二次采收	D_{13-15}叶位落黄 6～7 成	D_{16-18}叶位落黄 7～8 成
T2	一次性采收	D_{13-15}叶位落黄 6～7 成	
T3		D_{16-18}叶位落黄 7～8 成	
T4		D_{17}叶位落黄 7～8 成	

（2）测定项目与方法。

①烤后烟叶外观质量评价。烤后烟叶由湖南烟草公司和深圳烟草工业公司的专业分级人员按照处理进行分级，并进行外观质量评价。分级标准参照 GB 2635—1992；外观质量评价指标为部位、颜色、成熟度、叶片结构、身份、油分、色度，各指标满分 9分。分值越高，代表该指标表现越好。外观质量总分为各指标分数的加和。

②烟叶质量风格特色感官评价。选取各处理具有代表性的烟叶样品 B2F，参照深圳烟草工业公司感官质量综合评价方法，并由深圳烟草工业公司技术中心组织 7 名评吸专家进行感官评吸鉴定。品质特征指标包括香气质、香气量、杂气、刺激性和余味，单项指标满分均为 9 分，质量特征越好得分越高。浓度满分 9 分，浓度越高，得分越高。劲头满分 5 分，劲头越大，得分越高。浓度和劲头均不计入总分。

总分 = 香气质×2.5 + 香气量×2 + 杂气 + 刺激性 + 余味

③经济性状。按照分级结果对各处理进行计产，并计算正组比例、副组比例、不适用比例和产量。

（3）主要结果。

①不同采收处理烤后上部叶外观质量比较。由表 3-41 可知，不同采收处理 B2F的外观指标表现出差异性。T1、T3、T4 处理的成熟度、叶片结构、油分和色度表现较好，且无明显差异。T2 处理除油分外，各项指标均落后其他处理一个档次，这主要是由于第 13～15 叶位烟叶成熟时，第 16～18 叶位烟叶并未达到成熟条件，因此烟叶整体外观质量不高。

表 3-41 不同采收处理烤后上部叶外观质量对比

处理	成熟度（9分）	叶片结构（9分）	身份（9分）	油分（9分）	色度（9分）
T1	8.4a	6.8a	6.5b	7a	7.4a
T2	7.2b	5b	5.5c	7a	6.5b
T3	8.2a	6.8a	6.8a	6.8a	7.2a
T4	8.4a	6.9a	6.8a	6.9a	7.2a

②不同采收处理烤后上部烟叶感官质量评价。从表3-42可以看出，T4处理的感官质量各项指标综合表现最好，总分也最高。T1和T3处理总体在同一个档次，表现最差的为T2处理。风格指标上，T1、T3、T4处理的浓度和劲头依次递增，香气量总体也呈现上升趋势；T2处理则是浓度和劲头不匹配，香气量也较低。综合来看，T4处理的感官质量和风格表现更为突出。

表3-42 不同采收处理烤后上部烟叶感官质量评价

处理	浓度(9分)	劲头(5分)	香气质(9分)	香气量(9分)	杂气(9分)	刺激性(9分)	余味(9分)	总分
T1	6.2bc	3.6a	6.3a	6.5b	6b	6a	6ab	46.75
T2	6c	3.2c	5.8b	6c	5.7c	5.8a	5.7b	43.7
T3	6.4b	3.4b	6.3a	6.5b	6.1ab	6a	6ab	46.85
T4	6.7a	3.2c	6.4a	6.8a	6.3a	6a	6.2a	48.1

③不同采收处理烤后上部叶常规化学成分比较。由表3-43可知，总体来看，各处理的糖碱比偏低。T1和T3处理的总糖和还原糖较高，T4处理的总糖和还原糖含量稍低，T1、T3、T4处理烟碱含量均较适宜；各处理除T2处理的烟碱含量较高外，其他处理的化学成分较为协调。

表3-43 不同采收处理烤后上部烟叶常规化学成分对比

处理	总糖/%	还原糖/%	烟碱/%	总氮/%	钾/%	氯/%	糖碱比	氮碱比	钾氯比
T1	25.23	20.43	3.21	1.94	2.15	0.21	6.36	0.60	10.24
T2	22.22	18.42	3.91	2.13	2.09	0.21	4.71	0.54	9.95
T3	26.12	22.14	3.62	1.71	2.32	0.23	6.12	0.47	10.09
T4	23.43	19.47	3.65	1.86	2.19	0.22	5.33	0.51	9.95

④不同采收处理烤后上部叶经济性状对比。由表3-44可以看出，正组烟叶产出率排序为T1>T4>T3>T2，副组烟叶产出率排序为T2>T3>T4>T1。从烟叶产出率的角度来看，T1和T4处理表现较好。

从产量上看，T2虽然产量最高，但均价最低；T1、T3、T4处理产量上差异不大，但从均价和产值来看经济效益最好的为T1和T4处理。

表 3-44　不同采收处理烤后不同上部叶经济性状比较

处理	正组 /%	副组 /%	不适用 /%	产量 /(kg·hm^{-2})	上部叶均价 /(元·kg^{-1})	产值 /(元·hm^{-2})
T1	82.43a	12.25d	5.32d	764.45a	31.01	23 735.10
T2	71.34c	21.32a	7.34a	773.85a	28.52	22 066.48
T3	75.24b	18.02b	6.74b	723.87c	29.53	21 374.57
T4	78.76b	14.9c	6.34c	752.45a	31.27	23 531.97

（4）主要结论。本试验通过对比不同成熟度上部叶一次性采收和分两次采收的外观质量、感官质量、内在化学成分和经济性状的表现，综合表现最好的为 T1 和 T4 处理。虽然 T1 处理的产量和产值相比 T4 更高，但 T4 处理在感官评价上的风格表现更为突出。同时，从生产上的经济性和便捷性来考虑，T4 处理在生产上更具有推广应用价值。因此，综合比较各处理，永州东安产区上部叶推荐采收标准为 D$_{17}$ 叶位（上数第二片叶）烟叶落黄 7～8 成时，采用一次性采收方式进行采收。相应地，依据表 3-6 落黄程度与颜色参数值的回归方程可知，成熟采收时 D$_{17}$ 叶位烟叶的颜色参数 L*、a*、b* 的范围分别为 48.07～50.88、-3.48～-0.95、33.25～36.38。

二、成熟期烤烟对高温逆境的响应机制与防控技术研究

（一）成熟期烤烟上部叶高温胁迫响应机制研究

（1）前言。温室效应导致极端天气事件频繁发生，严重制约作物生产。烟草是重要的经济作物和模式作物，为一年生或有限多年生温度敏感型草本植物，极易受到环境因素影响。高温胁迫是目前烤烟成熟期最常见的自然灾害之一，对烤烟品质和产量造成严重影响。

在烤烟田间生产中，温度胁迫作为环境胁迫的表现形式之一，给国内各烟区带来不同程度的影响。属亚热带季风气候的广东韶关烟区，烤烟生长后期往往面临高温高湿天气，这不仅使大田生育期被迫缩短至 100～105 d，造成上部烟叶非正常成熟，还会诱发烟株染上青枯病等根茎类病害。夏季湖南永州烟区高温频发，引起烟田出现"高温逼熟"现象，使烟叶优质与高产矛盾突出（叶晓青等，2023）。当高温胁迫温度高于30℃时，烤烟种子萌发速度减缓；高于35℃时，已萌动种子活力降低；苗床期，温度高于30℃易发生烧苗，叶片暗黄褶皱（韩锦峰，2003）。团棵期至旺长期，部分烟区，如湘南、湖北西部持续干旱高温，导致上部叶叶尖萎蔫下垂、枯焦，主脉一侧叶肉组织萎蔫、黄化、扭曲、畸形或枯斑，严重时导致数片新生叶干枯、歪头，整株萎蔫甚至死亡。烤烟在生育后期也常遭受高温胁迫，即烟田温度超过35℃持续3天及以上，烟株生长速度变缓，此时干物质消耗量大于积累量，干物质积累减少；烟叶落黄

速度加快，各部位烟叶落黄层次减弱，部分出现白化，即"高温逼熟"现象（赵东杰等，2017）。此现象的发生使烟叶品质严重下降，降低了工业可用性及烤烟生产经济效益。

烤烟叶片光合作用在高温热害下同样遭受明显限制，在同等光照强度下，高温处理下云烟87上部叶蒸腾速率、气孔导度和光合强度大幅下降，参与叶黄素循环的两个关键酶（紫黄质脱环氧化酶、玉米黄质环氧化酶）活性均呈下降趋势。可见，高温对植株光合作用的破坏程度取决于高温对叶片光合相关酶活性的钝化程度。在中度高温胁迫后植物光合碳同化过程首先被抑制，主要原因是高温导致核酮糖二磷酸缩化酶的活性降低，光系统Ⅱ（PSⅡ）的功能受到的影响较小。当温度升高到一定程度时，PSⅡ会遭受不可逆伤害，类囊体膜结构破损，电子传递发生紊乱。研究发现，$30 \sim 45℃$高温处理15 min后叶片叶绿素荧光参数显著降低，PSⅡ反应中心活性受到抑制；而长期处于高热环境会造成细胞、叶片乃至植物死亡（云建英，2006）。研究发现，高温胁迫会直接影响呼吸酶活力，从而降低呼吸强度，云烟87胞间CO_2浓度随高温时间的延长呈先下降后上升再下降的趋势，这说明长时间的高温胁迫会导致烟叶呼吸作用变弱（王子腾，2017）。在其他作物上的研究证实，不同品种对高温胁迫的耐热性与叶片呼吸强度有关，耐热性越弱，叶片呼吸速率的降低幅度越大。

可见，极端高温灾害频发，已成为严重制约我国烤烟正常生长发育和生理功能的重要因素之一。如何增强烟草自身应对温度胁迫的抗逆性，采取有效的烟草抗逆栽培措施已成为国内烟草行业稳定发展、国家烟草种植可持续发展的重要研究课题。本试验通过研究高温胁迫下烤烟生长后期上部叶发育、抗氧化酶及渗透调节物质等的影响，明确高温热害对国内烤烟上部叶产质量的影响及其影响机制，以期为培育筛选抗（耐）高温胁迫的烤烟品种、制定抗逆栽培管理措施、建立烤烟防御气候灾害和农业减灾增效平台提供理论基础和技术支撑。

（2）材料与方法。

①试验材料。供试品种为K326。

②试验设计。

试验处理：

T1：CK（当地正常气候条件）。

T2：于烟株成熟后期（株龄90 d）人工增温（>38℃）处理5 d。

T3：于烟株成熟后期（株龄90 d）人工增温（>38℃）处理8 d。

试验共3个温度处理，各处理设置3次重复，共9个小区，每个小区约60株，随机区组排列，四周设双行保护行，按照行株距1.0 m×0.5 m栽植，种植密度约1100株/亩。上述每个处理设3个观察点，分别进行农艺性状等生长与生理指标测定，其他田间管理和施肥技术根据《2022年度永州市烤烟生产标准化技术方案》执行。

试验方法：本试验通过田间搭建简易大棚并采用聚乙烯薄膜覆盖的方式进行加热

（≥38℃）。

试验地点：湖南省永州市新田县新圩镇祖亭下村。

③测定指标。

生态指标：生育期降雨量、生育期空气相对湿度、成熟期气温。降雨量、空气相对湿度从移栽后开始，气温从成熟期开始，由当地气象部门检测提供。

土壤理化特性：采用梅花型取样法取土样 5 份，混匀，3 次重复。取样时间为移栽前、采收结束后。土壤肥力指标测定 pH、全氮、全磷、全钾、碱解氮、速效磷、速效钾、有机质等。

农艺性状。调查指标：记录增温处理后各试验田的株高、茎围、叶长、叶宽、叶片厚度、叶面积。调查方法：参照标准 YC/T 142—2010 调查烟叶农艺性状，以小区为单位，田间对角线 3～5 点定株取样，每个小区选取 3 株。

SPAD 值测定：人工增温处理后，每小区随机选取 3 株有代表性烟株进行记号标注，采用 SPAD 叶绿素仪在晴朗无云天气的 9：00－11：00 测定相同部位叶片，记录相应 SPAD 值。

抗氧化酶及渗透调节物质。测定指标：超氧化物歧化酶、过氧化物酶、过氧化物酶、可溶性蛋白。在成熟期，各处理随机选 3 株，采集上部叶片 5～6 g，迅速用锡纸包好放于液氮中。采集完毕后带回实验室存放于 -80℃ 冰箱。过氧化氢酶（CAT）活性参照陈建勋（2002）的方法，采用紫外吸收法测定；超氧化物歧化酶（SOD）活性参照邹琦（2000）的方法，采用氮蓝四唑法测定；过氧化物酶（POD）活性，参照陈建勋（2002）的方法，采用愈创木酚法测定；可溶性蛋白含量，采用考马斯亮蓝染色法测定。

经济指标：分区计产和取样。烟叶烤后经济性状按国家烤烟分级标准 GB2635—92 进行分级，各级烟叶价格参照当地烟叶收购价格。

④数据处理与分析。相关数据统计分析采用 Microsoft Excel、SPSS 21.0 软件进行。

（3）主要结果。

①新田县气候背景调查。新田烤烟一般在 3 月上旬开始移栽，伸根期和团棵期主要集中在 4 月上旬，旺长期在 4 月下旬，5 月下旬开始进入成熟期，6 月至 7 月上旬采收烘烤。

由图 3－14 可知，2022 年 3 月烤烟移栽期平均气温有 17.04℃，最低气温为 12.79℃。进入烤烟伸根期和团棵期后，平均气温 19.16℃，平均最低气温为 15.11℃，满足烟株大田前期生长要求。进入旺长期后，平均气温为 21.01℃，平均最高气温为 24.09℃，平均最低气温为 18.33℃，相比 4 月，温度并未明显提高，这可能直接影响到烤烟的干物质积累与碳氮代谢。进入 6 月成熟期，温度有陡然升高的趋势，此时平均气温 26.76℃，相比上一个月提高了 5.75℃，平均最高温度达到 29.99℃。进入采收期间，温度继续升高，平均气温达到 30.15℃，平均最高气温达到 34.88℃。

在降水方面，3 月降水量 109.68 mm，能满足移栽需要，降水天数为 26 天。4 月降水量明显增大,达到 207.01 mm,降水天数为 19 天。进入成熟期降水量仍高达 274.43 mm,这可能不利于烤烟的成熟落黄且易导致烟叶发生病害,影响烟叶品质。6—7 月降水量未有明显降低,均高于 200 mm,这也可能造成烟叶产质下降。

烤烟生长发育的适宜气温为 18～35℃。从表 3-45 可知,在 3 月下旬烤烟伸根期和团棵期,平均气温大于 18℃的天数有 12 天,气温基本能满足烤烟大田生育期前期的生长需要。到了 4 月烤烟旺长期,平均气温大于 18℃的天数有 18 天,且净日照强度和总日照强度也有不同程度增加,温度及光照有效辐射均有利于烤烟的快速生长以及干物质的积累与转化。在 5 月烟叶成熟前期,降雨天数达到 27 天,平均气温达到 21.01℃且降雨导致该月日照强度明显低于 4 月,不利于前期烟叶落黄成熟。到了 6 月中上部叶成熟时期,平均气温达到 26.76℃,温度陡升 5.75℃,净日照强度和总日照强度也显著增加,但受持续降雨影响降雨量仍有 221.16 mm,容易产生高温高湿的田间环境,造成部分田块根茎病发生较严重,烟株落黄过快,一定程度上可能会影响中上部烟叶产质量。

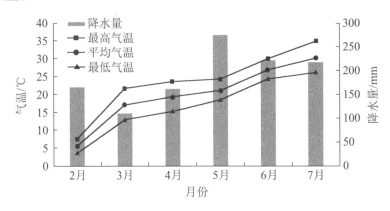

图 3-14 2022 年新田烟区种烟季节气温及降水量的变化

表 3-45 2022 年新田烟区种烟季节其他气象指标

月份	均温超过 18℃ 天数/d	降水天数/d	净日照强度(net) /(J·m⁻²·d⁻¹)	总日照强度(down) /(J·m⁻²·d⁻¹)	日照时数 (峰值)/h
2 月	1	28	6088381.71	5316957.71	47.38
3 月	12	26	11292806.19	9871248.52	97.23
4 月	18	19	14950523.67	12861988.27	124.60
5 月	27	27	11424955.87	9619047.23	98.40
6 月	30	29	14162967.47	11812200.53	118.02
7 月	31	21	20056239.48	16807481.81	172.73

②试验点土壤状况。试验点土壤理化性质如表 3 - 46 所示，其中烟田移栽前土壤有机质、全氮、全钾、速效钾、速效磷含量均显著高于采收后时期，全磷和速效钾含量以及 pH 值相差不大。这说明烤烟在正常生育进程中充分吸收土壤基础养分，因此烟田移栽前、采收后基本理化性质存在不同程度差异。

表 3 - 46　2022 年试验点烟田土壤理化性质

时期	有机质 /(g·kg⁻¹)	全氮 /(g·kg⁻¹)	全磷 /(g·kg⁻¹)	全钾 /(g·kg⁻¹)	速效钾 /(mg·kg⁻¹)	有效磷 /(mg·kg⁻¹)	pH
移栽前	53.32	2.90	1.37	6.22	375.52	38.72	7.24
采收后	41.10	2.39	1.03	3.46	323.46	34.59	7.10

③试验田间温湿度。由图 3 - 15 可知，各小区在增温处理期间，试验田增温处理与对照温度差异明显，增温处理白天平均气温达 40℃ 以上，湿度均在 45% 以下，其中在处理第 8 天达到峰值；常温对照处理试验田白天均温在 35℃ 以下，只有在处理前期第 1、第 2 天常温对照气温存在偏高现象。从图 3 - 16 可知，人工增温处理田间温度均高于常温对照组，且不同温度处理间差异显著，处理间温差在 5℃ 以上。

如表 3 - 47 显示，在人工增温处理 8 d 期间，高温处理试验田日最高温均大于常温试验田，最高温差值最高为 13.07℃。由此可见，人工增温试验田温度显著高于常温对照组，为试验处理提供了较好的环境基础。综上，人工增温试验田气温均高于常温对照气温，为试验极端高温逆境提供了基础条件。

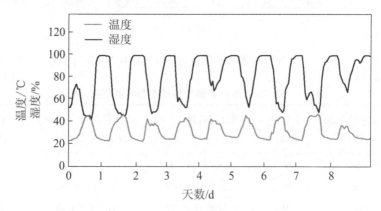

图 3 - 15　增温处理小区温湿度变化

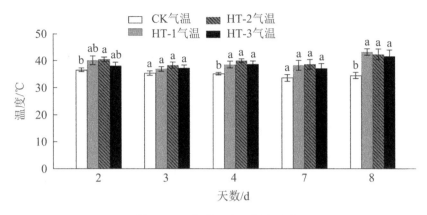

图3-16　各处理小区温度对比

注：图中数值为3次重复的平均值±标准误，相邻条状图后凡是有一个相同小写字母者，表示差异不显著（Duncan's法，P＞5%）。下同。

表3-47　不同温度处理小区间气温变化

处理	温度/℃	天数/d								
		0	1	2	3	4	5	6	7	8
CK	日最高温	34.66	33.54	35.29	34.96	34.70	33.77	35.93	35.07	33.84
	日最低温	23.17	23.11	22.37	21.19	23.58	24.54	22.37	23.19	23.41
	平均温度	29.59	30.57	30.05	30.30	29.96	29.35	29.36	29.71	27.44
HT	日最高温	40.74	45.23	42.59	43.71	45.64	44.51	45.01	45.77	46.91
	日最低温	23.22	23.16	22.93	24.46	24.73	25.46	23.81	23.34	24.84
	平均温度	31.89	33.56	30.48	31.89	31.84	32.17	31.74	34.66	31.02

④农艺性状。由图3-17可知，经高温胁迫后，常温处理（CK）、高温5d处理（HT5d）、高温8d处理（HT8d）的株高分别为109.17 cm、114.14 cm、100.20 cm；叶面积指数分别为1063.82 cm²、1072.17 cm²、1008.88 cm²，高温处理叶面积显著低于对照；茎围分别为9.18 cm、10.07 cm、9.32 cm；叶片厚度分别为0.44 mm、0.43 mm、0.40 mm。可见，高温胁迫显著降低了烟株的叶面积指数，降低了烟叶的光合生产能力，从而降低了干物质积累与转运，导致烤烟减产。

⑤SPAD值。根据图3-18可见，在处理第3 d后，三个处理组CK、HT5d、HT8d的SPAD值分别为35.11、33.09、37.98，处理间无显著性差异。在第4 d、7 d、8 d，各处理SPAD均随时间的增长而降低，在经过4d常温恢复（即第12 d）后，出现SPAD回升现象。总体而言，SPAD值随高温时间增长呈下降趋势，可见高温导致叶片叶绿素降解加快，不利于烟株光合等正常生理活动；同时也可看出在一定时间后，烤

烟 K326 上部叶受高温胁迫的影响有适当恢复，SPAD 值有所上升，这可能是由于烟株自身恢复系统对叶片进行了一定的恢复。

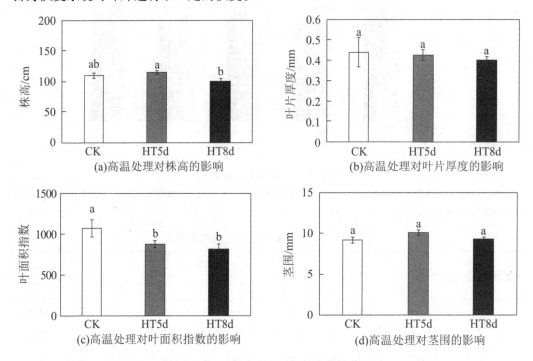

(a)高温处理对株高的影响

(b)高温处理对叶片厚度的影响

(c)高温处理对叶面积指数的影响

(d)高温处理对茎围的影响

图 3-17　增温处理后烟株农艺性状

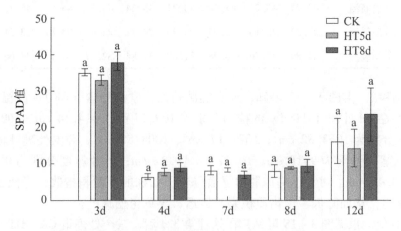

图 3-18　成熟期高温胁迫对上部叶 SPAD 值的影响

⑥抗氧化酶以及相关渗透调节物质。

过氧化物酶（POD）。POD 在植物体内的主要作用之一是参与光呼吸作用，将光合作用的副产物乙醇酸氧化为乙醛酸和过氧化氢。POD 以过氧化氢为电子受体催化底物氧化，主要存在于载体的过氧化物酶体中，以铁卟啉为辅基，可催化过氧化氢，氧化酚类和胺类化合物和烃类氧化产物，具有消除过氧化氢和酚类、胺类、醛类、苯类毒性的双重作用。

如图 3 - 19a 所示，HT5d 处理上部叶 POD 活性显著高于对照处理，CK、HT5d 的 POD 活性分别为 8310.55U、8743.61U，说明高温逆境下烟株的自我保护机制能提高上部烟叶中的 POD 活性。

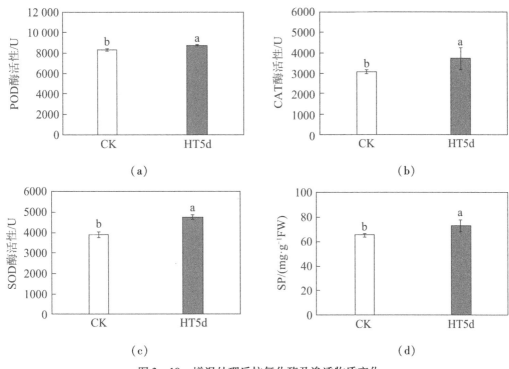

图 3 - 19 增温处理后抗氧化酶及渗透物质变化

过氧化氢酶（CAT）。从图 3 - 19b 可看出，人工高温处理下（HT5d）烟叶的过氧化氢酶（CAT）活性显著高于常温对照（CK），CK 和 HT5d 的 CAT 活性分别为 3066.59U、3729.90U，说明在高温逆境下烟株体内同样会通过提高 CAT 活性来加速清除因高温产生的大量过氧化氢，将过氧化氢分解成氧和水，使细胞免受因高温产生大量过氧化氢的毒害，从而维持体内正常生理活动。

超氧化物歧化酶（SOD）。从图 3 - 19c 可看出，人工高温处理下（HT5d）烟叶的超氧化物歧化酶（SOD）活性显著高于常温对照（CK）约 22.5%，HT5d、CK 的 SOD 活性分别为 4762.93U、3888.76U。可见在高温逆境下烟株体内同样也会通过提高 SOD 活性来及时清除对机体在高温环境中产生的有害物质超氧阴离子自由基（O_2^{2-}），防止烟株内细胞被氧化受损，从而维持体内正常生理代谢活动。

可溶性蛋白。由图 3 – 19d 可知，高温处理（HT5d）上部烟叶可溶性蛋白含量显著高于常温对照（CK）约 11.93%。可见在高温胁迫下，烟株通过积累可溶性蛋白的含量来提高细胞的保水能力和促进体内渗透调节作用，充分保护细胞的生命物质及生物膜，尽可能降低高温胁迫对烟株造成的损伤。

经济性状。如图 3 – 20 所示，经过大田人工增温处理的烟田产量、产值、均价均显著低于对照处理，其中 HT5d 处理较 CK 产量降低了 26.91%，产值降低了 37.07%，HT5d 处理产值仅为 2050.09 元·亩$^{-1}$；从均价来看，增温处理烟田均价（18.96 元·kg^{-1}）较对照降低了 13.74%。总体而言，烟叶在成熟期间遭受高温胁迫，会对上部叶产量、产值、烟叶定级造成一定程度影响，最终造成经济效益的降低。

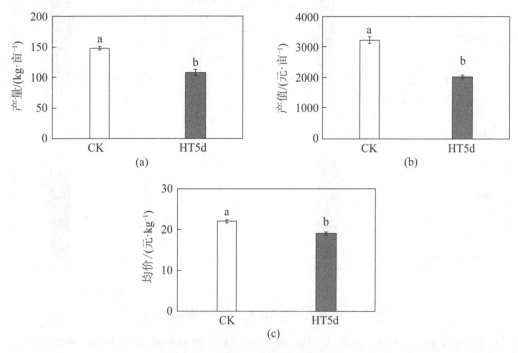

图 3 – 20　增温处理后烤烟经济性状

（4）主要结论。从上部叶 SPAD 来看，高温处理下的上部叶叶绿素含量随着增温时间的延长呈下降趋势，说明上部叶叶绿素会随着高温胁迫的强度和持续时间不断下降，使烟叶光合作用减缓，上部叶呈现出白化、灼伤、枯焦等一系列表观现象，进而影响烟株正常生理代谢活动。经过 3 天常温环境恢复后，高温组上部烟叶 SPAD 值有不同程度增加，可见，烟株脱离逆境后，能通过自身的修复系统进行一定程度的自我调节。

根据上部烟叶抗氧化酶和渗透调节物质响应结果发现，当烟株遭受一定程度高温胁迫后,其抗氧化系统中的抗氧化酶(POD、CAT、SOD)活性较正常温度下活跃,以此来加快清除细胞内因高温产生的大量自由基、活性氧等有害物质。同时,渗透调节物质可溶性蛋白含量也呈现上升趋势,以维持细胞膜的稳定性和体内正常运转;从经济性状来看,高温胁迫下的上部烟叶会直接导致产量、产值严重下降,直接影响经济效益。

综上所述,烤烟生育后期遭受高温胁迫会严重影响烤烟上部叶的正常发育,从而制约优质烟叶的生产以及影响农户收益。因此,增强烟草自身应对高温胁迫的抗逆性、开发烟草抗逆栽培措施已成为国内烟草行业稳定发展、国家烟草种植可持续发展的重要研究课题(皇甫晓琼等,2012;赵东杰等,2017;王子腾,2017)。

(二)高温逆境防控技术研究

成熟期上部叶遭受高温胁迫成为制约我国优质烟叶生产的重要因素之一,因此,增强烟草自身应对温度胁迫的抗逆性、改善烟草抗逆栽培措施已成为我国烟草行业稳定发展、烟草种植可持续发展的重要研究课题。夏季湖南烟区成熟期高温频发,导致烟田出现上部叶"高温逼熟"现象,使烟叶优质与高产矛盾比较突出。与培育耐胁迫品种、基因编辑技术等分子调控手段相比,通过喷施外源物质来缓解温度胁迫效应具有操作成本低、见效快的特点,应用前景更广。目前,多种外源物质处理被证实能通过维持抗氧化系统和光合作用水平,恢复细胞组织结构,从而有效缓解或恢复温度胁迫对烟株的损伤。

乙烯是植物激素的一种,在植物的组织或细胞内合成,可通过溶解于水或气体扩散等形式在植物体内运输,在植物的生长发育调控中有着重要的地位。如根叶茎花的发育、种子的萌发、偏上生长、器官衰老与脱落、果实成熟及对环境胁迫的反应、不定根的形成等(Wang等,2002)。相关专家经过对乙烯的生物学功能及应用的研究,发现了更方便实用、精确定量的能替代气体乙稀的试剂——乙烯利。长期以来,乙烯利在调控烟草的生长发育上有着广泛的应用,并取得较好的效果,其对烟叶品质也具有一定的影响。

①乙烯利的作用机理。乙烯利化学名称为2-氯乙基磷酸,分子式为$ClCH_2CH_2PO(OH)_2$,水溶液呈强酸性,在常温和pH值在3以下比较稳定,pH值在4以上逐渐分解放出乙烯。因此,凡乙烯具有的生理效应均可用乙烯利代替。由于一般植物组织pH值在4以上,乙烯利进入植物体内便可以靠细胞质内的化学分解释放乙烯,来调节植物的各项生理代谢(丛汉卿等,2012)。在烟草的应用上,乙烯利的主要作用是提高烟叶的抗逆性及成熟度、改善烟叶烘烤过程中的颜色变化、调节烟叶内部化学成分、降低烟叶的烘烤成本等。乙烯利的应用,对未来农业的科学、创新、绿色发展,具有潜在的推动作用。

②乙烯利对烟叶体内乙烯释放量的影响研究。乙烯利在烟草上的作用机理是促进

植物乙烯释放，进而调节植物各项生理活动的有序进行。烟草喷施乙烯利后，烟叶乙烯的释放量呈急剧增加的趋势，72h 时，稀释 2000 倍、3000 倍、4000 倍、5000 倍、6000 倍的烟叶乙烯的释放量分别是对照的 2.42 倍、2.33 倍、2.15 倍、1.61 倍、1.46 倍，由此可见，喷施乙烯利的浓度越大，烟叶乙烯的释放量也越大（蒋博文等，2016）。王能如等（2007）指出，乙烯利释放的乙烯还能够提高叶绿素的活性，加快叶绿素的降解，使烟叶在烘烤过程中变黄快、变黄彻底，增加烟叶的"易烤性"。在烟叶烘烤过程中，适当使用乙烯利，调控好烟叶乙烯的释放对烟叶的优质生产具有重要意义。

③乙烯利对烤烟抗逆性的研究。植物受到逆境胁迫时，会通过乙烯的合成及信号传导途径来调控，而乙烯对植物生理过程的调节机制之一是通过影响活性氧清除酶来调节植物体内活性氧水平（柯德森等，1997）。乙烯利对烟叶抗性影响的研究相对较少，就目前研究而言，主要体现在对幼苗生长的保护上：$500 \sim 1500 \ mg \cdot L^{-1}$ 的乙烯利处理，可以促进烟草 K326 幼苗叶片内 AsA 积累，$500 \ mg \cdot L^{-1}$ 的乙烯利处理后，AsA 的含量在 10 d 达到最高值，而 $1000 \ mg \cdot L^{-1}$、$1500 \ mg \cdot L^{-1}$ 处理7d 后，AsA 的含量达到最高水平，植物的抗逆能力增强；而 GSH 的含量在喷施 $1500 \ mg \cdot L^{-1}$ 的乙烯利 1d 后迅速增加，使烟叶的 GSH 抗氧化循环系统能力增强，提高了烟草 K326 幼苗抵御逆境的能力；在乙烯利对酶促 ROS 清除系统的影响方面，随着乙烯利浓度的增大，烟草 K326 幼苗叶片中的 SOD 酶活性、POD 酶活性均增强，CAT 活性先降低后升高，使幼苗更耐得住恶劣环境的胁迫（胡存彪等，2015）。此研究结果与 Lee 等（2000）的研究结论相吻合。同时，也说明只有各个系统相互协调才能最大限度保护植物，避免植物遭受逆境伤害。干旱胁迫时，乙烯利可以刺激植物体内保护物质的合成和积累，稳定膜结构，改善植物的水分状况，该机制在玉米、大豆幼苗抗旱上应用比较广泛（郭丽红等，2004）。目前，在乙烯利诱导番茄抗叶霉病的研究上发现，经诱导处理后，植株体内的过氧化物含量增加，过氧化物酶、多酚氧化酶的活性增强，对病毒的侵入起到了屏障的作用，减少了病菌的危害（于红茹等，1999）。此结论也很值得烟草防御病毒、病原菌入侵的研究借鉴。

④乙烯利对烟叶品质影响的研究。乙烯利改善烟叶的品质，主要是通过协调烟叶常规化学成分来实现的。在烟草采摘前 2d 喷施乙烯利可以使烟叶总糖、还原糖含量和糖碱比等烟叶的化学成分更加协调；烤后烟叶的香气质、香气量、余味和刺激性在评吸上得分均有提高，烟叶品质明显得到改善（王能如等，2007）。对于乙烯利熏蒸处理，烤后烟叶的糖含量略有提高，总氮、烟碱、氯、钾含量均有降低，石油醚提取物含量略有升高，烟叶的香气质更好，柔细度、甜度更为明显，余味更舒适，整体品质提高（刘国顺等，2003）。余金恒（2013）等在研究乙烯利对烤烟的影响方面也得出了与此一致的结论。

⑤研究目的与意义。烤烟的上部叶包括上二棚和顶叶，共6～7片叶，占整株烟叶叶片数的1/3左右，是烟株的重要组成部分，其比例与质量直接影响着烟叶的等级结构和工业可用性。湘南烟区烤烟大田成熟期普遍在5月下旬至7月中旬，但自6月中旬后降雨量开始明显减少，进入33～36℃的高温季节，此时上部叶表现为同一片叶尖至叶片中部出现已成熟而中间部至叶柄尚青未成熟，烤后容易出现青筋、叶尖部挂灰甚至杂色现象，影响烟叶品质。而烟叶烘烤特性是影响烤后烟叶质量的重要内在因素之一。

关于高温气候对粮食作物和蔬菜等的逼熟影响已有较多研究（杨利云，2017；张连波，2018；郑荣豪，2001；韦学平，2012；肖汉乾，2007），对烤烟高温逼熟的研究仅见于探索高温环境对烟叶品质的影响（孟丹，2015）和烟叶叶绿素相关基因的差异化表达（梁兵，2018）。也有研究通过调制工艺来提高高温逼熟烟叶的烘烤质量（张世浩，2023），通过外源物质改善烟叶碳氮代谢以提高烘烤质量的研究鲜见报道。乙烯利作为调控植物成熟和衰老的关键激素，也被允许用作烟叶大田期变黄的化学物质（杨超，2015）。

因此，本研究通过成熟期对上部叶叶面喷施不同浓度乙烯利，研究乙烯利对烘烤过程中烟叶的失水特性、变黄特性、抗氧化特性及化学成分变化的影响，为高温胁迫烟叶的优质烘烤特性提供理论依据，并找出一些能反映烤烟烘烤特性的量化指标，对优化焦甜醇甜香风格特色烟叶烘烤特性的调控技术具有重要的现实意义。

（1）材料与方法。

①试验材料与土壤概况。试验材料：K326。

试验地：广东省韶关市始兴县马市镇安水村。

土壤基本理化性质：试验田前茬作物为水稻，pH 7.13，有机质59.19 g·kg^{-1}，全氮3.24 g·kg^{-1}，全磷1.08 g·kg^{-1}，全钾7.25g·kg^{-1}，碱解氮238.59 mg·kg^{-1}，有效磷33.18 mg·kg^{-1}和速效钾362.59 mg·kg^{-1}。

②试验处理。本研究开展叶面喷施乙烯利试验，设置5个乙烯利浓度梯度，以清水为对照（CK），共6个处理（表3-48）。各处理在中部叶采收结束后，于阴天无风时使用气压式农用喷雾器对增温环境的上部烟叶（14～18叶位）喷施不同浓度乙烯利，每个处理喷施60株烟，以每片叶片正反面喷施后有液体滴落为喷施标准，各喷施浓度之间烤烟间隔2垄

表3-48　叶面喷施乙烯利浓度梯度表

处理	浓度/(mg·kg^{-1})
CK	0
T1	120
T2	170
T3	230
T4	290
T5	350

以防喷施时相互影响。

③试验小区设计。采用随机区组试验设计，每个处理重复3次，共计18个小区。每个小区种植烤烟50株，株行距为0.6 m×1.2 m，四周设置2行保护行，共计1200株。每个处理分别选择30株，自下而上选取第14～18叶位烟叶用于试验。田间管理措施遵照当地优质烟叶生产技术规范进行。

④试验取样方法。烟叶烘烤采用气流上升式的密集烤房，装烟密度为62～66 kg·m^{-3}。各处理烟叶均装于烤房的底层，严格按照三段式烘烤工艺（表3-49）进行烘烤调制。烟叶在烘烤调制的过程中，各个处理分别标记3片烟叶在特定时间用于水分、颜色变化、叶片形态的测定。同时，分别在烘烤的0 h、12 h、24 h、36 h、48 h、60 h、72 h取样6片，3片鲜烟叶用于叶绿素、淀粉酶、PPO等指标的测定，另3片鲜烟叶去除主脉后于烘箱内105℃杀青15 min，再经80℃的温度下烘干、磨碎，用于总糖、还原糖、淀粉、烟碱、石油醚等指标的测定。

表3-49　烤烟"三段式"烘烤工艺

烘烤时期	烘烤阶段	干、湿球温度	温湿操作要点	烟叶状态
变黄期	变黄前段	干球温度36℃，干、湿球温差1℃	保温	叶尖变黄
	主变黄段	干球温度38～39℃，干、湿球温差2℃	稳温	至叶尖八成黄
	变黄后段	干球温度40～42℃，干、湿球温差3～4℃	稳温	至叶片青筋
定色阶段	定色前段	干球温度43～45℃，湿球温度38℃	排湿延时	青筋消失、勾尾
	定色中段	干球温度46～50℃，湿球温度39℃	顿火大排湿	小卷筒
	定色后段	干球温度51～55℃，湿球温度40℃	顿火大排湿	大卷筒、叶干
干筋期	升温阶段	干球温度55～65℃，湿球温度41℃	小排湿	主脉发紫
	稳温阶段	干球温度65～68℃，湿球温度42℃	小排湿	主脉全干

注：引自（何传国，2012）。

⑤测定项目和方法。

变黄特性测定。采用NH310型色差计（深圳三恩驰有限公司），参照霍开玲等（2011）的方法测量烟叶正反面的颜色参数；分别测得烟叶正面和背面的亮度值L、红度值a和黄度值b，并计算饱和度C、色相角$H°$。

色泽比（$H°$）＝arctan(b/a)；

饱和度（C）＝（$a_2 + b_2$）1/2；

烟叶采收前，喷施乙烯利后每隔24 h利用全自动色差仪测定烟叶颜色变化。对标记烟株的每一片烟叶的叶尖、叶中和叶基处分别取对称点进行测定（对称点距离主脉约 5 cm，尽量避开病斑、坏点），每片叶选取 6 个点，叶尖、叶中和叶基各 2 个，以 6 个点取平均值作为该片叶的色度值。烘烤过程测定方法同上。

色素测定。烤烟的色素测定采用分光光度法（邹琦，2000）。利用打孔器取样，称取 0.2 g 置于 25 mL 具塞试管中，室温下用 20 mL 混合液（丙酮:无水乙醇:水 =4.5:4.5:1）于暗箱中浸泡 24 h 后（叶片变白）提取叶绿素，重复 3 次。以混合提取液为参比，分别在 470 nm、645 nm 和 663 nm 处测定吸光度，依照 Amon 公式计算色素的含量，单位为 $mg \cdot g^{-1}FW$。

烘烤过程中于 0、12 h、24 h、36 h、48 h、60 h、72 h 采集烟叶，测定采得烟叶的叶绿素和类胡萝卜素含量以及其降解速率。

失水特性测定。参照王新瑞等（1999）的方法测定各时间点烟叶的含水量、失水速率。烘烤开始前，分别将各个处理选取标记的 3 片新鲜烟叶称重（FW）。在烘烤过程中，分别在各取样时间点对不同处理标记好的烟叶称取实时重量（IFW）。烘烤结束后，从烤房取出不同处理标记好的烟叶，分别称取其干重（DW），计算公式如下：

烟叶干物质含量（DWC,%）= 1 – 100 × (FW – DW)/FW

含水量（IWC,%）= 100 × (IFW – DW)/IFW

失水率（FWLR,%）= 100 × (FW – IFW)/ (FW – DW)

叶片形态特性的测定。烟叶烘烤过程中，测定各关键温度点烟叶的纵向收缩率、横向收缩率、厚度收缩率、面积收缩率、叶片厚度等（赵铭钦等，1995；朱德峰等，2001）。

烟叶纵向收缩率（$\psi_纵$）：

$$\psi_纵 = \frac{L_{长-鲜} - L_{长-X}}{L_{长-鲜}} \times 100\%$$

烟叶横向收缩率（$\psi_横$）：

$$\psi_横 = \frac{L_{宽-鲜} - L_{宽-X}}{L_{宽-鲜}} \times 100\%$$

烟叶厚度收缩率（$\psi_厚$）：

$$\psi_厚 = \frac{H_{厚-鲜} - H_{厚-x}}{H_{厚-鲜}} \times 100\%$$

$$烟叶纵向卷曲度 = \frac{L_a - L_b}{L_a} \times 100\%$$

$$烟叶横向卷曲度 = \frac{W_a - W_b}{W_a} \times 100\%$$

式中：L_a 代表烟叶展平时的长度，L_b 代表烟叶自然卷曲状态下叶尖至叶柄的距离，W_a 代表烟叶展平时的宽度，W_b 代表烟叶自然卷曲状态下叶边缘之间的距离。

烘烤过程中选定同一片烟叶，于烘烤0、12 h、24 h、36 h、48 h、60 h、72 h后测量烟叶自然和展平的长度（叶尖至叶柄的距离）和宽度（最大叶宽），计算烟叶的纵向、横向收缩率和烟叶的纵向、横向卷曲率、单叶面积。

主要化学成分测定。总糖、淀粉测定采用蒽酮显色法（邹琦，2000）；还原糖含量采用3，5-二硝基水杨酸（DNS）比色法测定（王瑞新等，1999）；烟碱含量采用紫外分光光度法测定（王瑞新，2003）；石油醚提取物的含量参照行业标准YCT/T—2003测定。

⑥数据统计分析。参照冷寿慈主编的《生物统计与田间实验设计》，利用 Excel 2013 软件进行数据整理，采用 SPSS 21 软件进行试验数据统计分析，使用 Origin 9.1 软件进行图表的生成。

（2）主要结果。

①叶面喷施乙烯利对烘烤过程中高温胁迫烟叶失水特性的影响。由表3-50可知，在烘烤过程中，高温胁迫烟叶的含水量不断下降，不同处理间存在明显的差异。与对照相比，乙烯利处理后烟叶的含水量下降的幅度较大，且乙烯利喷施浓度越大，烟叶的含水量越低。

不同处理在烘烤过程中失水率的差异较大。随着烘烤的进行，在变黄初期（12 h），处理 CK 和 T1 的失水率均显著低于其他处理，处理 T5 的失水率最高。24 h 时，喷施乙烯利的处理烟叶失水率显著高于未喷施乙烯利的处理。烘烤至变黄中期（36 h），处理 CK 和 T1 的失水率缓慢增大，处理 T3 和 T4 的失水率略低于处理 CK 和 T1，处理 T5 的失水率基本处于平稳状态。36 h 以后，各个处理的失水率逐渐升高，与处理 CK 相比，随着喷施浓度的逐渐增大，烘烤过程中烟叶失水率逐渐增大，烘烤至定色阶段（60～72 h），叶片失水率快速增大，有益于叶面颜色的转变。

与 CK 相比，喷施乙烯利后各处理在烘烤至变黄初期（24 h）时，失水速率较高，且随着喷施浓度的增大，失水速率逐渐增大；烘烤中后期 CK 处理的失水速率高于其他各个处理。

高温胁迫前在叶面喷施乙烯利有利于降低烟叶干物质的积累。在 0 h 时，处理 CK 的干物质量大于其他处理，可能由于喷施乙烯利后促进了烟叶的呼吸作用，加速了烟叶物质的消耗，且随着乙烯利浓度的增大，干物质积累量越小。随着烘烤进程，各处理干物质含量逐渐增加，在 24 h 增速较快，而 48 h 后再次出现快速增加的趋势。

表 3-50 叶面喷施乙烯利对烘烤过程中高温胁迫烟叶水分及干物质含量的影响

指标	处理	烘烤时间/h						
		0	12	24	36	48	60	72
含水量/%	CK	80.6	78.1	73.3	69.3	64.4	59.2	52.5
	T1	80.9	77.7	72.5	68.4	63.5	58.6	52.4
	T2	80.4	77.0	71.4	67.0	61.8	56.9	50.4
	T3	80.7	78.1	72.1	67.2	61.6	56.1	49.5
	T4	78.2	74.4	68.6	63.8	58.3	52.6	45.7
	T5	77.9	73.5	67.5	62.6	56.7	51.0	43.9
失水率/%	CK	0	14.4	39.9	45.6	56.6	65.1	73.4
	T1	0	14.5	44.8	51.0	61.6	69.4	76.5
	T2	0	18.0	46.0	49.0	59.0	66.7	74.0
	T3	0	18.4	48.0	50.6	60.6	67.8	75.3
	T4	0	19.0	48.1	50.8	61.0	69.1	76.6
	T5	0	21.3	52.1	52.6	62.8	70.4	77.8
失水速率 / (%·h⁻¹)	CK	0	1.20	2.13	0.48	0.82	0.61	0.59
	T1	0	1.21	2.53	0.52	0.88	0.65	0.59
	T2	0	1.50	2.33	0.25	0.83	0.64	0.61
	T3	0	1.53	2.47	0.22	0.83	0.60	0.63
	T4	0	1.58	2.43	0.23	0.85	0.68	0.63
	T5	0	1.78	2.57	0.04	0.85	0.63	0.62
干物质含量 /%	CK	22.1	26.5	32.5	37.4	43.3	49.0	56.1
	T1	21.8	25.6	31.4	36.2	41.7	47.4	54.3
	T2	19.3	21.9	27.9	32.8	38.4	43.9	50.5
	T3	19.6	23.0	28.6	33.0	38.2	43.1	49.6
	T4	19.1	22.3	27.5	31.6	36.5	41.4	47.6
	T5	19.4	21.9	26.7	30.7	35.6	40.8	47.5

②叶面喷施乙烯利对烘烤过程中高温胁迫烟叶变黄特性的影响。

叶面喷施乙烯利对烘烤过程中高温胁迫烟叶质体色素的影响。从图 3-21 可以看出,烟叶烘烤过程中,叶绿素 a 含量逐渐减小后趋于稳定不变的状态,其降解量逐渐增大后稳定不变。在 0 h 各处理烟叶的叶绿素 a 含量依次降低，叶面喷施乙烯利对高温胁迫烟叶的叶绿素 a 含量有着显著的影响，喷施的乙烯利浓度越大，烟叶的叶绿素 a 含量越低，可能由于高浓度的乙烯利促进了烘烤过程中叶片细胞组织中质体色素不断转变。0～12 h，处理 T1 和 T2 的叶绿素 a 快速降解，降解量分别为 55.12% 和 65.21%；12～48 h，各处理的叶绿素含量持续降低，处理 CK 的降解量显著低于其他处理，处理 T2 的降解量显著高于 T1、T3、T4 和 T5；48h 后，各处理的叶绿素 a 含量基本不变，其降解量也趋于稳定状态。由此可知，高温胁迫烟叶喷施 120～170 mg·kg⁻¹ 乙烯利时，有益于烘烤时质体色素的降解，对烟叶生产及抗逆的调节效果较佳。

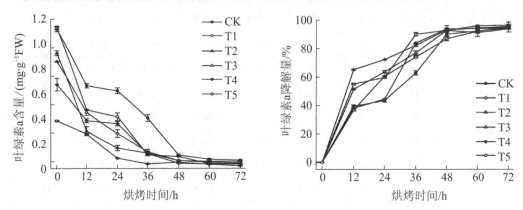

图 3-21　叶面喷施乙烯利烘烤过程中不同处理叶绿素 a 含量及降解量的变化

从图 3-22 可知，在高温胁迫下烟叶经过喷施乙烯利后，其叶绿素 b 含量存在显著的差异。0～36 h 期间，CK 的叶绿素 b 含量先缓慢降低后快速下降，而经乙烯利处理的烟叶叶绿素 b 含量持续快速下降，同时，经乙烯利处理的烟叶叶绿素 b 降解量显著高于 CK。24 h 时，处理 T5 的叶绿素 b 含量达到最低值，为 0.08 mg·g⁻¹，降解量最大，为 60.53%。48～72 h，各处理变化幅度较小，降解量基本稳定。

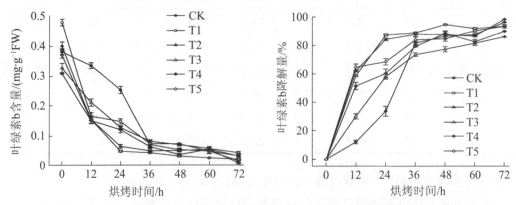

图 3-22　叶面喷施乙烯利烘烤过程中不同处理叶绿素 b 含量及其降解量的变化

从图 3-23 可知，在烘烤过程中高温胁迫烟叶的类胡萝卜素含量呈逐渐下降的趋势，不同处理的叶片类胡萝卜素含量差异较明显：当烘烤 12 h 时，乙烯利处理的烟叶的类胡萝卜素含量显著低于 CK，且降解速率较大，其中 T5 的类胡萝卜素含量明显低于其他处理，为 0.19 mg·g^{-1}，下降了 32.75%；12 h 后，处理 CK、T1 和 T2 的类胡萝卜素含量均呈现缓慢下降的趋势，T5 的下降速率最大，T4 次之，T3 处于中间水平；48～72h 期间，CK 的类胡萝卜素的降解速率加快，T1、T2 的降解速率基本不变，T3、T4 和 T5 的降解速率稳定变化。整体而言，烘烤过程中，类胡萝卜素含量降低，且降解率与乙烯利处理浓度呈正相关。这与乙烯利提高烟叶耐熟性的规律基本一致，即乙烯利处理浓度越大，烟叶的耐熟性越好，可缓解高温损伤。

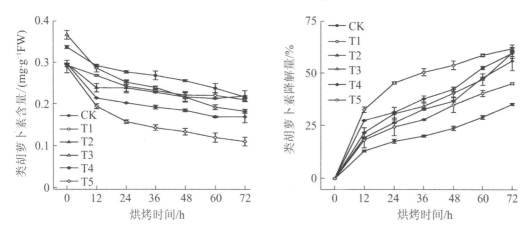

图 3-23 叶面喷施乙烯利烘烤过程中不同处理类胡萝卜素含量及其降解量的变化

叶面喷施乙烯利对烘烤过程中高温胁迫烟叶颜色参数的变化。从图 3-24 可以看出，叶片的正、背面亮度值存在着显著的差异，田间叶面喷施乙烯利的烟叶的 L 值较对照处理高。在整个烘烤过程中，各处理叶片正、背面的 L 值不断增大，且整体变化趋势基本一致。高温胁迫烟叶进入烘烤环节后，处理 CK、T4 和 T5 烟叶正、背面的 L 值变化幅度较大且增大速率不稳定，T3、T2 和 T1 的变化较为稳定，而 T2 正、背面的 L 值高于 T1。相关研究显示，在正常的标准范围内，亮度值 L 越大，烟叶品质越优，故 T2 对高温胁迫烟叶在烘烤过程中改善其品质和颜色变化有较好效果。

从图 3-25 可以看出，高温胁迫期间喷施乙烯利的烟叶红度值 a 均高于对照 CK，且喷施浓度与叶片的 a 值基本呈正比。开烤后，0～24 h，处理 CK 和 T4 的叶片正面的红度值 a 变化较微，背面 a 值快速增大后急剧下降，T1 的正面 a 值则快速下降后急剧增大，背面 a 值急剧增大，处理 T3 和 T5 的正、背面 a 值的变化趋势基本一致，均呈现缓慢增大后快速增大，处理 T2 表现得比较稳定；24～48 h，各处理正、背面的 a 值均增速加快，且正面增加值明显大于背面，处理 T5 正、背面的 a 值均最大，CK 均最小；48～72 h，各处理正面的 a 值变化幅度显著小于背面，处理 CK、T3 和 T5 正面的 a 值增大后略微下降，T1、T2 和 T4 正面的 a 值缓慢增大后基本趋于不变的状态，各处理背面 a 值则快速增大后急剧下降，72h 时，各处理正面红度值 a 为 T4 > T2 > T5 > T3 > T1 > CK，背面红度值 a 为 T1 > T4 > T5 > T2 > CK > T3。总之，T4 和 T2 的叶片红度值 a 相对变化稳定，波动幅度小。

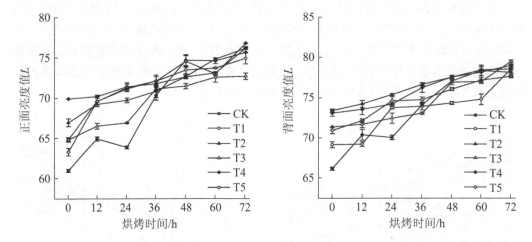

图 3 - 24　叶面喷施乙烯利烘烤过程中不同处理亮度值 L 的变化

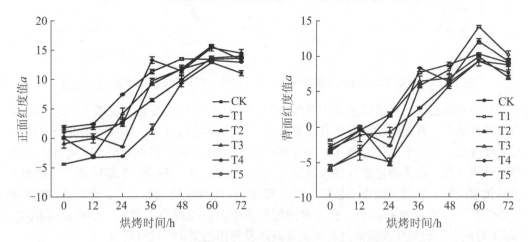

图 3 - 25　叶面喷施乙烯利烘烤过程中不同处理红度值 a 的变化

从图 3 - 26 可知，在烘烤过程中高温胁迫烟叶正、背面的黄度值 b 的整体变化趋势呈现急剧增大后再波浪式波动变化，各处理的变化幅度相对于亮度值 L、红度值 a 略小。烘烤前期（0～12 h），各处理的叶片正、背面黄度值 b 均缓慢提高，处理 T4 和 T5 的增大速率略高于其他处理；烘烤中期（12～24 h），各处理的正、背面黄度值 b 急剧增大，处理 T5 的正面 b 值达到了最大值；烘烤中后期（24～72 h），各处理正、背面的黄度值 b 变化起伏较大，处理 T5 呈现急剧下降后增大，CK 叶片的正面黄度值 b

在各个时间点逐渐缓慢地增大，背面黄度值 b 则快速减小后基本不变。在整个烘烤过程中，就增大值和增大幅度及波动幅度综合考虑，T2 和 T3 处理的叶片黄度值 b 相对较大，变化稳定，波动较小。

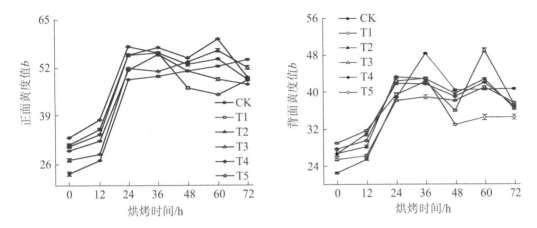

图 3 – 26　叶面喷施乙烯利烘烤过程中不同处理黄度值 b 的变化

从图 3 – 27 可知，经过乙烯利处理的烟叶正、背面的饱和度 C 值显著高于未处理烟叶，在烘烤过程中各处理烟叶正、背面的饱和度 C 值均先增大后减小。0～24 h 各个处理叶片正、背面的饱和度 C 值呈现快速增长，T2 和 T4 的正面饱和度 C 值增大速率显著高于其他处理。24～72 h，T2、T3 和 T4 的叶片正面饱和度 C 值呈现 M 型变化状态，在 36 h 和 60 h 的时间点三个处理的 C 值均处于增长最高峰，48 h 和 72 h 时处于将降低的谷峰；在此时段，T2 均处于 C 值的增长最高峰，降低的幅度相较 T3 和 T4 也较小，T1 和 T5 的叶片正面饱和度 C 值缓慢下降，CK 则缓慢升高；T4 和 T5 叶片背面饱和度 C 值的增大速率显著高于其他处理，在 60 h 的时间点达到最大值后急剧下降，且 T5 的增降幅度较大，其他处理均先缓慢增大后快速下降，其中 T2 的叶片背面饱和度 C 值明显高于其他处理，T3 的 C 值处于相对较低的水平。总之，在烘烤过程中，T2、T3 的叶片正、背面饱和度 C 值增加值相对稳定，变化幅度小，波动小。

从图 3 – 28 可见，乙烯利处理后高温胁迫烟叶的正面色相角 H 值差异不显著，CK 背面的 H 值明显低于其他处理。在烘烤的过程中各处理的变化趋势基本一致，整体表现为先缓慢减小后略微增大。不同处理间在不同的时间点变化存在着差异。烘烤开始后，CK 的正、背面 H 值先缓慢减小后又快速减小，T1 和 T4 的正、背面 H 值则先快速减小再略微增大后又继续快速减小，在整个时间段内 T3 的正、背面 H 值均处于快速减小的状态，T2 和 T5 的正、背面色相角 H 值缓慢减小，稳定减小至 72h 后略微增大。烘烤至 72h 后，就色相角 H 值的大小和烘烤过程中的变化幅度和增减速率而言，T3 的稳定性最好，其次为 T2，T4 最差。

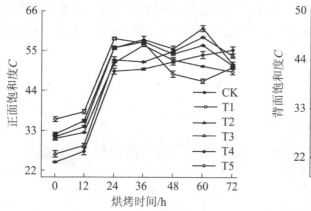

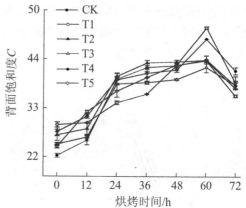

图 3 - 27　叶面喷施乙烯利烘烤过程中不同处理饱和度 C 的变化

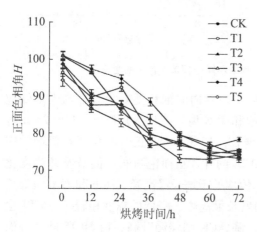

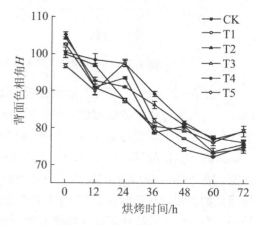

图 3 - 28　叶面喷施乙烯利烘烤过程中不同处理色相角 H 的变化

③叶面喷施乙烯利对烘烤过程中高温胁迫烟叶抗氧化特性的影响。多酚氧化酶是烟叶中主要氧化酶之一，对烟叶多酚的氧化起主要作用。在植物生长过程中，PPO 在组织中形成，当遭遇高温胁迫时，叶片细胞膜被破坏，酚类物质与叶绿体中 PPO 结合生成色素物质，不但影响烟叶外观品质，也会降低烟叶的致香物质，影响烟叶的口感。图 3 - 29 结果表明，各处理烟叶在烘烤过程中 PPO 活性的变化基本一致，随着烘烤的推进，

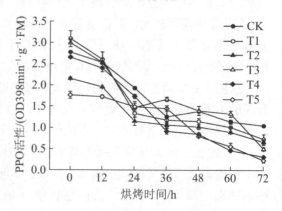

图 3 - 29　叶面喷施乙烯利烘烤过程中
不同处理 PPO 活性的变化

各处理在不同时间点又略有不同,在烘烤至 24 h 时,处理 T1、T2、T3、T4、T5 的 PPO 活性快速下降,在之后的烘烤过程中,各个处理的酶活性逐渐下降。与 CK 相比,其他处理的酶活性下降更快,处理 T4、T5 下降较快,T3 酶活性变化不稳定且先上升后下降,T1、T2 缓慢下降且稳定性较好。

田间叶面喷施乙烯利对烘烤中高温逼熟烟叶丙二醛的含量有显著影响。由图 3-30 可以看出,整体而言,定色前期(72 h)前烟叶中的丙二醛含量随着烘烤进程逐渐上升。然而,不同处理之间,烟叶中的丙二醛含量在变黄阶段由高到低基本表现为 T5、CK、T4、T3、T2、T1 差异较为明显,T3、CK 增幅比较大,T5 含量一直保持最高水平,T1 含量起伏变化较大,T2、T4 保持稳定增长。进入定色阶段,T5 的丙二醛含量仍然保持快速增长状态,CK 先缓慢增长后基本保持不变,T1、T2、T3、T4 的丙二醛含量也稳

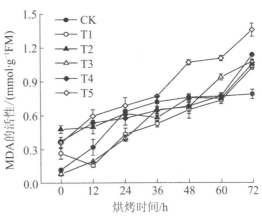

图 3-30 叶面喷施乙烯利烘烤过程中
不同处理 MDA 含量的变化

定迅速增长。烘烤至 72 h 时,各处理的丙二醛含量又迅速升高,由高到低依次为 T5、T4、T3、T2、T1、CK。这表明在高温低湿(顿火排湿)的烘烤条件下,叶片细胞的膜脂过氧化程度加强,细胞结构破坏加剧。

④叶面喷施乙烯利对烘烤过程中高温胁迫烟叶淀粉降解的影响。高温胁迫会加剧淀粉酶活性变化,而淀粉酶活性又与淀粉含量密切相关,其活性直接影响淀粉含量。由图 3-31 可以看出,田间叶面喷施不同浓度乙烯利对高温胁迫烟叶在烘烤过程中的淀粉酶活性均有不同程度影响。鲜烟叶(0 h)时,CK 的淀粉酶活性明显低于其他处理,表明乙烯利可以显著提高烟叶的淀粉酶活性。烘烤开始后,不同处理的淀粉酶活性均先快速升高后下降,24 h 后继续快速升高,在 48 h,T1 和 T2 率先达到最大值,之后的时间里,T1 和 T4 先快速下降后继续增大,T2 基本不变,CK、T3 和 T5 持续增大。

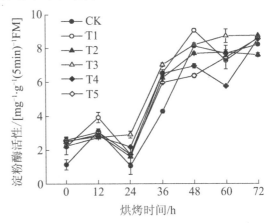

图 3-31 叶面喷施乙烯利烘烤过程中
不同处理淀粉酶活性的变化

整个烘烤过程中，各处理的烟叶淀粉酶活性的变化趋势基本是一致的，T1 和 T4 酶活性的波动明显大于其他处理，T3 在整个烘烤过程中酶活性一直最高，T2 次之，且其酶活性的变化最稳定。

在高温胁迫后烤烟淀粉会加剧转化，而烟叶内淀粉含量直接影响烟叶化学成分的协调性。由图 3－32 可知，田间叶面喷施乙烯利对烘烤过程中高温胁迫烟叶的淀粉含量有明显的影响。烘烤开始后，各处理烟叶的淀粉含量均呈现下降的趋势，在 36 h 前，下降速度较快，之后均缓慢下降。乙烯利处理的烟叶的淀粉含量均低于 CK，

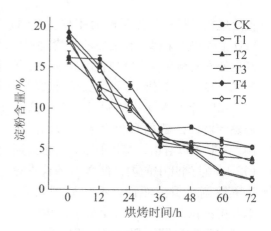

图 3－32　叶面喷施乙烯利烘烤过程中
不同处理淀粉含量的变化

T1、T2、T3、T4、T5、CK 在 36 h 内的淀粉含量分别下降了 62.79%、66.31%、66.00%、66.66%、69.25% 和 47.50%；随着烘烤进行，淀粉含量的变化下降逐渐减慢，乙烯利处理的烟叶淀粉含量低于 CK，且浓度越大淀粉含量越低；烘烤至 72h 时，各处理的淀粉含量分别为 5.29%、5.22%、2.85%、2.55%、1.4% 和 1.27%。可见，乙烯利对高温胁迫烟在烘烤过程中的淀粉含量存在剂量效应，浓度越大，对烟叶的糖转化效应的促进作用越大，淀粉含量越低。

⑤叶面喷施乙烯利对烘烤过程中高温胁迫烟叶总糖和还原糖含量的影响。从图 3－33、图 3－34 可以看出，在高温胁迫期间喷施不同浓度乙烯利后，在烘烤过程中，不同处理的烟叶的总糖和还原糖整体的变化趋势是一致的，总糖的含量随着烘烤温度的不断提高逐渐增加，还原糖的含量快速增加后趋于稳定的状态。与 CK 相比，乙烯利处理后的烟叶的总糖和还原糖含量的变化存在着不同。鲜烟叶（0 h）时，乙烯利处理的烟叶的总糖含量均高于 CK，可能原因是田间喷施乙烯利后促进了烟叶的光合作用，利于物质的积累和转化；而各处理间还原糖的含量差异较大，乙烯利处理的烟叶中，T4、T5 的还原糖含量高于 CK，T1、T2、T3 的含量低于 CK，可能由于乙烯利浓度对还原糖含量的变化存在较敏感的剂量效应。在烘烤 12～36 h 的时间段里，总糖含量稳定增长，乙烯利处理的烟叶的总糖的增长速率略低于 CK，且乙烯利处理浓度越大的烟叶总糖含量增长速率越小；在此阶段各处理还原糖的含量变化差异较为明显，T4、T5 的还原糖含量在 0～12 h 期间缓慢下降，12 h 后快速升高，T1、T2、T3 一直快速升高，而 CK 则缓慢升高至 36 h 时才快速升高，由此可见，乙烯利处理后，有效提前了烟叶还原糖含量的快速增长期；烘烤进行到 36 h 后，各处理的总糖含量呈现"慢—快—慢"的增长趋势，而 CK 仍处于快速增长的状态；各处理还原糖的含量缓慢上升后基本保持不变的状态。烘烤至 72 h 时，各处理还原糖的含量基本一致，总糖含量由高到低依次为

CK、T1、T3、T5、T2、T4，可见高温胁迫中乙烯利处理后可以有效降低总糖的含量，T2和T4效果更佳，有利于提高烟叶品质。

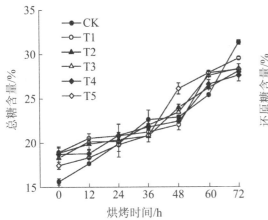

图3-33 叶面喷施乙烯利烘烤过程中
不同处理总糖含量的变化

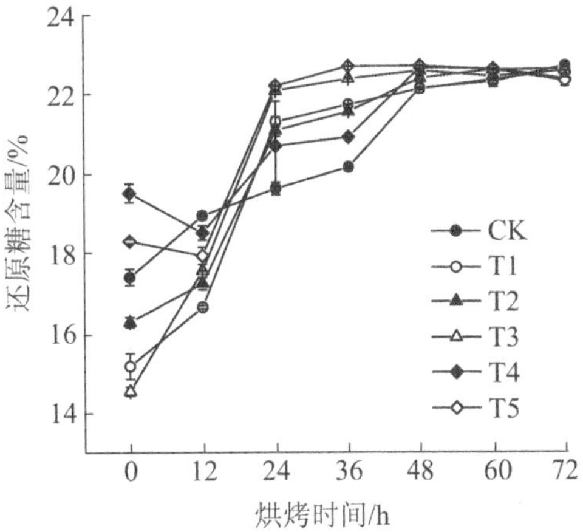

图3-34 叶面喷施乙烯利烘烤过程中
不同处理还原糖含量的变化

⑥叶面喷施乙烯利对烘烤过程中高温胁迫烟叶烟碱含量的影响。由图3-35可以看出，在高温胁迫中对叶面喷施乙烯利后，不同浓度乙烯利均对叶片烟碱含量造成影响，T1、T2、T3在一定程度上利于烟叶耐熟，可提高烟碱的积累，T4、T5处理后，烟叶采收后烟叶的烟碱含量下降。在烘烤的过程中，各个处理整体上烟叶的烟碱含量呈现逐渐下降趋势，在0～36 h的烘烤时间段里T1烟碱含量快速下降，T2、T3、T5则保持缓慢下降，烟碱含量在此时间段并没有很大程度的减少。48～72 h，CK和T1基本稳定不变，T2、T5的烟碱含量由缓慢下降转变为快速下降，T3、T4的烟碱含量变化趋势基本一致。整体看来，在烘烤前期（48 h前），乙烯利处理可以显著提高高温胁迫烟叶的烟碱含量，而随着烘烤的进行，温度的不断提高，乙烯利处理的烟叶烟碱含量会快速下降。

⑦叶面喷施乙烯利对烘烤过程中高温胁迫烟叶石油醚提取物含量的影响。石油醚提取物是烟叶化学成分的重要组成部分，其含量与烟叶的香气量呈正相关。在烤烟遭受高温胁迫期间，对叶面喷施乙烯利，由图3-36可以看出，鲜烟

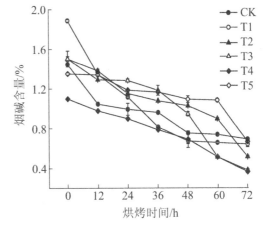

图3-35 叶面喷施乙烯利烘烤过程中
不同处理烟碱含量的变化

117

叶（0 h）时，各处理的石油醚提取物的
含量基本一致，表明在相同的田间管理
条件下，叶面喷施乙烯利在短时间内对
烤烟的石油醚提取物的含量并无较大影
响。而在相同的烘烤条件下，0 ～ 24 h
的时间段里，乙烯利处理的 T1、T2 的烟
叶石油醚提取物含量快速升高，增幅较
大，T3、T4、T5 缓慢增长。24 ～ 36 h，
T2 的含量快速下降，T1 基本保持不变，
CK、T3、T4、T5 的含量仍然继续增长。
在 36 h 时间点，各处理的石油醚提取物
含量差异不大。36 ～ 72 h 的烘烤时间
段，T1 先下降后快速升高，T2 持续快
速升高，其他处理稳定并在 12 h 后开始

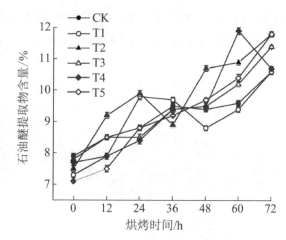

图 3 - 36　叶面喷施乙烯利烘烤过程不同
处理石油醚提取物含量的变化

快速升高，烘烤至 72 h 时各处理的石油醚提取物的含量由高到低分别为 T5、T2、T3、
T4、T1、CK，其中各处理石油醚提取物的含量依次增加了 25.47%、31.13%、
36.44%、31.59%、28.04% 和 39.83%。可见，高温胁迫期间乙烯利处理可以缓解高
温热害，提高烟叶石油醚提取物的含量，进而提升烟叶香气。

（4）主要结论。

①乙烯利对高温胁迫烟叶烘烤特性的影响。水分的动态变化与烤后烟叶颜色变化
及干物质含量密切相关。通过叶面喷施乙烯利，烟叶的含水量下降速度明显加快，浓
度越大乙烯利的失水速率也越大，但各处理整体的水分变化趋势一致，相反，干物质
含量在逐渐增加，但乙烯利处理的烟叶的含量略低于 CK，减少了 1.8%，T5 含量最
低，为 47.6%，减少了 8.6%。

②乙烯利对高温胁迫烟叶色素降解的影响。高温胁迫前对烤烟上部叶进行乙烯利
处理后，烟叶在烘烤过程中提前达到结束的标准。乙烯利处理的浓度越大，烟叶色素
降解越快，烟叶颜色参数变化越快，叶片变黄的速度也越快。但过早地变黄容易使烤
烟里一些化学反应进行得不充分，导致挂灰等情况出现。故综合考虑，乙烯利喷施浓
度在 230 ～ 290 mg·kg^{-1}（T2 ～ T3）时，烟叶易烘烤、变黄特性好，且烟叶的色素降
解快，各成分含量适中，烟叶的正、背面色差值差异明显，各项指标变化快，波动幅
度小。

③乙烯利对高温胁迫烟叶抗氧化特性的影响。高温胁迫前对烤烟上部叶进行乙烯
利处理后，烟叶的多酚氧化酶活性和丙二醛含量均与乙烯利浓度成正比，乙烯利浓度
在 120 ～ 170 mg·kg^{-1}（T1 ～ T2）时，烟叶的多酚氧化酶活性和丙二醛含量低，细胞

膜的损坏程度小，烟叶的耐烤性好，且烟叶的化学成分含量适中，变化稳定，协调性好。

④乙烯利对高温胁迫烟叶化学成分的影响。高温胁迫前对烤烟上部叶进行乙烯利处理后，乙烯利一定程度上改善了烟叶的烘烤质量。叶面喷施乙烯利浓度为 230 mg·kg^{-1}（T3）时，烟叶淀粉酶活性最高，淀粉降解充分，烘烤至 72 h 时，淀粉的含量为 2.85%。乙烯利对烟叶还原糖和总糖的含量存在明显的剂量效应，一定程度上降低了还原糖和总糖的含量，其中乙烯利浓度在 170 mg·kg^{-1}（T2）时，烟叶的还原糖、总糖含量最佳。此外，还有诸多外源物质已被证实对烤烟应对高温胁迫有显著缓解作用，通过维持抗氧化系统和光合作用水平，恢复细胞组织结构，从而有效缓解或恢复高温胁迫对烟株的损伤，可在生产上广泛应用（DONG 等，2014；邓世媛等，2012）。

第四节　焦甜醇甜香烟叶烘烤特性研究

一、焦甜醇甜香烟叶烘烤特性概述

目前，广东、湖南烤烟耐熟性和易烤性下降所带来的烤后烟叶成熟度不够等问题已成为弱化焦甜醇甜香型烟叶风格特征的主要因素之一。因此，从改善烤烟品种烘烤特性角度探寻彰显焦甜醇甜香型风格特征十分迫切和必要。

烟叶烘烤调制是烤烟生产过程当中的一个重要环节。在田间生长的优质鲜烟叶必须经过烘烤才能使其优良品质得到固定和体现，从而获得较高的使用价值。所以，烘烤调制是决定烟叶可用性的一个关键环节。但是，烘烤是我国烤烟生产过程中最薄弱的环节（宫长荣等，2005）。影响烟叶烘烤质量的因素有烟叶的装烟方式（武圣江等，2013；浦秀平等，2013）、烘烤环境（程联雄等，2013；崔国民等，2013；陈仁霄等，2014）以及烟叶本身的烘烤特性。不同烤烟品种自身遗传因素和外界栽培因素的不同导致其烘烤特性有很大的差异，研究不同品种的烟叶特点及其在烘烤过程中体现的质量规律可以加深对其烘烤特性的了解，有利于针对不同的品种实施不同的烘烤工艺，以满足烟草工业的需要，从而实现其应有的使用价值和经济价值，对提高我国烘烤技术具有非常重要的意义。

（一）烟叶烘烤特性的概念

烟叶烘烤特性是指烟叶在农艺过程中获得的与烘烤技术和效果密切相关的自身所固有的特性，包括烟叶失水变黄和定色规律以及各种变化规律之间的相互协调性等，可分为"易烤性"和"耐烤性"两个方面（宫长荣，2011）。"易烤性"是指烟叶的变黄以及定色的难易程度，"耐烤性"则指烟叶在定色期对外界环境变化的敏感性或耐受性。定色阶段对烘烤环境变化不敏感、不易发生褐变的称为耐烤，反之则称为不耐烤。易烤的烟叶不一定耐烤，而耐烤的烟叶也不一定易烤。好的烘烤特性是指烟叶既易烤又耐烤。

（二）影响烟叶烘烤特性的主要因素

影响烟叶烘烤特性的因素主要有遗传因素（藤田茂隆等，1984）、土壤类型（高传奇，2013）、田间栽培管理措施（武云杰等，2013）、气候因素（唐莉娜等，2013）、烟叶着生部位（王定斌等，2013）以及烟叶成熟度（杨天旭等，2012）等。其中，遗传因素被公认为是影响烟叶烘烤特性的重要性状，是决定烟叶烘烤特性的重要因素。有研究推断，控制生物碱含量的基因和控制易烤性的基因存在某种连锁反应，变黄快、易烤性好的品种，生物碱含量明显较低；耐烤性好、变黄慢的品种，生物碱含量一般较高（藤田茂隆等，1984）。另外，易烤性好的品种烟叶叶黄素和类胡萝卜素含量较高，易烤性差的烟叶，叶绿素含量则较高。

气候条件也是影响烟叶烘烤特性的重要因素。充足的光照、较高的温度和半干旱的气候条件是优质烟叶生长的环境条件。一般认为，如果烟株在生长季节气候条件一直是少光照、低温、多雨，则会导致形成的烟叶干物质积累少，含水量多，烘烤特性差，烟叶在烘烤过程中易烤青及挂灰，甚至烤黑；在全期干旱条件下生长的下部烟叶在烘烤过程中变黄快，且不耐烤。

烟株对土壤的适应性较强，土壤的各种理化性质是决定烟草生长适宜程度的基本条件，土壤类型的不同导致烟株的生长发育状况差异，所产烟叶的质量差异显著。一般认为平川地区的沙壤土或轻壤土和丘陵山区的轻壤土至中壤土肥力中等，排水性能好且具有较好的持水力，易于调节土壤中的养分供应，是比较适宜烤烟生长发育的土壤类型。在该土壤上生长的烟叶通常能够正常落黄成熟，烘烤特性较好，烘烤过程中变黄定色较易。而在黏重且有机质含量高的土壤中生长的烟株，形成的叶片大而肥厚，烟叶中蛋白质和叶绿素含量较高，成熟落黄较慢，在烘烤过程中烟叶变黄慢、脱水慢，难以定色，烟叶烘烤特性比较差。

烟草生产上的各种农艺栽培措施也直接影响着烟叶的生长发育。合理密植、均衡施肥，大田管理好的烟株生长发育较好，烟叶营养充足且平衡，烟叶能够正常落黄，且在烘烤中变黄和脱水协调，烘烤特性好。施肥量较少且施肥不均衡的条件，必然会导致烟叶发育不全，叶片未老先衰，不能正常落黄，常常表现出假熟，在烘烤时通常表现为耐烤性差。相反，烟田营养水平高则会导致烟株营养过剩，中下部烟叶片大但是内含物少，水分多而干物质少，烟叶在烘烤过程中变黄脱水较快，不耐烘烤，烟叶容易烤糟变黑。上部叶片会出现晚熟，叶色浓绿，大而厚实，不易落黄，在烘烤过程中变黄慢且不均匀，烘烤特性差。

不同烤烟部位和不同成熟度的烟叶烘烤特性也有所不同。一般情况下，下部烟叶叶片薄，组织结构疏松，在烘烤过程中容易变黄失水，易烤性好，但耐烤性差，变黄后不易干燥定色。中部叶则厚薄适中，在烘烤过程中变黄和失水速率相对协调，烟叶烘烤特性好。上部叶叶片较厚，在烘烤过程中变黄速度较慢，易烤性较差，但耐烤性较好。不同田间成熟度鲜烟叶的理化性质有较大差异，在烘烤中表现出来的烘烤特性也有所不同。通常适熟烟叶表现出来的烘烤特性最好，烟叶失水和变黄速度都比较平稳，烤后烟叶经济性状较优。

（三）烟叶烘烤特性的判断方法

对鲜烟叶烘烤特性好坏的判断主要还是以烟叶在田间的长势长相和成熟表现以及感官手段和经验判断为主。一般在田间生长发育正常、整体整齐一致，并且进入成熟期后能适时正常落黄的烟株烘烤特性都较好（宫长荣等，1994；霍开玲等，2010）。有经验的烟农甚至通过接触烟叶感受烟叶的质地就可以判断出烟叶的烘烤特性。烟叶质地是烟叶水分、叶片结构以及烟叶化学成分的综合外在反映，一般手感质地柔软、弹性好、不易破碎的鲜烟叶都比较容易烘烤。反之，叶质硬脆、弹性差、易破碎的烟叶都比较难烘烤。

（四）烟叶烘烤特性的研究

（1）烟叶失水特性。烟叶烘烤调制过程并不是简单的失水干燥过程，而是其与生物化学变化过程的统一，和干燥有着本质不同的含义。但是，排除水分也是烟叶烘烤的目的之一，而且由于水分是各种生理生化变化不可缺少的因素，烟叶组织中的水分状况直接影响着各种生理生化转化过程，因此掌握烟叶烘烤过程中各阶段失水规律及其与变黄定色规律相协调是烘烤成功的关键（宫长荣，2011）。关于不同烤烟品种烘烤过程中失水规律的研究结果较为一致（王正刚等，1999；宫长荣等，2000），烘烤过程中不同烤烟品种烟叶失水干燥特性曲线表现为"近等速—减速—再减速"的特征，前期失水少且慢，中期失水多且快，后期失水又变少并且慢，并且烘烤过程中失水环境不同，烟叶的失水速率变化差异很大。张树堂（1997）和訾莹莹等（2011）研究测定红花大金元、K326以及其他新品种（系）的烟叶在烘烤过程中的变黄速度和失水干燥速度等烘烤特性，发现在烘烤过程中红花大金元品种的失水规律与烟叶变黄定色特性不协调，导致烘烤特性差，难于烘烤；而K326的烟叶失水规律与变黄定色特性相协调，烘烤特性好，较易烘烤。研究还探讨了量化烟叶变黄特性的指标，以变黄过程中可用单位时间内类胡萝卜素和叶绿素降解后的比值平均增值来表示烟叶变黄速度（张树堂等，1997）。鲜烟叶含水量以及烘烤过程中烟叶的失水速率是影响烟叶易烤性的重要因素。王亚辉等（2007）通过研究烤烟新品种云烟202的烘烤特性发现，云烟202成熟鲜烟叶的含水量高于红花大金元，低于K326；在烟叶变黄阶段，云烟202的失水速率大于K326但小于红花大金元；在烘烤过程的定色阶段，红花大金元和K326前期失水速率大，后期则减慢很多。相反，云烟202在定色后期仍保持较高的失水速率，甚至超过定色前期的失水速率,烟叶表现为容易烘烤。有研究表明,烟叶烘烤前期失水情况对变黄阶段烟叶内各类物质转换有着较大的影响(杨树勋等,2013)。烟叶中的多项生理指标都与烘烤过程中的水分动态存在某种极显著的相关性,由此必然影响到烟叶内存化学物质的降解、合成、转化和新物质的生成。因此,创造适宜的环境条件,合理调控烘烤期间的失水速度和不同温度段的失水量,将是增进和改善烟叶内在品质的技术核心和关键所在。

烟叶中的水分是以自由水和束缚水两种不同的状态存在,自由水与束缚水含量的高低与植物的生长及抗性有密切关系。一般当自由水与束缚水比值高时,植物组织或器官的代谢活动旺盛,生长也较快,抗逆性较弱;反之,则生长较缓慢,但抗性较强。因此,自由水和束缚水的相对含量可以作为植物组织代谢活动及抗逆性的重要指标。訾莹莹等(2011)研究发现烤烟品种红花大金元的自由水与束缚水含量较其他品种高,失水速率较高,烟叶内的酶活性较高,烘烤过程中容易发生酶促棕色化反应,影响烤后烟叶外观质量,降低了烟叶的可用性。烟叶自由水和束缚水的含量还影响着烟叶的失水速率,聂荣邦等(2002)对 K326 和翠碧 1 号烟叶的含水量进行的研究结果表明,翠碧 1 号自由水含量显著低于 K326,束缚水含量则显著高于 K326,在烘烤过程中翠碧1 号比 K326 更难脱水,两者的烘烤特性有较大差异。

(2)烟叶变黄特性。烟叶烘烤过程中最直观、最明显的现象是叶色逐渐由绿变黄,其实质是叶组织内总叶绿体色素以及类胡萝卜素占总叶绿体色素的比例变化的外观反映(韩锦峰等,1990)。烟叶组织内色素主要分为叶绿素、胡萝卜素和叶黄素三大类,鲜烟叶中以叶绿素含量最高,胡萝卜素和叶黄素等黄色素的颜色被绿色所掩盖而不明显。在烟叶烘烤过程中,由于叶绿素和类胡萝卜素以不同速率降解,而胡萝卜素等黄色素的降解速率小于叶绿素的降解速率,类胡萝卜素等黄色素占色素总量的比例不断增加,因此烟叶在外观上逐渐呈现出黄色。不同烤烟品种之间变黄特性差异明显。张树堂等(1997;2000)研究烤烟品种红花大金元、K326、G-28 和云烟 85、317 等 5个品种(系)的变黄规律发现,红花大金元的烟叶在烘烤时变黄速度慢,变黄期长且失水速度快,难于烘烤;317 等 4 个品系和 K326 烘烤特性相似,变黄速度居中且失水平缓,较易烘烤;云烟 85 和 G-28 相近,变黄较快且失水速度适中,较为好烤。研究表明,烘烤过程中类胡萝卜素与叶绿素比值(简称为类叶比)的变化与烟叶外表的变黄是基本一致的,可以用类叶比反映烟叶的变黄程度。王松峰等(2012)对比研究了烤烟新品种 NC55 和中烟 100 的色素含量及其比值的变化规律,结果表明,在烘烤开始时两个品种的鲜烟叶的色素含量存在一定差异,但是两者的类叶比相近,外观颜色的黄色色度也相近;烘烤过程前期烟叶叶绿素含量降解量大且降解速率快,后期降解量小且降解速率慢;烟叶类胡萝卜素含量在 38℃ 末之前降解速率快但小于叶绿素降解率,在烘烤 38～42℃ 之间含量略有回升;烘烤过程中,中烟 100 类叶比的峰值出现在

42℃末，而 NC55 在 38℃末，NC55 比中烟 100 完全变黄的时间少，随后类叶比略有下降，叶色有所转淡。因此，类叶比可以作为评价烟叶变黄特性的一个生化指标。

在烟叶烘烤过程中，由于叶片内叶绿素的降解速率远远大于类胡萝卜素，因此类胡萝卜素所占总色素总量的比例增加而呈现出黄色，而影响叶绿素降解速率的因素有很多，烤烟品种（刘加红等，2008）、烘烤条件（宫长荣等，1997）和烟叶成熟度（霍开玲等，2011）都对其有很大的影响。有关烘烤过程中烟叶内色素含量降解速率的研究很多，不同烤烟品种的色素变化规律不尽相同。刘晓迪等（2013）的研究表明，不同烤烟品种的类胡萝卜素类物质在变黄前期大量降解，在变黄后期则趋于稳定。宫长荣等（1997）研究了在不同烘烤条件下 NC89 烟叶内叶绿素和类胡萝卜素降解的变化规律，结果表明，随着烘烤的进展，不同烘烤条件下烟叶中叶绿素的降解速率都表现为前期慢、中期快、后期更慢直至停止的变化规律，并且变黄期的烟叶外界温度对叶绿素的降解速率影响较为明显。关于烤烟品种 K326 在烘烤过程中色素含量的变化研究结果则有所不同（霍开玲等，2011；裴晓东等，2012）。烘烤过程中，叶绿素 a、叶绿素 b 和总叶绿素含量都表现出逐步下降趋势，并且在 38 ~ 42℃之前急剧减少，之后降解速率下降，到烘烤结束时叶绿素含量降到最低值；烘烤过程中烟叶叶面的颜色值与叶绿素含量和类胡萝卜素含量都存在显著的相关性。另外，烘烤过程中烟叶的失水过程与变黄过程是否协调至关重要，唐经祥等（2001）提出用烟叶标准凋萎时间与标准变黄时间的比值 K1 和标准定色时间与标准褐化时间的比值 K2 来衡量烟叶的烘烤特性，K1 和 K2 不同时需要采取的烘烤方法不同。研究表明，类胡萝卜素在定色阶段逐渐降解（Song，2010）。

（3）烟叶定色特性。烟叶进入定色阶段后主要是将已经获得的基本品质逐渐固定下来。但如果环境条件或者烟叶变化不当就会发生棕色化反应，烟叶颜色从黄色变成不同程度的褐色，使烟叶出现蒸片、挂灰和烤褐等现象。棕色化反应包括酶促棕色化和非酶棕色化两个反应，多酚氧化酶是酶促棕色化反应中重要的氧化酶。在变黄末期和定色期发生棕色化反应时，烟叶内的多酚类物质被氧化，叶内深色物质积累，导致烟叶颜色加深。有关多酚氧化酶在烘烤过程中变化规律的研究结果较为一致。宫长荣等（2005）研究烤烟品种中烟 101 叶片内多酚类物质及多酚氧化酶在烘烤过程中的变化规律，结果表明，在正常烘烤条件下，总酚含量在前 24 h 内上升，然后略有下降，72 h 到烘烤结束含量又回升；烟叶烘烤过程中随着烟叶水分的散失以及温度的升高，多酚氧化酶活性下降，到定色期多酚氧化酶基本上失活。韩锦峰等（1984）研究发现，在正常的烘烤工艺下，多酚氧化酶活性表现为：田间鲜烟叶的活性最高，以后随着烘烤过程的进行，多酚氧化酶活性逐步下降，当烟叶完全变黄时，由于烟叶含水量低，多酚氧化酶迅速钝化而停止活动。多酚氧化酶活性变化曲线在整个烘烤过程中呈现平滑下降的趋势。研究结果还表明，烟叶的烘烤质量与烟叶烘烤过程中多酚氧化酶活性变化有关，通过控制烘烤过程中烟叶水分的排除量与时间，可以间接调控多酚氧化酶的活性，从而烤出优质烟叶。王松峰（2012）、王爱华等（2013）用中烟100作为对照研究烤烟新品种NC55和中烟203的烘烤特性时发现，随着烘烤过程的推进，NC55、中烟203和中烟100的多酚氧化酶活性都呈下降趋势；在棕色化反应的敏感时期（45～47℃），相比中烟100烟叶内多酚氧化酶活性，NC55和中烟203的多酚氧化酶活性较低，较不易发生棕色化反应。目前有研究表明，使用亚氯酸钠可以降低烘烤过程中烟叶内多酚氧化酶的活性（任杰，2013）。

除了多酚氧化酶，其他烟叶内在化学成分和外在烘烤环境也影响着烟叶的定色规律。有研究发现（崔国明，2004），烟叶中过氧化氢酶的活性大小与烟叶色泽变化也存在着极为密切的关系。过氧化氢能将酚类物质氧化成醌类物质，从而导致烟叶内发生棕色化反应，而过氧化氢酶能催化过氧化氢分解成水和氧气，从而减轻棕色化反应的程度，减少杂色烟的出现。Hassler（1957）研究表明，烟叶调制环境温度小于44℃时，烟叶褐变速度较为缓慢，烟叶颜色变化并不明显。当温度高于57℃时，烟叶褐变速度加快，仅6 min烟叶即可褐变成棕色。

（4）烟叶中物质转化规律。烟叶烘烤过程中在水分散失的同时，还会伴随着烟叶内各类物质分解、转化、消耗的复杂生理生化过程。有研究表明，烟叶内的化学成分影响着烟叶质量及其香气成分（Enzell et al.，1980；Week，1985）。研究烟叶内物质转化规律可以改善烤后烟叶内的化学成分和烟叶质量，提高烟叶的可用性。

碳水化合物在植物生长发育以及物质代谢过程中有着重要的位置，研究烘烤过程中碳水化合物的变化规律对烟叶调制具有重要指导意义。宫长荣等（1999；2001；2002）对烤烟NC89等品种在烘烤过程中的碳水化合物变化规律做了较为全面的研究。研究结果表明，鲜烟叶内淀粉酶活性在烘烤初期较低，随着烘烤过程的进行，淀粉酶活性逐渐上升并于36 h前后达到一个高峰值，随后活性下降，但在烘烤后期酶活性又升高；淀粉含量总体上随着烘烤过程的进行而逐渐减少，在烘烤前36 h淀粉降解量较大，48 h以后降解缓慢，到变黄末期淀粉降幅达75%～85%，尽管烘烤后期淀粉酶活性还是很高，但此时淀粉降解量很小，含量趋于稳定；烘烤过程中可溶性糖含量和淀粉含量的变化呈显著负相关。王爱华等（2013）对烤烟新品种中烟203在密集烘烤过程中的生理生化特性的研究结果也表明，随着烘烤过程的推进，烟叶淀粉含量整体上呈下降趋势，在温度为38℃末淀粉降解量较大；在烘烤过程中，两个品种总体上总糖和还原糖含量呈上升趋势，并且总糖和还原糖呈正相关，与淀粉都呈负相关；各品种在烘烤过程中的蛋白质含量均呈下降趋势。姚恒等（2011）比较研究云南烟区主栽品种红花大金元、K326和云87与从津巴布韦引进的烤烟品种KRK26和KRK23在烘烤过程中的理化特性，研究结果不尽相同，不同品种烟叶在烘烤过程中的淀粉含量整体上呈逐渐下降趋势，K326、云87和KRK23在变黄期的淀粉降解速率较慢，进入定色期后淀粉含量显著下降,到干筋期后淀粉降解基本结束;红花大金元和 KRK26 的淀粉降解情况则恰恰相反,定色后期淀粉降解速率显著小于变黄期;不同烤烟品种总糖含量和还原糖含量的变化趋势基本相似,总糖含量在定色期以前缓慢上升,进入干筋期后有一个显著的下降过程,随后又显著回升,还原糖含量在定色期之前上升直至定色期后还原糖含量开始下降。Abubakar 等(2000)研究表明,烘烤环境的温度与淀粉的降解有密切关系,且与烟叶的含水量也存在联系。

不同烤烟品种的总氮和烟碱含量在烘烤过程的变化无明显相似性,且变化幅度不大(姚恒等,2011)。宫长荣等(1999;2001;2002)对烤烟在烘烤过程中的含氮化合物变化规律的研究结果表明,随着烘烤过程的发展,蛋白质含量整体上逐渐减少,在烘烤 24 h 后降解速率明显增加,在定色期后降解速率有所下降,降解速率呈现出"慢—快—慢"的变化规律;烘烤过程中烟叶内游离氨基酸含量和蛋白质含量有明显的消长关系,整体上呈上升趋势,游离氨基酸含量在变黄中期有一个快速上升的过程,直到定色结束增加量才渐趋平缓,增加速率也呈现出"慢—快—慢"的变化规律;鲜烟叶中可溶性蛋白含量与烤后烟叶中氨基酸和可溶性蛋白含量呈显著正相关;烟叶中蛋白酶活性在烘烤初期较低,随着烘烤的进行酶活性逐渐升高,在 24 h 达到第一个峰值,此后酶活性略有下降,但不久又重新上升并在 60 h 达到第二个峰值;亚硝酸根离子和硝酸根离子含量的变化规律相似,在鲜烟叶中含量较低,但在烘烤开始后含量逐渐增加,到变黄结束时达到最大值,随后含量略有下降,烤后含量均比鲜烟叶高;烟叶内的硝酸还原酶活性在烘烤开始后不断上升,在 24 h 达到最大值,随后酶活性快速下降直至失活。

(五)研究目的与意义

综上所述,在烟草烘烤特性方面进行的许多研究主要集中在烘烤过程中烟叶失水和变黄规律方面,但对于烟叶的定色特性以及在干筋期烟叶的变化研究较少,且对烟叶烘烤特性的评价没有形成统一的标准,而如何将烘烤特性的研究与配套烘烤工艺相结合也没有得到足够的重视。可见,研究不同烤烟品种(系)的烘烤特性,对提高烤后烟叶质量具有重要意义。

因此,本文以不同烤烟品种(系)为试验材料,采用田间试验和室内分析法,通过观测不同烤烟品种在密集烘烤条件下烟叶的变黄方式、色素含量变化、失水特性、定色特性及一些酶活性变化,研究不同烤烟品种(系)的烘烤特性,探讨烤烟烘烤特性评价的量化指标。同时采用佳能 LiDE110 型扫描仪对烟叶进行扫描,分析烟叶在密集烘烤过程中颜色值 Lab 的变化趋势,旨在为彰显焦甜醇甜香型烟叶风格、实现精准烘烤提供依据。

二、焦甜醇甜香烟叶烘烤特性的研究

（一）材料与方法

（1）试验材料与土壤背景。试验材料为烤烟品种 K326、粤烟 97、湘烟 7 号、湘烟 3 号、云烟 87、始兴 1 号等 6 个品种（系）。试验于 2012—2013 年在广东省韶关市始南雄湖口、湖南省永州市东安县紫溪市镇和华南农业大学烟草研究室进行。

选择地面平整、地型方正、肥力中等的水田，前茬为水稻。试验地土壤的基本理化性质为：pH 5.11，有机质 2.23 %，全氮 0.15 %，全磷 0.13 %，全钾 2.83 %，碱解氮 98.12 mg·kg^{-1}，速效磷 20.19 mg·kg^{-1}，速效钾 70.65 mg·kg^{-1}。

（2）试验设计与方法。

①试验处理。以品种为试验因素，采用完全随机区组排列。在韶关市始兴县马市镇设烤烟品种 K326、粤烟 97、始兴 1 号 3 个处理，重复 3 次，共计 9 个小区，每个小区栽植 60 株烟，株行距为 0.55 m×1.1 m，共计 540 株烟，总面积 0.81 亩。在湖南省永州市东安县紫溪市镇设烤烟品种云烟 87、湘烟 3 号、湘烟 7 号 3 个处理，重复 3 次，共计 9 个小区，每个小区栽植 60 株烟，株行距为 0.55 m×1.1 m，共计 540 株烟，总面积 0.81 亩。

试验肥料分别为烟草专用肥（N:P$_2$O$_5$:K$_2$O 为 13:9:14）、硝酸钾、硫酸钾、过磷酸钙。施氮量按照每公顷施纯氮 105 kg，N:P$_2$O$_5$:K$_2$O 为 1:1:2。基追肥比例为 7:3，追肥采用兑水淋施方法。其他按照当地优质烟叶生产技术规范进行大田栽培管理。

选取倒数第 5～6 片、10～12 片叶作为烤烟上、中部位的供试叶片。烘烤工艺按照国家标准 GB/T 23219—2008 烤烟烘烤技术规程在当地具有代表性且性能较好的密集烤房进行。

②取样方法。调查取样。选取 6 个品种（系）的中部叶和上部叶作为供试材料，分别于烘烤开始和烘烤后 12 h、24 h、36 h、48 h、60 h、72 h 取样，每次每个处理取叶 3 片，立即用保鲜袋封口，随后进行分析。扫描后，将一半除去叶尖和叶基部留叶中部分用于测定鲜样指标，另一半在 105℃杀青 15 min 后 80℃烘干，粉碎后用于测定其他指标。在烘烤前另取部分烟叶用于做测定比叶重和水分。烤后原烟全部留样，进行外观质量评价和分级。

（3）测定项目与方法。

①农艺性状调查方法。烤烟打定株高后，参照《YC/T 142—2010 烟草农艺性状调查测量方法》进行烤烟株高、有效叶数、茎围、节距、最大叶片面积等农艺性状调查。

②叶绿素及类胡萝卜素含量的测定。采用邹琦（1995）的方法。将剪碎叶 0.2 g（主脉取 0.5 g）置于 20 mL 罗口试管中，加入 10 mL 按 4.5:4.5:1 比例配成的丙酮、

无水乙醇和水混合液，封口后置于暗箱中保存 24 h，然后以混合液为对照，在 663 nm、646 nm 和 470 nm 波长下分别测光密度值，计算叶绿素含量，单位为 mg·g^{-1}FW。

③烟叶颜色信息的采集。使用佳能 LiDE110 型扫描仪对烟叶样本进行扫描，扫描时用黑布罩住扫描仪四周以减少外部环境的干扰。扫描模式设置为彩色，分辨率 400dpi。扫描后的照片以 JPEG 格式保存到计算机里，并在软件 Adobe Photoshop CS4 中进行处理，将图像模式调整为 Lab 模式，使用颜色取样器工具，取样大小为 101×101 平均，在叶缘和主脉间的中间部位测定四个点，得到颜色模型 Lab 颜色分量 L、a、b 平均值并存入 Excel 2010 的工作表作后续处理。

④丙二醛（MDA）含量的测定。参照邹琦的方法（2000）。剪碎叶片 0.5 g 于研磨中加入 2 mL 10% TCA 研磨至匀浆，再加入 3 mL TCA 进一步研磨，匀浆以 4000 rpm 离心 10 min。取离心的上清液 2 mL，对照用蒸馏水代替，加入 2 mL 0.6% 硫代巴比妥酸（TBA）溶液，混匀物于沸水浴反应 15 min，迅速冷却后再以 4000 rpm 离心 10 min。以对照作参比在 532 nm、600 nm、450 nm 波长下测定其光密度值，并计算 MDA 含量，单位为 μmol·g^{-1}FW。

⑤多酚氧化酶（PPO）活性的测定。参照张志良的方法（1990）。称取叶片 1 g，加入 0.05 mol·L^{-1} pH 6.8 磷酸缓冲液 8 mL 和少量聚乙烯吡咯烷酮，冰浴中研磨至匀浆；1 3000 r·min^{-1} 4℃离心 20 min，取上清液。在试管中依次加入 0.2 mol·L^{-1} 邻苯二酚 1.5 mL、0.05 mol·L^{-1} pH 6.8 的磷酸缓冲液 1.5 mL、酶液 50 μL；对照只加前两种溶液，不加酶液（对照体积应在 6 mL 以上）；在 398 nm 波长下测定吸光度值。放入分光光度计后读数一次，反应 2 min 后读数一次。酶活性单位以每分钟每克干重烟叶吸光度值的变化表示。本标准规定每分钟 1 g 干重烟叶吸光度值变化为 1 时，酶活性为 1 u。

⑥烟叶含水量、自由水和束缚水的测定。根据王瑞新（1998）杀青烘干法和王传义（2008）改进后的称重法测定。

⑦烤后烟叶经济性状及品质的测定。烟叶采收烘烤时，按小区单收，分开挂竿烘烤，按国家烤烟分级标准（GB2635—1992）对烤烟进行分级和测产，各级别烟叶价格参照当地烟叶收购价格：B1F 28.0 元·kg^{-1}，B2F 23.4 元·kg^{-1}，B3F 19.6 元·kg^{-1}，B4F 15.4 元·kg^{-1}，C1F 34.4 元·kg^{-1}，C2F 30.4 元·kg^{-1}，C3F 26.8 元·kg^{-1}，C4F 23.2 元·kg^{-1}，C1L 32.0 元·kg^{-1}，C2L 28.4 元·kg^{-1}，C3L 24.8 元·kg^{-1}，X1F 24.4 元·kg^{-1}，X2F 20.0 元·kg^{-1}，X3F 15.6 元·kg^{-1}，X4F 10.6 元·kg^{-1}。烟叶产量、产值由各小区（10 株）产量、产值折算而来，按当地烟叶价格计算其产量、产值和上中等烟叶比例。取烤后烟叶 B2F、C3F 测定其化学成分。

（4）统计分析方法。参照冷寿慈主编的《生物统计与田间实验设计》（1992），利用 DPS 软件进行试验数据的方差分析，利用 Excel 进行图表的生成。

（二）主要结果

（1）不同烤烟品种（系）农艺性状的差异。农艺性状是烟株生长发育过程中长势、长相的直接外在表现。有研究通过灰色关联分析法进行分析，发现不同烤烟品种农艺性状与经济指标间存在着很高的关联度（孟祥东等，2009）。从表 3-51 中可以看出，不同烤烟品种（系）之间的农艺性状差异较大。云烟 87 有效叶数多，烟株较高，烟株节距大，茎围较粗，上部叶和中部叶面积大。湘烟 3 号有效叶数较多，烟株较低，烟株节距小，茎围较粗，上部叶面积大，中部叶面积较大。始兴 1 号有效叶数较少，烟株高，烟株节距大，茎围较粗，上部叶和中部叶面积一般。粤烟 97 有效叶数较多，烟株高，烟株节距大，茎围较细，上部叶面积较小，中部叶面积一般。湘烟 7 号有效叶数多，烟株较低，烟株节距大，茎围粗，上部叶面积较小，中部叶面积大。K326 的各项农艺性状均低于其他品种。

表 3-51　不同烤烟品种（系）农艺性状的差异

品种	有效叶数/片	株高/cm	茎围/cm	节距/cm	上部叶面积/cm²	中部叶面积/cm²
K326	18.00 ± 1.00d	70.00 ± 1.00e	9.00 ± 0.15d	3.96 ± 0.02c	788.51 ± 12.30e	1006.32 ± 10.88c
始兴 1 号	18.67 ± 0.32c	99.50 ± 0.76a	10.90 ± 0.29b	5.69 ± 0.13a	1209.74 ± 11.86b	1293.10 ± 10.73b
粤烟 97	19.00 ± 0.67b	99.33 ± 2.60a	9.90 ± 0.26c	5.68 ± 0.14a	1114.31 ± 10.67c	1297.79 ± 10.67b
湘烟 7 号	20.00 ± 0.00a	87.17 ± 0.44c	12.57 ± 0.70a	4.50 ± 0.06b	1169.14 ± 11.58d	1330.31 ± 11.33a
云烟 87	19.67 ± 0.33a	95.33 ± 1.45b	11.30 ± 0.15b	5.51 ± 0.04a	1273.49 ± 11.77a	1327.97 ± 10.67a
湘烟 3 号	19.00 ± 0.00a	74.33 ± 0.88d	10.37 ± 0.19b	4.13 ± 0.05c	1262.32 ± 10.44a	1270.35 ± 11.20b

注：表中数据的方差分析为邓肯氏新复极差法，同列数据具有不同字母的两数据之间差异达到 5% 的显著水平，具有相同字母的两数据之间差异未达到 5% 的显著水平。下同。

（2）不同烤烟品种（系）烟叶的变黄特性。

①不同烤烟品种（系）烟叶烘烤过程中的变黄方式及变黄速度。烟叶变黄特性的差异主要表现为变黄方式和变黄速度的不同。不同烤烟品种（系）的烟叶在烘烤期间变黄方式不尽相同，主要有"正常变黄""通身变黄""点片先黄"和"叶把变黄"等。烟叶正常变黄是指叶尖和叶缘先黄，然后向叶基叶脉逐渐变黄。这类烟叶的易烤性和耐烤性较好，烤后烟叶质量较高。通身变黄、点片先黄和叶把变黄则没有正常变黄那样的规律性，通身变黄是指烟叶从整个叶片开始变黄，点片先黄和叶把变黄则是指烟叶从叶面中间某一点片或从叶把开始变黄逐渐漫延扩展至整个叶片。通身变黄和点片先黄的烟叶烘烤特性较一般，全叶不均匀且不对称变黄以及叶脉变黄严重滞后等异常变黄的烟叶烘烤特性较差，比较难烤。

不同烤烟品种（系）中部叶和上部叶变黄方式基本相同，品种之间的变黄方式则有所不同。6个烤烟品种（系）在烘烤过程中的变黄方式主要可以分为2类，正常变黄的有云烟87、始兴1号、粤烟97和K326，这些品种的烟叶基本都是从叶尖和叶缘向叶基和叶脉变黄；湘烟3号和湘烟7号变黄方式为点片先黄，湘烟3号有叶脉轻微滞后变黄的现象，湘烟7号则会出现点片先黄且全叶不均匀不对称变黄的现象。

烟叶变黄时间的长短反映了易烤性的好坏，变黄时间短则易烤性较好，容易变黄；反之，则不容易变黄，易烤性较差。从表3-52还可以看出，不同烤烟品种（系）中部叶在烘烤过程中变黄速度不尽相同，达到叶面全黄需要的时间为K326 < 粤烟97 < 始兴1号 < 云烟87 < 湘烟3号 < 湘烟7号。湘烟3号和湘烟7号变黄速度较慢，变黄时间长，48 h后湘烟3号叶面仍然是黄中带绿，湘烟7号则由于耐烤性较差，叶尖已逐渐变褐，表现出不耐烤的烘烤特性。由表3-53可知，不同烤烟品种（系）的上部烟叶变黄速度相比中部烟叶较快，达到叶面全黄所需要的时间为粤烟97 < 始兴1号 < K326 < 云烟87 < 湘烟3号 < 湘烟7号。湘烟7号甚至出现在叶面还没有完全变黄的情况下叶尖就开始变褐的现象。

表3-52 不同烤烟品种（系）中部叶烘烤过程中叶片外观形态变化

品种	12 h	24 h	48 h	72 h
K326	2～3成黄	6成黄	9成黄，小勾尖	全黄，叶片大卷筒
始兴1号	2～3成黄	6～7成黄	9成黄，勾尖卷边	全黄，叶片大卷筒
粤烟97	2～3成黄	6成黄	9成黄，勾尖卷边	9成黄，勾尖卷边
湘烟7号	2～3成黄	6成黄	9成黄，主脉变软	全黄，叶片小卷筒
云烟87	2成黄	4～5成黄	8～9成黄，勾尖卷边	全黄，叶片大卷筒
湘烟3号	2成黄	4～5成黄	7～8成黄，勾尖卷边	9成黄，大卷筒

表3-53 不同烤烟品种（系）上部叶烘烤过程中叶片外观形态变化

品种	12 h	24 h	48 h	72 h
K326	2～3成黄	5～6成黄	8～9成黄，勾尖	基本全黄，叶片基本大卷筒
始兴1号	2～3成黄	6～7成黄	9成黄，勾尖卷边	全黄，叶片大卷筒
粤烟97	2～3成黄	6成黄	9成黄，勾尖	全黄，叶片大卷筒
湘烟7号	1～2成黄	5～6成黄	7～8成黄，软打筒	8～9成黄，叶片基本大卷筒
云烟87	2成黄	5～6成黄	8～9成黄，勾尖卷边	9成黄，叶片小卷筒
湘烟3号	2成黄	5～6成黄	7～8成黄，软打筒	8～9成黄，大卷筒

②不同烤烟品种（系）中部叶烘烤过程中的色素变化。在烘烤过程中，不同烘烤特性中部叶叶绿素和类胡萝卜素的变化趋势。叶绿素和类胡萝卜素都处于不断降解的过程，并且叶绿素的降解速率和幅度明显大于类胡萝卜素的降解，黄色素所占比例逐步上升，烟叶逐渐变黄。由图 3 – 37、图 3 – 38 可知，不同烤烟品种（系）鲜烟叶叶绿素含量在 0.853 ～ 1.204 mg·g^{-1}FW 之间，湘烟 7 号显著大于其他品种，叶绿素含量为 1.204 mg·g^{-1}FW，其次是湘烟 3 号、K326 和云烟 87，分别达到 1.063 mg·g^{-1}FW、1.036 mg·g^{-1}FW、1.008 mg·g^{-1}FW，始兴 1 号和粤烟 97 显著小于其他品种，分别为 0.853 mg·g^{-1}FW、0.838 mg·g^{-1}FW。鲜烟叶类胡萝卜素含量相比叶绿素含量较少，在 0.190 ～ 0.342 mg·g^{-1}FW 之间，始兴 1 号 > 粤烟 97 > 云烟 87 > K326 > 湘烟 3 号 > 湘烟 7 号。

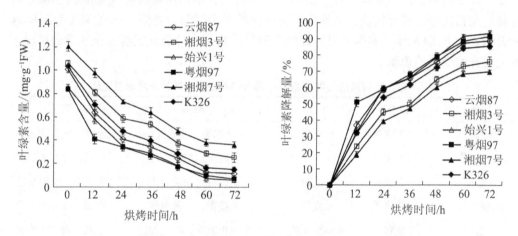

图 3 – 37　中部叶烘烤过程叶绿素含量及其降解量变化规律

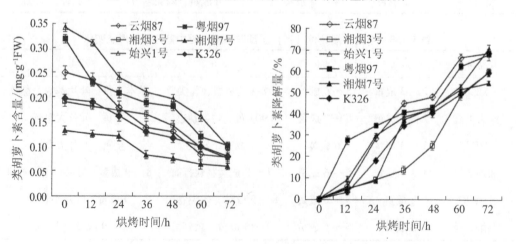

图 3 – 38　中部叶烘烤过程类胡萝卜素含量及其降解量变化规律

不同烤烟品种（系）叶绿素含量和类胡萝卜素含量呈下降趋势。不同烤烟品种（系）叶绿素平均降解速率差异较大，不同品种间叶绿素总平均降解速率在 $0.97\%\sim$ $1.30\%\cdot h^{-1}$ 之间，始兴 1 号 > 粤烟 97 > 云烟 87 > K326 > 湘烟 3 号 > 湘烟 7 号，除始兴 1 号和粤烟 97 之间差异不显著，其他各品种差异显著。变黄期叶绿素降解速率明显高于定色期，叶绿素的降解以变黄期为主，降解量为 70% 左右，降解速率在 $1.5\%\cdot h^{-1}$ 左右，而定色期降解量在 20% 左右，降解速率在 $0.02\%\cdot h^{-1}$ 左右。各品种类胡萝卜素降解速率和降解量明显慢于叶绿素，平均降解速率为 $0.7\%\cdot h^{-1}$，大致为叶绿素降解速率的 1/2。一般叶绿素降解速率快的品种，其类胡萝卜素降解也快，平均降解速率始兴 1 号 > 云烟 87 > 粤烟 97 > 湘烟 3 号 > K326 > 湘烟 7 号。

③不同烤烟品种（系）上部叶烘烤过程中的色素变化。由图 3-39、图 3-40 可知，不同烤烟品种（系）上部叶烘烤过程中的色素变化与中部叶有相似的变化规律。叶绿素平均降解速率粤烟 97 > 始兴 1 号 > K326 > 云烟 87 > 湘烟 3 号 > 湘烟 7 号。粤烟 97 和始兴 1 号降解速率较快，分别为 $1.29\%\cdot h^{-1}$ 和 $1.23\%\cdot h^{-1}$，降解量达到 90% 左右，其次是 K326 和云烟 87，达到 $1.16\%\cdot h^{-1}$ 和 $1.03\%\cdot h^{-1}$，降解量为 80% 左右，湘烟 7 号降解速率最慢，为 $0.93\%\cdot h^{-1}$，降解量只有 66%。叶绿素的主要降解时期也是在变黄期，其间叶绿素降解速率快，降解量大，降解速率在 $1.35\%\sim1.83\%\cdot h^{-1}$，降解量达到 $60\%\sim80\%$，降解量和降解速率均以粤烟 97 > K326 > 始兴 1 号 > 云烟 87 > 湘烟 7 号 > 湘烟 3 号。进入定色期后，各品种烟叶叶绿素降解量明显减少，降解速率显著下降，降解速率只有 $0.02\%\cdot h^{-1}$ 左右，降解量在 10% 左右。不同烤烟品种上部叶类胡萝卜素在烘烤过程中的变化规律与叶绿素含量变化类似，类胡萝卜素含量呈下降趋势，烘烤 36 h 之前降解速度明显大于之后的降解速度。从类胡萝卜素的降解量来看，在烘烤 24 h 之前，不同烤烟品种之间的降解量没有明显差异，在烘烤 24 h 之后品种间的差异开始变大，烘烤 72 h 后，湘烟 7 号和 K326 类胡萝卜素的降解量显著小于其他品种。

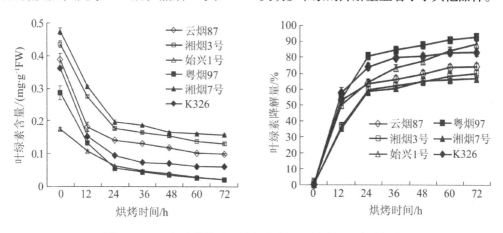

图 3-39 上部叶烘烤过程叶绿素含量及其降解量变化规律

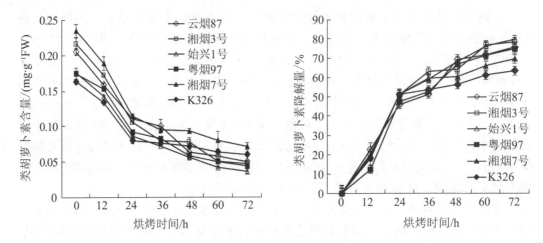

图 3-40　上部叶烘烤过程类胡萝卜素含量及其降解量变化规律

（3）不同烤烟品种（系）烘烤过程中烟叶的失水特性。水分是植物的重要组成成分，也是植物体内有机物质合成、分解、转化的重要介质，它参与了植物全部生命活动的代谢过程。烟叶在烘烤调制过程中有大量化学物质进行各种生理生化的转化，这样才能使成熟烟叶中的外观和内在优良性状得以完全体现，而这些反应都必须要有水分的参与，所以烟叶组织内的水分状况直接影响着各类生理生化转化的过程，失水速率过快会导致烟叶死亡过快，阻碍大分子物质的降解转化，烟叶将会出现烤青或者变褐。但是，过多的水分在烟叶外观和内在性状进行固定时又会促进不利于烟叶质量的生理生化反应。在烟叶变黄阶段，烟叶需要较高的相对湿度和较低的温度来丧失一定量的水分而凋萎，从而促进酶类的活性，使叶内有机物质得到充分的分解和转化。在烟叶变黄后再逐渐降低相对湿度并提高温度来快速排除叶内水分，加速叶片的干燥，控制或者终止酶的活性，从而固定烟叶的黄色。所以，烟叶的烘烤调制是烟叶物理变化和复杂生理生化反应相结合的复杂过程，合理控制烘烤中各阶段的水分状况是至关重要的，对烟叶失水速率的控制是烟叶烘烤成功的核心和关键。

①不同烤烟品种（系）鲜烟叶水分含量的差异。不同烤烟品种（系）不同部位成熟鲜烟叶叶片水分含量测定结果见表 3-54。由表 3-54 可知，各品种（系）不同叶位水分含量变化趋势一致，即部位自下而上，叶片总水分含量、自由水含量逐渐降低，而束缚水含量渐次升高，自由水与总水分比率及自由水与束缚水比率也逐步减小。各品种（系）不同叶位间烟叶总水分、自由水、束缚水含量和自由水与总水分比率及自由水与束缚水比率的差异都达到极显著水平；不同品种（系）间烟叶叶片水分含量也有所差异，烟叶总水分、自由水和束缚水含量差异显著，而自由水与含水量比率和自由水与束缚水比率差异不显著。两个部位烟叶总水分以云烟 87 和始兴 1 号含量较高，而湘烟 3 号和粤烟 97 含量较低。

表3-54 不同品种（系）不同部位成熟鲜烟叶叶片水分含量比较

品种	部位	含水量/%	自由水/%	束缚水/%	自由水/含水量	自由水/束缚水
K326	中部叶	85.28	52.75	32.53	0.62	1.62
	上部叶	83.50	50.47	33.03	0.60	1.53
始兴1号	中部叶	88.32	58.24	29.08	0.66	2.00
	上部叶	83.77	45.72	38.05	0.55	1.20
粤烟97	中部叶	86.59	48.54	38.05	0.56	1.28
	上部叶	83.46	44.22	39.24	0.53	1.13
湘烟7号	中部叶	88.35	59.49	28.86	0.67	2.06
	上部叶	86.22	49.16	37.06	0.57	1.33
云烟87	中部叶	89.02	60.06	29.96	0.67	2.00
	上部叶	84.53	54.43	30.10	0.64	1.81
湘烟3号	中部叶	87.83	51.38	36.45	0.58	1.41
	上部叶	83.46	46.30	37.16	0.55	1.25

②不同烤烟品种（系）中部烟叶烘烤过程中的失水特性。由图3-41、图3-42、图3-43可知，不同烤烟品种（系）中部烟叶在烘烤过程中的失水量和失水速率差异较大，失水特性存在明显差异。各品种烟叶含水量随着烘烤的进行逐渐减少。云烟87、始兴1号和湘烟7号鲜烟叶的含水量明显大于其他品种。随着烘烤的进行，到了变黄期，云烟87、始兴1号、粤烟97和湘烟7号失水速率最慢，此阶段平均失水速率仅为0.05%·h⁻¹左右；其次是湘烟3号，失水速率为0.06%·h⁻¹；K326失水较快，失水速率达到0.12%·h⁻¹。进入定

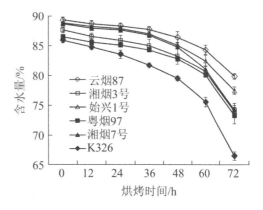

图3-41 烘烤过程中中部烟叶含水量变化

色期后，各品种平均失水速率显著上升，失水速率K326＞湘烟7号＞粤烟97＞湘烟3号＞始兴1号＞云烟87，平均失水速率最高可达0.43%·h⁻¹。各品种整个烘烤过程中平均失水速率K326＞湘烟7号＞湘烟3号＞粤烟97＞始兴1号＞云烟87，平均失水速率在0.13%～0.27%·h⁻¹。用烟叶变黄期失水速率与定色期失水速率的比值来衡量烟叶的失水均衡性。在烟叶失水均衡性方面，湘烟7号的比值最小，仅为0.15；其次是

始兴 1 号、粤烟 97 和云烟 87，比值为 0.20 左右；湘烟 3 号的比值为 0.24；K326 的比值最大，比值达到 0.28。粤烟 97、云烟 87 和始兴 1 号各阶段失水量和失水速率比较平均一致，失水均衡性好，接近于平均失水速率，湘烟 3 号和 K326 次之，湘烟 7 号失水特性不理想，失水均衡性差，变黄期失水速率较慢，失水量较小，进入定色期失水速率则显著加快，失水量变大，为棕色化反应提供了有利的条件，导致烤后烟叶杂色烟比例高，烟叶质量较差。

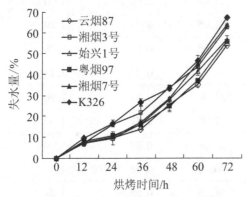

图 3-42　烘烤过程中中部烟叶失水量变化　　　图 3-43　烘烤过程中中部烟叶失水速率变化

由图 3-44、图 3-45 可知，随着烘烤的进行，不同品种中部烟叶自由水含量不断下降，自由水与含水量和束缚水的比率也逐步减小，束缚水含量则表现为先升后降。云烟 87、始兴 1 号、粤烟 97、K326 在变黄期自由水含量下降较快，其中 K326 在变黄前期下降较快，云烟 87 在变黄后期下降较快，湘烟 7 号在变黄期自由水含量下降最慢，其次是湘烟 3 号。

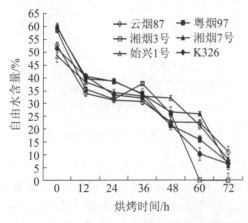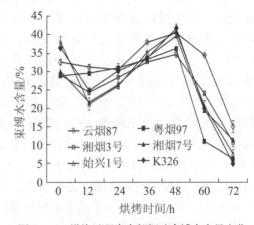

图 3-44　烘烤过程中中部烟叶自由水含量变化　　　图 3-45　烘烤过程中中部烟叶束缚水含量变化

③不同烤烟品种（系）上部烟叶烘烤过程中的失水特性。由图3-46、图3-47、图3-48可知，随着烘烤过程的进行，不同烤烟品种（系）上部烟叶含水量、失水量和失水速率变化趋势与中部烟叶相似，但上部烟叶各时期烟叶失水速率都大于中部烟叶。上部烟叶变黄期烟叶失水速率也显著小于定色期失水速率。在变黄期烟叶含水量下降较为平缓，失水速率K326 > 粤烟97 > 湘烟3号 > 云烟87 > 始兴1号 > 湘烟7号，失水速率在0.12% ～ 0.19% · h⁻¹，烟叶失水量在

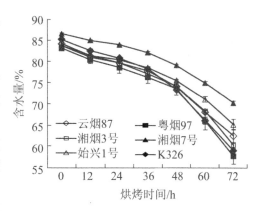

图3-46 烘烤过程中上部烟叶含水量变化

26%～37%，其中K326的失水速率最大达到0.19% · h⁻¹，湘烟7号失水速率最小，仅为0.12% · h⁻¹。

定色期随着温度的升高，失水速率显著增加，平均失水速率K326 > 粤烟97 > 湘烟3号 > 云烟87 > 始兴1号 > 湘烟7号，失水速率在0.33%～0.53% · h⁻¹。整个烘烤过程平均失水速率K326 > 粤烟97 > 湘烟3号 > 云烟87 > 始兴1号 > 湘烟7号，烟叶失水量在62%～75%，失水速率在0.23%～0.36% · h⁻¹。上部烟叶失水均衡性方面，烟叶变黄期失水速率与定色期失水速率的比值云烟87 > 湘烟3号 > 始兴1号 > 湘烟7号 > 粤烟97 > K326。从上部烟叶各阶段失水量和失水速率的均衡性综合分析，始兴1号和粤烟97失水特性较好，失水速率及其均衡性都接近平均水平，其次是云烟87、湘烟3号和K326，湘烟7号虽然失水均衡性较好，但在烘烤过程中含水量大，且失水速率较慢，不利于烟筋变黄和烟叶脱水变色，失水特性不理想。

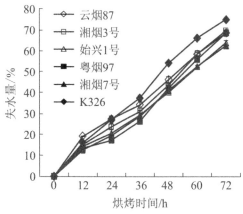

图3-47 烘烤过程中上部烟叶失水量变化

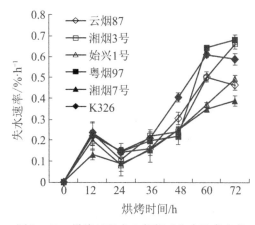

图3-48 烘烤过程中上部烟叶失水速率变化

　　由图 3-49、图 3-50 可知，不同烤烟品种（系）上部烟叶自由水含量在烘烤过程中不断下降，自由水与含水量和束缚水的比率也逐步变小；束缚水含量在变黄期逐步升高，进入定色期后开始下降。湘烟 7 号在烘烤过程中自由水含量下降较慢，自由水与含水量和束缚水比率相对较高。

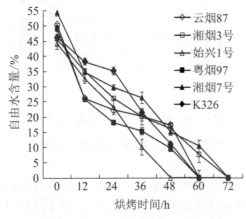

图 3-49　烘烤过程中上部烟叶自由水含量变化

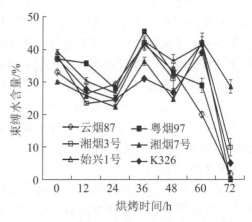

图 3-50　烘烤过程中上部烟叶束缚水含量变化

　　（4）不同烤烟品种（系）烘烤过程中烟叶的定色特性。棕色化反应是指在烘烤过程中，烟叶内物质的转化导致烟叶颜色由黄变褐形成棕色或者褐色的过程，包括酶促棕色化反应和非酶促棕色化反应。酶促棕色化反应主要发生在烘烤过程中的变黄末期和定色阶段，由于烟叶内的氧化酶（特别是多酚氧化酶）的作用，多酚氧化类物质被氧化而不能被还原，因此叶内深色物质积累，烟叶颜色加深。其实质是烟叶内的绿原酸、芸香酸、咖啡酸等酚类物质在变黄阶段转化成多酚类物质。然后在多酚氧化酶的作用下转化为醌，形成淡红色乃至黑褐色物质，这些化学物质的积累导致烟叶局部或全部转变为程度不同的杂色，甚至烤坏烟叶，造成黑糟、糊片和挂灰等现象（Sheen，1978；Akehurst，1981）。酶促棕色化反应的发生会导致烟叶香吃味和烤后色泽的降低，从而导致烟叶的使用价值下降甚至全部丧失。

　　酶促棕色化反应发生必须具备酚类物质、多酚氧化酶（PPO）和氧气三个条件。烟叶在有氧的环境下，多酚氧化酶氧化细胞组织中的酚类物质形成醌，醌类物质再进一步聚合氧化从而形成褐色色素。所以，在这个过程中起催化作用的多酚氧化酶活性就成为烟叶发生棕色化反应的关键因素。多酚氧化酶是一种铜离子结合酶，是烟叶细胞内呼吸链末端氧化酶之一，主要存在于叶绿体内。当细胞膜的完整性遭到破坏时，酚类物质就在叶绿体中的 PPO 的作用下生成 σ-醌，这些物质与其他醌、氨基酸以及蛋白质等聚合形成色素物质，大大减少了烟叶的经济价值。烟叶中含有较多的多酚氧化酶，棕色化反应也是烟叶烘烤调制过程中经常出现的现象（谭兴杰等，1984；韩富根等，1995)。烟叶内多酚氧化酶活性及其变化趋势除了外界烘烤环境这一决定因素外，很大程度上取决于烟叶的本身素质，即品种是最主要的决定因素。不同品种鲜烟叶以及烘烤调制过程中多酚氧化酶活性有较大差异(左天觉，1993；李丛民，2000；韩锦峰，2003；徐晓燕，2003)。

鲜烟叶内多酚氧化酶活性在一定程度上可以代表烟叶田间的耐熟程度，多酚氧化酶活性越高，烟叶就表现为越不耐熟，在田间越易出现烂叶现象。从图3-51和图3-52可以看出，不同品种(系)鲜烟叶PPO活性有所差异，中部烟叶以湘烟7号显著大于其他品种，始兴1号和粤烟97显著小于其他品种。不同品种(系)间上部鲜烟叶多酚氧化酶活性差异更大，以湘烟7号和湘烟3号显著大于其他品种，粤烟97和始兴1号显著小于其他品种。不同部位间鲜烟叶PPO活性也有所差异，上部鲜烟叶PPO活性都大于中部叶，其中品种湘烟3号和湘烟7号部位间差异显著。不同烤烟品种不同部位烟叶多酚氧化酶活性在烘烤过程中总体上表现出下降的趋势，但在变黄后期或定色中期酶活性会有上升的变化然后继续下降。由图3-53可知，中部叶烘烤调制过程中除了湘烟7号和湘烟3号多酚氧化酶活性在定色中期(烘烤60 h)出现上升的最高点，其他品种多酚氧化酶活性回升的最高值出现在定色前期(烘烤48 h)。在烘烤60 h(定色中期)，PPO活性湘烟7号>湘烟3号>K326>始兴1号>粤烟97，不同品种间差异显著。

由图3-52可知，上部叶烘烤过程中PPO活性变化趋势与中部叶类似，各品种PPO活性在变黄后期和定期前期会有上升的变化然后下降。在定色阶段(烘烤48~70 h)，不同烤烟品种(系)PPO活性湘烟7号>湘烟3号>K326>云烟87>始兴1号>粤烟97，上部烟叶烘烤过程中PPO活性的均值都高于中部烟叶，这也解释了上部烟叶容易挂灰的主要原因。

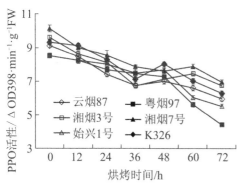

图3-51 烘烤过程中中部烟叶PPO活性变化

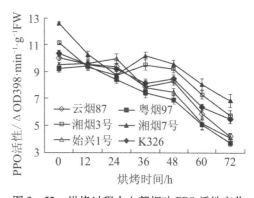

图3-52 烘烤过程中上部烟叶PPO活性变化

通过将不同品种(系)PPO活性均值与杂色烟比例作相关性分析显示，不同烤烟品种(系)中上部烟叶PPO活性均值与杂色烟比例相关系数分别为0.9681和0.9412，中部和上部烟叶多酚氧化酶活性与烤后烟叶比例呈显著正相关关系。相关性分析说明，多酚氧化酶是影响烟叶耐烤性的重要因素，烘烤调制过程中烟叶内多酚氧化酶活性可能是决定品种定色特性差异的主要原因，烘烤调制过程中多酚氧化酶活性越高的品种，烟叶发生酶促棕色化反应的概率就越大，也就越难定色，因此烤后杂色烟比例越高，即耐烤性比较差，反之，该品种耐烤性比较好。

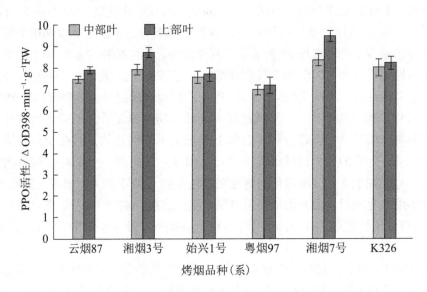

图 3-53　烘烤过程中不同部位 PPO 活性平均值比较

（5）不同烤烟品种（系）烘烤过程中烟叶的生化特性。随着烟叶烘烤调制的进行，烟叶细胞死亡导致细胞膜透性逐渐增强，细胞膜的功能和结构发生相应的改变，大量化学成分从细胞器中溢出并相遇而发生化学反应，导致细胞膜系统解体。丙二醛（MDA）是细胞膜脂质过氧化的最终产物，其含量可以用来反映膜脂质过氧化的水平和烟叶衰老状况（陈秋芳等，1997；宫长荣等，1999，2000）。

烟叶烘烤调制过程中，细胞衰老速度影响着烟叶内化学物质分解转化以及叶片失水干燥速度，最终影响着烤后烟叶质量和烟叶烘烤特性。由图 3-54 可知，随着烘烤的进行，不同烤烟品种（系）中部烟叶的 MDA 含量逐渐增加，在变黄期缓慢升高，除湘烟 7 号外，其他品种烟叶变黄进入定色阶段后 MDA 含量迅速增加，在烘烤 72h（定色后期），不同品种（系）MDA 含量粤烟 97＞始兴 1 号＞K326＞云烟 87＞湘烟 3 号＞湘烟 7 号，各处理间差异显著。从图 3-55 可以看出，不同烤烟品种（系）上部烟叶 MDA 含量变化趋势与中部烟叶类似，但是烘烤过程中各品种 MDA 含量上升幅度和速度明显小于中部烟叶，这可能是因为上部烟叶相比中部烟叶对温度耐受性较高。在烘烤 72 h（定色后期），不同烤烟品种上部烟叶 MDA 含量始兴 1 号＞粤烟 97＞K326＞云烟

87＞湘烟 3 号＞湘烟 7 号，始兴 1 号显著大于其他品种，而湘烟 7 号显著小于其他品种。在烘烤过程中粤烟 97 和始兴 1 号烟叶 MDA 含量开始增加的时间较早，速度较快且增幅较大，说明该品种对温度较为敏感，烟叶衰老死亡速率较快。K326、云烟 87 和湘烟 3 号三个品种烟叶 MDA 含量变化速度和幅度中等，说明这三个品种的烟叶对烘烤温度耐受性一般，烟叶衰老死亡速度适中。在烘烤过程中湘烟 7 号 MDA 含量增加较慢，增幅和增速较小，说明该品种对烘烤温度耐受性高，烟叶衰老死亡速度较慢。

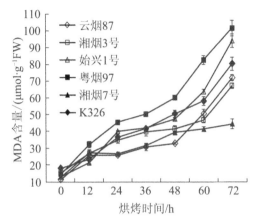

图 3 - 54　烘烤过程中中部烟叶 MDA 含量变化

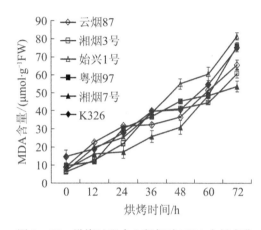

图 3 - 55　烘烤过程中上部烟叶 MDA 含量变化

将烘烤过程中不同烤烟品种（系）中、上部烟叶 MDA 的积累量与烟叶失水速率作相关性分析可知，两者之间呈负相关关系，相关系数分别为 - 0.2693、- 0.4750，未达到显著水平。烘烤过程中不同烤烟品种中、上部烟叶 MDA 积累量与烟叶叶绿素降解速率呈正相关关系，相关系数分别为 0.3827、0.6144，未达到显著水平。这说明烘烤过程中不同烤烟品种 MDA 积累量与烟叶的失水特性和变黄特性有一定关系，但相关性不明显，烟叶烘烤特性受烟叶衰老特性影响不明显。烘烤调制过程中烟叶衰老越快越彻底的品种，MDA 积累量就越大，烟叶失水速率就会较慢，烟叶色素降解速率较快。

（6）不同烤烟品种（系）成熟烟叶在暗箱条件下的变色特性。不同烤烟品种烟叶在暗箱中的变色情况见表 3 - 55。从表中可以看出，中、上部烟叶的变黄速度均表现为始兴 1 号＞粤烟 97＞湘烟 7 号＞K326＞云烟 87＞湘烟 3 号；各品种烟叶从完全变黄到开始变褐及变褐 3 成经历时间大小为粤烟 97＞云烟 87＞湘烟 3 号＞K326＞湘烟 7 号＞始兴 1 号。不同烤烟品种（系）中、上部烟叶变黄时间差异不大，烟叶变黄后维持黄色状态时间则以中部烟叶较长，上部烟叶较短。

表3-55　不同烤烟品种（系）中、上部烟叶在暗箱条件下的变色时间

单位：h

部位	品种（系）	完全变黄	开始变褐	变褐3成
中部叶	K326	84	120	192
	始兴1号	72	96	144
	粤烟97	72	192	264
	湘烟7号	84	108	168
	云烟87	108	180	264
	湘烟3号	120	168	240
上部叶	K326	84	108	120
	始兴1号	72	84	96
	粤烟97	72	120	180
	湘烟7号	84	96	108
	云烟87	96	144	240
	湘烟3号	108	132	168

　　暗箱条件下烟叶的变色特性反映了烟叶实际烘烤中的烘烤特性。烟叶的变黄时间反映了烟叶的变黄特性，变黄时间短则说明烟叶容易变黄，易烤性较好，时间长则说明烟叶变黄较慢，易烤性较差。烟叶变黄后维持其黄色状态而不变褐的时间反映了烟叶的耐烤性，变黄快而又能维持较长时间不变褐的烟叶，烘烤特性较好，既易烤又耐烤，烤后黄烟率高，青杂烟较少。从不同品种（系）烟叶在暗箱中的变色情况分析，粤烟97易烤性和耐烤性都比较理想，烘烤特性好；始兴1号烟叶容易变黄，易烤性好，但烟叶变黄后维持其黄色状态的时间短，很快就开始变褐，耐烤性相对一般；K326、湘烟7号烟叶易烤性较好，K326略好；K326耐烤性中等，而湘烟7号耐烤性一般，和始兴1号相当；云烟87易烤性中等，而耐烤性较好；湘烟3号易烤性中等偏难，耐烤性较好。

表3-56　不同烤烟品种（系）中、上部烟叶从完全变黄到开始变褐的时间

单位：h

品种	中部叶	上部叶
K326	36	24
始兴1号	24	12
粤烟97	120	48
湘烟7号	24	12
云烟87	72	48
湘烟3号	48	24

表3-57　不同烤烟品种（系）中、上部烟叶从完全变黄到变褐3成的时间

单位：h

品种	中部叶	上部叶
K326	108	36
始兴1号	72	24
粤烟97	192	108
湘烟7号	84	24
云烟87	156	144
湘烟3号	120	60

（7）不同烤烟品种（系）烘烤过程中烟叶颜色变化的扫描结果。

①不同烤烟品种（系）烘烤过程中部叶颜色变化的扫描结果。在烘烤过程中烟叶内在化学物质发生明显生理生化反应，在烟叶外观上最为明显的反映就是烟叶颜色的变化，所以烟叶颜色不仅是判断烤烟成熟度的主要依据，也是判断烘烤损伤的主要依据。CIE Lab 色度空间是基于一种颜色不能同时既是蓝又是黄的理论而建立的，具有均匀的颜色空间，可以用来定量表征叶色的色泽特征，模拟人眼对颜色进行定量分析，Lab 色度空间由三个通道组成，a 通道包括的颜色是从深绿色到灰色再到亮粉红色，b 通道则是从亮蓝色到灰色再到黄色，烟株成熟的过程中烟叶颜色则是由深绿色变为黄白色，因此 Lab 颜色模式可以很好地反映烟叶颜色变化。利用计算机视觉技术来描述烟叶颜色变化的研究（王涛等，2012；Chutichudet et al.，2011）较多，但使用扫描仪作为工具的研究还比较少见。

由图 3 - 56、图 3 - 57、图 3 - 58 可知，随着烘烤的进行，不同品种（系）中部烟叶 L 通道值逐渐增加，然后有所下降，在烘烤 36 h 之前，L 值变化较快。进入定色期（48 h）后除湘烟 7 号外其他品种变化不大。在定色后期（72 h）各品种的 L 值大小为湘烟 3 号 > 粤烟 97 > 云烟 87 > 始兴 1 号 > K326 > 湘烟 7 号，其中湘烟 7 号显著小于其他品种，烤后烟多杂色。颜色值 a、b 变化趋势与 L 值类似，随着烘烤的进行先增加后有所下降，颜色值 a 在 36 h 之前变化较快，而颜色值 b 在烘烤过程中的变化一直较为明

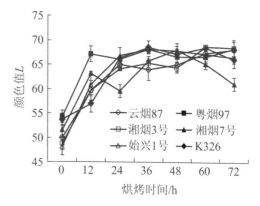

图 3 - 56　不同品种（系）中部烟叶
烘烤过程中颜色值 L 变化

显。定色后期，各品种的 a 值大小为湘烟 7 号 > K326 > 云烟 87 > 始兴 1 号 > 湘烟 3 号 > 粤烟 97，其中湘烟 7 号显著大于其他品种。颜色 b 值大小为云烟 87 > 粤烟 97 > 湘烟 3 号 > K326 > 始兴 1 号 > 湘烟 7 号，各品种间差异不明显。

将不同烤烟品种（系）中部烟叶烘烤过程中各颜色分量值的平均值与叶绿素平均降解速率作相关性分析可知，颜色分量值 L 和 b 与叶绿素平均降解速率呈正相关关系，其中 L 值与叶绿素平均降解速率显著正相关，相关系数为 0.7220；颜色分量值 a 与叶绿素平均降解速率呈显著负相关关系，相关系数为 - 0.7018。将中部烟叶烘烤过程中变黄期（12 ～ 36 h）和定色期（48 ～ 72 h）内各颜色分量平均值分别与相应烘烤阶段内叶绿素平均降解速率作相关性分析可知，颜色分量值 L 与叶绿素平均降解速率都呈显著正相关关系，相关系数分别达到 0.7195 和 0.6650。从不同烤烟品种（系）中部烟

叶烘烤过程中各颜色分量值的平均值与多酚氧化酶平均活性的相关性分析可知，颜色分量值 L 和 b 与多酚氧化酶平均活性呈负相关关系，其中 L 值的相关系数达到 -0.8671，呈显著负相关关系。中部烟叶烘烤过程中叶绿素降解速率越快的品种，烟叶颜色分量值 L 越大；多酚氧化酶活性越大的品种，烟叶颜色分量值 L 越小。中部烟叶烘烤过程中颜色值 L 与烟叶烘烤特性密切相关。

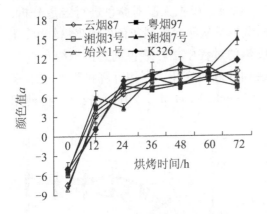

图 3 - 57　不同品种（系）中部烟叶
烘烤过程中颜色值 a 的变化

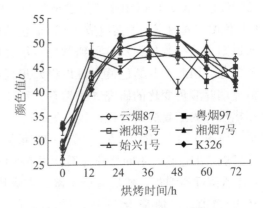

图 3 - 58　不同品种（系）中部烟叶
烘烤过程中颜色值 b 的变化

②不同烤烟品种（系）烘烤过程中上部叶颜色变化的扫描结果。由图 3 - 59、图 3 - 60、图 3 - 61 可知，不同烤烟品种（系）上部烟叶烘烤过程中颜色值 L 的变化趋势与中部烟叶类似，随着烘烤过程的进行，颜色值 L 先增加后下降，颜色值在变黄期变化较快，定色期有所下降，变化较慢，其中定色后期（72 h）始兴 1 号显著大于其他品种。颜色值 a 与中部烟叶变化趋势有所不同，随着烘烤的进行，颜色值 a 一直保持上升的趋势，其中在变黄期上升速度较快，定色期上升速度有所下降，在定色后期达到最大值。

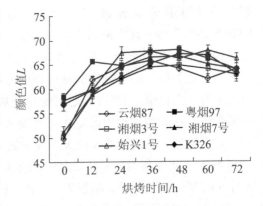

图 3 - 59　不同品种（系）上部烟叶
烘烤过程中颜色值 L 变化

颜色值 b 的变化趋势与中部烟叶类似，随着烘烤过程的进行，b 值先增加，在定色前期达到最大值然后下降。

将不同烤烟品种（系）上部烟叶烘烤过程中各颜色分量值的平均值与叶绿素平均降解速率作相关性分析可知，各颜色分量值与叶绿素平均降解速率均呈显著相关关系，其中颜色分量值 L 和 a 与叶绿素平均降解速率显著正相关，相关系数分别为 0.8916 和

0.8903；颜色分量值 b 与叶绿素平均降解速率呈显著负相关关系，相关系数为 -0.7406。将上部烟叶烘烤过程中变黄期（12～36 h）和定色期（48～72 h）内各颜色分量平均值分别与相应烘烤阶段内叶绿素平均降解速率作相关性分析可知，在变黄期内颜色分量值 a 与相应叶绿素平均降解速率呈极显著正相关关系，相关系数达到 0.9410；而在定色期内颜色分量值 b 与相应叶绿素平均降解速率呈极显著负相关关系，相关系数为 -0.8975。从不同烤烟品种（系）上部烟叶烘烤过程中各颜色分量值的平均值与多酚氧化酶平均活性的相关性分析可知，颜色分量值 L 和 a 与多酚氧化酶平均活性呈负相关关系，其中 a 值的相关系数达到 -0.7924，呈显著负相关关系。烟叶烘烤过程中叶绿素降解速率越快的品种，烟叶颜色分量值 L 越大；多酚氧化酶活性越大的品种，烟叶颜色分量值 L 越小。与中部烟叶烘烤过程中颜色变化不同，上部烟叶各颜色分量值均与烟叶的烘烤特性关系密切，不同的颜色分量值可以指示烟叶不同的烘烤特性。

（8）不同烤烟品种（系）对烟叶外观质量和经济性状的影响。烤后烟叶的外观质量是烟叶烘烤特性的外在体现。易烤又耐烤的烟叶烘烤特性最好，烤后黄烟率高，青黄烟和杂色烟比率较少；易烤性好的烟叶一般容易变黄，烤后黄烟率高，含青烟少；耐烤性好的烟叶一般烤后杂色烟叶少；易烤而不耐烤的烟叶烤后含青烟少，但杂色烟比例较大；不易烤但耐烤的烟叶，烤后杂色烟较少，而含青烟相对较多；不易烤且又不耐烤的烟叶烘烤特性最差，既容易烤青又容易烤杂，烤后黄烟率低，含青烟和杂色烟都比较多。

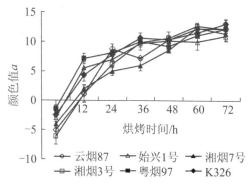

图 3-60 不同品种（系）上部烟
叶烘烤过程中颜色值 a 的变化

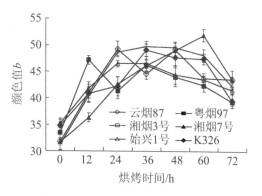

图 3-61 不同品种（系）上部烟叶
烘烤过程中颜色值 b 的变化

由表 3-58 可以看出，不同品种（系）烤后烟叶外观质量黄烟率为粤烟 97＞始兴1 号＞云烟 87＞K326＞湘烟 3 号＞湘烟 7 号，其中 K326 黄烟率一般，粤烟 97 黄烟率最高，湘烟 7 号最差，各品种之间差异显著；微带青组为湘烟 7 号＞湘烟 3 号＞K326 ＞云烟 87＞始兴 1 号＞粤烟 97，其中 K326 微带青烟比例中等，湘烟 7 号微带青烟比率最高，粤烟97微带青烟比例最小，各品种间差异显著；杂烟组为湘烟7号>湘烟3号>K326>云烟87>始兴1号>粤烟97，其中粤烟97杂烟比率最低，显著小于其他品种，而湘烟7号则显著大于其他品种。

通过上述综合比较分析可知，不同烤烟品种（系）烘烤特性差异较大。粤烟97黄烟率最高，杂烟率最低，烘烤特性最好；始兴1号易烤性较好，耐烤性也较好；云烟87易烤性中等，但耐烤性比粤烟97和湘烟7号略差；K326易烤性中等，比云烟87略差，耐烤性一般；湘烟3号易烤性较差，耐烤性较好；湘烟7号黄烟率最低，杂烟率最高，烘烤特性最差。

表 3 - 58　不同品种（系）烤后烟叶外观质量的差异

单位:%

品种	黄烟组	微带青组	杂色烟组
K326	68.63 ± 1.30d	19.09 ± 1.70c	12.28 ± 1.92b
始兴 1 号	89.56 ± 2.78b	6.51 ± 1.38e	3.93 ± 0.78c
粤烟 97	93.63 ± 2.62a	4.64 ± 1.46e	1.73 ± 0.87d
湘烟 7 号	48.88 ± 1.40f	35.02 ± 1.35a	16.10 ± 1.57a
云烟 87	80.71 ± 3.79c	13.22 ± 1.77d	6.07 ± 1.33c
湘烟 3 号	54.73 ± 2.23e	31.70 ± 1.20b	13.57 ± 1.07ab

烤后烟叶的经济性状是烟叶烘烤特性的价值表现，也是决定烤后烟叶等级的重要因素，直接影响着烤烟的产值、产量。烟叶总产量、总产值直接关系到烟叶生产的经济效益，而中上等烟比例可以直接反映烟叶外观质量，体现烟叶内在质量，烟叶的均价在一定程度上可以反映其外观品质，可以间接反映烟叶质量水平，也是烟叶外观品质的价格体现。不同烤烟品种（系）烤后烟叶的经济性状是烟叶烘烤特性的综合体现。

由表 3 - 59 可知，不同烤烟品种（系）的产量有所不同，粤烟97>湘烟7号>云烟87>湘烟3号>始兴1号>K326，其中粤烟97显著大于其他烤烟品种，K326显著小于其他品种，云烟87、湘烟3号和始兴1号之间差异不显著。产值和均价是烤后烟叶质量的总体表现，产值为粤烟97>云烟87>始兴1号>湘烟7号>K326>湘烟3号，均价为粤烟97>始兴1号>云烟87>K326>湘烟3号>湘烟7号，粤烟97、云烟87和始兴1号产值与均价都大于其他品种。综合分析可知，在本试验条件下，烟叶品种粤烟97的产质量最好，其均价和中上等烟比例最高，经济性状表现最优。

表 3 – 59   不同烤烟品种（系）对烤后烟叶经济性状的影响

处理	产量 /(kg·hm^{-2})	产值 /(元·hm^{-2})	均价 /(元·kg^{-1})	中上等烟 比例/%
K326	1978.70 ± 40.91d	34441.77 ± 33.99c	16.61 ± 0.36b	70.05 ± 0.79c
始兴 1 号	2280.57 ± 81.54c	42833.56 ± 19.04b	20.28 ± 0.55a	82.40 ± 1.08b
粤烟 97	2805.84 ± 81.50a	56097.18 ± 29.78a	20.94 ± 0.42a	89.77 ± 0.76a
湘烟 7 号	2539.95 ± 58.27b	35417.37 ± 42.99c	14.28 ± 0.56c	50.56 ± 0.61e
云烟 87	2329.41 ± 24.66c	44438.41 ± 74.03b	19.42 ± 0.82a	79.26 ± 0.12b
湘烟 3 号	2289.67 ± 99.13c	29416.08 ± 16.31d	15.47 ± 0.12bc	65.15 ± 1.61d

三、主要结论

（一）讨论

（1）不同烤烟品种（系）烟叶的变黄特性。烟叶在烘烤调制过程中有大量色素降解转化，且叶绿素的降解速度远大于类胡萝卜素的降解速度（宫长荣，2003）。其中叶绿素的降解规律为烘烤前期慢、中期快、后期更慢、最终趋于稳定。李雪震（1988）的研究结果显示，烟叶烘烤变黄阶段结束时，类胡萝卜素减少5%左右，而叶绿素含量减少80%左右。在烘烤过程中，叶绿素在变黄阶段降解量最大，开始烘烤后24～36 h是降解速度最快的时期，直到干筋期叶绿素仍能进行缓慢降解（杨立均，2002）。类胡萝卜素的含量总体上随着烘烤的进行逐渐降低，降解速度在变黄阶段较快（宫长荣，2003）。烘烤期间类胡萝卜素的降解程度与各色素的氧取代程度成正比，叶黄素和胡萝卜素分别降解85%和75%（Forrest，1979；Court，1984）。宫长荣等（2002）的研究结果显示，烘烤开始48h内类胡萝卜素含量迅速降低，到变黄末期趋于稳定。类胡萝卜素的降解速度与水分含量呈极显著正相关关系，而与总糖和还原糖含量呈极显著负相关关系（杨立均，2002）。Burton 等（1985）还证实烘烤过程中约有15%的 β – 胡萝卜素转化成挥发性成分。

本试验的研究结果表明，不同烤烟品种（系）中、上部烟叶叶绿素和类胡萝卜素含量在烘烤过程中不断下降。不同烤烟品种（系）鲜烟叶的色素含量差异较大。不同烤烟品种（系）中、上部烟叶在开始烘烤后48h内降解量最大，降解速度最快，其中上部烟叶比中部烟叶降解速度快。不同烤烟品种（系）中、上部烟叶色素降解速度与烤后烟叶黄烟率都呈显著正相关关系，相关系数分别为 0.9525 和 0.8877，与烤后烟叶微带青烟率呈负相关关系。不同品种变黄特性差异主要体现在烟叶色素降解速率的不同，不同烤烟品种烟叶变黄特性的差异主要与色素降解速率有关，色素降解速率快、降解量大的品种烘烤过程中烟叶变黄快，烤后黄烟率高，微带青烟率低，烟叶变黄特性好，容易烘烤，易烤性好；相反，色素降解速率慢、降解量小的品种烘烤过程中烟叶变黄慢，烟叶不容易变黄，烤后黄烟率低，微带青烟率高，烟叶变黄特性不理想，易烤性差。从各烤烟品种（系）中部烟叶色素降解规律和烘烤中烟叶外观实际变黄情况综合分析可知，始兴1号、粤烟97、云烟87三个品种中部烟叶叶绿素降解速率快，降解量大，烟叶变黄快，变黄特性好，易烤性好；其次是湘烟3号和K326两个品种的中部烟叶叶绿素降解速率相对较慢，变黄特性一般，易烤性一般；湘烟7号中部烟叶鲜烟叶叶绿素烘烤中降解速率慢，降解量小，烟叶很难变黄，变黄特性不理想，易烤性差。从各烤烟品种（系）上部烟叶色素降解规律和烘烤中烟叶外观实际变黄情况综合分析可知，始兴1号、粤烟97两个品种上部烟叶叶绿素降解速率快，降解量大，烟叶变黄快，变黄特性好，易烤性好；其次是云烟87和K326两个品种的上部烟叶叶绿素降解速率相对较慢，变黄特性一般，易烤性一般；湘烟3号和湘烟7号上部烟叶鲜烟叶叶绿素烘烤中降解速率慢，降解量小，烟叶很难变黄，变黄特性不理想，易烤性差。

（2）不同烤烟品种（系）烟叶的失水特性。刚从大田采收回来的成熟烟叶，一般水分占重量的85%左右，主要分布在叶肉细胞及叶脉中（李卫芳，2000）。在烟叶烘烤过程中，烟叶内挥发性酸和某些香气物质等易挥发性物质伴随水分散失，同时呼吸作用在水分的作用下使叶片内的营养物质被消耗。Bacon等（1952）的研究结果表明，烟叶在烘烤过程中干物质损失量为12%～16%。可以说，含水量是烟叶变黄的必要条件，而烟叶失水速度的快慢决定了烟叶内部生理生化能否顺利进行，烟叶能否正常变黄以及烤后烟叶内部化学成分是否协调（曾建敏，2011）。王正刚等（1999）的研究结果表明，烟叶失水干燥曲线表现为"近等速—减速—再减速"特征，烟叶失水明显减慢的临界含水率在300%～350%。在烘烤过程中烟叶外界环境不同，失水速度差异较大。不同烤烟品种的烘烤要求有别，包括变色速率和干燥速率（张树堂等，1997；张树堂等，2000）。

从本试验结果来看，不同烤烟品种（系）中、上部烟叶平均失水速率差异不明显，不同品种（系）烟叶平均失水速率、失水量与烤后烟叶质量相关性也不明显。从烟叶整个烘烤失水过程来看，不同品种（系）烟叶失水特性的差异主要体现在变黄阶段和定色阶段失水速率的均衡性上，烟叶整个烘烤过程中的平均失水速率不是主要因素。烤后烟叶质量较好的品种，如粤烟97、始兴1号和云烟87，烘烤过程中烟叶变黄阶段和定色阶段失水速率比较均衡，而烘烤特性不好的品种，如湘烟7号和湘烟3号，烟叶变黄期和定色期失水速率差异较大。从同一烤烟品种不同部位间的比较可以看出，中部烟叶失水速率在整个烘烤过程中比较均匀，而上部烟叶在变黄阶段和定色阶段失水速率差异较大。

烟叶叶片总水分含量以及水分组成会影响失水特性,不同烤烟品种(系)烟叶含水量和失水速率呈正相关关系,烟叶自由水含量和烟叶失水速率也呈正相关关系,但相关性不明显。这说明烟叶内的水分形态只是影响烟叶失水特性的一个方面,烟叶失水特性可能还受叶片组织结构、物质组成等因素的影响。

(3)烟叶变黄特性和失水特性的相关性。烟叶变黄特性和失水特性是烟叶烘烤特性的两个重要组成部分,从不同烤烟品种(系)烟叶变黄特性和失水特性相关性分析可以看出,不同烤烟品种烟叶烘烤过程中变黄阶段平均失水速率和中、上烟叶色素降解速率呈正相关关系,相关系数分别为 0.0779 和 0.2479,变黄特性和失水特性之间的相关性不明显。这说明烟叶变黄特性和失水特性是烟叶烘烤特性的两个重要但又相对独立的特性,变黄特性好的品种其失水特性不一定好,反之亦然。可以根据不同品种烟叶的变黄特性和失水特性调整烘烤环境条件,特别是通过烘烤环境调整烟叶失水特性,使二者相互配合,协调进行,从而提高烟叶烘烤质量。

(4)不同烤烟品种(系)烟叶的定色特性。在烟叶烘烤过程中,多酚类物质在氧化酶(主要是多酚氧化酶)作用下发生酶促棕色化反应,产生大量棕色色素。不同烤烟品种烟叶定色特性很大程度上取决于烟叶内发生酶促棕色化反应的程度,烘烤过程中如果温度、湿度不能合理控制,则多酚氧化酶会引起烟叶过度褐变,严重影响烟叶外观色泽和内在质量,大大降低其工业可用性(徐晓燕等,2003)。Park 等(1982)的研究结果表明,在烟叶烘烤期间由于酚糖苷的热解作用和酶促分解,酚类物质问题明显增加,使绿原酸由原来的33%增加到50%。如果烘烤时烟叶发生棕色化反应,多酚类物质可在短时间内减少85%左右,其主要原因就是多酚氧化酶对绿原酸作用的结果。Wahlberg 等(1977)通过研究,在醇化的烟叶中鉴定出一种铁-蛋白质-绿原酸-芸香苷复合物的深棕色色素,这表明多酚与蛋白质结合后形成了棕色色素,而这个蛋白质部分可能就是多酚氧化酶本身。此外,烟叶内的氨基酸和糖类之间还可以发生非酶棕色化反应,也可以形成棕色色素。在多酚氧化酶的调控方面,宫长荣(2003)研究发现,在烟叶烘烤定色阶段,合理控制烤房温湿度,可以很好地降低多酚氧化酶的活性。韩富根等(1993)的试验结果表明,在烤房中放入一定酸碱度的钾、钙、镁盐溶液,即可调节 pH 值从而合理控制多酚氧化酶活性,在烘烤调制过程中减少挂灰烟、杂色烟和黑烟,有利于提高烟叶的内在品质。王松峰等(2012)通过比较研究烤烟新品种 NC55 和中烟100 的定色特性得出烘烤过程中两个品种中部烟叶多酚氧化酶活性随着烘烤的进行均呈下降趋势。在棕色化反应的敏感温度(45~47℃)下,中烟100 的多酚氧化酶活性较 NC55 低。相比较中烟100,NC55 较不易发生棕色化反应。兰俊荣等(2010)的研究结果则有所不同,烤烟品种 CB-1 和 K326 在整个烘烤过程下、上部烟叶呈先降低后升高再降低的变化规律,而中部烟叶呈先升高再降低的变化规律。

本试验研究发现,不同烤烟品种(系)中、上部烟叶多酚氧化酶活性呈先降低后上升再降低的规律。不同烤烟品种（系）烘烤过程中烟叶平均多酚氧化酶活性与烤后杂色烟比例呈正相关关系。这说明烟叶的定色特性，即烟叶的耐烤性与多酚氧化酶活性密切相关，不同品种烟叶定色特性的差异在很大程度上取决于烘烤过程中多酚氧化酶的活性，在烘烤期间多酚氧化酶活性越低的品种，烟叶发生棕色化反应的可能性越小，定色越容易，烤后杂色烟比例越小，品种的定色特性即耐烤性较好，反之，该品种烟叶耐烤性不理想。不同烤烟品种、不同部位烘烤过程中烟叶多酚氧化酶活性差异显著，多酚氧化酶活性中部烟叶显著小于上部烟叶。在烘烤 72h（即棕色化反应的敏感温度 46℃左右），中、上部烟叶的多酚氧化酶活性为湘烟 7 号 > 湘烟 3 号 > K326 > 云烟 87 > 始兴 1 号 > 粤烟 97。

（5）不同烤烟品种（系）烟叶的生化特性。丙二醛（MDA）是烟叶烘烤过程中细胞膜过氧化的产物，其含量直接反映了烟叶衰老水平。宫长荣等（2000）对烤烟品种 NC89 和 8912 在烘烤过程中 MDA 含量变化进行的研究结果表明，随着烘烤过程的进行，MDA 的含量显著增加。MDA 的含量在 0 ～ 24 h 缓慢上升，24 ～ 48 h 急剧上升，48 h 后又缓慢上升。

本试验研究发现，不同烤烟品种（系）烘烤过程中 MDA 积累量和烟叶色素降解速率呈正相关关系，和烟叶失水速率呈负相关关系。这说明烘烤过程中衰老速度较快、MDA 积累量相对较大的品种，烟叶色素降解速率相对较快，烟叶失水较慢。不同烤烟品种烘烤过程烟叶衰老特性与烟叶失水特性和变黄特性有一定相关性，但由于相关性不明显，所以对烟叶烘烤特性的影响不大，烟叶烘烤特性受诸多因素的影响。中、上部烟叶烘烤过程中 MDA 含量变化有所不同，中部烟叶 MDA 含量及其变化在各品种间差异较大，烟叶 MDA 增加量大速度快，说明烟叶衰老速度较快；上部烟叶 MDA 含量在变黄阶段变化较小，进入定色阶段后虽然 MDA 含量有明显增加，但其幅度和速度仍明显小于中部叶，说明上部烟叶对温度耐受度较高，烟叶衰老速度较慢。从整体上看，粤烟 97、始兴 1 号和 K326 在烘烤过程中 MDA 含量开始增加的时间较早，增幅大，速度较快，说明这几个品种烟叶对温度比较敏感，随着温度升高，烟叶衰老速度较快；云烟 87 烟叶 MDA 变化的幅度和速度居中，说明烟叶对烘烤温度的耐受性较好，衰老速度居中；湘烟 7 号和湘烟 3 号两个品种烟叶 MDA 含量在烘烤过程中缓慢增加，速度较慢，增加量较小，定色后烟叶 MDA 含量也明显小于其他品种，说明这两个品种烟叶对烘烤温度不太敏感，耐受性较高，烘烤过程中烟叶衰老速度较慢。

（6）不同烤烟品种（系）烟叶的颜色变化。烘烤过程中烟叶色泽和外观形态结构是烘烤操作的重要依据，而烟叶颜色变化是最明显最直观的变化。研究烤烟烘烤过程中烟叶颜色值的变化规律对于准确判别烟叶烘烤特性有着重要的意义。有学者曾采用 MATLAB（甘露萍等，2009）、透射图像（魏春阳等，2010）等技术对烟叶颜色参数与内在质量的关系进行了研究，但这些技术的应用相对烦琐。近年来，有学者使用 WSC

-2 型测色色差仪测量烟叶的颜色参数,对烘烤过程中烟叶颜色参数的变化进行了研究,结果表明可以对色泽实现量化分析(武圣江等,2010;霍开玲等,2011)。裴晓东等(2012)使用便携式精密色差仪测得烟叶的亮度值 L、红度值 a 和黄度值 b 在烘烤过程中的变化规律,研究表明叶片各颜色参数变化主要集中在鲜样至 38℃ 结束之间,38℃ 结束之后变化趋势减缓;主脉各颜色参数与叶绿素总量相关性不显著,但与类胡萝卜素含量变化相关性较好;叶片 L 值和 a 值与叶绿素 a、叶绿素 b 和叶绿素总量达到显著或极显著相关。

本试验研究发现,不同烤烟品种(系)中、上烟叶烘烤过程中颜色变化趋势相似,颜色值变化的主要时期集中在变黄期,进入定色期后变化趋势减缓。中、上部烟叶颜色值 L 随着烘烤的进行不断升高,烟叶亮度值变大。颜色值 a 代表绿色向红色变化的程度,a 值越小表示颜色越绿,烘烤过程中烟叶绿色逐渐褪去,a 值也就逐渐升高。颜色值 b 代表蓝色向黄色变化的程度,b 值越大表示颜色越黄,烘烤过程中烟叶逐渐变黄,b 值也就逐渐升高。不同烤烟品种(系)烘烤过程中颜色值的变化与烟叶内叶绿素降解速率以及多酚氧化酶活性密切相关,且中、上部烟叶与烘烤特性相关的颜色值不同。中部烟叶烘烤过程中颜色值 L 的平均值与叶绿素平均降解速率和多酚氧化酶平均活性相关性最高,分别达到 0.7220 和 -0.8671。上部烟叶烘烤过程中颜色值 L 的平均值与叶绿素平均降解速率呈极显著正相关,而颜色值 a 则与多酚氧化酶平均活性呈显著负相关关系,相关系数达到 -0.7924。

(二)结论

目前,对烟叶烘烤特性好坏的描述还没有统一的具体指标,对于烟叶的烘烤特性的判定大多只是一些定性的判断,对烘烤特性评判的模糊性不利于烟叶烘烤研究,因此有必要研究能反映烘烤特性的具体指标。结合本试验的研究结果,可以采用下列一些具体指标来反映烟叶的烘烤特性。

易烤性方面:

①色素降解速率和降解量。72 h 内叶绿素平均降解速率在 $1.25\% \cdot h^{-1}$ 以上,降解量 90% 以上,烟叶易烤性较好;72 h 内叶绿素平均降解速率在 $1.25\% \sim 1.10\% \cdot h^{-1}$,降解量 80% ~ 90%,烟叶易烤性中等;72h 内叶绿素平均降解速率在 $1.10\% \cdot h^{-1}$ 以下,降解量 80% 以下,烟叶易烤性不太理想。

②暗箱烟叶变黄时间。在黑暗、不通风、室温环境下,烟叶完全变黄的时间,中、上部正常成熟的鲜烟叶 72 h 左右烟叶全黄,则烟叶易烤性好。

③烘烤过程中烟叶颜色参数。烘烤开始 72 h 内颜色值 L 平均值达到 63 以上,烟叶易烤性较好;72 h 内颜色值 L 平均值在 62 ~ 63 之间,烟叶易烤性中等;72 h 内颜色值 L 平均值在 62 以下,烟叶易烤性较差。

耐烤性方面：

①烘烤过程中平均 PPO 活性（72 h）。中部烟叶在 7.5ΔOD398 · min^{-1} · g^{-1}FW 以下，上部烟叶在 8ΔOD398 · min^{-1} · g^{-1}FW 以下，烟叶耐烤性较好；当中部烟叶 PPO 活性在 8ΔOD398 · min^{-1} · g^{-1}FW 以上，上部烟叶在 9ΔOD398 · min^{-1} · g^{-1}FW 以上时，烟叶耐烤性较差，烤后烟叶易发生棕色化反应。

②暗箱烟叶变褐时间。黑暗、不通风、室温（30℃）环境下，烟叶从完全变黄到叶片褐化 3 成的时间，中部正常成熟的烟叶变褐时间 120 h 以上，上部烟叶 60h 以上，则烟叶耐烤性较好。

③烘烤过程中烟叶颜色参数。烘烤开始 72 h 内颜色值 L 平均值达到 65 以上，烟叶耐烤性较好；72 h 内颜色值 L 平均值在 63 ～ 65 之间，烟叶耐烤性中等；72 h 内颜色值 L 平均值在 63 以下，烟叶耐烤性较差。

失水特性：

烟叶在烘烤过程中失水速率适中且均衡，中部平均失水速率在 0.17% · h^{-1}，且变黄期失水速率与定色期失水速率的比值在 0.20 左右，烟叶失水特性好；上部烟叶平均失水速率在 0.30% · h^{-1}，且变黄期失水速率与定色期失水速率的比值在 0.37 左右，烟叶失水特性好。

品种因素对烟叶在烘烤过程中所表现出来的烘烤特性及烤后烟叶的品质均有着显著影响。本研究对 6 个参试烤烟品种（系）烘烤特性的定位如下：

K326：田间各项农艺性状均低于其他品种。在烘烤过程中，烟叶衰老速度快，叶绿素降解速率较快，变黄较好，失水特性较好，烘烤期间多酚氧化酶活性较高，烟叶耐烤性一般。烤后黄烟率一般，杂烟略多，易烤性较好，耐烤性一般。整体评价：烘烤特性中等。

始兴 1 号：田间有效叶数较少，烟株高，烟株节距大，茎围较粗，上部叶和中部叶面积一般。在烘烤过程中，烟叶衰老速率快，变黄迅速，变黄整齐，叶绿素降解速率快，降解时间早，降解量大，各烘烤时期失水适宜、协调，烘烤期间多酚氧化酶活性较低，烟叶较耐烤。烤后黄烟较多，易烤性好，耐烤性较好。整体评价：烘烤特性较好。

粤烟 97：田间有效叶数较多，烟株高，烟株节距大，茎围较细，上部叶面积较小，中部叶面积一般。在烘烤过程中，烟叶衰老速度中等，叶绿素降解速率快，降解时间早，降解量大，变黄较快，各烘烤时期失水适宜、协调，失水特性较好，烘烤期间多酚氧化酶活性较低，耐烤性好。烤后黄烟多，杂色烟少，易烤性和耐烤性好。整体评价：烘烤特性好。

湘烟 7 号：田间有效叶数多，烟株较低，烟株节距大，茎围粗，上部叶面积较小，中部叶面积大，生育期较长。在烘烤过程中，上部烟叶烘烤中降解速率较慢，降解量小，易烤性不理想，烤后黄烟较少，青烟较多；中部烟叶变黄特性较好，易烤性较好；各个阶段失水协调性不好，失水特性不理想，变黄期失水速率较慢，失水量较小，进入定色期后失水速率突然加快，失水量加大，为棕色化反应提供了有利条件，且烘烤期间多酚氧化酶活性较高，烟叶耐烤性一般。烤后杂色烟较多，易烤性一般。整体评价：烘烤特性中等。

云烟87：田间有效叶数多，烟株较高，烟株节距大，茎围较粗，上部叶和中部叶面积大。在烘烤过程中，烟叶衰老速率中等，叶绿素降解速率中等，变黄特性一般，各烘烤时期失水适宜协调，失水特性较好，烘烤期间多酚氧化酶活性较低，耐烤性好。烤后黄烟多，青杂烟较少，易烤性中等，耐烤性好。整体评价：烘烤特性好。

湘烟3号：田间有效叶数较多，烟株较低，烟株节距小，茎围较粗，上部叶面积大，中部叶面积较大。在烘烤过程中，烟叶衰老速度中等，叶绿素降解速率较慢，烟叶变黄相对较慢，各阶段失水协调性一般，前期失水较快，易烤性一般，烘烤期间多酚氧化酶活性不高，耐烤性中等。烤后微带青烟较多，易烤性中等，耐烤性中等。整体评价：烘烤特性较好。

第四章 "好日子"品牌焦甜醇甜香特色烟叶分切加工工艺研究

第一节 烟叶分切加工概述

一、分切加工的理论基础

相关研究表明，在大田生长期烤烟叶片与茎秆夹角的存在，使同一叶片的不同区位所受的光照条件不同，以致同一叶片的不同区位内含物质代谢、转化和积累的程度不同（王怀珠等，2005）。郑明等（2010）的研究表明，初烤叶片化学成分含量在不同光照强度下有差异，主要规律为总糖、还原糖含量随光照强度减小而减小，烟碱、氯、氮、钾含量则随光照强度减小而增加，化学成分协调性随着光照强度减少，氮碱比增大、糖碱比减小、钾氯比减小，一些重要的香气前体物质随光照强度减小而减少。

因此，同一片烟叶的不同部位不仅存在外观质量差异，且各种生物化学组成和含量也有明显差别。这些差异不仅影响烟叶的精细化配方和加工性能，还降低了烟叶可用性。

（一）分切烟叶区位间化学成分差异

烟叶各部位中，影响品质及吃味的常规化学成分主要有水溶性总糖、烟碱、总氮、钾、氯等，而且基本表现出叶尖部和叶中部与叶基部相关成分含量存在明显的差异（马中仁，2000；李佛琳等，1999；常爱霞等，2009；杜咏梅等，2000；章平等，1996；张树堂等，2013；王林等，2021；刘绚霞等，1996）。烟叶不同区位常规化学成分的变化趋势会直接影响烤烟的感官品质，为深入研究不同部位烟叶的化学成分组成差异对烟叶质量的影响，研究者常采用分切法，将烟叶分为多段区位，然后对各段烟叶进行化学分析，以比较不同部位化学成分的差异。颜克亮等（2011）通过"三段式"分切对烟叶醇化品质进行的分析表明，叶中部分含糖量最高，同时糖氮比、糖碱比及施木克值均相对较为合适，品质较好，而叶基部分相对较差。矫海楠等（2020）对马里兰烟叶不同区位的研究表明，中心区位的平衡含水率、总烟碱、钾含量较高，总糖含量较低，感官质量得分较高，香气风格更凸显。马一琼等（2020）的研究表明，河南许昌 C3F 烟叶从叶尖到叶基部，还原糖、烟碱含量总体呈现下降趋势，总氮、氯、氮碱比总体呈现上升的趋势。刘继辉等（2019）的研究表明，石林红大 C3F 从梗基到梗尖的总糖含量呈线性下降趋势，还原糖和钾离子含量呈先升高后降低的抛物线形变化趋势，总氮和总植物碱含量呈先降低后升高的抛物线形变化趋势，氯离子含量呈逐渐降低的抛物线形变化趋势。

（二）分切烟叶区位间香味成分差异

研究表明，烤烟的香气风格主要取决于烟叶中所含的致香物质（韩锦峰等，2014），是各种致香物质复杂结合反应的结果（郝捷等，2022）。从来源看，烤烟香气物质可分为香味物质和致香前体物质。由于烟叶中香味物质种类繁多但含量很低，因此研究多聚焦于致香前体物质。这些前体物质在烟叶生长、成熟等过程中的变化，将直接影响烤烟香型的形成（周昆等，2008）。化学结构上，香气前体物质可分为西柏烷类、多酚类、高级脂肪酸类、烟碱和质体色素（如叶绿素和类胡萝卜素）等（王琛玮，2011；于存峰，2008；穆童，2018）。徐安传（2013）的研究表明，同片烟叶不同区位绿原酸和芸香苷质量分数差异较大，其差异程度因品种和部位不同而不同。K326品种烟叶三个等级绿原酸分布特征：B2F为叶中＜叶基＜叶尖；C3F为叶尖＜叶中＜叶基；X2F为叶中＜叶尖＜叶基。B2F、C3F和X2F芸香苷分布特征均为：叶基＜叶中＜叶尖。户艳霞等（2009）的研究表明，不同部位红大品种、K326品种和云烟品种的烟叶总多酚的含量均存在叶尖＞叶中＞叶基的关系。

有机酸能够增加烟气的酸性，提高烟气浓度并使烟气醇和、甜润舒适（赵勇等，2014）。潘高伟等（2022）发现，叶面pH值与分切区位呈显著正相关关系，从叶尖至叶基的pH值整体呈现先增后降的抛物线变化趋势。刘超等（2019）以河南浓香型初烤烟叶为材料，发现从叶尖到叶基，棕榈酸、亚油酸、亚麻酸以及半挥发性有机酸总量均呈先增加后降低的二项式分布，其中亚油酸和亚麻酸呈逐渐降低的抛物线形变化，棕榈酸和半挥发性有机酸总量呈先增加后降低的抛物线形变化。刘继辉等（2017）研究昆明石林红大C3F初烤烟叶主脉不同位置烟梗主要挥发性有机酸和挥发性致香物质含量，发现从梗基到梗尖主要挥发性有机酸和挥发性致香物质含量总量均呈先降低后升高的抛物线形变化趋势，且对于同一烟叶中的烟梗，梗尖部分的挥发性致香物质总体含量明显高于梗基部分（刘继辉等，2017）。

烤烟石油醚提取物主要是指由烟叶腺毛分泌的芳香油、树脂醛、磷脂、腊脂等香气前体物质（穆童，2018）。烤烟烟叶石油醚提取物含量高时，其香气物质较多，同时烟叶的油分也较足，因此通常把石油醚提取物含量作为评价烟叶内在品质优劣的重要指标之一（貂志杰等，2022）。祁林等（2014）在研究不同品种浓香型烟叶叶片不同区位石油醚提取物的含量差异时，发现不同区位间石油醚提取物含量差异性为极显著，从叶尖到叶基石油醚提取物含量呈现降低的趋势。

（三）分切烟叶区位物理特性差异

烟叶的物理特性与加工性能、可用性和烟气组分密切相关，是烟叶质量的重要构成因素。烟叶的物理特性主要包括叶片大小、叶片厚度、含梗率、填充值、燃烧性、机械强度、叶质重、单叶重等，它们会直接影响烟叶品质、卷烟制造过程、产品风格、成本以及其他经济指标（闫铁军等，2014）。

高辉等（2021）以云烟87的B2F和C3F初烤烟叶为试验材料，分别将2个部位的烟叶去除叶柄后垂直主脉平均分切成10个区段烟叶进行电镜扫描和软件分析，结果表明不同区段的表面微观结构特征总体存在一定差异，从叶基到叶尖，细胞面积、细胞周长和细胞形态因子量化值呈先增大后减小的抛物线形变化趋势，细胞密度和气孔密度呈先降低后升高的抛物线形变化趋势，气孔指数总体呈线性增加趋势。杨波等（2019）在研究安徽皖南B2F和B3F等级云烟97品种烟叶时发现，在重量分部与外观质量方面，叶中段重量占到全叶的45%～50%，叶中段最厚；叶中段叶片成熟度好，叶片结构尚疏松，油分有，色度中等，而叶基较差。权佳锋等（2023）以郴州C4F烟叶作为试验对象，将烟叶自叶基向叶尖切段分离为10段，每段含梗率逐渐下降，含叶率第6到第8段较高，第1段与第2段含梗率较大，使用价值较小。

另外，叶基中叶片往往较薄，在受灾年份，烟叶叶基部分叶片经过调制后薄、青、杂、霉现象尤为明显。在烟叶生产过程中，由于原烟调制时需要编织到叶基部分，因此叶基部分调制不当，水分难以排出，叶基中叶片也容易出现含青、含杂现象，叶基处烟梗常见黑（霉）梗现象。现阶段普遍采取全叶打叶方式，叶基叶片中的青、杂、带霉菌等质量不良烟叶及叶基部黑（霉）梗在打叶复烤后混到成品片烟中，在一定程度上影响成品片烟质量。

经深圳烟草工业公司近年烟叶调拨情况反馈，广东南雄、湖南永州烟叶在采收期间受雨水及编烟烘烤方式的影响，普遍存在烟梗发霉、叶基部烟叶含青、含杂较重的情况。经深圳烟草工业公司专家评吸鉴定，基部烟叶青杂气重，香气质较差，香气量少，烟气成团性差，余味不舒适，可用性差。

（四）切基分类与工业加工

近年来，烟草行业库存整体稳步下降，同时优质烟叶原料比例降低较大，低端卷烟原料库存较高，不能满足高端卷烟原料使用。卷烟企业开始对烟叶不同段位开展系统研究，通过不同分切处理，提升烟叶原料使用价值，改善原料供需矛盾。李少鹏等（2020）以福建省三明市产的翠碧一号C3F烟叶为研究对象，通过质量差异分析确定三明烟叶C3F适宜的分切方式为切除叶基20 cm，切后烟叶品质改善，工业适用性进一步提升。欧明毅等（2019）对福建三明C3F、C4F、X2F等级烟叶分切工艺进行工业验证并发现，叶身分切后加工可有效降低叶中含梗率，提高成品大中片率。

龙明海等（2016）采用Fisher最优分割法，结果表明分切后烟叶总糖、还原糖和烟碱等指标含量在叶基、叶中、叶尖之间的差异达到显著或极显著水平，叶中、叶尖感官质量得分较为接近，均高于叶基，这说明叶中部分工业可用性相对较高，品质较好。相对于全叶，上部烟叶的叶尖和中段及中下部烟叶的中段的感官品质较好，中下部烟叶的叶尖劲头和浓度增加，但同时杂气增加；中下部烟叶叶基稍差（杨波等，2019）。

相关研究结果表明，对比全叶加工，分类加工中叶身单独加工有利于降低成品片烟内青霉杂成分，提高成品片烟的均匀一致性，片烟感官质量有所提高，香气质、香气量均有改善，杂气有所降低（郑宏斌等，2014），特别是切基可以降低成品片烟霉变的风险，能有效提高烟叶仓储的安全性。

深圳烟草工业公司叶晓青指出，采用叶基分切工艺，其效果可替代部分烟区部分等级的烟叶普选，甚至是片选的工作过程，而其成本低于原烟片选的价格，切基工艺对中下等成品片烟质量的改善提高，可以在部分卷烟配方中提级使用。同时通过分切选取烟叶中质量最优的段位，例如叶中部到叶尖部位，进行单等级打叶或模块配方打叶，也可作为解决高等级上部烟供应短缺的有效手段。

二、分切加工的工艺与设备研究进展

切基打叶工艺是将原烟叶按一定的面积比或长度比切分为叶基和非叶基烟叶，并针对两部分烟叶的物理特性和化学特征采取不同的润叶、叶梗分离、复烤等工艺的原烟加工模式。随着卷烟加工技术的发展，将叶基和非叶基部分分开加工、分别处理，有助于充分利用烟叶和纯化烟叶品质，从而满足中式卷烟特色工艺精细化、差异化、柔性化加工要求。2011 年，张忠峰（2011）指出，在实施分切打叶时主要存在 3 个问题：一，如何进一步精确控制分切比例，即解决传统的铺叶设备主要依靠人工摆把准确性较低和切断刀位置固定无法调节的问题；二，提高叶基烟叶的打叶效率，选择合适的打叶方式将叶基烟叶从烟梗上撕裂下来，是叶基烟叶处理的主要难点；三，提高非叶基部分的风分效率，避免出现过多的细梗和含梗叶。因此，需要在分切设备上和分切后烟叶加工工艺上有所创新突破。

（一）分切设备

根据近年的研究，目前切基或分切设备均属于离线滚刀式分切设备。离线滚刀式分切设备系统组成大体类似，基本由四个部分组成：一是烟叶摆叶输送部分，主要完成摆叶工序，并将摆好的烟叶传送到下一工序；二是烟叶切断部分，主要完成烟叶的分切操作；三是烟叶出料部分，主要完成分切烟叶的分拣收集处理；四是辅助的电控设备，主要完成动力提供和操控。2015 年，张晖等（2015）设计应用了一种打叶复烤烟叶分切加工设备，由烟叶摆叶输送单元、烟叶滚刀切断单元、烟叶出料单元以及相应的电控设备等组成，可根据来料烟叶情况和加工工艺指标，调整切断刀参数及切断刀与底刀距离。此设备可将烟叶分切为叶尖、叶中、叶基三段，并可分别收集装框，设备能力在 4000 kg/h 以上。陆俊平等（2018）研发了一种烟片梗头分切设备，能够将烟叶进一步分切，精细化地将每片烟叶分切为叶梗、叶基烟叶和非叶基烟叶三部分，各自按不同工艺进行处理，提高烟叶利用率，提升均质化加工水平。杨永锋等（2019）

研发了一种可调可控分切比例的烟叶分切装置，包括机架、传输皮带、匀料辊、限位机构及分切机构，在传输皮带上方设置匀料辊及限位机构，使烟叶在经过限位机构的导料板过程中，烟叶位置在到达分切机构前逐渐保持一致，使烟片通过时被较为精准地分切为叶基和叶上部两部分以利于后续工序的分类加工和使用。潘文等（2018）研发了一种烟片分切刀轮装置，包括上部圆形刀片、下部圆形刀片、传动机构和机架，能够高效地切除烟片叶基，减少叶基的错乱排序，降低阻料次数，较少叶基与叶尖的混入可降低烟叶中的含梗率，提高打叶复烤生产成品烟叶质量。张腾健等（2018）研发了一套在线可调式铺叶切断装置，主要由传送带、挡把调节杆、圆盘切断刀、收集皮带、在线称重自动装箱（袋）设备组成。切断刀按照加工要求调整位置，切把刀、切断刀可根据加工需求提起或拆除，以实现三刀四段或两刀三段工艺。经不同方式分切后的叶身和叶基通过收集皮带分开，并单独进行分装、入库。郑红艳等（2017）研发了一种高精度低造碎的打叶复烤激光分切装置，拟解决传统机械分切带来的烟叶造碎大、漏切、分切精度不高、切刀更换频繁等问题，最大的切割厚度为10 cm，但其安全性能和推广价值还未见其他相关报道。

湖北恩施复烤厂设计定制了一种在线式滚刀式分切设备，如图4-1所示。

图4-1　湖北恩施复烤厂在线分切设备

该分切设备采用在线摆把切基方式，摆把台末端设置对齐挡板，由专人负责摆把对齐。最多可装配三个刀片，实现三刀四段、两刀三段、一刀两段工艺。在线摆把切基时间成本、人力成本相对较低。但由于在实际运用中，需要跟上生产流量需求，人工摆把对齐仍旧较为粗糙，摆把的精度远远不足，切基效果较差，不能准确切除待加工烟叶预定的位置，因此在线摆把切基设备亟须解决分切精度问题。

离线滚刀式分切设备其系统组成部件较多，设备总体占地面积较大，无法大量采购并使用，且需要专门调配生产时间进行切基工作，总体效率较低；而在线式滚刀分切设备由于要兼顾生产流量，较难同时满足烟叶分切位置的精确性和效率的双重需求。目前，分切加工的主要诉求之一是实现梗把叶基烟叶和非叶基烟叶的有效分离，并分别加工。针对上述情况，韶关复烤厂设计研发了一种剪切闸式烟叶分切机装置（图4-2），通过该装置对采用无刷电机带动横向振动剪切和步进电机的纵向移动方式，实现原烟梗把的高效分切，设置梗把对齐挡板，实现精准定位分切，保证了分切物料的质量。该装置的最大特点是，占地面积小，系统组成简单，可以直接设置与烟叶分选台连接，便于采用人机结合方式，分选工可以把分选好的烟叶直接推动至梗把对齐挡板，双

图4-2 韶关复烤厂离线剪切闸式
烟叶分切机装置

刀剪切刀和梗把对齐挡板的距离与需要切除的梗把长度对应，从而保证精度。该设备操作可以实现烟叶分选后立即对齐切基，极大地降低了人工成本，从而改善整个打叶复烤预处理线的现状，既能满足分切的精度，又能节约人工及时间成本，便于后续分类加工。

（二）分切加工工艺研究进展

在目前的分切模式中，相对来说较成熟且可能规模化推广应用的，是烟叶切基后分类加工。由于分切后烟叶基部与烟叶尖部的加工特性不同，采用现有的工艺路径进行加工可能会出现加工质量不稳定、均质化无法保证等问题。

对此，杨波等（2021）研究了烟叶基部普通打叶和烟叶基部把头线打叶回掺两种不同工艺路径对烤后烟叶质量的影响，得出两种工艺对常规化学成分的影响基本一致，把头线回掺路径下均匀性指标较好，出片率相对较高，但需根据叶基部分重量占比情况和对相关指标的关注情况，灵活运用不同的工艺路径处理。

毕思强等（2022）研究了不同分切打叶方式对烤后片烟形状特征的影响得出，分切后打叶片烟形状更加紧致，但分切刀数对各级片烟的紧致度均无显著影响。针对烟叶分切工序精确性的研究，刘江豫（2017）研究了切距允差、切距合格率、切角允差、切角合格率4项关键质量指标对切后烟叶质量的影响，得出切距允差为1 cm，切距合格率要求达到90%；切角允差为20°，切角合格率要求达到85%时，烟叶分切质量较为稳定，可作为烟叶分切关键指标的控制标准。

目前关于烟叶分切后分类加工工艺研究总体较少。笔者认为，烟叶分切后，对烟叶的含叶率和含梗率影响较大，以2023年度广东南雄C2F为例，切基15 mm后，其基部的含叶率为28.46%，叶尖的含叶率为80.51%，与传统的全叶打叶的原烟状态差异较大。针对叶基烟和叶尖烟的差异，应结合不同分切距离和叶片状态，配套研究润叶参数、打辊分风参数及烤机烘烤温度，从而得出最佳的分切烟叶加工工艺指标。

第二节　焦甜醇甜香特色烟叶叶面不同区位质量特征

一、广东南雄特色烟叶主等级十段区位质量特征差异

化学成分是烟叶质量形成的基础，决定了烟叶质量表现和风格特色。为探索广东南雄烟叶分切适宜长度，以 2023 年广东南雄 B2F、C2F、C3F、C4F、X2F 为试验材料，采取主成分和聚类分析法对烟叶进行分切研究，并以评吸感官质量结果作为辅助验证，旨在探索化学成分和感官质量在叶面上的分布规律，为南雄烟叶的分切处理加工提供基础理论依据。

（一）试验材料与仪器设备

烟叶：选取 2023 年度广东南雄 B2F、C2F、C3F、C4F、X2F 烟叶作为试验样品，品种为粤烟 97。

设备仪器：傅立叶变换近红外光谱仪 MATRIX – T、锤式旋风磨 JXFM110、费雷斯烘箱。

（二）项目测定方法

（1）分切方法。将所有样品，从叶基到叶尖处平均分为 10 段，自叶尖到叶基处，分别编号为区位代码 1 到区位代码 10（图 4 – 3），对分切样品进行叶梗分离处理，留半作为评吸样品，用粉碎机粉碎，过筛保存备用，处理命名方式为"烟叶等级 + 区位代码"。

（2）常规化学成分测定。常规化学成分采用近红外检测方法。

（3）感官质量评价。将各等级 10 段烟叶样品分别切丝混匀，手工制成卷烟，于 22℃ ±2℃、相对湿度 60% ±2% 的恒温恒湿箱内平衡 2 d。由深圳烟草工业公司 7 名专业评吸师参照 YC/T138—1998 对卷烟烟叶样品进行感官质量评价，评价指标包括香气质、香气量、余味、杂气、刺激性，单项指标满分均为 9 分，得分越高越好。

（4）统计分析方法。采用 Excel 2020 软件对试验数据进行分析和整理，用 SPSS 26 软件进行方差、主成分及聚类分析。其中聚类分析采用组间连接系统聚类法，聚类距离为欧几里得平方和距离。

（三）主要结果

（1）广东南雄 C2F 烟叶不同分切区位常规化学成分

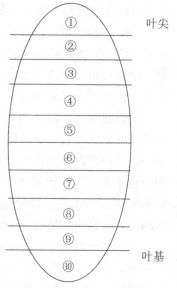

图 4 – 3　烟叶十段分切处理示意图

和感官质量的差异性分析。

①广东南雄 C2F 不同区位间化学成分和感官指标的差异性。见表 4-1，广东南雄 C2F 不同分切区位的总糖、还原糖含量总体呈现中间部分含量较多、叶尖处和叶基处含量较低的规律。总糖方面，从第二区位到第八区位之间没有显著差异，这七个区位与第一、第九、第十区位有显著差异。第一区位与第九区位无显著差异。第十区位最少，与其他九个区位之间差异都较为显著。还原糖方面，中间第四到第七区位之间没有显著差异，其余几个区位升降有所不同，但总体还是呈现两边含量低、中部含量高的趋势。总植物碱和总氮含量总体呈现中间部分含量较低、叶尖处和叶基处含量较高的规律。总氮方面，中间第二到第八区位间除第六区位相对较高外，其余基本没有显著差异，第一、第九、第十区位相对较高，与其他区位相比有显著差异。淀粉方面，第一到第十区间均无显著差异。糖碱比方面，明显呈现叶尖处和叶基处低，而中间区位高的趋势，第一、第九和第十区间较低，数值接近，这三个区间与第二到第八区间均有显著差异。在氮碱比方面，第一到第九区位之间均没有显著差异，第十区位相对较高，与其他区位相比有显著差异。

表 4-1 广东南雄 C2F 不同区位化学成分差异性

处理	总糖 /%	还原糖 /%	总植物碱 /%	总氮 /%	淀粉 /%	糖碱比	氮碱比
C2F1	29.50±2.49b	22.60±1.91d	1.98±0.17a	1.67±0.14b	8.19±1.48a	14.90±0.03e	0.85±0.14b
C2F2	37.08±3.68a	30.70±2.99a	1.78±0.17ab	1.38±0.13cd	8.35±2.06a	21.23±0.06bcd	0.79±0.15b
C2F3	34.50±2.86a	24.00±1.99cd	1.68±0.15b	1.36±0.12cd	9.12±0.49a	20.55±0.21d	0.82±0.15b
C2F4	37.30±3.97a	28.50±3.03ab	1.64±0.17b	1.24±0.13d	8.63±1.43a	22.74±0.04a	0.76±0.12b
C2F5	36.20±1.03a	26.80±0.76bcd	1.65±0.04b	1.31±0.04cd	8.42±0.50a	21.94±0.62b	0.79±0.02b
C2F6	35.00±2.21a	25.30±1.6bcd	1.68±0.06b	1.46±0.05c	8.82±0.90a	20.82±0.57cd	0.87±0.06b
C2F7	37.00±1.48a	28.30±1.13ab	1.76±0.05b	1.29±0.04d	8.09±0.32a	21.02±0.63cd	0.73±0.04b
C2F8	38.00±1.80a	30.90±1.46a	1.78±0.03ab	1.38±0.03cd	8.35±1.56a	21.34±0.65bc	0.78±0.03b
C2F9	29.50±0.67b	22.60±0.51d	1.98±0.04a	1.67±0.03b	8.19±2.10a	14.90±0.01e	0.84±0.04b
C2F10	25.20±0.73c	18.90±0.55e	1.76±0.05b	2.00±0.06a	6.38±1.65a	14.32±0.06e	1.14±0.02a

注：表中数据分析采用邓肯氏新复极差法，同列不同数据中具有相同字母的数据间差异未达到 5% 显著水平，具有不同字母的数据间差异达到 5% 显著水平。

见表 4-2，从 C2F 不同区位香气质、香气量得分可以看出，第二区位到第八区位香气质、香气量较好，各区位之间相互没有显著差异；第一、第九和第十区位香气质、香气量较差，与中间区位相比有显著差异。在杂气方面，第二区位到第八区位杂气较少，与第一、第九和第十区位相比有显著差异，特别是第九和第十区位，杂气明显较重。刺激性方面，第四到第八区位刺激性较小，第一到第三区位刺激性略有，第九和第十区位刺激性较重，与中间、上部区位相比有明显差异。余味方面，各个区位之间的差异不算特别明显，主要是第九、第十区位较为明显地差于其他区位。综合各感官评价指标来看，广东南雄 C2F 第九、第十区位的感官质量较差。

表 4-2　广东南雄 C2F 不同区位感官指标差异性分析

处理	香气质 （9分）	香气量 （9分）	杂气 （9分）	刺激性 （9分）	余味 （9分）
C2F1	5.50±0.50bc	5.17±0.29b	6.17±0.29c	5.50±0.50c	6.33±0.58b
C2F2	6.17±0.29ab	6.33±0.29a	7.33±0.29b	6.00±0bc	7.67±0.29a
C2F3	6.00±0.50ab	6.50±0a	7.17±0.29b	6.00±0bc	6.50±0.50b
C2F4	7.33±0.29ab	6.83±0.29a	7.67±0.29ab	6.83±0.29a	7.67±0.29a
C2F5	7.50±0a	6.50±0.50a	7.50±0.50ab	6.67±0.29ab	8.17±0.29a
C2F6	7.17±0.29ab	6.17±0.29a	7.50±0.50ab	6.17±0.29abc	7.50±0.50a
C2F7	7.33±0.29ab	6.50±0.50a	8.00±0a	6.50±0.50ab	7.50±0.50a
C2F8	6.00±0ab	6.33±0.58a	7.17±0.29b	6.50±0.50ab	6.33±0.29b
C2F9	3.83±2.89c	5.50±0.50b	3.83±0.29d	3.83±0.29d	5.17±0.29c
C2F10	4.17±0.29c	4.33±0.29c	3.17±0.29e	4.00±0.50d	5.50±0.50c

注：表中数据分析采用邓肯氏新复极差法，同列不同数据中具有相同字母的数据间差异未达到 5% 显著水平，具有不同字母的数据间差异达到 5% 显著水平。

②广东南雄 C2F 化学成分和感官指标间的相关性分析。相关系数，是研究变量之间线性相关程度的量，用于说明两个变量之间是否存在相关关系，以及相关关系的紧密程度。一般相关系数在 0.7 以上说明关系非常紧密；0.4～0.7 之间说明关系紧密；0.2～0.4 说明关系一般。见表 4-3，仅少数指标间的相关性未达到紧密水平，如总植物碱和香气质、香气量、杂气、刺激性、余味，淀粉和氮碱比、香气质、香气量、余味，大部分指标间的关系均是紧密或者非常紧密水平。这说明烟叶化学成分和感官质量这些原始指标之间存在较多的共性，若直接使用原始指标的数据进行聚类分析评价，则容易造成信息重叠，影响分析和聚类结果的客观性，因此有必要对原始指标进行降维处理和主成分提取。

表4-3 广东南雄C2F化学成分和感官指标间的相关性分析

指标	总糖	还原糖	总植物碱	总氮	淀粉	糖碱比	氮碱比	香气质	香气量	杂气	刺激性	余味
总糖	1.000	0.989	-0.668	-0.974	0.883	0.945	-0.410	0.677	0.696	0.890	0.832	0.633
还原糖		1.000	-0.618	-0.979	0.843	0.914	-0.468	0.746	0.747	0.932	0.886	0.725
总植物碱			1.000	0.585	-0.790	-0.873	-0.375	-0.210	-0.068	-0.384	-0.289	-0.189
总氮				1.000	-0.788	-0.893	0.528	-0.763	-0.746	-0.885	-0.820	-0.704
淀粉					1.000	0.923	-0.085	0.309	0.366	0.700	0.640	0.301
糖碱比						1.000	-0.104	0.529	0.483	0.744	0.658	0.486
氮碱比							1.000	-0.615	-0.747	-0.588	-0.625	-0.579
香气质								1.000	0.908	0.839	0.784	0.960
香气量									1.000	0.875	0.816	0.868
杂气										1.000	0.961	0.846
刺激性											1.000	0.815
余味												1.000

③广东南雄C2F烟叶化学成分和感官指标的主成分分析。

主成分提取。见表4-4,提取特征值为1.0以上的前两个主成分,其累计贡献率达89.202%,可以作为烤烟化学成分和感官质量评价的主要指标。其中第1主成分的贡献率为77.398%,与总糖、还原糖、淀粉、糖碱比、香气质、香气量、刺激性、杂气、余味有较大的正系数,与总氮、总植物碱、氮碱比有较大的负系数;第2主成分的贡献率为11.804%,与总植物碱、总氮、香气质、香气量有较大的正系数,与总糖、还原糖、糖碱比、氮碱比有较大的负系数。

表4-4 广东南雄C2F主成分分析的特征向量和方差贡献率

指标	第1主成分	第2主成分	指标	第1主成分	第2主成分
总糖	0.946	-0.28	香气质	0.861	0.367
还原糖	0.977	-0.187	香气量	0.859	0.433
总植物碱	-0.493	0.827	刺激性	0.925	0.147
总氮	-0.958	0.149	杂气	0.975	0.086
淀粉	0.732	-0.61	余味	0.84	0.38
糖碱比	0.83	-0.549	主成分特征值	10.062	1.535
氮碱比	-0.564	-0.674	主成分贡献率/%	77.398	11.804

主成分得分的差异性。根据因子载荷值和特征值,计算主成分中不同指标的相关系数,得到南雄C2F不同叶面区位的主成分得分表,见表4-5。由表中可以看出,第

1 主成分、第 2 主成分和总分在各区位存在一定的连续性和规律性，主要表现在叶中部各区位得分相对最高，叶尖部区位次之，叶基部区位得分相对最低。从总分来看，第三到第六区位总分得分最高，第一、第二和第七区位次之，第八区位得分较低，第九和第十区位得分最低。

表 4 - 5   广东南雄 C2F 不同叶面区位的主成分得分

南雄 C2F	第 1 主成分	第 2 主成分	总分	南雄 C2F	第 1 主成分	第 2 主成分	总分
L1	-0.17	0.26	-0.11	L6	0.7	0.16	0.57
L2	0.03	-0.11	0.01	L7	-0.05	0.04	-0.04
L3	0.25	-0.2	0.18	L8	-0.33	-0.65	-0.32
L4	0.28	0.16	0.23	L9	-0.28	-0.01	-0.23
L5	0.47	0.48	0.42	L10	-0.89	-0.15	-0.72

④广东南雄 C2F 叶面不同区位的聚类分析。基于叶面不同区位的主成分综合得分，对叶面不同区位进行聚类分析，结果如图 4 - 4 所示。由图可知，广东南雄 C2F 叶面可分为四类，第一类为第一、第二、第七区位，第二类为第八、第九区位，第三类为第三、第四、第五、第六区位，第四类为第 10 区位。

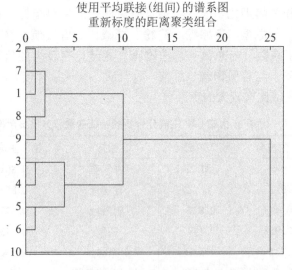

图 4 - 4   广东南雄 C2F 基于主成分得分的分切聚类树形图

根据聚类分析结果，得到烟叶各类区段平均得分，见表 4 - 6。平均得分表现为第三类（1.40）>第一类（-0.14）>第二类（-0.55）>第四类（-0.72）。四类数值差异明显，说明可根据烟叶品质的差异进行精细化区分。评吸总分表明，第四类区段烟叶感官质量明显低于其他区段，第三类区段烟叶感官质量明显高于其他区段。

表4-6　基于聚类分析结果的广东南雄C2F烟叶各类平均综合得分表

区段	平均得分	评吸总分	区段	平均得分	评吸总分
第一类	−0.14+0.05	48.17+4.63	第三类	1.40+0.16	51.84+2.65
第二类	−0.55+0.05	40.53+7.13	第四类	−0.72+0.00	31.755+0.00

（2）广东南雄C3F烟叶不同分切区位常规化学成分和感官质量的差异性分析。

①广东南雄C3F不同区位间化学成分和感官指标的差异性。如表4-7所示，广东南雄C3F不同分切区位的总糖、还原糖含量总体呈现叶中部＞叶尖部＞叶基部的规律。总糖方面，从第一区位到第九区位没有显著差异，第九区位与第十区位没有显著差异，第一区位到第八区位与第十区位有显著差异，第十区位最低。还原糖方面，各区位变化趋势与总糖基本一致，从第一区位到第八区位之间没有显著差异，第十区位与其他区位之间有显著差异。总植物碱和总氮方面，呈现在十个区位上平均分布的趋势，各个区位差异不明显。总植物碱在第十区位最低，但是总氮在第十区位最高。淀粉方面，各个区位差异不明显，但第十区位相对最低，叶中部分相对最高。糖碱比方面，各个区位差异不明显，第十区位略比其他区位低。氮碱比方面，第一区位到第九区位之间差异不明显，第十区位显著高于第一区位到第九区位。

表4-7　广东南雄C3F不同区位化学成分差异性

处理	总糖/%	还原糖/%	总植物碱/%	总氮/%	淀粉/%	糖碱比	氮碱比
C3F1	30.3±3.44ab	26.00±2.95ab	1.84±0.21ab	1.59±0.18b	8.75±0.74abc	16.47±0.00a	0.88±0.19b
C3F2	31.80±0.40a	25.10±1.37ab	1.90±0.10ab	1.50±0.08b	8.65±0.84bc	16.77±0.95a	0.79±0.09b
C3F3	32.30±3.01a	28.20±2.34a	2.03±0.17a	1.54±0.13b	9.21±0.76ab	15.94±1.35ab	0.77±0.13b
C3F4	32.50±3.64a	27.10±2.89ab	1.97±0.21ab	1.51±0.16b	9.22±0.98ab	16.49±0.11a	0.77±0.12b
C3F5	32.30±1.11a	27.30±0.8ab	1.98±0.06ab	1.49±0.04b	8.13±0.23bc	16.31±0.12ab	0.75±0.03b
C3F6	32.00±2.17a	26.70±1.69ab	2.02±0.13ab	1.51±0.10b	9.83±0.62a	15.84±0.14ab	0.75±0.09b
C3F7	31.80±0.63a	25.10±0.88ab	1.90±0.07ab	1.50±0.05b	8.65±0.35bc	16.74±0.27a	0.79±0.05b
C3F8	30.30±1.52abc	26.00±1.30a	1.84±0.09ab	1.59±0.08b	8.75±0.41abc	16.47±0.00a	0.87±0.09b
C3F9	29.70±2.76abcd	24.40±0.55b	1.82±0.04ab	1.62±0.04b	8.23±0.19bc	16.32±1.54ab	0.89±0.04b
C3F10	26.20±0.40bd	20.80±0.33c	1.74±0.03b	1.88±0.03a	7.91±0.23c	15.06±0.04b	1.08±0.03a

注：表中数据分析采用邓肯氏新复极差法，同列不同数据中具有相同字母的数据间差异未达到5%显著水平，具有不同字母的数据间差异达到5%显著水平。

见表4-8，从广东南雄C3F不同区位香气质、香气量得分可以看出，呈现叶中部区位香气质、香气量相对较好，叶尖部区位香气质、香气量次之，叶基部区位香气量、香气量最差的趋势。香气质方面，在第一到第八区位基本接近，显著高于第九和第十区位。香气量方面，第二区位到第七区位接近，显著高于第一、第八、第九和第十区位，第十区位最低，显著低于其他区位。杂气方面，第一到第八区位接近，显著高于第九和第十区位。刺激性方面，大致呈现叶尖、叶基区位刺激性得分较低，叶中部区位刺激性得分较高的规律，其中第九、第十区位明显低于其他区位。余味方面，呈现叶尖、叶基较低，而叶中部较高的规律，第二到第八区位较高，第十区位显著低于其他区位。综上所述，综合各感官评价指标来看，广东南雄 C3F 第九、第十区位的感官质量较差。

表 4-8　广东南雄 C3F 不同区位感官指标差异性分析

处理	香气质（9分）	香气量（9分）	杂气（9分）	刺激性（9分）	余味（9分）
C3F1	5.50±0.50abc	5.17±0.29b	6.17±0.29bc	5.17±0.58cde	5.33±0.29bc
C3F2	6.17±0.29ab	6.17±0.29a	6.50±0.50abc	5.00±0.50def	7.67±0.29a
C3F3	6.05±0.50a	6.50±0.00a	6.83±0.29ab	6.00±0.00abc	7.33±0.58a
C3F4	7.00±0.50a	6.17±0.29a	7.17±0.29a	6.17±0.29ab	6.83±0.29a
C3F5	7.17±0.29a	6.50±0.50a	6.67±0.58abc	6.67±0.29a	7.17±0.29a
C3F6	7.00±0.50a	6.00±0.50a	5.83±0.76c	5.50±0.50bcd	6.83±0.76a
C3F7	6.83±0.76a	6.17±0.29a	5.83±0.76c	5.67±0.76bcd	7.33±0.29a
C3F8	5.83±0.29ab	5.17±0.29b	6.00±0.50bc	5.67±0.76bcd	5.67±0.76b
C3F9	3.83±2.89c	4.83±0.29b	3.83±0.29d	4.17±0.29f	4.83±0.29bc
C3F10	4.33±0.58bc	3.50±0.50c	3.00±0.00e	4.50±0.50ef	4.50±0.50c

注：表中数据分析采用邓肯氏新复极差法，同列不同数据中具有相同字母的数据间差异未达到 5% 显著水平，具有不同字母的数据间差异达到 5% 显著水平。

②广东南雄 C3F 化学成分和感官指标间的相关性分析。见表 4-9，广东南雄 C3F 化学成分和感官质量仅少数指标间的相关性未达到紧密水平，如总植物碱和香气质、香气量；淀粉和糖碱比、香气质、余味；糖碱比和氮碱比、香气质、杂气、刺激性、余味等。大部分指标间的关系均是紧密或者非常紧密水平，这说明烟叶化学成分和感官质量这些原始指标之间存在较多的共性，若直接使用原始指标的数据进行聚类分析评价，则容易造成信息重叠，影响分析和聚类结果的客观性，因此有必要对原始指标进行降维处理和主成分提取。

表4-9 广东南雄 C3F 化学成分和感官指标间的相关性分析

指标	总糖	还原糖	总植物碱	总氮	淀粉	糖碱比	氮碱比	香气质	香气量	杂气	刺激性	余味
总糖	1.000	0.960	0.764	-0.981	0.686	0.483	-0.966	0.527	0.830	0.935	0.836	0.797
还原糖		1.000	0.876	-0.919	0.766	0.057	-0.976	0.420	0.694	0.921	0.769	0.658
总植物碱			1.000	-0.699	0.824	-0.401	-0.888	0.371	0.373	0.824	0.578	0.488
总氮				1.000	-0.635	-0.361	0.949	-0.445	-0.802	-0.893	-0.772	-0.770
淀粉					1.000	-0.257	-0.765	0.103	0.408	0.687	0.442	0.375
糖碱比						1.000	-0.057	0.189	0.599	0.104	0.311	0.389
氮碱比							1.000	-0.459	-0.682	-0.939	-0.754	-0.710
香气质								1.000	0.620	0.584	0.671	0.734
香气量									1.000	0.751	0.854	0.880
杂气										1.000	0.898	0.781
刺激性											1.000	0.801
余味												1.000

③广东南雄 C3F 烟叶化学成分和感官指标的主成分分析。

主成分提取。见表4-10，提取特征值为1.0以上的前两个主成分，其累计贡献率达87.422%，可以作为烤烟化学成分和感官质量评价的主要指标。其中第1主成分的贡献率为70.83%，与总糖、总植物碱、还原糖、淀粉、香气质、香气量、刺激性、杂气、余味有较大的正系数，与总氮、氮碱比有较大的负系数。第2主成分的贡献率为16.592%，与糖碱比有较大的正系数，与淀粉、总植物碱有较大的负系数。

表4-10 广东南雄 C3F 主成分分析的特征向量和方差贡献率

指标	第1主成分	第2主成分	指标	第1主成分	第2主成分
总糖	0.98	-0.041	香气质	0.641	0.367
还原糖	0.931	-0.276	香气量	0.861	0.425
总植物碱	0.572	-0.61	刺激性	0.899	0.201
总氮	-0.94	0.005	杂气	0.967	-0.123
淀粉	0.668	-0.602	余味	0.863	0.332
糖碱比	0.237	0.838	主成分特征值	9.208	2.157
氮碱比	-0.945	0.266	主成分贡献率/%	70.83	16.592

主成分得分的差异性。根据因子载荷值和特征值，计算主成分中不同指标的相关系数，得到广东南雄 C3F 不同叶面区位的主成分得分表，见表4-11。由表中可以看出，第1主成分、第2主成分和总分得分在各区位存在一定的连续性和规律性，主要表

现在叶中部各区位得分相对最高，叶尖部区位次之，叶基部区位得分相对最低。从总分来看，第三到第六区位总分得分最高，第二和第七区位次之，第一和第八区位得分较低，第九和第十区位得分最低。

表 4-11　广东南雄 C3F 不同叶面区位的主成分得分

C3F	第 1 主成分	第 2 主成分	总分	C3F	第 1 主成分	第 2 主成分	总分
L1	-0.69	0.42	-0.52	L6	2	-1.24	1.5
L2	0.09	-0.24	0.15	L7	0.09	-0.24	0.15
L3	2.2	-0.99	1.69	L8	-0.69	0.42	-0.52
L4	1.8	-0.7	1.39	L9	-2.34	0.67	-1.83
L5	1.44	-0.79	1.09	L10	-3.9	2.68	-2.91

④广东南雄 C3F 叶面不同区位的聚类分析。基于叶面不同区位的主成分综合得分，对叶面不同区位进行聚类分析，结果如图 4-5 所示。由图可知，广东南雄 C3F 叶面可分为四类，第一类为第一、第八区位，第二类为第二、第七区位，第三类为第三、第四、第五、第六区位，第四类为第九、第十区位。

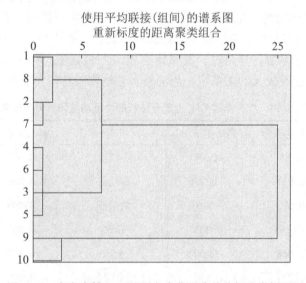

图 4-5　广东南雄 C3F 基于主成分得分的分切聚类树形图

根据聚类分析结果，得到烟叶各类区段平均得分，见表 4-12，平均得分表现为第三类（1.42）＞第二类（0.15）＞第一类（-0.52）＞第四类（-2.37），四类数值差异明显，说明可根据烟叶品质的差异进行精细化区分。评吸总分表明，第三类区段烟叶感官质量明显高于其他区段，第四类区段烟叶感官质量明显低于其他区段。

表4-12 基于聚类分析结果的广东南雄 C3F 烟叶各类平均综合得分表

区段	平均得分	评吸总分	区段	平均得分	评吸总分
第一类	-0.52 +0	41.51 +0.75	第三类	1.42 +0.22	49.63 +1.36
第二类	0.15 +0	47.59 +0.65	第四类	-2.37 +0.54	30.95 +1.12

（3）广东南雄 C4F 烟叶不同分切区位常规化学成分和感官质量的差异性分析。

①广东南雄 C4F 不同区位间化学成分和感官指标的差异性。见表4-13，广东南雄 C4F 不同分切区位的总糖呈现上半部分叶位含量较高、下半部分叶位含量较低的趋势，第一区位偏低，与第七到第九区位相近，没有显著差异，第二至第六区位相对较高，与第一、第七到第十区位有显著差异，第十区位相对最低，与其他区位相比还有显著差异。还原糖方面，也呈现上半部分含量较高、下半部分含量较低的趋势，各区位分布规律与总糖基本一致，第十区位明显低于其他九个区位。总植物碱方面，第一到第八区位没有显著差异，较明显地高于第九和第十区位，第十区位最低。总氮方面，第十区位最高，第一到第九区位基本接近，没有很显著差异。淀粉方面，各个区位分布规律不明显，大致为叶中部含量较高，叶尖和叶基部含量较低。糖碱比方面，第二到第七区位和第九到第十区位没有显著差异，第一区位和第八区位相近，但较明显地低于其他区位。氮碱比方面，第一到第六区位，以及第八区位接近，相对较低，没有显著差异，第七区位和第九区位相对较高，第十区位最高，与其他区位相比有显著差异。

表4-13 广东南雄 C4F 不同区位化学成分差异性

处理	总糖 /%	还原糖 /%	总植物碱 /%	总氮 /%	淀粉 /%	糖碱比	氮碱比
C4F1	27.80 ±2.31b	23.10 ±0.63bc	2.15 ±0.06a	1.63 ±0.04bcd	4.53 ±0.50d	12.93 ±1.01b	0.76 ±0.01c
C4F2	31.80 ±1.88a	26.90 ±1.62a	1.99 ±0.12a	1.53 ±0.09cd	6.00 ±0.35bc	15.98 ±0.02a	0.77 ±0.08c
C4F3	31.40 ±0.31a	26.60 ±0.19a	2.00 ±0.01a	1.56 ±0.01bcd	5.66 ±0.48bc	15.70 ±0.08a	0.78 ±0.00c
C4F4	31.80 ±1.69a	26.80 ±1.35a	1.99 ±0.10a	1.52 ±0.08d	6.00 ±0.32bc	15.98 ±0.06a	0.77 ±0.06c
C4F5	31.10 ±0.30a	26.40 ±0.22a	1.99 ±0.02a	1.56 ±0.01bcd	6.30 ±0.06b	15.63 ±0.03a	0.78 ±0.01c
C4F6	32.20 ±2.23a	28.10 ±1.26a	2.01 ±0.09a	1.56 ±0.07bcd	5.71 ±0.71bc	16.01 ±0.47a	0.78 ±0.05c
C4F7	28.10 ±1.86b	23.60 ±1.56b	1.79 ±0.12b	1.69 ±0.11bc	7.36 ±0.49a	15.70 ±0.00a	0.95 ±0.12b
C4F8	27.80 ±1.31b	23.10 ±1.03bc	2.15 ±0.10a	1.63 ±0.07bcd	4.53 ±0.21d	12.93 ±0.07b	0.76 ±0.07c
C4F9	26.20 ±2.19bc	21.30 ±1.69c	1.67 ±0.13b	1.71 ±0.14b	6.12 ±0.51bc	15.69 ±0.10a	1.03 ±0.11b
C4F10	23.40 ±1.49c	18.70 ±1.08d	1.46 ±0.08c	1.94 ±0.11a	5.45 ±0.35c	16.02 ±0.10a	1.33 ±0.09a

注：表中数据分析采用邓肯氏新复极差法，同列不同数据中具有相同字母的数据间差异未达到5%显著水平，具有不同字母的数据间差异达到5%显著水平。

见表4-14，从广东南雄C4F不同区位香气质得分可以看出，香气质方面，第一区位和第七到第十区位显著低于第二到第六区位，表明在叶中部偏前的部分，香气质较好，叶基处区位香气质相对最差。香气量方面，也基本呈现叶中部偏前区位香气量较好，叶尖及叶基处区位香气量得分较差的规律，第九、第十区位显著低于其他区位。杂气、刺激性方面，主要是第九、第十区位显著较低，其他区位没有特别明显的差异。余味方面，各区位相对接近，第五、第九和第十区位相对较低。综上所述，综合各感官评价指标来看，广东南雄C4F第九、第十区位的感官质量较差。

表4-14　广东南雄C4F不同区位感官指标差异性分析

处理	香气质（9分）	香气量（9分）	杂气（9分）	刺激性（9分）	余味（9分）
C4F1	4.17±0.29b	4.00±0.00e	6.33±0.29bc	7.5±0.50ab	6.50±0.00abc
C4F2	5.00±0.50a	4.83±0.29bc	6.83±0.29ab	7.83±0.29a	6.50±0.50abc
C4F3	5.17±0.29a	5.33±0.29a	6.83±0.29ab	8.00±0.00a	6.83±0.29ab
C4F4	5.33±0.29a	5.00±0.00ab	6.5±0.5bc	7.67±0.29ab	7.00±0.50a
C4F5	5.33±0.29a	4.33±0.29de	7.17±0.29a	7.17±0.29b	6.00±0.50c
C4F6	5.50±0.50a	4.50±0.00cd	7.17±0.29a	7.83±0.29a	6.33±0.29abc
C4F7	4.17±0.29b	4.00±0.00e	6.33±0.29bc	7.17±0.29b	6.17±0.29bc
C4F8	4.00±0.00b	4.17±0.29de	6.17±0.29c	7.67±0.29ab	6.17±0.58bc
C4F9	3.83±0.29b	3.33±0.29f	5.00±0.00d	6.33±0.29c	5.83±0.29c
C4F10	3.67±0.29b	3.00±0.00f	4.00±0.00e	5.83±0.29c	5.83±0.29c

注：表中数据分析采用邓肯氏新复极差法，同列不同数据中有相同字母的数据间差异未达到5%显著水平，有不同字母的数据间差异达到5%显著水平。

②广东南雄C4F化学成分和感官指标间的相关性分析。见表4-15，广东南雄C4F化学成分和感官质量仅少数指标间的相关性未达到紧密水平，如总植物碱和淀粉，总氮和淀粉，糖碱比，淀粉和香气质、香气量，杂气和刺激性，糖碱比和杂气、刺激性等。大部分指标间的关系均是紧密或者非常紧密水平，这说明烟叶化学成分和感官质量这些原始指标之间存在较多的共性，若直接使用原始指标的数据进行聚类分析评价，则容易造成信息重叠，影响分析和聚类结果的客观性，因此对原始指标进行降维处理和主成分提取意义重大。

表4-15　广东南雄C4F化学成分和感官指标间的相关性分析

指标	总糖	还原糖	总植物碱	总氮	淀粉	糖碱比	氮碱比	香气质	香气量	杂气	刺激性	余味
总糖	1.000	0.996	0.776	-0.952	0.145	0.493	-0.885	0.869	0.932	0.858	0.909	0.531
还原糖		1.000	0.775	-0.937	0.143	0.190	-0.877	0.866	0.932	0.863	0.913	0.524
总植物碱			1.000	-0.862	-0.296	-0.468	-0.956	0.700	0.876	0.911	0.862	0.864
总氮				1.000	-0.086	0.009	0.967	-0.780	-0.920	-0.888	-0.926	-0.624
淀粉					1.000	0.662	0.054	-0.177	-0.052	0.060	0.123	-0.511
糖碱比						1.000	0.549	0.127	-0.052	-0.216	-0.068	-0.583
氮碱比							1.000	-0.728	-0.918	-0.939	-0.936	-0.743
香气质								1.000	0.849	0.697	0.725	0.547
香气量									1.000	0.866	0.960	0.709
杂气										1.000	0.904	0.703
刺激性											1.000	0.605
余味												1.000

③广东南雄C4F烟叶化学成分和感官指标的主成分分析。

主成分提取。见表4-16，提取特征值为1.0以上的前两个主成分，其累计贡献率达90.744%，可以作为烤烟化学成分和感官质量评价的主要指标。其中第1主成分的贡献率为73.188%，与总糖、还原糖、总植物碱、香气质、香气量、刺激性、杂气、余味有较大的正系数，与总氮和氮碱比有较大的负系数。第2主成分的贡献率为17.556%，与淀粉、糖碱比有较大的正系数，与余味有较大的负系数。

表4-16　广东南雄C4F主成分分析的特征向量和方差贡献率

指标	第1主成分	第2主成分	指标	第1主成分	第2主成分
总糖	0.945	0.3	香气质	0.847	0.114
还原糖	0.943	0.299	香气量	0.975	0.049
总植物碱	0.933	-0.332	刺激性	0.95	0.125
总氮	-0.96	-0.141	杂气	0.937	-0.016
淀粉	-0.064	0.858	余味	0.743	-0.574
糖碱比	-0.127	0.932	主成分特征值	9.514	2.282
氮碱比	-0.971	0.076	主成分贡献率/%	73.188	17.556

主成分得分的差异性。根据因子载荷值和特征值，计算主成分中不同指标的相关系数，得到广东南雄 C4F 不同叶面区位的主成分得分表，见表 4 – 17。由表可以看出，第 1 主成分、第 2 主成分和总分得分在各区位存在一定的连续性和规律性，主要表现在叶中部各区位得分相对最高，叶尖部区位次之，叶基部区位得分相对最低。从总分来看，第三到第六区位得分最高，第二和第七区位次之，第一、第八、第九和第十区位得分最低。

表 4 –17　广东南雄 C4F 不同叶面区位的主成分得分

C4F	第 1 主成分	第 2 主成分	总分	C4F	第 1 主成分	第 2 主成分	总分
L1	– 1.03	– 0.45	– 0.84	L6	0.52	0.84	0.52
L2	0.24	0.59	0.28	L7	0.26	– 1.04	0.02
L3	0.82	0.84	0.74	L8	– 1.03	– 0.45	– 0.84
L4	0.68	1.02	0.67	L9	– 1.27	– 1.46	– 1.18
L5	0.79	0.59	0.68	L10	– 1.64	– 1.75	– 1.5

④广东南雄 C4F 叶面不同区位的聚类分析。基于叶面不同区位的主成分综合得分，对叶面不同区位进行聚类分析，结果如图 4 – 6 所示。由图可知，广东南雄 C4F 叶面可分为四类，第一类为第一、第八区位，第二类为第九、第十区位，第三类为第三、第四、第五、第六区位，第四类为第二、第七区位。

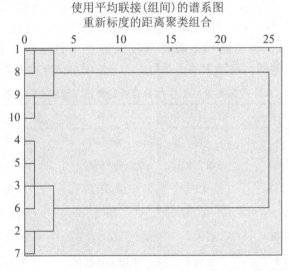

图 4 – 6　广东南雄 C4F 基于主成分得分的分切聚类树形图

根据聚类分析结果，得到烟叶各类区段平均得分，见表 4-18 所示，平均得分表现为第三类（0.65）>第四类（0.15）>第一类（-0.84）>第二类（-1.34），四类数值差异明显，说明可根据烟叶品质的差异进行精细化区分。评吸总分表明，第三类区段烟叶感官质量明显高于其他区段，第二类区段烟叶感官质量明显低于其他区段。

表 4-18 基于聚类分析结果的广东南雄 C4F 烟叶各类平均综合得分表

区段	平均得分	评吸总分	区段	平均得分	评吸总分
第一类	-0.84 +0	38.56 +0.20	第三类	0.65 +0.08	44.04 +1.07
第二类	-1.34 +0.16	32.12 +1.28	第四类	0.15 +0.13	40.71 +2.61

（4）广东南雄 X2F 烟叶不同分切区位常规化学成分和感官质量的差异性分析。

①广东南雄 X2F 不同区位间化学成分和感官指标的差异性。见表 4-19，广东南雄 X2F 不同区位的总糖含量呈现叶中部高、叶尖部和叶基部含量较低的规律，第二到第八区位较高，相互之间没有显著差异；第一、第九、第十区位相近，略低于其他区位。还原糖方面，呈现叶中部高、叶尖部和叶基部含量较低的趋势，其中第九、第十区位显著低于其他区位。总植物碱方面，呈现上半部分叶位含量高、下半部分叶位含量低的趋势，第一到第三区位较高，第四、第五区位次之，第六到第十区位较低。总氮方面，其含量分布主要呈现叶中部相对较低，叶尖部次之，而叶基部较高的规律，第十区位明显高于其他区位。淀粉方面，呈现叶中部高、叶尖部和叶基部含量较低的规律。糖碱比方面，第一到第三区位相对较低；第四、第五、第九和第十区位接近，相对较高；第六到第八区位最高。氮碱比方面，呈现从叶尖部到叶基部逐渐增大的趋势，第十区位显著高于其他区位。

表 4-19 广东南雄 X2F 不同区位化学成分差异性

处理	总糖 /%	还原糖 /%	总植物碱 /%	总氮 /%	淀粉 /%	糖碱比	氮碱比
X2F1	32.50±0.89bc	23.10±0.63bc	1.42±0.04a	1.48±0.09cd	4.42±0.27c	22.89±0.55g	1.04±0.06d
X2F2	34.20±2.06abc	26.90±1.62a	1.35±0.07a	1.44±0.08cd	3.45±0.18d	25.33±0.21f	1.07±0.10d
X2F3	33.80±0.25abc	26.60±0.19a	1.44±0.00a	1.45±0.09cd	3.22±0.19d	23.47±0.13g	1.01±0.06d
X2F4	35.90±1.81a	26.80±1.35a	1.16±0.06b	1.34±0.08de	5.61±0.33ab	30.95±0.18e	1.16±0.13d
X2F5	35.20±0.30ab	26.40±0.22a	1.09±0.06b	1.28±0.04e	5.96±0.18a	32.35±1.52d	1.18±0.04d
X2F6	35.20±1.58ab	28.10±1.26a	0.98±0.04c	1.35±0.02de	5.58±0.09ab	35.92±0.11b	1.38±0.07c
X2F7	36.10±2.39a	23.60±1.56b	0.92±0.06c	1.40±0.09de	5.89±0.38ab	39.24±0.46a	1.53±0.17bc

（续上表）

处理	总糖 /%	还原糖 /%	总植物碱 /%	总氮 /%	淀粉 /%	糖碱比	氮碱比
X2F8	35.90±1.59a	23.10±1.03bc	0.98±0.06c	1.58±0.04bc	4.60±0.13c	36.65±0.47b	1.62±0.14ab
X2F9	32.90±2.6abc	21.30±1.69c	0.97±0.08c	1.62±0.13ab	5.42±0.45b	33.92±0.17c	1.68±0.20ab
X2F10	31.40±1.81c	18.70±1.08d	0.97±0.03c	1.73±0.05a	4.62±0.13c	32.35±1.00d	1.78±0.00a

注：表中数据分析采用邓肯氏新复极差法，同列不同数据中具有相同字母的数据间差异未达到5%显著水平，具有不同字母的数据间差异达到5%显著水平。

见表4-20，从广东南雄X2F不同区位香气质得分可以看出，第三和第四区位显著高于其他区位，第九和第十区位显著低于其他区位。香气量方面，第二到第四区位显著高于其他区位，而第九和第十区位显著低于其他区位。杂气方面，第一到第九区位总体而言得分接近，没有显著差异；第二和第五区位较高，第十区位显著低于其他区位。刺激性方面，第二、第三区位较高，第八、第九、第十区位显著低于其他区位。余味方面，第一到第九区位总体而言接近，其中第二、第五、第七区位较高，第十区位显著低于其他区位。综上所述，综合各感官评价指标来看，广东南雄X2F第十区位感官质量较差。

表4-20　广东南雄X2F不同区位感官指标差异性分析

处理	香气质（9分）	香气量（9分）	杂气（9分）	刺激性（9分）	余味（9分）
X2F1	4.83±0.29bc	5.67±0.29bc	4.83±0.29b	4.50±0.50d	5.33±0.58b
X2F2	5.17±0.29b	6.17±0.29a	5.83±0.29a	6.83±0.29a	6.17±0.29a
X2F3	6.50±0.50a	6.33±0.29a	5.00±0.00b	6.17±0.29b	5.17±0.29b
X2F4	6.17±0.29a	6.00±0.00ab	5.33±0.29b	5.33±0.29c	5.67±0.29ab
X2F5	5.33±0.29b	5.17±0.29c	6.17±0.29a	5.17±0.29c	6.17±0.29a
X2F6	5.17±0.29b	5.17±0.29c	5.33±0.29b	5.00±0.00cd	5.17±0.29b
X2F7	5.17±0.29b	5.17±0.29c	5.17±0.29b	5.17±0.29c	6.17±0.29a
X2F8	5.33±0.29b	5.17±0.29c	4.83±0.29b	3.83±0.29e	5.17±0.29b
X2F9	4.33±0.29cd	4.17±0.29d	4.83±0.29b	3.17±0.29f	5.00±0.50b
X2F10	4.00±0.00d	3.17±0.29e	3.17±0.29c	3.17±0.29f	3.83±0.29c

注：表中数据分析采用邓肯氏新复极差法，同列不同数据中具有相同字母的数据间差异未达到5%显著水平，具有不同字母的数据间差异达到5%显著水平。

②广东南雄X2F化学成分和感官指标间的相关性分析。见表4-21，广东南雄X2F化学成分和感官质量仅少数指标间的相关性未达到紧密水平，如总糖和氮碱比，还原糖和淀粉，总植物碱和总氮、杂气、余味，淀粉和香气质、杂气、余味等。大部分指标间的关系均是紧密或者非常紧密水平，说明烟叶化学成分和感官质量这些原始指标之间

存在较多的共性，若直接使用原始指标的数据进行聚类分析评价，则容易造成信息的重叠，影响分析和聚类结果的客观性，因此对原始指标进行降维处理和主成分提取。

表4-21 广东南雄X2F化学成分和感官指标间的相关性分析

指标	总糖	还原糖	总植物碱	总氮	淀粉	糖碱比	氮碱比	香气质	香气量	杂气	刺激性	余味
总糖	1.000	0.305	-0.415	-0.591	0.560	0.605	0.041	0.381	0.338	0.610	-0.029	0.371
还原糖		1.000	0.679	-0.694	-0.225	-0.504	-0.880	0.622	0.862	0.808	0.815	0.834
总植物碱			1.000	-0.148	-0.735	-0.969	-0.869	0.412	0.606	0.228	0.776	0.369
总氮				1.000	-0.343	0.004	0.615	-0.693	-0.725	-0.874	-0.536	-0.842
淀粉					1.000	0.764	0.410	-0.159	-0.325	0.126	-0.538	0.032
糖碱比						1.000	0.779	-0.263	-0.438	-0.067	-0.681	-0.213
氮碱比							1.000	-0.658	-0.833	-0.622	-0.880	-0.704
香气质								1.000	0.881	0.548	0.611	0.581
香气量									1.000	0.745	0.878	0.806
杂气										1.000	0.612	0.849
刺激性											1.000	0.769
余味												1.000

③广东南雄X2F烟叶化学成分和感官指标的主成分分析。

主成分提取。见表4-22，提取特征值为1.0以上的前两个主成分，其累计贡献率达87.832%，可以作为烤烟化学成分和感官质量评价的主要指标。其中第1主成分贡献率为62.786%，与总糖、还原糖、总植物碱、香气质、香气量、刺激性、余味有较大的正系数，与总氮、氮碱比有较大的负系数。第2主成分贡献率为25.046%，与总糖、淀粉、糖碱比有较大的正系数，与总植物碱有较大的负系数。

表4-22 广东南雄X2F主成分分析的特征向量和方差贡献率

指标	第1主成分	第2主成分	指标	第1主成分	第2主成分
总糖	0.489	0.787	香气质	0.830	0.002
还原糖	0.950	-0.069	香气量	0.982	-0.046
总植物碱	0.683	-0.718	刺激性	0.910	-0.042
总氮	-0.806	-0.486	杂气	0.805	0.384
淀粉	-0.258	0.838	余味	0.800	0.474
糖碱比	-0.494	0.842	主成分特征值	8.162	3.256
氮碱比	-0.924	0.296	主成分贡献率/%	62.786	25.046

主成分得分的差异性。根据因子载荷值和特征值，计算主成分中不同指标的相关系数得到广东南雄 X2F 不同叶面区位的主成分得分表（表4-23）。从表中可以看出，第1主成分、第2主成分和总分得分在各区位存在一定的连续性和规律性，主要表现在叶中部各区位得分相对最高，叶尖部区位得分次之，叶基部区位得分相对最低。从总分来看，第二到第七区位得分相对最高，第一和第八区位次之，第九和第十区位得分相对最低。

表4-23　广东南雄 X2F 不同叶面区位的主成分得分

X2F	第1主成分	第2主成分	总分	X2F	第1主成分	第2主成分	总分
L1	0.06	-0.16	0	L6	0.59	0.17	0.41
L2	0.45	1.77	0.73	L7	0.82	0.21	0.57
L3	1.25	0.96	1.03	L8	-0.52	-0.59	-0.48
L4	1.93	0.74	1.39	L9	-2.18	-1.13	-1.65
L5	1.57	0.94	1.22	L10	-3.98	-2.91	-3.22

④广东南雄 X2F 叶面不同区位的聚类分析。基于叶面不同区位的主成分综合得分，对叶面不同区位进行聚类分析，结果如图4-7所示。由图可知，广东南雄 X2F 叶面可分为四类，第一类为第二、第七、第六区位，第二类为第四、第五、第三区位，第三类为第一、第八区位，第四类为第九、第十区位。

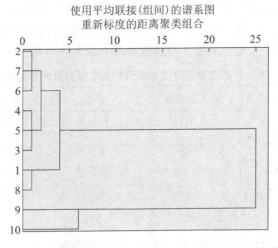

图4-7　广东南雄 X2F 基于主成分得分的分切聚类树形图

根据聚类分析结果得到烟叶各类区段平均得分，见表4-24。平均得分表现为第二类（1.21）>第一类（0.57）>第三类（-0.24）>第四类（-2.44），四类数值差异明显,说明聚类分析可根据烟叶品质的差异进行精细化区分。评吸总分表明,第二类区段烟叶感官质量明显高于其他区段,第四类区段烟叶感官质量明显低于其他区段。

表4-24 基于聚类分析结果的广东南雄X2F烟叶各类平均综合得分

区段	平均得分	评吸总分	区段	平均得分	评吸总分
第一类	0.57 + 0.13	40.88 + 2.31	第三类	− 0.24 + 0.04	37.79 + 0.29
第二类	1.21 + 0.15	43.39 + 1.68	第四类	− 2.44 + 0.79	29.34 + 2.83

（5）广东南雄B2F烟叶不同分切区位常规化学成分和感官质量的差异性分析。

①广东南雄B2F不同区位间化学成分和感官指标的差异性。见表4-25,广东南雄B2F不同分切区位的总糖含量大致呈现从叶尖到叶基部位逐渐降低的规律,第十区位最低,显著低于其他区位。还原糖方面,总体呈现与总糖含量一致的分布趋势,大致呈现从叶尖到叶基逐渐降低的规律,其中第九区位和第十区位明显低于其他区位。总植物碱方面,大致呈现叶中部区位含量较高,叶尖和叶基区位含量较低的趋势,但各区位之间差异并不明显,总植物碱在叶片上总体平均分布。总氮方面,各个区位差异不明显,第十区位相对高于其他区位。淀粉方面,第一、第八区位最高,第九、第十区位最低,第二到第七区位相近。糖碱比方面,大致呈现从叶尖到叶基逐渐降低的趋势,第九、第十区位明显低于其他区位。氮碱比方面,各个区位差异均不明显,第十区位相对最高。

表4-25 广东南雄B2F不同区位化学成分差异性

处理	总糖 /%	还原糖 /%	总植物碱 /%	总氮 /%	淀粉 /%	糖碱比	氮碱比
B2F1	26.13 ± 1.42a	23.07 ± 1.76ab	2.88 ± 0.24bc	2.00 ± 0.17a	7.89 ± 0.67a	9.10 ± 0.49a	0.70 ± 0.10a
B2F2	25.00 ± 1.31ab	22.23 ± 1.76ab	3.09 ± 0.30abc	2.03 ± 0.20b	6.67 ± 0.65bc	8.17 ± 1.19ab	0.66 ± 0.12a
B2F3	22.60 ± 0.96cd	20.07 ± 1.76bc	3.24 ± 0.27ab	2.15 ± 0.18ab	6.78 ± 0.56bc	6.99 ± 0.3cde	0.67 ± 0.09a
B2F4	23.83 ± 0.91bc	21.97 ± 1.59ab	3.25 ± 0.35ab	2.05 ± 0.22b	6.36 ± 0.68cd	7.40 ± 0.99bc	0.64 ± 0.11a
B2F5	23.80 ± 0.79bc	21.93 ± 1.48ab	3.25 ± 0.09ab	2.05 ± 0.06b	6.36 ± 0.18cd	7.32 ± 0.10bcd	0.63 ± 0.03a
B2F6	23.33 ± 0.91ab	20.93 ± 1.65ab	3.32 ± 0.21a	2.11 ± 0.13b	6.34 ± 0.40cd	7.04 ± 0.20cde	0.64 ± 0.07a
B2F7	23.47 ± 0.85bc	20.77 ± 1.59ab	3.29 ± 0.13a	2.16 ± 0.09ab	6.79 ± 0.27bc	7.13 ± 0.13cde	0.66 ± 0.04a
B2F8	25.73 ± 0.91a	23.33 ± 1.48ab	2.84 ± 0.13c	1.98 ± 0.09b	7.48 ± 0.35ab	9.06 ± 0.15a	0.70 ± 0.06a
B2F9	21.07 ± 1.02d	17.80 ± 1.54cd	3.33 ± 0.08a	2.22 ± 0.05ab	5.63 ± 0.13d	6.33 ± 0.44de	0.67 ± 0.03a
B2F10	19.33 ± 0.91e	16.40 ± 1.54d	3.15 ± 0.09abc	2.39 ± 0.07a	5.76 ± 0.17d	6.14 ± 0.33	0.76 ± 0.04a

注:表中数据分析采用邓肯氏新复极差法,同列不同数据中具有相同字母的数据间差异未达到5%显著水平,具有不同字母的数据间差异达到5%显著水平。

见表4-26，从广东南雄B2F不同区位香气质得分可以看出，第九、第十区位得分显著低于其他区位，第四到第八区位相对较好，第一到第三区位次之。香气量方面，第十区位显著低于其他区位，第四到第六区位相对较高，第一到第三和第八到第九区位次之。杂气方面，第九和第十区位显著低于其他区位，第一、第二和第四、第五区位相对最高，第三和第六到第八区位次之。刺激性方面，第九和第十区位显著低于其他区位，第一、第二和第四区位最高，第三、第五到第八区位次之。余味方面，各区位之间相近，没有显著差异。综上所述，综合各感官评价指标来看，广东南雄B2F十区位的感官质量较差。

表4-26 广东南雄B2F不同区位感官指标差异性分析

处理	香气质（9分）	香气量（9分）	杂气（9分）	刺激性（9分）	余味（9分）
B2F1	5.00±0.00b	5.33±0.29bc	6.83±0.29a	6.67±0.58a	6.33±0.58a
B2F2	5.00±0.50b	5.50±0.50bc	6.83±0.29a	6.17±0.29ab	5.50±0.87a
B2F3	5.00±0.00b	5.17±0.29c	5.17±0.29c	5.17±0.29cd	5.50±0.50a
B2F4	5.67±0.58ab	6.00±0.50ab	6.17±0.29ab	6.17±0.29ab	6.33±0.29a
B2F5	5.67±0.58ab	6.33±0.29a	6.33±0.58ab	5.83±0.29abc	6.17±0.29a
B2F6	5.17±0.29ab	5.83±0.29abc	5.33±0.29c	5.33±0.29bcd	6.33±0.29a
B2F7	5.50±0.50ab	5.50±0.50bc	5.33±0.58c	4.67±0.58d	6.00±0.50a
B2F8	6.17±0.29a	5.67±0.58abc	5.67±0.58bc	5.67±0.58bc	5.67±0.76a
B2F9	3.83±0.29c	5.17±0.29c	4.17±0.29d	3.33±0.58e	5.83±0.29a
B2F10	3.67±0.29c	3.83±0.29d	3.00±0.00e	3.33±0.58e	5.67±0.58a

注：表中数据分析采用邓肯氏新复极差法，同列不同数据中具有相同字母的数据间差异未达到5%显著水平，具有不同字母的数据间差异达到5%显著水平。

②广东南雄B2F化学成分和感官指标间的相关性分析。从表4-27可知，广东南雄B2F化学成分和感官质量仅少数指标间的相关性未达到紧密水平，如总糖、还原糖和余味，总植物碱和香气量，总氮和余味，淀粉和氮碱比、香气质、香气量、余味等。大部分指标间的关系均是紧密或者非常紧密水平，说明烟叶化学成分和感官质量这些原始指标之间存在较多的共性，若直接使用原始指标的数据进行聚类分析评价，则容易造成信息重叠，影响分析和聚类结果的客观性，因此对原始指标进行降维处理和主成分提取。

表 4-27　广东南雄 B2F 化学成分和感官指标间的相关性分析

指标	总糖	还原糖	总植物碱	总氮	淀粉	糖碱比	氮碱比	香气质	香气量	杂气	刺激性	余味
总糖	1.000	0.989	-0.668	-0.974	0.883	0.945	-0.410	0.850	0.474	0.946	0.945	0.199
还原糖		1.000	-0.618	-0.979	0.843	0.914	-0.468	0.886	0.572	0.965	0.968	0.225
总植物碱			1.000	0.585	-0.790	-0.873	-0.575	-0.423	0.147	-0.518	-0.582	0.494
总氮				1.000	-0.788	-0.893	0.528	-0.860	-0.568	-0.982	-0.918	-0.181
淀粉					1.000	0.923	-0.085	0.322	0.079	0.718	0.842	0.075
糖碱比						1.000	-0.104	0.739	0.237	0.843	0.864	-0.091
氮碱比							1.000	-0.535	-0.774	-0.575	-0.446	-0.724
香气质								1.000	0.588	0.817	0.829	0.220
香气量									1.000	0.667	0.569	0.483
杂气										1.000	0.930	0.235
刺激性											1.000	0.298
余味												1.000

③广东南雄 B2F 烟叶化学成分和感官指标的主成分分析。

主成分提取。见表 4-28，提取特征值为 1.0 以上的前两个主成分，其累计贡献率达 91.086%，可以作为烤烟化学成分和感官质量评价的主要指标。其中第 1 主成分贡献率为 69.417%，与总糖、还原糖、淀粉、糖碱比、香气质、香气量、刺激性、杂气有较大的正系数，与总植物碱、总氮、氮碱比有较大的负系数。第 2 主成分贡献率为 21.669%，与总植物碱、香气量、余味有较大的正系数，与氮碱比有较大的负系数。

表 4-28　广东南雄 B2F 主成分分析的特征向量和方差贡献率

指标	第 1 主成分	第 2 主成分	指标	第 1 主成分	第 2 主成分
总糖	0.984	-0.124	香气质	0.899	0.084
还原糖	0.998	-0.046	香气量	0.596	0.655
总植物碱	-0.578	0.808	刺激性	0.969	-0.016
总氮	-0.98	0.023	杂气	0.97	0.069
淀粉	0.831	-0.415	余味	0.258	0.78
糖碱比	0.893	-0.438	主成分特征值	9.024	2.817
氮碱比	-0.512	-0.811	主成分贡献率/%	69.417	21.669

主成分得分的差异性。根据因子载荷值和特征值，计算主成分中不同指标的相关系数，得到广东南雄 B2F 不同叶面区位的主成分得分表。见表 4-29，第 1 主成分、第 2 主成分和总分得分在各区位存在一定的连续性和规律性，但和其他叶位的规律性有差异，表现在叶尖和叶中部偏后段得分较高，叶中部得分次之，叶基部得分最低，具体为第一和第八区位得分最高，第二和第七区位次之，第三到第六区位得分较低，第九和第十区位得分最低。

表 4-29　广东南雄 B2F 不同叶面区位的主成分得分

B2F	第 1 主成分	第 2 主成分	总分	B2F	第 1 主成分	第 2 主成分	总分
L1	1.47	0.70	1.17	L6	-0.52	0.35	-0.29
L2	0.44	0.09	0.32	L7	0.04	0.64	0.17
L3	-0.77	0.38	-0.45	L8	1.96	-0.72	1.21
L4	-0.11	-0.22	-0.13	L9	-2.22	-0.65	-1.68
L5	-0.11	-0.22	-0.13	L10	-1.66	-0.22	-1.20

④广东南雄 B2F 叶面不同区位的聚类分析。基于叶面不同区位的主成分综合得分，对叶面不同区位进行聚类分析，结果如图 4-8 所示。由图可知，广东南雄 B2F 叶面可分为四类，第一类为第一、第八区位，第二类为第二、第七区位，第三类为第三、第四、第五、第六区位，第四类为第九、第十区位。

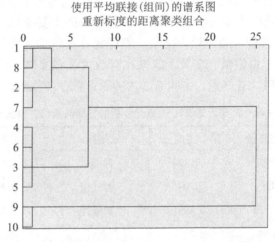

图 4-8　广东南雄 B2F 基于主成分得分的分切聚类树形图

根据聚类分析结果得到烟叶各类区段平均得分，见表 4-30。平均得分表现为第一类（1.19）＞第二类（0.25）＞第三类（-0.25）＞第四类（-1.44），四类数值差异明显，说明聚类分析可根据烟叶品质的差异进行精细化区分。评吸总分表明，第一类区段烟叶感官质量明显高于其他区段，第四类区段烟叶感官质量明显低于其他区段。

表 4 – 30　基于聚类分析结果的广东南雄 B2F 烟叶各类平均综合得分

区段	平均得分	评吸总分	区段	平均得分	评吸总分
第一类	1.19 + 0.02	43.38 + 0.39	第三类	– 0.25 + 0.13	42.57 + 2.65
第二类	0.25 + 0.08	41.38 + 0.63	第四类	– 1.44 + 0.24	31.04 + 2.21

二、湖南永州特色烟叶主等级十段区位质量特征差异

化学成分是烟叶质量形成的基础，决定了烟叶质量表现和风格特色。为探索湖南永州烟叶分切适宜长度，以 2023 年湖南永州 B1F、B2F、C2F、C3F、C4F 为试验材料，采取主成分和聚类分析法对烟叶进行分切研究，并以评吸感官质量结果作为辅助验证，旨在探索化学成分和感官质量在叶面上的分布规律，为湖南永州烟叶的分切处理加工提供基础理论依据。

（一）试验材料与仪器设备

烟叶：选取 2023 年度湖南永州 B1F、B2F、C2F、C3F、C4F 烟叶作为试验样品，品种为云烟 87。

设备仪器：傅立叶变换近红外光谱仪 MATRIX-T、锤式旋风磨 JXFM110、费雷斯烘箱 FREAS625。

（二）项目测定方法

（1）分切方法。将所有样品从叶基到叶尖平均分为 10 段，自叶尖到叶基分别编号为区位代码 1 到区位代码 10（图 4 –9），对分切样品进行叶梗分离处理，留一半作为评吸样品，用粉碎机粉碎，过筛保存备用，处理命名方式为"烟叶等级 + 区位代码"。

（2）常规化学成分测定。采用近红外检测方法。

（3）感官质量评价。将各等级 10 段烟叶样品分别切丝混匀，手工制成卷烟，于 22℃ ±2℃、相对湿度 60% ±2% 的恒温恒湿箱内平衡 2 d。由深圳烟草工业公司 7 名专业评吸师参照 YC/T138—1998 对卷烟烟叶样品进行感官质量评价，评价指标包括香气质、香气量、余味、杂气、刺激性。单项指标满分均为 9 分，得分越高越好。

（4）统计分析方法。采用 Excel 2020 软件对试验数据进行分析和整理，采用 SPSS 26 软件进行方差、主成

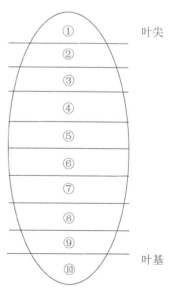

图 4 – 9　烟叶十段分切处理示意图

分及聚类分析。其中聚类分析采用组间连接系统聚类法，聚类距离为欧几里得平方和距离。

（三）主要结果

（1）湖南永州 B1F 烟叶不同分切区位常规化学成分和感官质量的差异性分析。

①湖南永州 B1F 不同区位化学成分和感官指标的差异性。见表4-31，从叶尖段到叶基段方向，除第一区位外，湖南永州 B1F 烟叶不同分切区位的总糖、还原糖、总植物碱、淀粉含量和糖碱比总体呈现下降趋势，而总氮含量和氮碱比总体呈现上升趋势。总糖方面，第二、第三区位显著高于其他区位，第四至第七区位显著高于第一、第八、第九与第十区位，第十区位最低。还原糖方面，在第二至第七区位显著高于第一、第八、第九与第十区位，第二区位最高，第十区位最低。总植物碱方面，第二、第三区位显著高于其他区位，第十区位显著低于其他区位。总氮方面，第十区位显著高于第二至第七区位，第二区位显著低于除第三区位的其他区位。淀粉方面，第二区位显著高于其他区位，第一与第八至第十区位显著低于其他区位。糖碱比方面，第二至第四区位显著高于第一与第八至第十区位，且与第五至第七区位比较接近。氮碱比方面，第十区位显著高于其他区位，第一、第八、第九区位显著高于第二至第五区位，第二、第三区位显著低于其他区位。

表4-31　湖南永州 B1F 不同区位化学成分差异性

处理	总糖 /%	还原糖 /%	总植物碱 /%	总氮 /%	淀粉 /%	糖碱比	氮碱比
B1F1	20.30±0.66d	16.80±0.60e	3.51±0.13d	2.34±0.09ab	3.72±0.14e	5.79±0.18bc	0.67±0.04b
B1F2	25.70±0.71a	21.80±0.71a	4.01±0.13a	1.92±0.06e	5.61±0.17a	6.41±0.39a	0.48±0.02f
B1F3	24.90±0.64a	21.10±0.65ab	3.98±0.12ab	1.97±0.06de	4.89±0.13b	6.26±0.06a	0.50±0.03ef
B1F4	23.30±1.22b	20.40±0.63bc	3.77±0.12bc	2.09±0.06cd	4.57±0.13c	6.18±0.37a	0.56±0.03de
B1F5	22.60±0.56bc	19.80±0.88c	3.68±0.2cd	2.16±0.12c	4.39±0.24cd	6.15±0.25ab	0.59±0.06cd
B1F6	22.30±0.22bc	19.30±0.08cd	3.62±0.01cd	2.23±0.01bc	4.21±0.07d	6.16±0.07ab	0.61±0.01bcd
B1F7	21.70±0.87c	18.60±0.74d	3.58±0.13cd	2.31±0.08b	3.83±0.14e	6.06±0.04ab	0.65±0.04bc
B1F8	20.10±0.86d	17.50±0.74e	3.53±0.19cd	2.34±0.13ab	3.72±0.14e	5.69±0.10c	0.67±0.07b
B1F9	17.80±0.4e	15.20±0.4f	3.49±0.09d	2.37±0.06ab	3.69±0.15e	5.10±0.09d	0.68±0.03b
B1F10	14.60±0.42f	12.20±0.39g	3.25±0.09e	2.48±0.07a	3.63±0.03e	4.49±0.01e	0.76±0.04a

注：表中数据分析采用邓肯氏新复极差法，同列不同数据中具有相同字母的数据间差异未达到5%显著水平，具有不同字母的数据间差异达到5%显著水平。

见表4-32，从B1F不同区位香气质得分可以看出，第四区位到第七区位较好，显著高于其他区位，第一至第三区位与第八区位没有显著差异，较好于第九与第十区位，第十区位最低。香气量方面，在第二至第七区位显著高于其他区位，其中第四至第六区位最好。杂气方面，第一至第八区位显著高于第九、第十区位，表明该区域烟叶杂气较轻，第十区位杂气明显较重，与中部、上部区位相比有明显区别。刺激性方面，第一至第八区位显著高于第九、第十区位，以第十区位最低。余味各相邻区位间差异不大。综上所述，综合各感官评价指标来看，第九和第十区位的感官质量较差。

表4-32 湖南永州B1F不同区位感官指标差异性分析

处理	香气质（9分）	香气量（9分）	杂气（9分）	刺激性（9分）	余味（9分）
B1F1	5.17±0.29b	4.83±0.29c	6.33±0.29ab	5.17±0.29bc	5.75±0.35bc
B1F2	5.17±0.29b	5.50±0.50b	6.17±0.29ab	5.67±0.29ab	6.5±0.71ab
B1F3	5.67±0.29b	5.83±0.29b	6.50±0.00ab	5.83±0.29a	6.75±0.35a
B1F4	6.33±0.29a	6.83±0.29a	6.67±0.29a	6.17±0.29a	6.75±0.35a
B1F5	6.33±0.29a	7.00±0.50a	6.67±0.29a	6.17±0.29a	6.50±0.00ab
B1F6	6.50±0.50a	6.83±0.29a	6.67±0.29a	6.17±0.29a	6.50±0.71ab
B1F7	6.33±0.29a	6.00±0.00b	6.67±0.29a	6.17±0.29a	6.25±0.35ab
B1F8	5.17±0.29b	4.83±0.29c	6.67±0.29a	4.83±0.29c	6.00±0.00ab
B1F9	4.17±0.29c	4.67±0.29cd	4.17±0.29c	3.17±0.29d	5.25±0.35cd
B1F10	3.33±0.29d	4.17±0.29d	3.00±0.00d	3.50±0.50d	5.00±0.00d

注：表中数据分析采用邓肯氏新复极差法，同列不同数据中具有相同字母的数据间差异未达到5%显著水平，具有不同字母的数据间差异达到5%显著水平。

②湖南永州B1F化学成分和感官指标间的相关性分析。见表4-33，仅少数指标间的相关性未达到紧密水平，如总植物碱和香气量、杂气、刺激性；总氮和香气量、杂气；淀粉和香气质、香气量、杂气、刺激性；氮碱比与香气量。大部分指标间的关系均是紧密或者非常紧密水平，说明烟叶化学成分和感官质量这些原始指标之间存在较多的共性，若直接使用原始指标数据进行聚类分析评价，则容易造成信息重叠，影响分析和聚类结果的客观性，因此对原始指标进行降维处理和主成分提取。

表 4-33　烤烟化学成分和感官指标间的相关性分析

指标	总糖	还原糖	总植物碱	总氮	淀粉	糖碱比	氮碱比	香气质	香气量	杂气	刺激性	余味
总糖	1.000	0.996	0.944	-0.939	0.858	0.956	-0.955	0.744	0.462	0.574	0.680	0.819
还原糖		1.000	0.932	-0.927	0.842	0.960	-0.945	0.767	0.502	0.586	0.693	0.809
总植物碱			1.000	-0.987	0.950	0.805	-0.994	0.508	0.219	0.302	0.407	0.742
总氮				1.000	-0.967	-0.804	0.996	-0.537	-0.277	-0.304	-0.439	-0.752
淀粉					1.000	0.686	-0.946	0.379	0.154	0.102	0.288	0.608
糖碱比						1.000	-0.830	0.883	0.635	0.770	0.852	0.813
氮碱比							1.000	-0.561	-0.287	-0.354	-0.462	-0.780
香气质								1.000	0.889	0.842	0.953	0.636
香气量									1.000	0.667	0.798	0.340
杂气										1.000	0.907	0.687
刺激性											1.000	0.662
余味												1.000

③湖南永州 B1F 烟叶化学成分和感官指标的主成分分析。

主成分提取。见表 4-34，提取特征值为 1.0 以上的前两个主成分，其累计贡献率达 93.078%，可以作为烤烟化学成分和感官质量评价的主要指标。其中第 1 主成分贡献率为 73.048%，与总糖、还原糖、总植物碱、淀粉、糖碱比、香气质、香气量、刺激性、杂气、余味有较大的正系数，与总氮、氮碱比有较大的负系数。第 2 主成分贡献率为 20.03%，与香气质、香气量、刺激性、杂气有较大的正系数，与淀粉有较大的负系数。

表 4-34　湖南永州 B1F 主成分分析的特征向量和方差贡献率

指标	第 1 主成分	第 2 主成分	指标	第 1 主成分	第 2 主成分
总糖	0.985	-0.145	香气质	0.832	0.521
还原糖	0.987	-0.112	香气量	0.579	0.656
总植物碱	0.887	-0.453	刺激性	0.776	0.595
总氮	-0.898	0.426	杂气	0.672	0.650
淀粉	0.791	-0.571	余味	0.854	-0.005
糖碱比	0.979	0.146	主成分特征值	8.766	2.404
氮碱比	-0.915	0.396	主成分贡献率/%	73.048	20.03

主成分得分的差异性。根据因子载荷值和特征值，计算主成分中不同指标的相关系数，得到湖南永州 B1F 不同叶面区位的主成分得分表，见表 4-35。从表中可以看

出，第1主成分、第2主成分和总分在各区位存在一定的连续性和规律性，主要表现在叶上中部第二至第五区位得分相对最高，第六和第七区位次之，叶尖部第一区位与叶基部第八至第十区位得分相对最低。

表4-35　湖南永州 B1F 不同叶面区位的主成分得分

B1F	第1主成分	第2主成分	总分	B1F	第1主成分	第2主成分	总分
L1	-0.88	-0.38	-0.75	L6	0.79	0.60	0.70
L2	2.01	0.11	1.61	L7	0.22	0.69	0.27
L3	1.75	0.41	1.44	L8	-0.79	-0.41	-0.68
L4	1.8	1.34	1.61	L9	-2.37	-1.34	-2.06
L5	1.28	0.94	1.14	L10	-3.81	-1.97	-3.28

④湖南永州 B1F 叶面不同区位的聚类分析。基于叶面不同区位的主成分综合得分，对叶面不同区位进行聚类分析，结果如图4-10所示。由图可知，湖南永州 B1F 叶面可分为四类，第一类为第一、第八区位，第二类为第九、第十区位，第三类为第二、第三、第四、第五区位，第四类为第六、第七区位。

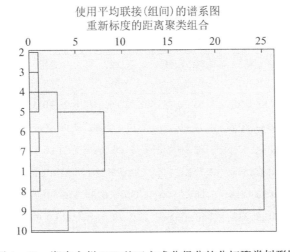

图4-10　湖南永州 B1F 基于主成分得分的分切聚类树形图

根据聚类分析结果得到烟叶各类区段平均得分，见表4-36。平均得分表现为第三类（1.45）>第四类（0.49）>第一类（-0.72）>第二类（-2.67），四类数值差异明显，说明可根据烟叶品质的差异进行精细化区分。评吸总分表明，第三类区位评吸总分最高，第二类区位得分最低。结果表明第二至第五区位显著较好于其他区位，且第九、第十区位烟叶品质较差。

表 4 - 36　基于聚类分析结果的湖南永州 B1F 烟叶各类平均综合得分

区段	平均得分	评吸总分	区段	平均得分	评吸总分
第一类	− 0.72 + 0.035	39.88 + 0.13	第三类	1.45 + 0.19	47.69 + 2.76
第二类	− 2.67 + 0.61	30.88 + 2.13	第四类	0.49 + 0.22	46.88 + 1.38

（2）湖南永州 B2F 烟叶不同分切区位常规化学成分和感官质量的差异性分析。

①湖南永州 B2F 不同区位间化学成分的差异性。见表 4 - 37，从叶尖段到叶基段方向，湖南永州 B2F 烟叶不同分切区位的总糖、还原糖、总植物碱和淀粉含量总体呈现下降趋势，而总氮含量和氮碱比总体呈现上升趋势。总糖方面，第一至第七区位显著高于第八至第十位，第一区位最高，其中第一区位显著高于第四至第十区位，第十区位显著低于其他区位。还原糖方面，第一至第七区位显著高于第八至第十区位，第一区位显著高于第六至第十区位，第十区位显著低于其他区位。总植物碱方面，第一、第二区位显著高于其他区位，其中第一区位最高。总氮方面，第一区位显著低于第四至第十区位，第十区位显著高于第一至第八区位。淀粉方面，第一、第二区位显著高于其他区位；第八至第十区位较为接近第六、第七区位，显著低于其他区位。糖碱比方面，在第三至第七区位显著高于其他区位，第十区位最低。氮碱比方面，第十区位显著高于第一至第八区位，第一区位显著低于第三至第十区位。

表 4 - 37　湖南永州 B2F 不同区位化学成分差异性

处理	总糖 /%	还原糖 /%	总植物碱 /%	总氮 /%	淀粉 /%	糖碱比	氮碱比
B2F1	23.80 ± 0.85a	20.70 ± 0.50a	4.65 ± 0.38a	1.78 ± 0.04g	6.28 ± 0.51a	5.13 ± 0.31c	0.38 ± 0.02h
B2F2	23.10 ± 0.68ab	20.40 ± 0.63ab	4.21 ± 0.15b	1.87 ± 0.06fg	5.98 ± 0.21a	5.49 ± 0.03b	0.44 ± 0.03gh
B2F3	22.60 ± 0.59abc	20.10 ± 0.52ab	3.87 ± 0.13c	1.92 ± 0.05efg	5.23 ± 0.17b	5.84 ± 0.07a	0.50 ± 0.02fg
B2F4	22.40 ± 0.60bc	20.10 ± 0.54ab	3.72 ± 0.1cd	2.01 ± 0.05ef	4.87 ± 0.13b	6.02 ± 0.00a	0.54 ± 0.02ef
B2F5	21.90 ± 1.19bcd	19.70 ± 0.68abc	3.68 ± 0.3cd	2.08 ± 0.07de	4.39 ± 0.36c	5.96 ± 0.18a	0.57 ± 0.04ef
B2F6	21.40 ± 0.36cd	19.30 ± 0.33bc	3.61 ± 0.06cd	2.21 ± 0.04cd	4.12 ± 0.07cd	5.93 ± 0.00a	0.61 ± 0.02d
B2F7	20.70 ± 0.76d	18.60 ± 0.60c	3.56 ± 0.30cd	2.34 ± 0.08bc	3.94 ± 0.33cd	5.83 ± 0.35a	0.66 ± 0.07cd
B2F8	18.90 ± 0.70e	16.70 ± 0.92d	3.45 ± 0.13de	2.42 ± 0.13b	3.81 ± 0.14d	5.48 ± 0.01b	0.70 ± 0.05bc
B2F9	16.70 ± 0.71f	14.60 ± 0.41e	3.21 ± 0.07e	2.48 ± 0.07ab	3.76 ± 0.09d	5.20 ± 0.11bc	0.77 ± 0.03ab
B2F10	14.20 ± 0.15g	12.10 ± 0.98f	3.18 ± 0.11e	2.62 ± 0.21a	3.71 ± 0.13d	4.47 ± 0.12d	0.83 ± 0.09a

注：表中数据分析采用邓肯氏新复极差法，同列不同数据中具有相同字母的数据间差异未达到 5% 显著水平，具有不同字母的数据间差异达到 5% 显著水平。

湖南永州 B2F 不同区位感官指标的差异性。见表 4 - 38，B2F 在香气质方面，第二至第七区位显著高于其他区位，第一区位与第八区位较为接近，且显著高于第九、第十区位，第十区位最低。香气量方面，第四至第七区位显著高于其他区位，第一至第三和第八区位较为接近，显著高于第九、第十区位，第九、第十区位最低。杂气方面，第三至第七区位显著高于其他区位，表明该区位的杂气较轻；第一、第二和第八至第九区位较为接近，第十区位最低。刺激性方面，第二至第七区位显著高于其他区位，表明该区位的刺激性较小；第一与第八至第十区位较为接近，但第十区位显著大于第一与第八区位。余味方面，第二至第五区位显著高于除第七区位的其他区位；第十区位得分最低，与其他区位有显著差异。

表4-38　湖南永州 B2F 不同区位感官指标差异性分析

处理	香气质（9分）	香气量（9分）	杂气（9分）	刺激性（9分）	余味（9分）
B2F1	4.83 ±0.29d	5.17 ±0.29bc	3.83 ±0.29c	4.50 ±0.50b	5.33 ±0.29bc
B2F2	6.00 ±0.50bc	5.33 ±0.29b	4.83 ±0.29b	5.33 ±0.29a	6.33 ±0.29a
B2F3	6.17 ±0.29abc	5.33 ±0.29b	6.17 ±0.58a	5.33 ±0.58a	6.33 ±0.29a
B2F4	6.50 ±0.00ab	6.17 ±0.29a	6.50 ±0.00a	5.50 ±0.50a	6.33 ±0.29a
B2F5	6.67 ±0.29a	6.17 ±0.29a	6.33 ±0.29a	5.67 ±0.29a	6.17 ±0.29a
B2F6	6.67 ±0.29a	6.17 ±0.29a	6.33 ±0.29a	5.67 ±0.29a	5.50 ±0.50bc
B2F7	5.67 ±0.29c	6.00 ±0.50a	6.33 ±0.29a	5.50 ±0.50a	5.83 ±0.29ab
B2F8	5.00 ±0.00d	4.83 ±0.29bc	4.33 ±0.58bc	4.17 ±0.29bc	5.17 ±0.29c
B2F9	4.17 ±0.29e	4.67 ±0.29d	4.17 ±0.29c	3.50 ±0.50cd	5.17 ±0.29c
B2F10	3.17 ±0.29f	3.83 ±0.29d	3.33 ±0.29d	3.17 ±0.29d	4.17 ±0.29d

注：表中数据分析采用邓肯氏新复极差法，同列不同数据中具有相同字母的数据间差异未达到5%显著水平，具有不同字母的数据间差异达到5%显著水平。

②湖南永州 B2F 化学成分和感官指标间的相关性分析。见表4-39，仅少数指标间的相关性未达到紧密水平，如总植物碱和糖碱比、香气质、香气量、杂气、刺激性；淀粉和糖碱比、香气质、香气量、杂气、刺激性；氮碱比和杂气。大部分指标间的关系均是紧密或者非常紧密水平，说明烟叶化学成分和感官质量这些原始指标之间存在较多的共性，若直接使用原始指标的数据进行聚类分析评价，则容易造成信息重叠，影响分析和聚类结果的客观性，因此对原始指标进行降维处理和主成分提取。

表4-39 烤烟化学成分和感官指标间的相关性分析

指标	总糖	还原糖	总植物碱	总氮	淀粉	糖碱比	氮碱比	香气质	香气量	杂气	刺激性	余味
总糖	1.000	0.996	0.830	-0.935	0.771	0.675	-0.941	0.811	0.701	0.627	0.742	0.771
还原糖		1.000	0.778	-0.906	0.715	0.736	-0.909	0.858	0.759	0.689	0.797	0.792
总植物碱			1.000	-0.913	0.955	0.150	-0.953	0.367	0.217	0.125	0.269	0.432
总氮				1.000	-0.926	-0.439	0.990	-0.625	-0.461	-0.422	-0.528	-0.697
淀粉					1.000	0.091	-0.937	0.300	0.139	0.087	0.210	0.504
糖碱比						1.000	-0.402	0.951	0.959	0.934	0.953	0.778
氮碱比							1.000	-0.597	-0.437	-0.375	-0.506	-0.649
香气质								1.000	0.927	0.902	0.976	0.752
香气量									1.000	0.935	0.936	0.747
杂气										1.000	0.910	0.722
刺激性											1.000	0.756
余味												1.000

③湖南永州 B2F 烟叶化学成分和感官指标的主成分分析。

主成分提取。见表4-40，提取特征值为1.0以上的前两个主成分，其累计贡献率达90.332%，可以作为烤烟化学成分和感官质量评价的主要指标。其中第1主成分贡献率为66.107%，与总糖、还原糖、总植物碱、淀粉、糖碱比、香气质、香气量、刺激性、杂气、余味有较大的正系数，与总氮、氮碱比有较大的负系数。第2主成分贡献率为24.225%，与糖碱比、氮碱比、香气量、杂气有较大的正系数，与总植物碱、淀粉有较大的负系数。

表4-40 湖南永州 B2F 主成分分析的特征向量和方差贡献率

指标	第1主成分	第2主成分	指标	第1主成分	第2主成分
总糖	0.970	-0.214	香气质	0.910	0.364
还原糖	0.986	-0.126	香气量	0.828	0.516
总植物碱	0.680	-0.712	刺激性	0.864	0.456
总氮	-0.869	0.475	杂气	0.779	0.566
淀粉	0.644	-0.753	余味	0.857	0.122
糖碱比	0.815	0.565	主成分特征值	7.933	2.907
氮碱比	-0.854	0.518	主成分贡献率/%	66.107	24.225

主成分得分的差异性。根据因子载荷值和特征值，计算主成分中不同指标的相关系数，得到湖南永州 B2F 不同叶面区位的主成分得分表，见表 4 - 41。从表中可以看出，第 1 主成分、第 2 主成分和总分在各区位存在一定的连续性和规律性，主要表现在叶上中部各区位得分相对最高，叶中部区位次之，叶基部区位得分相对最低。

表 4 - 41   湖南永州 B2F 不同叶面区位的主成分得分

B2F	第 1 主成分	第 2 主成分	总分	B2F	第 1 主成分	第 2 主成分	总分
L1	1.68	- 0.24	1.13	L6	1.04	0.53	0.87
L2	2.30	- 0.78	1.45	L7	0.29	0.38	0.30
L3	2.18	- 0.42	1.45	L8	- 1.94	- 0.11	- 1.4
L4	2.33	- 0.26	1.59	L9	- 3.47	0.32	- 2.39
L5	1.69	0.07	1.22	L10	- 6.10	0.51	- 4.22

④湖南永州 B2F 叶面不同区位的聚类分析。基于叶面不同区位的主成分综合得分，对叶面不同区位进行聚类分析，结果如图 4 - 11 所示。由图可知，湖南永州 B2F 叶面可分为四类，第一类为第一至第六区位，第二类为第七区位，第三类为第八、第九区位，第四类为第十区位。

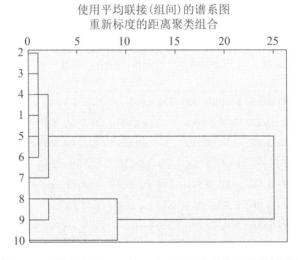

使用平均联接(组间)的谱系图
重新标度的距离聚类组合

图 4 - 11   湖南永州 B2F 基于主成分得分的分切聚类树形图

根据聚类分析结果，得到烟叶各类区段平均得分，见表 4 - 42。平均得分表现为第一类（1.29）＞第二类（0.30）＞第三类（- 1.90）＞第四类（- 4.22）。四类数值差异明显，说明可根据烟叶品质的差异进行精细化区分。评吸总分表明，第一类与第二类评吸总分较为接近，且显著高于其他类别；第四类区段评吸总分最低。结果表明，第一至第七区位烟叶品质较好，且该段区位品质较为均一。第十区位烟叶品质较差。

表 4-42　基于聚类分析结果的湖南永州 B2F 烟叶各类平均综合得分

区段	平均得分	评吸总分	区段	平均得分	评吸总分
第一类	1.29 + 0.24	43.33 + 3.75	第三类	-1.90 + 0.50	34.75 + 1.75
第二类	0.30 + 0.00	43.25 + 0.00	第四类	-4.22 + 0.00	26.00 + 0.00

（3）湖南永州 C2F 烟叶不同分切区位常规化学成分和感官质量的差异性分析。

①湖南永州 C2F 不同区位间化学成分和感官指标的差异性。见表 4-43，从叶尖段到叶基段方向，除第一区位外，湖南永州 C2F 烟叶不同分切区位的总糖、还原糖、总植物碱、淀粉含量和糖碱比总体呈现下降趋势，而总氮和氮碱比总体呈现上升趋势。总糖方面，第二至第五区位显著高于第一和第六至第十区位，第二区位最高，第十区位最低；第一区位与第六区位较为接近，显著高于第八至第十区位。还原糖方面，第二至第五区位显著高于第一和第六至第十区位，第二区位最高，第九、第十区位最低。总植物碱方面，第二、第三区位显著高于第七至第十区位。总氮方面，第十区位显著高于第一至第七区位。淀粉方面，第一至第七区位显著高于第八至第十区位，第二区位最高，第十区位最低；第一和第四至第六区位较为接近。糖碱比方面，第二区位最高，第十区位最低。氮碱比方面，第九、第十区位显著高于第一至第六区位。

表 4-43　湖南永州 C2F 不同区位化学成分差异性

处理	总糖/%	还原糖/%	总植物碱/%	总氮/%	淀粉/%	糖碱比	氮碱比
C2F1	23.10 ±0.83e	17.90 ±1.51e	2.58 ±0.19ab	2.01 ±0.07cde	7.42 ±0.26cd	8.97 ±0.36de	0.78 ±0.06bcd
C2F2	31.20 ±0.92a	26.10 ±0.70a	2.78 ±0.08a	1.82 ±0.08e	9.35 ±0.40a	11.23 ±0.54a	0.65 ±0.03e
C2F3	28.70 ±0.79b	23.01 ±0.68b	2.76 ±0.08a	1.87 ±0.05e	8.12 ±0.24b	10.40 ±0.06b	0.68 ±0.03de
C2F4	26.30 ±0.55c	21.60 ±1.06c	2.64 ±0.15ab	1.91 ±0.11de	7.63 ±0.43bcd	9.98 ±0.35bc	0.73 ±0.07cde
C2F5	24.70 ±1.65d	19.70 ±0.72d	2.65 ±0.11ab	1.98 ±0.09cde	7.84 ±0.36bc	9.32 ±0.52cd	0.75 ±0.06bcde
C2F6	23.10 ±0.39e	17.90 ±0.30e	2.58 ±0.01ab	2.01 ±0.11cde	7.42 ±0.42cd	8.95 ±0.13de	0.78 ±0.04bcde
C2F7	22.50 ±0.53ef	16.70 ±0.46ef	2.51 ±0.07b	2.09 ±0.04bcd	7.09 ±0.15d	8.97 ±0.27de	0.83 ±0.03abc
C2F8	21.40 ±0.79fg	15.60 ±1.14f	2.47 ±0.21b	2.13 ±0.21abc	6.35 ±0.61e	8.7 ±0.69de	0.87 ±0.14ab
C2F9	20.30 ±0.84g	13.70 ±0.39g	2.43 ±0.12b	2.21 ±0.11ab	6.23 ±0.31e	8.37 ±0.64e	0.91 ±0.08a
C2F10	16.20 ±0.51h	12.90 ±0.70g	2.44 ±0.10b	2.30 ±0.05a	4.11 ±0.10f	6.64 ±0.27f	0.94 ±0.05a

注：表中数据分析采用邓肯氏新复极差法，同列不同数据中具有相同字母的数据间差异未达到5%显著水平，具有不同字母的数据间差异达到5%显著水平。

见表4-44，在香气质方面，第一至第七区位显著高于其他区位，其中第七区位显著低于第一、第二与第四至第六区位；第十区位最低，与其他区位产生显著区别。香气量方面，第一至第八区位显著高于其他区位，以第十区位最低，与其他区位产生显著差异。杂气方面，第一至第八区位显著高于其他区位，其中第四、第五区位显著高于第一、第六至第八区位；第十区位最低。刺激性方面，第一至第七区位显著高于其他区位，其中第一区位显著低于第二至第七区位；第九、第十区位最低，显著低于其他区位，表明该区位烟叶刺激性较强。余味方面，第一、第四至第六区位显著高于其他区位；第二、第三与第七区位较为接近，且显著高于第八至第十区位；第十区位最低，显著低于其他区位。

表4-44 湖南永州 C2F 不同区位感官指标差异性分析

处理	香气质（9分）	香气量（9分）	杂气（9分）	刺激性（9分）	余味（9分）
C2F1	7.33 ±0.29a	7.17 ±0.29a	6.83 ±0.29bc	5.83 ±0.29b	7.50 ±0.00a
C2F2	7.33 ±0.29a	6.33 ±0.29bc	7.33 ±0.29ab	6.33 ±0.29ab	6.83 ±0.29b
C2F3	7.17 ±0.29ab	6.83 ±0.29ab	7.33 ±0.29ab	6.50 ±0.00a	6.83 ±0.29b
C2F4	7.50 ±0.00a	7.33 ±0.29a	7.67 ±0.29a	6.67 ±0.29a	7.33 ±0.29a
C2F5	7.33 ±0.29a	7.33 ±0.29a	7.67 ±0.29a	6.67 ±0.29a	7.50 ±0.00a
C2F6	7.50 ±0.00a	7.33 ±0.29a	7.00 ±0.00b	6.17 ±0.29ab	7.50 ±0.00a
C2F7	6.83 ±0.29b	6.83 ±0.29ab	6.33 ±0.29cd	6.17 ±0.29ab	6.83 ±0.29b
C2F8	6.17 ±0.29c	5.83 ±0.29c	5.83 ±0.29d	5.33 ±0.29c	6.33 ±0.29c
C2F9	4.83 ±0.29d	5.00 ±0.50d	4.50 ±0.50e	4.33 ±0.29d	5.83 ±0.29d
C2F10	3.83 ±0.29e	4.33 ±0.29e	3.33 ±0.29f	4.33 ±0.29d	5.17 ±0.29e

注：表中数据分析采用邓肯氏新复极差法，同列不同数据中具有相同字母的数据间差异未达到5%显著水平，具有不同字母的数据间差异达到5%显著水平。

②湖南永州 C2F 化学成分和感官指标间的相关性分析。见表4-45，大部分指标间的关系均是紧密或者非常紧密水平，说明烟叶化学成分和感官质量这些原始指标之间存在较多的共性，若直接使用原始指标的数据进行聚类分析评价，则容易造成信息重叠，影响分析和聚类结果的客观性，因此对原始指标进行降维处理和主成分提取。

表4-45 烤烟化学成分和感官指标间的相关性分析

指标	总糖	还原糖	总植物碱	总氮	淀粉	糖碱比	氮碱比	香气质	香气量	杂气	刺激性	余味
总糖	1.000	0.979	0.943	−0.971	0.951	0.990	−0.969	0.543	0.601	0.834	0.851	0.634
还原糖		1.000	0.975	−0.970	0.902	0.947	−0.981	0.508	0.567	0.827	0.861	0.618
总植物碱			1.000	−0.952	0.865	0.891	−0.975	0.520	0.575	0.818	0.854	0.617

指标	总糖	还原糖	总植物碱	总氮	淀粉	糖碱比	氮碱比	香气质	香气量	杂气	刺激性	余味
总氮				1.000	−0.946	−0.956	0.996	−0.689	−0.738	−0.922	−0.928	−0.774
淀粉					1.000	0.964	−0.928	0.682	0.743	0.884	0.870	0.771
糖碱比						1.000	−0.941	0.571	0.626	0.836	0.840	0.653
氮碱比							1.000	−0.652	−0.702	−0.905	−0.922	−0.742
香气质								1.000	0.992	0.885	0.839	0.973
香气量									1.000	0.901	0.858	0.989
杂气										1.000	0.987	0.924
刺激性											1.000	0.882
余味												1.000

③湖南永州 C2F 烟叶化学成分和感官指标的主成分分析。

主成分提取。见表 4−46，提取特征值为 1.0 以上的前两个主成分，其累计贡献率达 96.677%，可以作为烤烟化学成分和感官质量评价的主要指标。其中第 1 主成分贡献率为 76.454%，与总糖、还原糖、总植物碱、淀粉、糖碱比、香气质、香气量、刺激性、杂气、余味有较大的正系数，与总氮、氮碱比有较大的负系数。第 2 主成分贡献率为 20.223%，与总氮、氮碱比、香气质、香气量刺激性、杂气、余味有较大的正系数，与总糖、还原糖、总植物碱、糖碱比有较大的负系数。相关研究表明，烤烟的感官质量与总糖、还原糖呈正相关，与烟碱、总氮呈负相关，而浓香型烟叶总体会呈现高碱、高氮和低糖的特征。因此第 1 和第 2 主成分基本代表着烟叶的感官质量和风格特征。

表 4−46　湖南永州 C2F 主成分分析的特征向量和方差贡献率

指标	第 1 主成分	第 2 主成分	指标	第 1 主成分	第 2 主成分
总糖	0.936	−0.336	香气质	0.792	0.604
还原糖	0.925	−0.365	香气量	0.833	0.545
总植物碱	0.910	−0.334	刺激性	0.967	0.126
总氮	−0.985	0.153	杂气	0.969	0.198
淀粉	0.954	−0.115	余味	0.859	0.497
糖碱比	0.930	−0.285	主成分特征值	9.174	2.427
氮碱比	−0.974	0.198	主成分贡献率/%	76.454	20.223

主成分得分的差异性。根据因子载荷值和特征值，计算主成分中不同指标的相关系数，得到湖南永州 C2F 不同叶面区位的主成分得分表，见表 4−47。从表中可以看

出，第 1 主成分、第 2 主成分和总分在各区位存在一定的连续性和规律性，主要表现在叶中部各区位得分相对最高，叶尖部区位次之，叶基部区位得分相对最低。

表4-47　湖南永州 C2F 不同叶面区位的主成分得分

C2F	第 1 主成分	第 2 主成分	总分	C2F	第 1 主成分	第 2 主成分	总分
L1	0.57	1.76	0.79	L6	0.57	1.76	0.79
L2	3.06	-1.31	2.08	L7	-0.48	1.36	-0.09
L3	2.42	-0.15	1.83	L8	-1.95	0.44	-1.41
L4	2	1.17	1.77	L9	-3.86	-0.59	-3.08
L5	1.49	1.5	1.44	L10	-5.92	-1.06	-4.76

④湖南永州 C2F 叶面不同区位的聚类分析。基于叶面不同区位的主成分综合得分，对叶面不同区位进行聚类分析，结果如图 4-12 所示。从图可知，永州 C2F 叶面可分为四类，第一类为第一、第六、第七区位，第二类为第八、第九区位，第三类为第二、第三、第四、第五区位，第四类为第十区位。

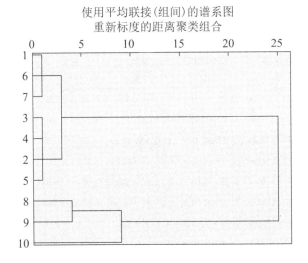

图4-12　湖南永州 C2F 基于主成分得分的分切聚类树形图

根据聚类分析结果，得到烟叶各类区段平均得分，见表4-48。平均得分表现为第二类（1.78）＞第一类（0.50）＞第三类（-2.25）＞第四类（-4.76），四类数值差异明显，说明可根据烟叶品质的差异进行精细化区分。评吸总分表明，第一类与第二类评吸总分较为接近，且显著高于其他类别，第四类区段评吸总分最低。结果表明，第一至第七区位烟叶品质较好，且该段区位品质较为均一；第十段区位烟叶品质较差。

表4-48　基于聚类分析结果的湖南永州 C2F 烟叶各类平均综合得分

区段	平均得分	评吸总分	区段	平均得分	评吸总分
第一类	0.50 + 0.41	53.00 + 2.57	第三类	− 2.25 + 0.84	41.5 + 3.50
第二类	1.78 + 0.23	53.17 + 1.53	第四类	− 4.76 + 0.00	32.5 + 0.00

（4）湖南永州 C3F 烟叶不同分切区位常规化学成分和感官质量的差异性分析。

①湖南永州 C3F 不同区位间化学成分和感官指标的差异性。见表4-49，从叶尖段到叶基段方向，湖南永州 C3F 烟叶不同分切区位的总糖、还原糖、总植物碱和淀粉含量总体呈现下降趋势，而总氮含量和氮碱比总体呈现上升趋势。总糖方面，第一区位显著高于第五至第十位，第十区位显著低于其他区位。还原糖方面，第一至第八区位显著高于第九、第十区位，第一区位最高，第十区位最低，其中第一区位显著高于第四至第十区位。总植物碱方面，第一区位显著高于其他区位，第八至第十区位显著低于其他区位。总氮方面，第十区位与第五至第九区位较为接近，显著高于第一至第四区位。淀粉方面，第一、第二区位显著高于其他区位，第十区位最低。氮碱比方面，第十区位显著高于第一至第七区位，第一区位显著小于第三至第十区位。糖碱比方面，各区位间差异不显著。

表4-49　湖南永州 C3F 不同区位化学成分差异性

处理	总糖 /%	还原糖 /%	总植物碱 /%	总氮 /%	淀粉 /%	糖碱比	氮碱比
C3F1	31.20 ± 1.70a	26.70 ± 1.45a	2.84 ± 0.07a	1.64 ± 0.09e	9.23 ± 0.23a	10.99 ± 0.67ab	0.58 ± 0.04h
C3F2	30.40 ± 1.90ab	26.10 ± 1.63ab	2.67 ± 0.08b	1.69 ± 0.11de	9.41 ± 0.30a	11.39 ± 0.61ab	0.63 ± 0.03gh
C3F3	29.70 ± 0.87ab	25.30 ± 0.74abc	2.51 ± 0.07c	1.72 ± 0.05cde	8.32 ± 0.22b	11.84 ± 0.66ab	0.69 ± 0.03fg
C3F4	29.20 ± 0.79ab	24.40 ± 0.66bcd	2.49 ± 0.07c	1.76 ± 0.04bcde	7.83 ± 0.21c	11.73 ± 0.02ab	0.71 ± 0.04efg
C3F5	28.50 ± 2.34bc	23.80 ± 1.96cd	2.38 ± 0.08cd	1.83 ± 0.15abcd	7.95 ± 0.27bc	11.96 ± 0.94a	0.77 ± 0.09def
C3F6	26.60 ± 1.27cd	22.70 ± 1.08de	2.29 ± 0.04de	1.85 ± 0.09abcd	7.52 ± 0.13cd	11.61 ± 0.48ab	0.81 ± 0.05cde
C3F7	25.70 ± 1.27de	22.40 ± 1.11de	2.24 ± 0.07de	1.89 ± 0.1abc	7.23 ± 0.23d	11.47 ± 0.33ab	0.85 ± 0.07bcd
C3F8	24.70 ± 0.93de	21.50 ± 0.81e	2.16 ± 0.12ef	1.91 ± 0.07ab	7.5 ± 0.37e	11.44 ± 0.27ab	0.89 ± 0.08abc
C3F9	23.70 ± 1.21e	19.10 ± 0.97f	2.07 ± 0.06f	1.92 ± 0.1ab	6.35 ± 0.18e	11.43 ± 0.47ab	0.93 ± 0.05ab
C3F10	21.30 ± 0.72f	15.70 ± 0.53g	2.01 ± 0.16f	1.96 ± 0.07a	4.82 ± 0.39f	10.65 ± 1.01b	0.98 ± 0.04a

注：表中数据分析采用邓肯氏新复极差法，同列不同数据中具有相同字母的数据间差异未达到5%显著水平，具有不同字母的数据间差异达到5%显著水平。

见表4-50，在香气质方面，以第五区位最高，第九、第十区位最低。香气量方面，第五、第六区位显著高于除第四区位的其他区位，第九、第十区位显著低于其他区位。杂气方面，第三至第六区位显著高于其他区位，第一、第二、第七、第八区位显著高于第九、第十区位；第十区位最低，显著区别于其他区位，表明第十段区位烟叶杂气较重。刺激性方面，第一至第八区位显著高于其他区位，其中第四、第五区位显著高于第一、第二与第六至第八区位；第十区位最低，显著低于其他区位，表明其刺激性较差。余味方面，第二至第七区位显著高于其他区位，第一、第八与第九区位较为接近，第十区位显著低于其他区位。

表4-50　湖南永州 C3F 不同区位感官指标差异性分析

处理	香气质（9分）	香气量（9分）	杂气（9分）	刺激性（9分）	余味（9分）
C3F1	5.33 ±0.29e	5.50 ±0.5cd	5.83 ±0.29b	5.33 ±0.29cd	5.67 ±0.29c
C3F2	5.83 ±0.29de	5.67 ±0.58bcd	6.17 ±0.29b	5.51 ±0.50cd	7.17 ±0.76ab
C3F3	6.67 ±0.58bc	5.50 ±0.50cd	7.17 ±0.58a	6.17 ±0.29ab	7.67 ±0.58a
C3F4	6.83 ±0.76b	6.33 ±0.29ab	7.51 ±0.01a	6.50 ±0.01a	7.67 ±0.29a
C3F5	7.83 ±0.29a	7.01 ±0.51a	7.51 ±0.51a	6.67 ±0.29a	7.83 ±0.29a
C3F6	6.33 ±0.29bcd	7.02 ±0.01a	7.00 ±0.51a	5.83 ±0.29bc	7.50 ±0.01a
C3F7	6.10 ±0.01cde	6.17 ±0.29bc	6.01 ±0.50b	5.51 ±0.50cd	6.67 ±0.29b
C3F8	5.83 ±0.29de	5.01 ±0.50de	5.83 ±0.29b	5.17 ±0.29d	5.50 ±0.51c
C3F9	4.33 ±0.29f	4.33 ±0.29ef	4.17 ±0.29c	4.17 ±0.29e	5.33 ±0.58c
C3F10	4.01 ±0.00f	3.67 ±0.29f	3.33 ±0.29d	3.33 ±0.29f	4.33 ±0.29d

注：表中数据分析采用邓肯氏新复极差法，同列不同数据中具有相同字母的数据间差异未达到5%显著水平，具有不同字母的数据间差异达到5%显著水平。

②湖南永州 C3F 化学成分和感官指标间的相关性分析。见表4-51，仅少数指标间的相关性未达到紧密水平，如总植物碱和糖碱比，总氮和糖碱比，糖碱比和氮碱比。大部分指标间的关系均是紧密或者非常紧密水平，说明烟叶化学成分和感官质量这些原始指标之间存在较多的共性，若直接使用原始指标的数据进行聚类分析评价，则容易造成信息重叠，影响分析和聚类结果的客观性，因此对原始指标进行降维处理和主成分提取。

表4-51　烤烟化学成分和感官指标间的相关性分析

指标	总糖	还原糖	总植物碱	总氮	淀粉	糖碱比	氮碱比	香气质	香气量	杂气	刺激性	余味
总糖	1.000	0.977	0.958	-0.955	0.970	0.432	-0.982	0.656	0.655	0.647	0.776	0.644
还原糖		1.000	0.919	-0.905	0.979	0.488	-0.952	0.685	0.718	0.714	0.803	0.646
总植物碱			1.000	-0.986	0.937	0.156	-0.993	0.443	0.463	0.448	0.603	0.453
总氮				1.000	-0.923	-0.184	0.987	-0.437	-0.426	-0.414	-0.579	-0.454
淀粉					1.000	0.407	-0.960	0.573	0.650	0.611	0.713	0.601

（续上表）

指标	总糖	还原糖	总植物碱	总氮	淀粉	糖碱比	氮碱比	香气质	香气量	杂气	刺激性	余味
糖碱比						1.000	−0.260	0.851	0.809	0.821	0.771	0.770
氮碱比							1.000	−0.528	−0.538	−0.528	−0.672	−0.534
香气质								1.000	0.910	0.964	0.963	0.874
香气量									1.000	0.971	0.951	0.907
杂气										1.000	0.971	0.877
刺激性											1.000	0.902
余味												1.000

③湖南永州 C3F 烟叶化学成分和感官指标的主成分分析。

主成分提取。见表 4-52，提取特征值为 1.0 以上的前两个主成分，其累计贡献率达 95.239%，可以作为烤烟化学成分和感官质量评价的主要指标。其中第 1 主成分贡献率为 74.48%，与总糖、还原糖、总植物碱、淀粉、糖碱比、香气质、香气量、刺激性、杂气、余味有较大的正系数，与总氮、氮碱比有较大的负系数。第 2 主成分贡献率为 20.759%，与总氮、糖碱比有较大的正系数，与总植物碱有较大的负系数。

表 4-52　湖南永州 C3F 主成分分析的特征向量和方差贡献率

指标	第 1 主成分	第 2 主成分	指标	第 1 主成分	第 2 主成分
总糖	0.940	−0.331	香气质	0.854	0.464
还原糖	0.952	−0.259	香气量	0.867	0.440
总植物碱	0.819	−0.568	刺激性	0.937	0.309
总氮	−0.807	0.573	杂气	0.863	0.466
淀粉	0.909	−0.359	余味	0.833	0.411
糖碱比	0.661	0.639	主成分特征值	8.938	2.491
氮碱比	−0.873	0.485	主成分贡献率/%	74.48	20.759

主成分得分的差异性。根据因子载荷值和特征值，计算主成分中不同指标的相关系数，得到湖南永州 C3F 不同叶面区位的主成分得分表，见表 4-53。从表中可以看出，第 1 主成分、第 2 主成分和总分在各区位存在一定的连续性和规律性，主要表现在叶中部第三至第六区位得分相对最高，叶尖部区位次之，叶基部区位得分相对最低。

表 4-53 湖南永州 C3F 不同叶面区位的主成分得分

C3F	第1主成分	第2主成分	总分	C3F	第1主成分	第2主成分	总分
L1	-0.77	-0.44	-0.66	L6	0.82	0.86	0.79
L2	0.02	0.47	0.12	L7	0.26	-0.06	0.18
L3	0.66	0.87	0.68	L8	-0.16	-0.78	-0.28
L4	1.09	1.07	1.03	L9	-1.08	-1.12	-1.04
L5	1.44	1.36	1.36	L10	-2.29	-2.21	-2.17

④湖南永州 C3F 叶面不同区位的聚类分析。基于叶面不同区位的主成分综合得分，对叶面不同区位进行聚类分析，结果如图 4-13 所示。由图可知，湖南永州 C3F 叶面可分为四类，第一类为第一、第九区位，第二类为第二、第七、第八区位，第三类为第三、第四、第五、第六区位，第四类为第十区位。

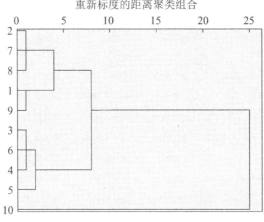

图 4-13 湖南永州 C3F 基于主成分得分的分切聚类树形图

根据聚类分析结果，得到烟叶各类区段平均得分，见表 4-54。平均得分表现为第三类（0.97）>第二类（0.007）>第一类（-0.85）>第四类（-2.17），四类数值差异明显，说明可根据烟叶品质的差异进行精细化区分。评吸总分表明，第三类区位烟叶显著高于其他类别，第四类区段评吸总分最低。结果表明，第三至第六区位烟叶品质较好，第十区位烟叶品质较差。

表 4-54 基于聚类分析结果的湖南永州 C3F 烟叶各类平均综合得分

区段	平均得分	评吸总分	区段	平均得分	评吸总分
第一类	-0.85+0.19	37.25+4.00	第三类	0.97+0.26	51.81+2.06
第二类	0.007+0.20	44.33+1.65	第四类	-2.17+0.00	28.00+0.00

（5）湖南永州 C4F 烟叶不同分切区位常规化学成分和感官质量的差异性分析。

①湖南永州 C4F 不同区位间化学成分和感官指标的差异性。见表 4 - 55，从叶尖段到叶基段方向，湖南永州 C4F 烟叶不同分切区位的总糖、还原糖和总植物碱含量总体呈现下降趋势，而总氮含量和氮碱比总体呈现上升趋势。总糖方面，第一区位显著大于第七至第十区位，第十区位显著小于第一至第八区位。还原糖方面，第一区位显著大于第二至第十区位，第十区位显著小于其他区位。总植物碱方面，第一区位显著大于其他区位；第十区位与第七至第九区位无显著差异，显著小于第一至第六区位。总氮方面，第十区位显著大于第一至第九区位，第一区位与第二至第七区位差异不显著，显著小于第八至第十区位。淀粉方面，第一和第八区位最低，第四和第五区位最高。糖碱比方面，第一区位显著小于第五至第九区位，相邻区位差异不显著。氮碱比方面，第十区位显著大于第一至第九区位，第一区位与第二至第四区位差异不显著，显著低于第五至第十区位。

表 4 - 55　湖南永州 C4F 不同区位化学成分差异性

处理	总糖/%	还原糖/%	总植物碱/%	总氮/%	淀粉/%	糖碱比	氮碱比
C4F1	33.2 ± 1.81a	26.70 ± 1.37a	2.37 ± 0.06a	1.63 ± 0.08d	4.53 ± 0.11f	14.01 ± 0.86b	0.69 ± 0.05g
C4F2	32.8 ± 2.05ab	25.80 ± 1.3ab	2.23 ± 0.07b	1.48 ± 0.08cd	6.23 ± 0.20d	14.71 ± 0.78ab	0.66 ± 0.03fg
C4F3	32.1 ± 0.94abc	24.50 ± 0.77bc	2.16 ± 0.06bc	1.56 ± 0.05cd	6.78 ± 0.18c	14.88 ± 0.83ab	0.72 ± 0.03efg
C4F4	31.7 ± 0.85abc	23.70 ± 0.75cd	2.07 ± 0.05cd	1.52 ± 0.04cd	7.97 ± 0.22a	15.31 ± 0.03ab	0.73 ± 0.04efg
C4F5	31.2 ± 2.57abc	23.10 ± 1.44cde	1.97 ± 0.07de	1.54 ± 0.10cd	7.89 ± 0.27a	15.84 ± 1.28a	0.79 ± 0.08def
C4F6	30.7 ± 1.47abc	22.70 ± 0.82cdef	1.91 ± 0.03ef	1.56 ± 0.06cd	7.45 ± 0.13b	16.1 ± 0.65a	0.82 ± 0.05cde
C4F7	30.1 ± 1.49bc	22.10 ± 1.39def	1.89 ± 0.06efg	1.63 ± 0.11cd	7.36 ± 0.24b	15.93 ± 0.47a	0.86 ± 0.09cd
C4F8	29.7 ± 1.12c	21.60 ± 1.09ef	1.83 ± 0.10efg	1.65 ± 0.09bc	4.53 ± 0.25f	16.24 ± 0.40a	0.9 ± 0.09bc
C4F9	29.2 ± 1.48cd	20.70 ± 1.13f	1.80 ± 0.05fg	1.78 ± 0.10b	6.12 ± 0.17d	16.22 ± 0.66a	0.99 ± 0.05b
C4F10	26.7 ± 0.9d	18.70 ± 0.55g	1.75 ± 0.14g	1.94 ± 0.06a	5.26 ± 0.42e	15.33 ± 1.49ab	1.11 ± 0.06a

注：表中数据分析采用邓肯氏新复极差法，同列不同数据中具有相同字母的数据间差异未达到 5% 显著水平，具有不同字母的数据间差异达到 5% 显著水平。

见表 4 - 56，在香气质方面，第三至第五区位显著高于其他区位，第十区位与第八、第九区位较为接近，显著低于第一、第六与第七区位。香气量方面，第二至第八区位显著高于其他区位，以第一、第九和第十区位最低。杂气方面，第三至第八区位显著高于其他区位；第一、第二、第九区位较为接近，显著高于第十区位。第十区位显著低于其他区位，表明该区位杂气较重。刺激性方面，相邻区位差异不显著；第十区位最低，显著差异于其他区位，表明其区位刺激性较强。余味方面，第一区位与第九、第十区位较为接近，显著低于第二至第八区位。

表 4 - 56　湖南永州 C4F 不同区位感官指标差异性分析

处理	香气质（9分）	香气量（9分）	杂气（9分）	刺激性（9分）	余味（9分）
C4F1	3.67 ± 0.58cd	3.17 ± 0.29d	5.00 ± 0.00c	6.17 ± 0.29c	4.50 ± 0.50d
C4F2	4.33 ± 0.29bc	4.00 ± 0.50bc	5.00 ± 0.50c	6.33 ± 0.58bc	5.83 ± 0.76abc
C4F3	5.33 ± 0.58a	4.50 ± 0.50ab	6.67 ± 0.29ab	7.00 ± 0.50ab	5.83 ± 0.76abc
C4F4	5.33 ± 0.29a	4.83 ± 0.29a	6.83 ± 0.29a	7.00 ± 0.50ab	5.83 ± 0.58abc
C4F5	5.67 ± 0.58a	4.67 ± 0.29a	6.83 ± 0.58a	7.17 ± 0.29a	6.17 ± 0.29a
C4F6	4.50 ± 0.50b	4.33 ± 0.29abc	6.50 ± 0.50ab	7.17 ± 0.29a	6.33 ± 0.29a
C4F7	3.67 ± 0.29cd	4.00 ± 0.50bc	6.33 ± 0.58ab	6.83 ± 0.58abc	6.00 ± 0.00ab
C4F8	3.50 ± 0.5de	3.83 ± 0.29c	6.00 ± 0.50b	6.67 ± 0.29abc	5.67 ± 0.29abc
C4F9	3.00 ± 0.00de	3.17 ± 0.29d	5.17 ± 0.29c	6.17 ± 0.29c	5.17 ± 0.29bcd
C4F10	2.83 ± 0.29e	3.00 ± 0.00d	4.17 ± 0.29d	5.00 ± 0.50d	5.00 ± 0.00cd

注：表中数据分析采用邓肯氏新复极差法，同列不同数据中具有相同字母的数据间差异未达到5%显著水平，具有不同字母的数据间差异达到5%显著水平。

②湖南永州 C4F 化学成分和感官指标间的相关性分析。见表 4 - 57，部分指标间的相关性未达到紧密水平，如总糖和淀粉、香气量、杂气、余味，还原糖和淀粉、香气质、香气量、杂气、余味，总植物碱和淀粉、香气质、香气量、杂气、刺激性、余味，总氮和糖碱比，淀粉和糖碱比、氮碱比，糖碱比和香气质、香气量、杂气、刺激性。大部分指标间的关系均是紧密或者非常紧密水平，说明烟叶化学成分和感官质量这些原始指标之间存在较多的共性，若直接使用原始指标的数据进行聚类分析评价，则容易造成信息重叠，影响分析和聚类结果的客观性，因此对原始指标进行降维处理和主成分提取。

表 4 - 57　烤烟化学成分和感官指标间的相关性分析

指标	总糖	还原糖	总植物碱	总氮	淀粉	糖碱比	氮碱比	香气质	香气量	杂气	刺激性	余味
总糖	1.000	0.983	0.913	-0.857	0.181	-0.571	-0.983	0.407	0.358	0.388	0.575	0.309
还原糖		1.000	0.964	-0.777	0.051	-0.691	-0.960	0.285	0.213	0.250	0.442	0.161
总植物碱			1.000	-0.614	-0.061	-0.855	-0.882	0.155	0.031	0.055	0.237	-0.045
总氮				1.000	-0.503	0.174	0.912	-0.740	-0.747	-0.729	-0.857	-0.739
淀粉					1.000	0.299	-0.275	0.744	0.770	0.706	0.705	0.784
糖碱比						1.000	0.544	0.149	0.344	0.351	0.224	0.440
氮碱比							1.000	-0.528	-0.465	-0.475	-0.643	-0.417
香气质								1.000	0.954	0.898	0.852	0.894
香气量									1.000	0.917	0.905	0.965
杂气										1.000	0.954	0.896
刺激性											1.000	0.815
余味												1.000

③湖南永州 C4F 烟叶化学成分和感官指标的主成分分析。

主成分提取。见表 4-58，提取特征值为 1.0 以上的前两个主成分，其累计贡献率达 92.463%，可以作为烤烟化学成分和感官质量评价的主要指标。其中第 1 主成分贡献率为 59.453%，与总糖、还原糖、淀粉、香气质、香气量、刺激性、杂气、余味有较大的正系数，与总氮，氮碱比有较大的负系数。第 2 主成分贡献率为 33.01%，与糖碱比、氮碱比、余味有较大的正系数，与总糖、还原糖、总植物碱、氮碱比有较大的负系数。

表 4-58　湖南永州 C4F 主成分分析的特征向量和方差贡献率

指标	第 1 主成分	第 2 主成分	指标	第 1 主成分	第 2 主成分
总糖	0.768	-0.619	香气质	0.870	0.348
还原糖	0.663	-0.740	香气量	0.860	0.470
总植物碱	0.503	-0.860	刺激性	0.934	0.262
总氮	-0.964	0.169	杂气	0.853	0.434
淀粉	0.661	0.496	余味	0.825	0.526
糖碱比	-0.074	0.921	主成分特征值	7.134	3.961
氮碱比	-0.839	0.540	主成分贡献率/%	59.453	33.010

主成分得分的差异性。根据因子载荷值和特征值计算主成分中不同指标的相关系数，得到湖南永州 C4F 不同叶面区位的主成分得分见表 4-59。从表中可以看出，第 1 主成分、第 2 主成分和总分在各区位存在一定的连续性和规律性，主要表现在叶中部各区位得分相对最高，叶尖部区位次之，叶基部区位得分相对最低。

表 4-59　湖南永州 C4F 不同叶面区位的主成分得分

C4F	第 1 主成分	第 2 主成分	总分	C4F	第 1 主成分	第 2 主成分	总分
L1	-0.17	0.26	-0.11	L6	0.7	0.16	0.57
L2	0.03	-0.11	0.01	L7	-0.05	0.04	-0.04
L3	0.25	-0.2	0.18	L8	-0.33	-0.65	-0.32
L4	0.28	0.16	0.23	L9	-0.28	-0.01	-0.23
L5	0.47	0.48	0.42	L10	-0.89	-0.15	-0.72

④湖南永州 C4F 叶面不同区位的聚类分析。基于叶面不同区位的主成分综合得分，对叶面不同区位进行聚类分析，结果如图 4-14 所示。由图可知，湖南永州 C4F 叶面可分为四类，第一类为第一、第九、第十区位，第二类为第二、第八区位，第三类为第三、第四、第五区位，第四类为第六、第七区位。

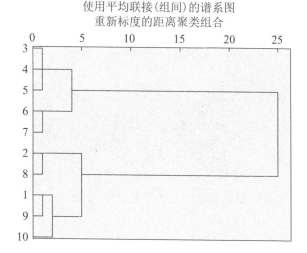

使用平均联接(组间)的谱系图
重新标度的距离聚类组合

图4-14 湖南永州 C4F 基于主成分得分的分切聚类树形图

根据聚类分析结果得到烟叶各类区段平均得分,见表4-60。平均得分表现为第三类(0.97)>第二类(0.007)>第一类(-0.85)>第四类(-2.17),四类数值差异明显,说明可根据烟叶品质的差异进行精细化区分。评吸总分表明,第三类区段烟叶显著高于其他类别,第四类区段显著低于其他类别。结果表明,第三至第五区位烟叶品质较好,第一、第九、第十区位烟叶品质较差。

表4-60 基于聚类分析结果的湖南永州 C4F 烟叶各类平均综合得分

区段	平均得分	评吸总分	区段	平均得分	评吸总分
第一类	-0.85 + 0.19	29.83 + 1.43	第三类	0.97 + 0.26	42.5 + 0.41
第二类	0.007 + 0.20	37.00 + 0.50	第四类	-2.17 + 0.00	39.88 + 1.38

三、主要结论

根据广东南雄、湖南永州不同等级烟叶分切聚类树形图,并结合各区段烟叶评吸总分,画出广东南雄、湖南永州烟叶十段分切品质聚类示意图如图4-15与图4-16所示,颜色越浅,代表综合质量相对较好;随着颜色加深,其综合质量有所降低。各等级烟叶的叶基部分,即第九区位和第十区位颜色最深,是烟叶品质较差的部分;叶中间部分,大致从第三区位到第七区位(不同烟区各等级烟叶略有差异)是烟叶品质较好的部分;叶尖部分,即第一区位和第二区位的品质差于叶中部分,但优于叶基部分。总体而言,随着烟叶等级的变化,品质较好的烟叶区位略有不同,但品质较差的区位均集中于叶基处。广东南雄和湖南永州相同烟叶等级的品质聚类示意图不同区位的聚类分布趋势基本一致，差异较小，主要差异在于两产区 C2F 和 B2F 两等级叶尖部聚类差异较大，湖南永州 C2F、B2F 叶尖区位烟叶品质相对更接近叶中部的烟叶品质。

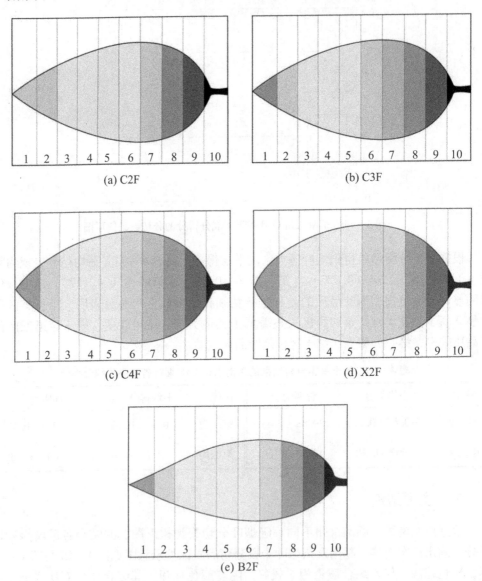

图 4-15　广东南雄各等级烟叶十段分切品质聚类图

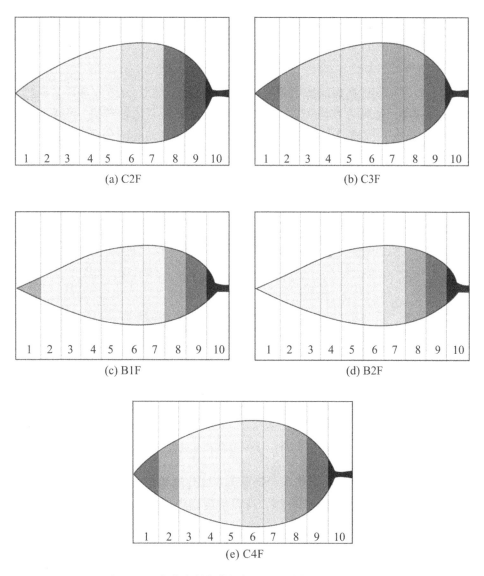

图4-16 湖南永州各等级烟叶十段分切品质聚类图

第三节 焦甜醇甜香特色烟叶分切加工技术研究

一、不同分切工艺对复烤加工质量的影响

从叶片结构角度探讨合理的烟叶分切方式。为了改善叶片片形,以叶形制定出个性化的叶片结构,满足深圳烟草工业制丝工艺、卷烟配方的需求,于韶关复烤厂对烟

叶原料进行了一刀两段、二刀三段、三刀四段可调式分切处理，研究不同分切方式对打叶质量，特别是叶片结构的影响。

（一）试验材料与设备

以广东南雄烟区优质焦甜醇甜香烟叶为供试材料，选取 2023 年度广东南雄 C3F 烟叶作为试验样品，品种为粤烟 97。采用 12000 kg/h 打叶复烤生产线、质量控制振动筛（美国 Griffin 公司）、98315 - A 型叶中含梗测定仪（美国 Griffin 公司公司）、RX29 型多层振动筛分器（美国 ROTAP 公司）、ML16001L（16.1 kg，0.1 g）型电子天平（德国 METTLER TOLEDO 公司）、AL204 型电子天平（感量 0.0001 g，德国 METTLER TOLE-DO 公司）。

（二）试验设计与处理

在传统打叶的基础上，采用多级切断的工艺试验设计，如图 4 - 17 所示。

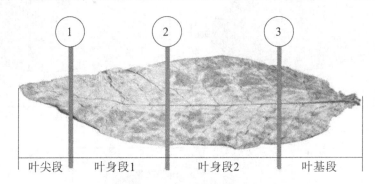

图 4 - 17　烟叶切断位置示意图

试验方案见表 4 - 61，测定指标为烤前烤后叶片结构相关指标。每个方案投入使用 2023 年度广东南雄 C3F 烟叶各 500 担，待设备运行稳定后，每 20 分钟检测一次打叶叶片结构指标。

表 4 - 61　传统打叶工艺多级切断试验方案设计

| 方案 | 切断工艺配置 | 一打框栏配置 | | | | 二打框栏配置 | 三打框栏配置 | 四打框栏配置 | 五打框栏配置 |
		1 联	2 联	3 联	4 联				
方案 1	1 刀（3 号）	六 3.5″	双菱 3″	六 3.5″	六 3.5″	双菱 2.5″			
方案 2	2 刀（1、3 号）					菱 2.5″	Φ2″	Φ2″	
方案 3	3 刀（1、2、3 号）								

注：①方案 2 为对照试验的设备参数，以传统打叶的参数为准。
②试验期间，风分频率以满足含梗率指标进行微调，不易频繁调整，打辊转数也基本稳定不动。

（三）试验工艺条件

本试验基本工艺参数按照表4-62执行。

表4-62　基本工艺条件

试验方案	要求	试验方案	要求
流量/(kg·h⁻¹)	12 000	二润水分/%	16～19
一润温度/℃	50～55	叶含梗/%	<1.3
一润水分/%	16～18	成品含水率/%	11.5～12.5
二润温度/℃	50～60		

（四）试验工艺路径

准备不同方案烟叶原料→均质化出库方案→按配比比例摆把→初级润叶→均质化装框1个暂存区（18列×6框×3层）→翻箱喂料→一润→风选及在线挑选→仓式喂料→流量12000 kg/h→二润→打叶→预混柜→满柜后出柜→复烤→打包。

备注：方案转换时，要在翻箱喂料处预留一定缓冲时间，车间各工序要注意各方案衔接时间间隔。

（五）统计分析方法

采用 Excel 2020 对数据进行录入整理，采用 IBM SPSS Statistics 23 对数据进行方差分析，采用 Origin 2023 对数据进行制图。

（六）主要结果

（1）不同处理方案烤前、烤后叶片结构检测。由表4-63与表4-64可知，在保证预处理、打叶工序工艺条件一致的前提下，分切方式对打后大片比例、中片比例在 $\alpha = 0.05$ 水平下有显著影响，但是对烤后的大中片率没有显著的影响。

同时可以发现，随着烟叶原料分切段数增多，打后大片比例、大中片比例、大中小片比例、大中小碎片比例、OBJ 比例逐步呈下降趋势；打后中片比例、小片比例、碎片比例、碎末比例逐渐增多；叶中含梗比例与受分切段数增加。

表4-63　烤前叶片结构数据汇总

单位:%

方案	大片比例	中片比例	大中片比例	小片比例	大中小片比例	碎片比例	大中小碎片比例	碎末比例	叶含梗比例	OBJ比例
方案1	43.45	35.57	79.03	15.76	94.79	4.72	99.51	0.49	0.57	0.02
	42.64	33.54	76.18	18.08	94.26	5.26	99.52	0.48	0.66	0.03
	40.39	36.97	77.36	16.49	93.85	5.64	99.49	0.51	0.99	0.09
	42.74	38.22	80.96	14.42	95.38	4.18	99.56	0.44	0.68	0.09
	42.07	38.53	80.60	14.41	95.01	4.52	99.53	0.47	0.80	0.10
	41.67	33.45	75.12	16.90	92.02	7.27	99.29	0.71	0.78	0.13
	42.16	35.48	77.64	16.33	93.97	5.39	99.36	0.64	0.59	0.11
平均值	42.16	35.97	78.13	16.06	94.18	5.28	99.47	0.53	0.72	0.08
方案2	40.39	36.97	77.36	16.49	93.85	5.64	99.49	0.51	0.99	0.09
	35.46	41.85	77.31	16.40	93.72	5.77	99.48	0.52	0.79	0.07
	33.98	41.69	75.67	18.03	93.71	5.75	99.45	0.55	0.71	0.06
	35.17	41.62	76.80	16.97	93.77	5.65	99.42	0.58	0.82	0.06
	35.11	41.10	76.21	17.63	93.84	5.64	99.48	0.52	0.80	0.06
	38.27	38.99	77.27	16.58	93.85	5.63	99.47	0.53	0.89	0.05
	36.46	40.62	77.08	16.73	93.81	5.63	99.44	0.56	0.89	0.06
平均值	36.41	40.41	76.81	16.98	93.79	5.67	99.46	0.54	0.84	0.07
方案3	30.68	41.83	72.51	19.16	91.67	7.68	99.35	0.65	0.86	0.05
	35.75	42.51	78.26	15.59	93.85	5.58	99.43	0.57	0.87	0.07
	36.74	38.58	75.32	18.52	93.84	5.58	99.42	0.58	0.84	0.06
	34.10	41.95	76.05	17.73	93.78	5.69	99.47	0.53	0.73	0.05
	34.98	42.07	77.05	16.71	93.76	5.70	99.46	0.54	0.83	0.06
	35.00	40.89	75.89	18.12	94.01	5.48	99.49	0.51	0.85	0.05
	38.26	39.00	77.26	16.80	94.06	5.45	99.51	0.49	0.89	0.06
平均值	35.07	40.98	76.05	17.52	93.57	5.88	99.45	0.55	0.84	0.06

表4-64 不同分切方式对打后叶片结构描述统计

单位:%

方案	大片比例	中片比例	大中片比例	小片比例	大中小片比例	碎片比例	大中小碎片比例	碎末比例	叶含梗比例	粗梗率
1	42.16b	35.97a	78.13a	16.06a	94.18a	5.28a	99.47a	0.53a	0.72a	0.08a
2	36.41a	40.41b	76.81a	16.98a	93.79a	5.67a	99.46a	0.54a	0.84a	0.06a
3	35.07a	40.98b	76.05a	17.52a	93.57a	5.88a	99.45a	0.55a	0.84a	0.06a

注:不同的英文字母代表 $\alpha = 0.05$ 上的不同子集。

由表4-65与表4-66可知,在保证流量、复烤工序条件一致的前提下,分切方式对烤后大片比例、中片比例、大中片比例在 $\alpha = 0.05$ 水平下有显著影响。

可以看出,随着烟叶分切段数增加,大片比例、大中片比例、大中小片比例、OBJ比例呈下降趋势,小片比例、碎片比例呈增加趋势;中片比例、碎末比例、叶含梗比例受烟叶分切段数增加,呈先增加后减少的趋势;大中小碎片比例随烟叶分切段数增加,呈先减少后增加的趋势。

方案2和方案3虽然能显著提高烤后片烟中片的比例,但是却过多地降低了烤后片烟的大片比例,使整体大中片率比例过低,均未上70%,且碎片比例显著高于方案1。

表4-65 烤后叶片结构数据汇总

单位:%

方案	大片比例	中片比例	大中片比例	小片比例	大中小片比例	碎片比例	大中小碎片比例	碎末比例	叶含梗比例	OBJ比例
	27.00	45.02	72.02	20.80	92.83	6.57	99.40	0.60	0.65	0.04
	26.25	45.67	71.92	20.45	92.37	6.99	99.35	0.65	0.71	0.14
	28.60	42.30	70.90	24.36	95.26	4.09	99.35	0.65	0.82	0.16
方案1	26.74	41.51	68.25	26.58	94.83	4.47	99.30	0.70	0.89	0.17
	29.37	44.17	73.54	20.05	93.59	5.84	99.43	0.57	0.88	0.03
	28.06	43.88	71.94	20.52	92.46	6.83	99.29	0.71	0.58	0.06
平均值	27.67	43.76	71.43	22.13	93.56	5.80	99.35	0.65	0.76	0.10

（续上表）

单位:%

方案	大片比例	中片比例	大中片比例	小片比例	大中小片比例	碎片比例	大中小碎片比例	碎末比例	叶含梗比例	OBJ比例
	19.40	48.08	67.49	24.11	91.59	7.66	99.25	0.75	0.89	0.04
	20.96	47.67	68.63	22.98	91.60	7.77	99.37	0.63	0.94	0.06
	19.56	48.11	67.67	24.30	91.97	7.42	99.39	0.61	0.92	0.09
方案2	20.74	47.45	68.20	23.93	92.13	7.20	99.33	0.67	0.95	0.07
	22.02	46.95	68.97	23.19	92.16	7.09	99.25	0.75	1.07	0.08
	21.11	47.43	68.54	24.25	92.79	6.59	99.38	0.62	0.87	0.03
	0.02	22.67	49.02	71.69	21.54	93.23	6.18	99.41	0.59	0.90
平均值	20.92	47.82	68.74	23.47	92.21	7.13	99.34	0.66	0.94	0.06
	18.89	45.21	64.10	25.93	90.03	9.07	99.10	0.90	0.68	0.03
	19.35	48.75	68.10	23.93	92.03	7.25	99.28	0.72	0.89	0.04
	21.97	47.04	69.01	23.31	92.32	7.13	99.45	0.55	0.93	0.06
方案3	20.75	47.19	67.94	24.12	92.06	7.37	99.43	0.57	0.87	0.06
	20.75	47.41	68.16	23.97	92.13	7.23	99.36	0.64	0.96	0.04
	18.99	49.35	68.34	24.67	93.01	6.47	99.48	0.52	0.79	0.06
平均值	20.12	47.49	67.61	24.32	91.93	7.42	99.35	0.65	0.85	0.05

表4-66　不同分切方式对烤后叶片结构描述统计

单位:%

方案	大片比例	中片比例	大中片比例	小片比例	大中小片比例	碎片比例	大中小碎片比例	碎末比例	叶含梗比例	粗梗率
1	27.67b	43.76a	71.43b	22.13a	93.56b	5.80a	99.35a	0.65a	0.76a	0.10a
2	20.92a	47.82b	68.74a	23.47a	92.21a	7.13b	99.34a	0.66a	0.93ab	0.06a
3	20.12a	47.49b	67.61a	24.32a	91.93a	7.42b	99.35a	0.65a	0.85b	0.05a

注: 不同的英文字母代表 $\alpha = 0.05$ 上的不同子集。

（2）不同处理方案投入产出检测。严格对每个方案原料烟叶进行过磅统计，记录各方案过磅信息即投料量（kg），并根据方案1、方案2、方案3的片烟、碎片、烟梗实际产出情况，及时汇总，并根据投入情况及时核算片烟得率、出梗率、出片率、实物产品得率，投入产出见表4-67。

表4-67 不同处理方案投入产出

单位:%

项目	片烟得率	碎片1（2.36~6.35 mm）得率	碎片2（1~2.36 mm）得率	烟末（1mm以下）得率	出片率	出梗率	实物产品得率
方案1	62.46	0.89	0.94	0.16	63.35	28.18	92.63
方案2	62.49	0.63	0.63	0.16	63.12	27.40	91.31
方案3	61.84	0.95	0.79	0.16	62.79	29.38	93.12

从表4-68可知，随着分切刀数增加，切断过程中烟叶造碎增加，打叶复烤过程中碎片和碎末含量增加，但对烟末含量变化影响不大。由表4-68 Pearson相关系数可以看出，分切刀数与片烟得率的Pearson相关系数达到-0.845，与出片率的Pearson相关系数达到-0.965，与实物产品得率的Pearson相关系数达到-0.987，说明随着分切数量的增加，片烟得率、出片率、实物产品得率均有下降的趋势。

表4-68 不同方案处理分切刀数与投入产出相关性分析

		切断刀数
片烟得率	Pearson 相关性	-0.845
	显著性（双侧）	0.359
	N	3
碎片1得率	Pearson 相关性	0.176
	显著性（双侧）	0.887
	N	3
碎片2得率	Pearson 相关性	-0.484
	显著性（双侧）	0.679
	N	3
烟末得率	Pearson 相关性	.[a]
	显著性（双侧）	.
	N	3
出片率	Pearson 相关性	-0.965
	显著性（双侧）	0.169
	N	3

（续上表）

		切断刀数
出梗率	Pearson 相关性	0.602
	显著性（双侧）	0.589
	N	3
实物产品得率	Pearson 相关性	−0.987
	显著性（双侧）	0.105
	N	3

注：a 至少有一个变量为常数，所以无法进行统计。

（七）主要结论

①在传统打叶工艺的基础上增加烟叶原料分切段数，会使烤后烟叶大片率降低幅度较大，中片率虽有所提升，但提升空间有限，同时大中片率数值均较低。随着分切数量的增加，叶中含梗率、片烟得率、出片率、实物产品得率均有下降的趋势，综合考虑大中片比例、小片比例、碎片比例、碎末比例以及在满足深圳烟草工业烤后烟叶大片率 <38%、大中片率 ≥76%、碎片率 <8%、碎末率 <1.3%、叶中含梗率 <1.2%、粗梗率 ≤0.2% 加工工艺需求，在不改变传统加工工艺的现状上，采用 1 刀切断工艺的烤后烟叶结构相对更符合深烟工业的质量要求。

②分切数量在本次试验中与投入产出无较大影响，但随着分切数量的增加，片烟得率、出片率、实物产品得率均有下降的趋势。

二、不同分切长度对感官质量的影响

（一）开展深烟工业广东南雄、湖南永州主要调拨等级切基验证试验

根据第二节广东南雄、湖南永州烟叶主调拨等级不同分切区位常规化学成分和感官质量差异性分析，可以得出广东南雄、湖南永州烟叶品质相对最差的部分集中在第十段和第九段之间。在 1 刀分切加工工艺的基础上，为进一步细化区分，结合生产实际，设计开展两地主要调拨等级烟叶切基 5 cm、8 cm 及 12 cm 的评吸试验，旨在从感官质量角度探讨最适宜的切基长度。

（1）试验材料与仪器设备。

烟叶。以广东南雄烟区 2023 年度 B2F、C2F、C3F、C4F、X2F 烟叶作为试验样品，品种为粤烟 97。选取湖南永州 2023 年度 B1F、B2F、C2F、C3F、C4F 烟叶作为试验样品，品种为云烟 87。

仪器设备。大号剪刀、直尺、梅特勒-托利多仪（上海）有限公司 MS303TS/02 电子天平。

（2）分切方法。试验烟叶进行基部分切，各等级分别分切 5 cm、8 cm 及 12 cm，如图 4 – 18 所示。

5 cm   8 cm   12 cm

图 4 – 18　烟叶基部分切

设计处理命名见表 4 – 69。

表 4 – 69　各切基处理命名

处理方式	C2F	C3F	C4F	X2F	B1F	B2F
切基 5 cm	C2F5Q	C3F5Q	C4F5Q	X2F5Q	B1F5Q	B2F5Q
切基 8 cm	C2F8Q	C3F8Q	C4F8Q	X2F8Q	B1F8Q	B2F8Q
切基 12 cm	C2F12Q	C3F12Q	C4F12Q	X2F12Q	B1F12Q	B2F12Q

（3）感官质量评价。将各等级烟叶基部样品分别切丝混匀，手工制成卷烟，于 22℃ ±2℃、相对湿度 60% ±2% 的恒温恒湿箱内平衡 2 d。由深圳烟草工业公司 7 名专业评吸师参照 YC/T138—1998 对卷烟烟叶样品进行感官质量评价，评价指标包括香气质、香气量、余味、杂气、刺激性，单项指标满分均为 9 分，得分越高越好。总分计算公式为：

总分 =2.5 ×香气质得分 +2.0 ×香气量得分 + 杂气得分 + 刺激性得分 + 余味得分

（4）统计分析方法。采用 Excel 2020 对数据进行录入整理，采用 IBM SPSS Statistics 23 对数据进行方差分析。

（5）主要结果。

①广东南雄主调拨等级不同长度基部烟叶感官指标的差异性分析。见表 4 – 70，广东南雄 C2F 不同长度的基部烟叶感官质量差异具有较为明显的规律。香气质方面，切基 5 cm、8 cm 与 12 cm 之间有显著差异，且切基 12 cm 显著优于切基 5 cm 与 8 cm，切基 5 cm 在香气质与香气量得分最低。香气量、杂气与余味方面，切基 5 cm 显著低于切

基 12 cm 与 8 cm。刺激性方面，切基 12 cm 显著高于切基 5 cm，切基 8 cm 与切基 5 cm 和 12 cm 差异不显著。综合来看，切基 12 cm 与 8 cm 之间无明显差异，均显著高于切基 5 cm。

表 4-70　广东南雄 C2F 不同长度基部烟叶感官质量对比

处理	香气质 （9 分）	香气量 （9 分）	杂气 （9 分）	刺激性 （9 分）	余味 （9 分）	总分
C2F5Q	4.17 ± 0.29c	4.17 ± 0.29b	3.67 ± 0.58b	4.67 ± 1.44b	4.67 ± 0.58b	31.75 ± 3.25b
C2F8Q	5.50 ± 0.50b	5.83 ± 0.29a	5.33 ± 0.58a	6.00 ± 0.00ab	6.00 ± 0.00a	42.75 ± 1.95a
C2F12Q	6.50 ± 0.50a	6.17 ± 0.76a	6.00 ± 0.87a	6.67 ± 0.29a	6.33 ± 0.29a	47.58 ± 3.39a

注：表中数据分析采用邓肯氏新复极差法，同列不同数据中具有相同字母的数据间差异未达到 5% 显著水平，具有不同字母的数据间差异达到 5% 显著水平。

见表 4-71，广东南雄 C3F 不同长度基部烟叶感官质量规律也较为明显。香气质方面，切基 12 cm 显著优于切基 5 cm 与 8 cm，切基 5 cm 在香气质与香气量得分最低。香气量、杂气与余味方面，切基 5 cm 显著低于切基 12 cm 与切基 8 cm。刺激性方面，切基 12 cm 显著高于切基 5 cm，切基 8 cm 与切基 5 cm 和 12 cm 差异不显著。综合来看，切基 12 cm 显著高于切基 8 cm 与 5 cm，切基 8 cm 显著高于切基 5 cm。

表 4-71　广东南雄 C3F 不同长度基部烟叶感官质量对比

处理	香气质 （9 分）	香气量 （9 分）	杂气 （9 分）	刺激性 （9 分）	余味 （9 分）	总分
C3F5Q	3.67 ± 0.29c	3.83 ± 0.29b	3.00 ± 0.50b	4.33 ± 1.15b	4.33 ± 0.76b	28.50 ± 2.46c
C3F8Q	5.00 ± 0.50b	5.17 ± 0.29a	5.17 ± 0.76a	5.67 ± 0.29ab	5.50 ± 0.50a	39.17 ± 0.88b
C3F12Q	6.17 ± 0.29a	5.67 ± 0.29a	5.67 ± 0.76a	6.33 ± 0.29a	5.83 ± 0.29a	44.58 ± 1.94a

注：表中数据分析采用邓肯氏新复极差法，同列不同数据中具有相同字母的数据间差异未达到 5% 显著水平，具有不同字母的数据间差异达到 5% 显著水平。

见表 4-72，在香气质方面，广东南雄 C4F 切基 12 cm 显著优于切基 5 cm 与 8 cm，切基 5 cm 在香气质与香气量得分最低。香气量方面，切基 12 cm 显著高于切基 5 cm，切基 8 cm 与切基 5 cm 和 12 cm 差异不显著。杂气与余味方面，切基 8cm 和切基 12cm 之间无明显差异，切基 5 cm 显著低于前两者。刺激性方面，三个处理之间没有显著差异。综合来看，三个处理相互之间都具有较为显著的差异，切基 12 cm 显著高于切基 8 cm 与 5 cm，切基 8 cm 显著高于切基 5 cm。

表4-72 广东南雄 C4F 不同长度基部烟叶感官质量对比

处理	香气质 (9分)	香气量 (9分)	杂气 (9分)	刺激性 (9分)	余味 (9分)	总分
C4F5Q	2.83±0.29c	3.16±0.58b	2.17±0.29b	3.33±1.04a	3.17±0.58b	22.08±1.01c
C4F8Q	4.17±0.29b	4.00±0.50ab	4.00±0.50a	4.66±0.29a	4.83±0.29a	31.92±1.59b
C4F12Q	4.83±0.29a	4.67±0.29a	4.33±0.76a	4.67±0.58a	4.83±0.29a	35.25±1.09a

注：表中数据分析采用邓肯氏新复极差法，同列不同数据中具有相同字母的数据间差异未达到5%显著水平，具有不同字母的数据间差异达到5%显著水平。

从表4-73可知，在香气质与杂气方面，广东南雄 X2F 切基8 cm 和切基12 cm 之间没有显著差异，但两处理均与切基5 cm 有显著差异。在香气量方面，切基12 cm 显著高于切基5 cm 与8 cm 切基方式。在杂气方面，切基8 cm 与12 cm 无显著差异，但都显著高于切基5 cm。在刺激性和余味方面，三个处理之间没有显著差异。综合来看，切基12 cm 与8 cm 无显著差异，都显著高于切基5 cm。

表4-73 广东南雄 X2F 不同长度基部烟叶感官质量对比

处理	香气质 (9分)	香气量 (9分)	杂气 (9分)	刺激性 (9分)	余味 (9分)	总分
X2F5Q	2.17±0.29b	3.00±0.50b	2.17±0.29b	3.16±0.76a	3.17±0.58a	19.92±0.80b
X2F8Q	3.67±0.58a	3.33±0.29b	3.50±0.50a	3.83±1.04a	3.83±0.29a	27.00±2.29a
X2F12Q	3.83±0.58a	4.00±0.00a	3.33±0.29a	4.00±0.50a	3.67±0.29a	28.58±1.89a

注：表中数据分析采用邓肯氏新复极差法，同列不同数据中具有相同字母的数据间差异未达到5%显著水平，具有不同字母的数据间差异达到5%显著水平。

从表4-74可知，广东南雄 B2F 不同长度的基部烟叶感官质量差异较为显著。在香气质、香气量、刺激性、余味、总分方面，切基5 cm 与切基8 cm、12 cm 有显著差异，而切基5 cm 和切基8 cm 之间均没有显著差异。在杂气方面，切基5 cm 和切基12 cm 之间有显著差异，而切基8 cm 则与两者没有显著差异。

表4-74 广东南雄 B2F 不同长度基部烟叶感官质量对比

处理	香气质 (9分)	香气量 (9分)	杂气 (9分)	刺激性 (9分)	余味 (9分)	总分
B2F5Q	3.67±0.29b	4.67±0.58b	3.50±0.87b	4.33±0.29b	3.83±0.58b	30.17±0.72b
B2F8Q	5.67±0.29a	6.17±0.29a	5.17±1.15ab	5.83±0.58a	5.50±0.86a	43.00±3.90a
B2F12Q	6.33±0.58a	6.67±0.29a	5.83±0.58a	6.33±0.58a	6.33±0.58a	47.67±3.75a

注：表中数据分析采用邓肯氏新复极差法，同列不同数据中具有相同字母的数据间差异未达到5%显著水平，具有不同字母的数据间差异达到5%显著水平。

②湖南永州主调拨等级不同长度基部烟叶度感官指标的差异性分析。从表4－75可知，湖南 C2F 不同长度基部烟叶感官质量差异具有较为明显的规律。各个感官质量指标中，香气质、香气量方面切基 5 cm、8 cm 与 12 cm 之间有显著差异，且切基 12 cm 显著优于切基 5 cm 与 8 cm，切基 5 cm 在香气质与香气量得分最低。杂气与刺激性方面，切基 12 cm 显著高于切基 8 cm 与切基 5 cm。余味方面，切基 8 cm 与 12 cm 显著高于切基 5 cm。综合来看，切基 12 cm 显著高于切基 5 cm 与 8 cm，切基 8 cm 显著高于切基 5 cm。

表4－75　湖南 C2F 不同长度基部烟叶感官质量对比

处理	香气质 (9分)	香气量 (9分)	杂气 (9分)	刺激性 (9分)	余味 (9分)	总分
C2F5Q	4.67 ±0.29c	4.50 ±0.50c	4.33 ±0.29b	5.00 ±0.87b	5.17 ±0.29b	35.67 ±0.38c
C2F8Q	5.67 ±0.29b	5.50 ±0.50b	4.83 ±0.29b	5.33 ±0.29b	6.17 ±0.29a	40.08 ±1.46b
C2F12Q	7.17 ±0.29a	6.50 ±0.50a	6.33 ±0.76a	7.00 ±0.50a	6.33 ±0.29a	50.58 ±2.32a

注：表中数据分析采用邓肯氏新复极差法，同列不同数据中具有相同字母的数据间差异未达到5%显著水平，具有不同字母的数据间差异达到5%显著水平。处理命名中 C2F 为湖南 C2F 等级烟叶，5、8 与 12 分别指切基 5cm、8cm 与 12 cm 处理，Q 代指烟叶切基处理。

由表4－76可知，湖南 C3F 各个感官质量指标中，香气质、杂气和余味方面切基 5 cm 与 8 cm 之间没有显著差异，但显著低于切基 12 cm。香气量方面，切基 12 cm 显著高于切基 8 cm，切基 5 cm 的香气量得分最低。刺激性方面，切基 8 cm 与切基 5 cm 和 12 cm 没有显著差异，但切基 12 cm 显著优于切基 5 cm。综合来看，切基 12 cm 显著高于切基 5 cm 与 8 cm，切基 8 cm 显著高于 5 cm。

表4－76　湖南 C3F 不同长度基部烟叶感官质量对比

处理	香气质 (9分)	香气量 (9分)	杂气 (9分)	刺激性 (9分)	余味 (9分)	总分
C3F5Q	4.17 ±0.29b	3.83 ±0.29c	3.67 ±0.29b	4.83 ±0.76b	4.50 ±0.50b	31.08 ±1.42c
C3F8Q	4.50 ±0.50b	4.67 ±0.29b	4.50 ±0.50b	5.50 ±0.00ab	5.00 ±0.00b	35.58 ±0.52b
C3F12Q	6.50 ±0.50a	5.67 ±0.29a	5.83 ±0.76a	6.50 ±0.50a	6.17 ±0.58a	46.08 ±2.10a

注：表中数据分析采用邓肯氏新复极差法，同列不同数据中具有相同字母的数据间差异未达到5%显著水平，具有不同字母的数据间差异达到5%显著水平。处理命名中 C3F 为湖南 C3F 等级烟叶，5、8 与 12 分别指切基 5 cm、8 cm 与 12 cm 处理，Q 代指烟叶切基处理。

由表4－77可知，湖南 C4F 各个感官质量指标中，香气质、香气量方面，切基 5 cm 与 8 cm 之间没有显著差异，但显著低于切基 12 cm。杂气方面，切基 8 cm 与 12 cm 之间没有显著差异，但显著高于切基 5 cm。刺激性方面，切基 8 cm 与切基 5 cm、

12 cm 之间没有显著差异，但切基 12 cm 显著高于切基 5 cm。余味方面，各组处理无显著差异。综合来看，切基 12 cm 与 8 cm 显著高于切基 5 cm。

表 4-77　湖南 C4F 不同长度基部烟叶感官质量对比

处理	香气质 （9 分）	香气量 （9 分）	杂气 （9 分）	刺激性 （9 分）	余味 （9 分）	总分
C4F5Q	3.33 ± 0.29b	3.17 ± 0.58b	3.50 ± 0.50b	3.33 ± 0.76b	4.00 ± 0.50a	25.50 ± 0.66b
C4F8Q	4.17 ± 0.29a	4.67 ± 0.29a	4.83 ± 0.29a	4.17 ± 0.29ab	3.83 ± 0.76a	32.58 ± 1.63a
C4F12Q	4.33 ± 0.29a	4.83 ± 0.29a	4.67 ± 0.76a	4.50 ± 0.50a	4.67 ± 0.29a	34.33 ± 0.63a

注：表中数据分析采用邓肯氏新复极差法，同列不同数据中具有相同字母的数据间差异未达到5%显著水平，具有不同字母的数据间差异达到5%显著水平。处理命名中 C4F 为湖南 C4F 等级烟叶，5、8 与 12 分别指切基 5 cm、8 cm 与 12 cm 处理，Q 代指烟叶切基处理。

从表 4-78 可知，湖南 B1F 各个感官质量指标中，香气质方面，切基 5 cm 与 8 cm 之间没有显著差异，但显著低于切基 12 cm。香气量和刺激性方面，切基 5 cm、8 cm 和 12 cm 均没有显著差异。杂气方面，切基 8 cm 与 12 cm 之间没有显著差异，但显著高于切基 5 cm。余味方面，切基 8 cm 与 12 cm 之间没有显著差异，但显著高于切基 5 cm。综合来看，切基 12 cm 显著高于切基 5 cm 与 8 cm，切基 8 cm 显著高于切基 5 cm。

表 4-78　湖南 B1F 不同长度基部烟叶感官质量对比

处理	香气质 （9 分）	香气量 （9 分）	杂气 （9 分）	刺激性 （9 分）	余味 （9 分）	总分
B1F5Q	5.17 ± 0.29b	5.33 ± 0.76a	4.67 ± 0.76b	5.00 ± 0.50a	4.67 ± 0.76b	39.58 ± 1.51c
B1F8Q	5.17 ± 0.29b	5.33 ± 0.29a	6.17 ± 0.58a	5.50 ± 0.87a	5.67 ± 0.29a	42.75 ± 1.15b
B1F12Q	6.33 ± 0.29a	6.33 ± 0.29a	6.17 ± 0.29a	6.00 ± 0.00a	6.00 ± 0.00a	48.17 ± 0.52a

注：表中数据分析采用邓肯氏新复极差法，同列不同数据中具有相同字母的数据间差异未达到5%显著水平，具有不同字母的数据间差异达到5%显著水平。处理命名中 B1F 为湖南 B1F 等级烟叶，5、8 与 12 分别指切基 5 cm、8 cm 与 12 cm 处理，Q 代指烟叶切基处理。

从表 4-79 可知，湖南 B2F 各个感官质量指标中，香气质方面，切基 5 cm、8 cm 与 12 cm 之间有显著差异，且切基 12 cm 显著优于切基 5 cm 与 8 cm，切基 5 cm 在香气质与香气量得分最低。香气量和余味方面，切基 5 cm 与 8 cm 之间没有显著差异，但均显著低于切基 12 cm。杂气方面，切基 8 cm 与 12 cm 显著优于切基 5 cm。刺激性方面，三种切基方式没有显著差异。综合来看，切基 12 cm 显著高于切基 5 cm 与 8 cm，切基 8 cm 显著高于切基 5 cm。

表 4 –79　湖南 B2F 不同长度基部烟叶感官质量对比

处理	香气质 （9 分）	香气量 （9 分）	杂气 （9 分）	刺激性 （9 分）	余味 （9 分）	总分
B2F5Q	4.5 ±0c	5.33 ±0.29b	4.17 ±0.29b	5.00 ±0.00a	4.33 ±0.58b	35.42 ±0.29c
B2F8Q	5.17 ±0.29b	5.67 ±0.29b	5.50 ±0.50a	5.17 ±0.29a	5.17 ±0.29b	40.08 ±0.14b
B2F12Q	6.33 ±0.29a	6.33 ±0.29a	5.67 ±0.29a	5.83 ±0.76a	6.50 ±0.50a	46.50 ±1.52a

　　注：表中数据分析采用邓肯氏新复极差法，同列不同数据中具有相同字母的数据间差异未达到 5% 显著水平，具有不同字母的数据间差异达到 5% 显著水平。处理命名中 B2F 为湖南 B2F 等级烟叶，5、8 与 12 分别指切基 5 cm、8 cm 与 12 cm 处理，Q 代指烟叶切基处理。

　　在对广东南雄和湖南永州两个产区的烟叶进行感官质量评价的研究中，我们采用了不同的切基长度进行处理，并将烟叶样本根据五个品质等级进行分类。通过系统的数据分析，我们观察到在不同的切基长度下，烟叶的感官质量存在显著差异。具体来说，切基 5 cm 的烟叶在多数指标上显示出较差的感官质量，而切基 8 cm 的烟叶感官质量有所改善，切基 12 cm 的烟叶则表现出相对最好的感官质量。在部分品质等级中，切基 8 cm 和 12 cm 的烟叶感官质量差异并不显著。

　　该结果与两个烟区基于十段分切品质聚类图的分析结果相吻合。通过综合感官质量评价的结果，我们可以推断，烟叶中 8 cm 及以下的部位普遍具有较差的综合质量，这部分烟叶往往含有较多的非烟叶组织，对烟叶的整体感官特性产生不利影响。因此，精准切除这部分质量较差的烟叶，可以有效提升烟叶的纯净度和感官品质。

　　（二）开展深烟工业广东南雄、湖南永州主要调拨等级分切验证试验

　　根据第二节广东南雄、湖南永州烟叶主调拨等级不同分切区位常规化学成分和感官质量差异性分析，可以得出广东南雄、湖南永州烟叶最优使用区域部分集中在第三段和第七段之间。为进一步细化区分，结合生产实际，设计开展两地主调拨等级烟叶分切 25 cm、35 cm 及 45 cm 的分切评吸试验，旨在从感官质量角度探讨最适宜的切基长度。

　　（1）试验材料与仪器设备。烟叶。选取广东南雄烟区 2023 年度 B2F、C2F、C3F、C4F、X2F 烟叶作为试验样品，品种为粤烟 97；选取湖南永州 2023 年度 B1F、B2F、C2F、C3F、C4F 烟叶作为试验样品，品种为云烟 87。

　　仪器设备。大号剪刀、直尺、梅特勒 – 托利多仪（上海）有限公司 MS303TS/02 电子天平。

　　（2）分切方法。对试验烟叶进行基部分切，各等级分别分切 25 cm、35 cm 及 45 cm，如图 4 –19 所示。

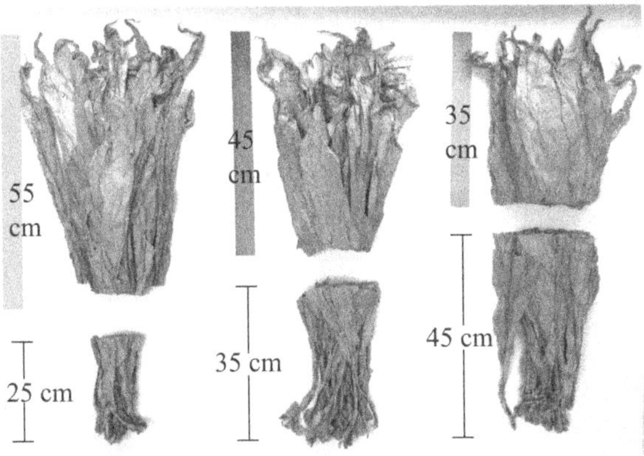

图 4 - 19 烟叶分切示意图

处理命名规则见表 4 - 80。

表 4 - 80 各切基处理的命名方式

处理方式	分切部位	C2F	C3F	C4F	X2F	B1F	B2F
分切 25 cm	上部	C2F25QA	C3F25QA	C4F25QA	X2F25QA	B1F25QA	B2F25QA
	下部	C2F25QB	C3F25QB	C4F25QB	X2F25QB	B1F25QB	B2F25QB
分切 35 cm	上部	C2F35QA	C3F35QA	C4F35QA	X2F35QA	B1F35QA	B2F35QA
	下部	C2F35QB	C3F35QB	C4F35QB	X2F35QB	B1F35QB	B2F35QB
分切 45 cm	上部	C2F45QA	C3F45QA	C4F45QA	X2F45QA	B1F45QA	B2F45QA
	下部	C2F45QB	C3F45QB	C4F45QB	X2F45QB	B1F45QB	B2F45QB

注：切基方式在命名后加 "Q" 作为标注，"A" 为分切后上部烟叶，"B" 为分切后下部烟叶。

（3）感官质量评价。将各等级烟叶基部样品分别切丝混匀，手工制成卷烟，于 22℃ ±2℃、相对湿度 60% ±2% 的恒温恒湿箱内平衡 2 d。由深圳烟草工业公司 7 名专业评吸师参照 YC/T138—1998 对卷烟烟叶样品进行感官质量评价，评价指标包括香气质、香气量、余味、杂气、刺激性，单项指标满分均为 9 分，得分越高越好。总分计算公式为：

总分 =2.5 × 香气质得分 +2.0 × 香气量得分 + 杂气得分 + 刺激性得分 + 余味得分

（4）统计分析方法。采用 Excel 2020 对数据进行录入整理，采用 IBM SPSS Statistics 23 对数据进行方差分析。

（5）主要结果。

①广东南雄主调拨等级不同分切长度烟叶感官指标的差异性分析。从广东南雄 C2F 不同分切长度烟叶感官质量指标之间的差异对比（表 4 - 81）可知，综合各个感官

质量评价指标和总分,分切 25 cm 下部烟叶各感官质量指标得分相对最差,特别是在香气质、杂气两指标得分方面显著低于其他处理,同时在总分方面也显著低于其他处理。分切 25 cm 上部烟叶的各感官质量指标得分相对较高,主要体现在香气质和香气量两个指标;在杂气、刺激性、余味方面,与分切 35 cm、45 cm 的差异不明显;在总分方面,分切 25 cm 上部烟叶显著高于其他处理。

表4-81 广东南雄 C2F 不同分切长度烟叶感官质量对比

处理	香气质 (9分)	香气量 (9分)	杂气 (9分)	刺激性 (9分)	余味 (9分)	总分
C2F25QB	6.00 ± 0.00c	7.00 ± 0.50c	6.83 ± 0.76b	7.50 ± 0.50bc	7.50 ± 0.00b	50.83 ± 0.29c
C2F25QA	8.33 ± 0.28a	8.33 ± 0.29a	8.00 ± 0.50a	8.17 ± 0.29a	8.17 ± 0.29a	61.83 ± 0.72a
C2F35QB	7.17 ± 0.29b	7.67 ± 0.29b	7.83 ± 0.29a	8.17 ± 0.29a	8.00 ± 0.00a	57.25 ± 0.43b
C2F35QA	7.33 ± 0.29b	7.50 ± 0.00bc	7.67 ± 0.29a	8.00 ± 0.00ab	8.00 ± 0.00a	57.00 ± 0.43b
C2F45QB	7.50 ± 0.50b	7.67 ± 0.29b	8.00 ± 0.00a	7.17 ± 0.29c	7.50 ± 0.50b	56.75 ± 1.25b
C2F45QA	7.17 ± 0.29b	7.50 ± 0.00bc	8.00 ± 0.00a	8.00 ± 0.00ab	8.00 ± 0.00a	56.92 ± 0.72b

注:表中数据分析采用邓肯氏新复极差法,同列不同数据中具有相同字母的数据间差异未达到5%显著水平,具有不同字母的数据间差异达到5%显著水平。

从广东南雄 C3F 不同分切长度烟叶感官质量指标之间的差异对比(表4-82)可知,综合各个感官质量评价指标和总分,分切 25 cm 下部烟叶各感官质量指标得分相对最差,特别是在香气质得分方面,显著低于其他处理,同时在总分方面也相对较低,但与其他处理没有显著差异。分切 25 cm 上部烟叶的各感官质量指标得分相对较高,主要体现在香气质和香气量两个指标;在杂气、刺激性、余味方面,与分切 35 cm、45 cm 的差异不明显;在总分方面,分切 25 cm 上部烟叶相对高于其他处理,但差异不明显。

表4-82 广东南雄 C3F 不同分切长度烟叶感官质量对比

处理	香气质 (9分)	香气量 (9分)	杂气 (9分)	刺激性 (9分)	余味 (9分)	总分
C3F25QB	5.97 ± 0.29e	7.17 ± 0.29b	7.20 ± 0.00b	7.33 ± 0.58ab	7.33 ± 0.58cd	52.17 ± 1.23b
C3F25QA	7.67 ± 0.29a	8.17 ± 0.29a	7.33 ± 0.29ab	7.83 ± 0.29a	8.50 ± 0.00a	59.17 ± 0.38ab
C3F35QB	6.67 ± 0.29cd	7.67 ± 0.29b	7.00 ± 0.00b	7.67 ± 0.29a	7.50 ± 0.00c	54.17 ± 0.80b
C3F35QA	6.33 ± 0.29d	7.33 ± 0.29bc	7.50 ± 0.00ab	7.67 ± 0.29a	8.00 ± 0.00b	53.67 ± 0.63b
C3F45QB	7.33 ± 0.29ab	7.33 ± 0.29bc	7.50 ± 0.00ab	7.00 ± 0.00b	7.00 ± 0.00d	54.50 ± 0.66b
C3F45QA	7.00 ± 0.00bc	7.00 ± 0.00c	7.67 ± 0.58a	7.33 ± 0.29ab	7.50 ± 0.00c	54.00 ± 0.87b

注:表中数据分析采用邓肯氏新复极差法,同列不同数据中具有相同字母的数据间差异未达到5%显著水平,具有不同字母的数据间差异达到5%显著水平。

从广东南雄 C4F 不同分切长度烟叶感官质量指标之间的差异对比(表4-83)可知,综合各个感官质量评价指标和总分,分切 25 cm 下部烟叶各感官质量指标得分相对最差，但与其他处理差异并不明显；分切 25 cm 上部烟叶各感官质量指标得分相对较高，主要体现在香气量、刺激性两个指标，在香气质、余味、杂气方面与分切 35 cm、45 cm 处理差异不明显，在总分方面，分切 25 cm 上部烟叶显著高于其他处理。

表 4 - 83　广东南雄 C4F 不同分切长度烟叶感官质量对比

处理	香气质 （9 分）	香气量 （9 分）	杂气 （9 分）	刺激性 （9 分）	余味 （9 分）	总分
C4F25QB	5.33 ±0.29b	5.33 ±0.29bc	6.50 ±0.87a	5.33 ±0.58b	5.33 ±0.58a	40.67 ±0.63b
C4F25QA	6.00 ±0.00a	6.11 ±0.50a	6.10 ±0.50a	6.20 ±0.00a	5.83 ±0.29a	45.83 ±0.58a
C4F35QB	5.00 ±0.00b	5.17 ±0.29bc	6.00 ±0.00ab	5.33 ±0.58b	6.00 ±0.00a	40.17 ±0.58b
C4F35QA	5.50 ±0.00b	5.17 ±0.29bc	5.00 ±0.00c	6.83 ±0.29a	6.17 ±0.29a	42.08 ±0.29b
C4F45QB	6.17 ±0.29a	4.83 ±0.29c	5.83 ±0.29abc	6.00 ±0.00b	5.67 ±1.15a	42.58 ±0.80b
C4F45QA	5.33 ±0.29b	5.67 ±0.58b	5.83 ±0.29abc	5.50 ±0.50b	5.67 ±0.58a	41.67 ±0.80b

注：表中数据分析采用邓肯氏新复极差法，同列不同数据中具有相同字母的数据间差异未达到 5% 显著水平，具有不同字母的数据间差异达到 5% 显著水平。

从广东南雄 X2F 不同分切长度烟叶感官质量指标之间的差异对比（表 4 - 84）可知，综合各个感官质量评价指标和总分，分切 25 cm 下部烟叶各感官质量指标得分相对最差，特别是在香气质指标得分方面显著低于其他处理，但在杂气、刺激性、余味等方面与其他处理的差异并不明显；分切 25cm 上部烟叶的各感官质量指标得分相对较高，主要体现在香气量指标，在香气质、余味、刺激性、杂气方面与其他差异不明显，在总分方面，分切 25 cm 上部烟叶优于其他处理。

表 4 - 84　广东南雄 X2F 不同分切长度烟叶感官质量对比

处理	香气质 （9 分）	香气量 （9 分）	杂气 （9 分）	刺激性 （9 分）	余味 （9 分）	总分
X2F25QB	4.00 ±0.00c	4.17 ±0.29d	5.50 ±0.00b	6.17 ±0.29a	6.17 ±0.29b	36.17 ±1.15d
X2F25QA	5.67 ±0.29a	6.50 ±0.00a	5.83 ±0.58b	5.83 ±0.29a	6.00 ±0.00bc	44.83 ±1.01a
X2F35QB	5.67 ±0.29a	5.83 ±0.29b	4.50 ±0.00c	5.00 ±0.00b	6.00 ±0.00bc	41.33 ±0.14c
X2F35QA	5.00 ±0.00b	6.00 ±0.00b	6.50 ±0.00a	6.50 ±0.00a	5.50 ±0.00d	43.00 ±0.00b
X2F45QB	5.00 ±0.50b	5.33 ±0.29c	6.83 ±0.29a	5.00 ±0.50b	6.50 ±0.00a	41.50 ±0.25c
X2F45QA	5.67 ±0.29a	5.33 ±0.29c	5.67 ±0.29b	4.83 ±0.76b	5.83 ±0.29c	41.17 ±0.38c

注：表中数据分析采用邓肯氏新复极差法，同列不同数据中具有相同字母的数据间差异未达到 5% 显著水平，具有不同字母的数据间差异达到 5% 显著水平。

从广东南雄 B2F 不同分切长度烟叶感官质量指标之间的差异对比（表 4 - 85）可知，综合各个感官质量评价指标和总分，分切 25 cm 下部烟叶各感官质量指标得分相对最差，主要是在香气量得分方面低于其他处理；总分与分切 25 cm 上部烟叶有显著差异，与其他处理差异不大；分切 25 cm 上部烟叶的各感官质量指标得分相对较高，总分显著高于其他处理。

表 4 – 85 广东南雄 B2F 不同分切长度烟叶感官质量对比

处理	香气质 （9 分）	香气量 （9 分）	杂气 （9 分）	刺激性 （9 分）	余味 （9 分）	总分
B2F25QB	6.99 ±0.29ab	6.00 ±0.00c	6.67 ±0.29b	7.00 ±0.00c	6.83 ±0.76a	51.08 ±1.66b
B2F25QA	7.17 ±0.29ab	7.10 ±0.50a	8.00 ±0.00a	8.00 ±0.00a	7.17 ±0.29a	55.08 ±1.46a
B2F35QB	6.50 ±0.50bc	7.17 ±0.29b	6.83 ±0.29b	7.83 ±0.29ab	7.33 ±0.29a	52.58 ±2.13b
B2F35QA	6.50 ±0.50bc	7.33 ±0.29b	6.67 ±0.76b	7.50 ±0.00bc	7.50 ±0.50a	52.58 ±1.66b
B2F45QB	6.83 ±0.58ab	7.33 ±0.29b	7.33 ±0.29b	6.17 ±0.29d	7.00 ±0.00a	52.25 ±1.73b
B2F45QA	7.33 ±0.29a	6.50 ±0.50c	7.00 ±0.00b	7.33 ±0.29c	7.00 ±0.00a	52.67 ±1.38b

注：表中数据分析采用邓肯氏新复极差法，同列不同数据中具有相同字母的数据间差异未达到 5% 显著水平，具有不同字母的数据间差异达到 5% 显著水平。

②湖南永州主调拨等级不同分切长度烟叶感官指标的差异性分析。从湖南永州 C2F 不同分切长度烟叶感官质量指标之间的差异对比（表 4 – 86）可知，综合各个感官质量评价指标和总分，分切 25 cm 下部烟叶各感官质量指标得分相对最差，特别是在香气质、香气量、杂气、余味指标得分方面，显著低于其他处理，同时在总分方面也显著低于其他处理。分切 25 cm 上部烟叶的各感官质量指标得分相对较高，主要体现在香气质和香气量两个指标，在杂气、刺激性、余味方面与分切 35 cm、45 cm 处理差异不明显，在总分方面分切 25 cm 上部烟叶显著高于其他处理。

表 4 – 86 湖南永州 C2F 不同分切长度烟叶感官质量对比

处理	香气质 （9 分）	香气量 （9 分）	杂气 （9 分）	刺激性 （9 分）	余味 （9 分）	总分
C2F25QB	6.50 ±0.00c	7.00 ±0.50c	7.33 ±0.76b	7.50 ±0.50b	7.50 ±0.00c	52.58 ±0.29c
C2F25QA	8.50 ±0.00a	8.50 ±0.00a	8.17 ±0.29a	8.33 ±0.29a	8.50 ±0.00a	63.25 ±0.50a
C2F35QB	7.50 ±0.00b	7.83 ±0.29b	8.00 ±0.00ab	8.17 ±0.29a	8.33 ±0.29a	58.92 ±0.29b
C2F35QA	7.50 ±0.00b	7.83 ±0.29b	8.00 ±0.00ab	8.17 ±0.29a	8.00 ±0.00abc	58.58 ±0.29b
C2F45QB	7.67 ±0.29b	8.00 ±0.00b	8.00 ±0.00ab	7.50 ±0.00b	7.67 ±0.58bc	58.33 ±1.13b
C2F45QA	7.67 ±0.29b	7.50 ±0.00b	8.17 ±0.29a	8.17 ±0.29a	8.17 ±0.29ab	58.67 ±0.72b

注：表中数据分析采用邓肯氏新复极差法，同列不同数据中具有相同字母的数据间差异未达到 5% 显著水平，具有不同字母的数据间差异达到 5% 显著水平。

从湖南永州 C3F 不同分切长度烟叶感官质量指标之间的差异对比（表 4-87）可知，综合各个感官质量评价指标和总分，分切 25 cm 下部烟叶各感官质量指标得分相对最差，但各项感官质量指标与其他处理接近，没有显著差异。分切 25 cm 上部烟叶的各感官质量指标得分相对较高，主要体现在香气质和香气量两个指标，在杂气、刺激性、余味方面与分切 35 cm、45 cm 处理差异不明显，在总分方面分切 25 cm 上部烟叶相对高于其他处理。

表 4-87　湖南永州 C3F 不同分切长度烟叶感官质量对比

处理	香气质 （9 分）	香气量 （9 分）	杂气 （9 分）	刺激性 （9 分）	余味 （9 分）	总分
C3F25QB	7.17 ± 0.29b	7.17 ± 0.29b	7.50 ± 0.00a	7.33 ± 0.58b	7.50 ± 0.50b	54.08 ± 1.38b
C3F25QA	7.51 ± 0.00a	8.33 ± 0.29a	7.83 ± 0.29a	7.83 ± 0.29ab	8.50 ± 0.00a	58.83 ± 0.29a
C3F35QB	7.17 ± 0.29b	7.67 ± 0.29b	7.50 ± 0.00a	7.67 ± 0.29ab	7.50 ± 0.00b	55.92 ± 0.80b
C3F35QA	6.67 ± 0.29c	7.50 ± 0.00b	7.50 ± 0.00a	8.00 ± 0.00a	8.17 ± 0.29a	55.33 ± 0.63b
C3F45QB	7.50 ± 0.00b	7.67 ± 0.29b	7.50 ± 0.00a	7.50 ± 0.00ab	7.00 ± 0.00c	56.08 ± 0.58b
C3F45QA	7.17 ± 0.29b	7.33 ± 0.29b	7.67 ± 0.58a	7.67 ± 0.29ab	7.67 ± 0.29b	55.58 ± 0.72b

注：表中数据分析采用邓肯氏新复极差法，同列不同数据中具有相同字母的数据间差异未达到 5% 显著水平，具有不同字母的数据间差异达到 5% 显著水平。

从湖南永州 C4F 不同分切长度烟叶感官质量指标之间的差异对比（表 4-88）可知，综合各个感官质量评价指标和总分，各处理的感官质量和差异并不明显。

表 4-88　湖南永州 C4F 不同分切长度烟叶感官质量对比

处理	香气质 （9 分）	香气量 （9 分）	杂气 （9 分）	刺激性 （9 分）	余味 （9 分）	总分
C4F25QB	5.83 ± 0.29b	6.33 ± 0.29a	6.67 ± 0.76a	5.50 ± 0.50b	5.50 ± 0.50a	44.91 ± 0.63a
C4F25QA	6.33 ± 0.29a	5.67 ± 0.76b	6.50 ± 0.50a	6.50 ± 0.00a	6.33 ± 0.29a	46.50 ± 0.43a
C4F35QB	5.80 ± 0.00b	5.47 ± 0.29b	6.33 ± 0.29ab	5.50 ± 0.50b	6.00 ± 0.00a	43.27 ± 0.58a
C4F35QA	5.67 ± 0.29b	5.50 ± 0.00b	5.17 ± 0.29c	7.00 ± 0.50a	6.33 ± 0.58a	43.67 ± 0.38a
C4F45QB	6.33 ± 0.29a	5.17 ± 0.29b	6.00 ± 0.00ab	6.17 ± 0.29b	5.83 ± 1.04a	44.17 ± 0.95a
C4F45QA	5.67 ± 0.29b	5.83 ± 0.29b	6.00 ± 0.00ab	5.67 ± 0.29b	5.83 ± 0.29a	43.33 ± 0.95a

注：表中数据分析采用邓肯氏新复极差法，同列不同数据中具有相同字母的数据间差异未达到 5% 显著水平，具有不同字母的数据间差异达到 5% 显著水平。

从湖南永州 B1F 不同分切长度烟叶感官质量指标之间的差异对比（表 4-89）可

知，综合各个感官质量评价指标和总分，分切 25 cm 下部烟叶各感官质量指标得分相对最差，特别是在香气质、香气量指标得分方面显著低于其他处理，但在杂气、刺激性、余味等方面与其他处理的差异并不明显。分切 25 cm 上部烟叶各感官质量指标得分相对较高，主要体现在香气量指标；在香气质、余味、刺激性、杂气方面与其他处理差异不明显；在总分方面，分切 25 cm 上部烟叶优于其他处理。

表 4 - 89　湖南永州 B1F 不同分切长度烟叶感官质量对比

处理	香气质 （9 分）	香气量 （9 分）	杂气 （9 分）	刺激性 （9 分）	余味 （9 分）	总分
B1F25QB	6.50 ± 0.50c	6.50 ± 0.00d	7.00 ± 0.50b	7.17 ± 0.58b	6.83 ± 0.29b	50.25 ± 0.4d
B1F25QA	7.83 ± 0.29a	8.17 ± 0.29a	8.00 ± 0.00a	8.17 ± 0.29a	8.17 ± 0.29a	60.25 ± 0.43a
B1F35QB	7.50 ± 0.00ab	7.50 ± 0.00b	7.17 ± 0.29b	7.17 ± 0.29b	7.17 ± 0.29b	55.25 ± 0.00b
B1F35QA	7.17 ± 0.29b	7.17 ± 0.29c	7.50 ± 0.00b	7.33 ± 0.29b	7.50 ± 0.50ab	54.58 ± 0.63bc
B1F45QB	7.33 ± 0.29ab	7.50 ± 0.00b	7.17 ± 0.29b	7.17 ± 0.29b	6.83 ± 0.29b	54.50 ± 0.66bc
B1F45QA	7.00 ± 0.00bc	7.00 ± 0.00c	7.50 ± 0.00b	7.67 ± 0.29ab	7.33 ± 0.58b	54.00 ± 0.50c

注：表中数据分析采用邓肯氏新复极差法，同列不同数据中具有相同字母的数据间差异未达到 5% 显著水平，具有不同字母的数据间差异达到 5% 显著水平。

从湖南永州 B2F 不同分切长度烟叶感官质量指标之间的差异对比（表 4 - 90）可知，综合各个感官质量评价指标和总分，分切 25 cm 下部烟叶各感官质量指标得分相对最差；分切 25 cm 上部烟叶各感官质量指标得分相对较高，总分高于其他处理。

表 4 - 90　湖南永州 B2F 不同分切长度烟叶感官质量对比

处理	香气质 （9 分）	香气量 （9 分）	杂气 （9 分）	刺激性 （9 分）	余味 （9 分）	总分
B2F25QB	7.33 ± 0.29b	7.00 ± 0.00b	6.83 ± 0.29c	6.33 ± 0.29c	6.83 ± 0.76a	52.83 ± 1.66b
B2F25QA	7.67 ± 0.29a	8.00 ± 0.50a	8.00 ± 0.00a	8.00 ± 0.00a	7.67 ± 0.29a	58.83 ± 1.46a
B2F35QB	7.00 ± 0.50ab	7.17 ± 0.29b	7.17 ± 0.29bc	7.83 ± 0.29ab	7.50 ± 0.00a	54.33 ± 2.13b
B2F35QA	7.00 ± 0.50ab	7.33 ± 0.29b	7.00 ± 0.50bc	7.50 ± 0.00ab	7.67 ± 0.76a	54.33 ± 1.66b
B2F45QB	7.33 ± 0.58b	7.33 ± 0.29b	7.50 ± 0.00ab	6.50 ± 0.50c	7.00 ± 0.00a	54.00 ± 1.73b
B2F45QA	7.33 ± 0.29b	7.00 ± 0.50b	7.33 ± 0.29bc	7.33 ± 0.29b	7.17 ± 0.29a	54.17 ± 1.38b

注：表中数据分析采用邓肯氏新复极差法，同列不同数据中具有相同字母的数据间差异未达到 5% 显著水平，具有不同字母的数据间差异达到 5% 显著水平。

通过归纳广东南雄、湖南永州各五个等级不同分切长度烟叶感官质量评价结果可以发现，分切 25 cm 时，上下分切区位的差异较大，上部分切区位感官质量优于下部分切区位，同时也优于其他分切处理的上部分切区位烟叶的感官质量，这其中以广东南雄 C2F、X2F，湖南永州 C2F、B1F 的趋势较为明显。结合上述四等级烟叶十段分切品质聚类图可以发现，分切 25 cm 上部烟叶包括了感官质量较好的叶中部区域，同时舍弃了感官质量相对较差的叶基部区域。分切 35 cm、45 cm 处理虽然也舍弃了感官质量较差的叶基部区域，但同时也去除了部分感官质量最好的叶中部区域，因此感官质量相对较差的叶尖部区域烟叶占比较多。而分切 35 cm、45 cm 处理下部烟叶则可能包含着较多部分感官质量最好中部区域，因此分切效果不明显。综上所述，从原烟提质的角度来说，分切 25 cm 是相对较为合适的长度。

三、不同分切长度对物理特性及均质化的影响

（一）不同叶基分切长度物理指标对比

根据第二节广东南雄、湖南永州烟叶主调拨等级不同分切区位常规化学成分和感官质量差异性分析，可以得出广东南雄、湖南永州烟叶品质相对最差的部分集中在第九区位和第十区位之间，最优使用区域集中在第三区位和第七区位之间。结合第三节第一部分生产试验数据可以发现，在传统工艺基础上，分切 1 刀的烤后叶片结构相对符合深圳烟草工业的复烤加工指标要求。为进一步细化区分，结合生产实际，设计开展两地主调拨等级烟叶切基 5 cm、8 cm 及 12 cm 物理指标对比试验和烟叶分切 25 cm、35 cm 及 45 cm 的物理指标对比试验，进一步了解不同叶基分切长度复烤加工物理指标的差异。

（1）试验材料与仪器设备。

烟叶。以广东南雄烟区优质焦甜醇甜香烟叶为供试材料，选取 2023 年度广东南雄 B2F、C2F、C3F、C4F、X2F 烟叶作为试验样品，品种为粤烟 97；选取 2023 年度湖南永州 B1F、B2F、C2F、C3F、C4F 烟叶作为试验样品，品种为云烟 87。

仪器设备。大号剪刀、直尺、梅特勒－托利多仪（上海）有限公司 MS303TS/02 电子天平。

（2）分切方法。对试验烟叶进行基部分切，各等级分别分切 5 cm、8 cm 及 12 cm，如图 4-20 所示。

叶基占比：叶基段重量占全叶重量比例。

叶基段含叶率：叶基段叶片重量占叶基重量比例。

叶片段含叶率：切除叶基后，上部分叶片段的叶片重量占叶片段重量比例。

叶基段叶重占比：叶基部分叶片重量占全叶重量比例。

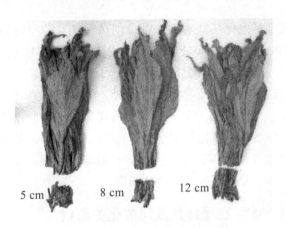

5 cm   8 cm   12 cm

图 4 - 20   烟叶分切示意图

（3）物理指标检测。

（4）统计分析方法。采用 Excel 2023 对数据进行录入整理，采用 IBM SPSS Statistics 23 对数据进行方差分析。

（5）主要结果。

①烟叶切基 5 cm、8 cm 及 12 cm 物理指标对比试验。从表 4 - 91、表 4 - 92 及图 4 - 21 至图 4 - 28，我们可以总结出如下规律。

随着切基长度增加，广东南雄、湖南永州各主调拨等级烟叶叶基占比、叶基段叶重占比、叶片段含叶率、叶基段含叶率均呈增加趋势。从数值可看出，除叶片段含叶率增加趋势稍缓外，其他几个指标的增加幅度均较高。

从叶基占比、叶基段含叶率、叶基段叶重占比三项数据可以看出，广东南雄 B2F 叶基部分占比最多，叶基部分含叶率也相对最高；X2F 和 C4F 叶基占比、叶基段含叶率数值接近，较 B2F 低，较 C2F 和 C3F 略高。这是由于 B2F 是上部叶，其身份较厚，单叶重较高，同时叶耳发育良好，因此基部烟叶相对最多；X2F 和 C4F 属于烟株下二棚叶位，其叶型下部较为宽圆，分切过程中会切除较多的烟叶，因此在基部的含叶率会相对比 C2F、C3F 高。

湖南永州 B1F 叶基部分占比最多，叶基部分含叶率与叶基段叶重占比也相对最高。B2F 叶基占比和叶基段叶重占比低于 B1F，略高于 C4F。B2F 叶基段含叶率低于 B1F 与 C3F，略高于 C4F。由于 B1F、B2F 是上部叶，其身份较厚，单叶重较高，同时叶耳发育良好，因此基部烟叶相对最多。同时 B1F 优于 B2F，叶耳相较于 B2F 更多。C4F 叶基占比高于 C2F 与 C3F。C4F 属于烟株下二棚叶位，其叶型下部较为宽圆，分切过程中会切除较多的部分，因此在基部占比会相对比 C2F、C3F 高。

切基的主要损耗是基部有效叶片，而不是烟梗。切下的基部烟叶全部进入碎片生产线被加工为碎片，因此统计叶基段叶重占比可以了解实际的烟叶损耗。广东南雄烟叶切基 5 cm 各等级实际烟叶损耗在 0.82% ～ 2.21% 之间，切基 8 cm 实际烟叶损耗在 1.44% ～ 4.44% 之间，切基 12 cm 实际烟叶损耗在 2.67% ～ 8.26% 之间。湖南永州烟叶切基 5 cm 各等级实际烟叶损耗在 0.49% ～ 2.31% 之间，切基 8 cm 实际烟叶损耗在 0.89% ～ 4.80% 之间，切基 12 cm 实际烟叶损耗在 1.58% ～ 7.53% 之间。

　　基部烟叶由于强度较低，容易碎裂，难以成片，因此在实际生产加工过程中是碎片和烟末的主要来源之一。根据深烟工业公司多年的生产结果统计，在挑选加工期间，广东南雄烟叶的碎片（含碎 1 和碎 2）、烟末大概占烟叶 2.90% ～ 3.39% 之间。因此初步判断，切基损耗烟叶在 2% ～ 5% 左右，对烟叶生产不会造成过多的实际损耗。

表 4 - 91　广东南雄主调拨等级不同切基长度物理指标对比

等级	处理方式	叶基占比 /%	叶基段叶重 占比/%	叶片段含 叶率/%	叶基段含 叶率/%
C2F	切基 5 cm	7.40	0.82	74.39	11.08
	切基 8 cm	11.30	1.44	76.62	12.74
	切基 12 cm	16.34	2.67	78.85	16.34
C3F	切基 5 cm	7.31	0.82	76.35	11.22
	切基 8 cm	11.77	1.46	79.05	12.40
	切基 12 cm	16.93	2.75	82.42	16.24
B2F	切基 5 cm	9.44	2.21	72.99	23.41
	切基 8 cm	14.92	4.44	76.09	29.76
	切基 12 cm	22.04	8.26	79.42	37.48
C4F	切基 5 cm	8.92	1.43	79.41	16.03
	切基 8 cm	13.79	2.40	81.51	17.41
	切基 12 cm	19.99	4.46	84.70	22.31
X2F	切基 5cm	8.94	1.15	74.23	12.86
	切基 8 cm	12.44	2.10	77.29	16.88
	切基 12 cm	17.23	3.35	80.80	19.44

表4-92　湖南永州主调拨等级不同切基长度物理指标对比

等级	处理方式	叶基占比/%	叶基段叶重占比/%	叶片段含叶率/%	叶基段含叶率/%
C2F	切基5 cm	6.59	0.49	70.85	7.40
	切基8 cm	10.51	0.89	73.49	8.48
	切基12 cm	15.02	1.58	76.59	10.52
C3F	切基5 cm	7.35	1.65	75.73	22.39
	切基8 cm	11.19	2.53	78.01	22.63
	切基12 cm	15.73	3.77	80.74	23.96
B1F	切基5 cm	9.83	2.31	74.52	23.55
	切基8 cm	16.29	4.80	77.29	29.49
	切基12 cm	22.64	7.53	80.11	33.26
B2F	切基5 cm	8.24	1.29	68.17	15.71
	切基8 cm	13.13	2.43	70.71	18.47
	切基12 cm	19.17	4.17	73.84	21.73
C4F	切基5 cm	7.26	0.80	70.78	11.08
	切基8 cm	12.05	1.88	73.42	15.62
	切基12 cm	17.25	3.20	76.44	18.53

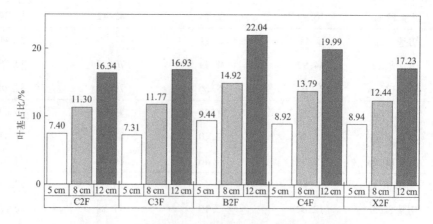

图4-21　广东南雄主调拨等级不同切基长度叶基占比

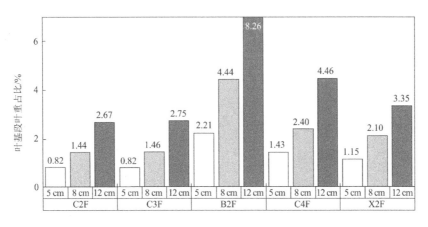

图 4 - 22　广东南雄主调拨等级不同切基长度叶基段叶重占比

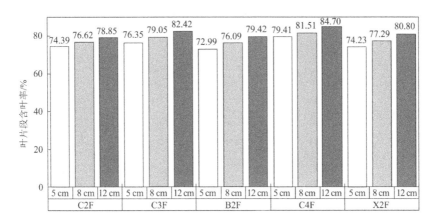

图 4 - 23　广东南雄主调拨等级不同切基长度叶片段含叶率

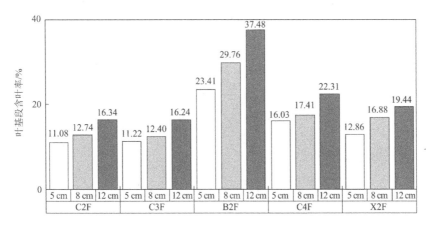

图 4 - 24　广东南雄主调拨等级不同切基长度叶基段含叶率

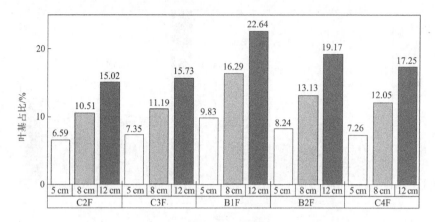

图 4 - 25　湖南主调拨等级不同切基长度叶基占比

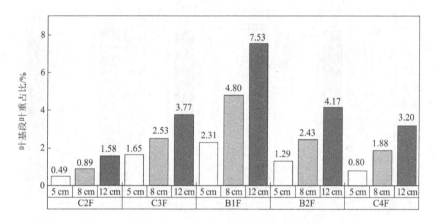

图 4 - 26　湖南主调拨等级不同切基长度叶基段叶重占比

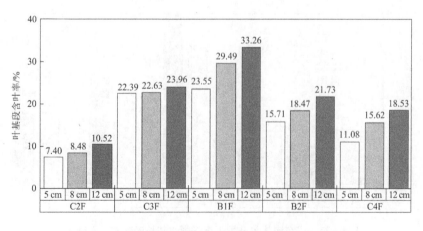

图 4 - 27　湖南主调拨等级不同切基长度叶基段含叶率

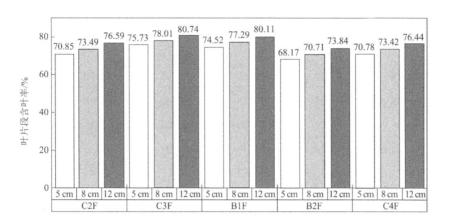

图4-28 湖南主调拨等级不同切基长度叶片段含叶率

②烟叶切基25 cm、35 cm及45 cm物理指标对比试验。见表4-93与表4-94，随着分切长度增加，广东南雄、湖南永州各主调拨等级烟叶叶基占比、叶基段叶重占比、叶片段含叶率、叶基段含叶率均呈增加趋势，叶片占比呈下降趋势。

从叶片占比数值来看，除广东南雄C2F外，其他等级烟叶分切35 cm和45 cm时，叶片占比均低于50%，叶片段占比较低。从叶基段叶重占比可以发现，分切25 cm时，剔除的叶重占比范围在7.41%～21.36%之间；分切35 cm时，剔除的叶重占比范围在19.79%～38.38%之间；分切45 cm时，剔除的叶重占比范围在34.07%～58.88%之间。分切25 cm时，剔除叶片叶重占比相对较低，但是不同等级之间差异较大，这与烟叶部位、叶形和发育情况相关，需要在实际生产中根据配方使用需求来确定。

表4-93 广东南雄主调拨等级不同分切长度物理指标对比

等级	处理方式	叶基占比/%	叶片占比/%	叶基段叶重占比/%	叶片段含叶率/%	叶基段含叶率/%
C2F	分切25 cm	29.39	70.61	7.41	85.50	25.23
	分切35 cm	46.78	53.22	19.79	90.19	42.30
	分切45 cm	63.84	36.16	34.07	93.22	53.38
C3F	分切25 cm	37.05	62.95	13.47	85.79	36.34
	分切35 cm	57.64	42.36	30.31	87.71	52.59
	分切45 cm	78.18	21.82	47.23	92.76	60.41

（续上表）

等级	处理方式	叶基占比/%	叶片占比/%	叶基段叶重占比/%	叶片段含叶率/%	叶基段含叶率/%
B2F	分切 25 cm	42.11	57.89	20.76	86.70	49.29
	分切 35 cm	61.62	38.38	36.60	89.48	59.41
	分切 45 cm	81.02	18.98	53.66	91.15	66.23
C4F	分切 25 cm	44.56	55.44	19.33	87.25	43.38
	分切 35 cm	69.46	30.54	40.09	90.40	57.71
	分切 45 cm	90.36	9.64	58.88	91.47	65.16
X2F	分切 25 cm	42.60	57.40	17.68	85.09	41.49
	分切 35 cm	70.22	29.78	39.78	89.79	56.65
	分切 45 cm	92.36	9.58	57.82	90.80	62.61

表 4-94 湖南永州主调拨等级不同分切长度物理指标对比

等级	处理方式	叶基占比/%	叶片占比/%	叶基段叶重占比/%	叶片段含叶率/%	叶基段含叶率/%
C2F	分切 25 cm	31.14	68.86	8.20	84.91	26.32
	分切 35 cm	48.10	51.90	20.24	89.46	42.07
	分切 45 cm	65.98	34.02	35.05	92.94	53.12
C3F	分切 25 cm	35.04	64.96	15.21	87.14	43.39
	分切 35 cm	57.69	42.31	33.59	90.34	58.22
	分切 45 cm	78.68	21.32	52.09	92.47	66.21
B1F	分切 25 cm	45.00	55.00	21.36	87.53	47.47
	分切 35 cm	64.28	35.72	37.14	90.61	57.78
	分切 45 cm	83.08	16.92	53.60	94.00	64.52
B2F	分切 25 cm	39.86	60.14	14.34	82.31	35.98
	分切 35 cm	58.95	41.05	27.80	87.81	47.16
	分切 45 cm	77.66	22.34	43.33	91.86	55.79
C4F	分切 25 cm	34.00	65.65	10.28	83.25	30.23
	分切 35 cm	53.76	44.72	25.03	89.23	46.55
	分切 45 cm	73.88	24.60	42.15	92.62	57.05

（二）物理指标生产试验验证及均质化打叶验证

结合原料配方使用和生产实际，选取 2023 年度广东南雄 B2F、C4F、X2F，湖南永州 B1F 进行规模化切基 8 cm 工艺处理，选取 2023 年度广东南雄 C2F、湖南永州 C2F 进行规模化切基 25 cm 处理，从而验证规模化生产中烟叶分切的物理指标是否与小规模试验数据吻合。同时验证规模化生产实践中，分切工艺的实施对烟叶均质化的影响。以湖南永州 C2F，广东南雄 C4F、X2F 等级为原料，分别对分切处理与传统加工处理的烟叶进行多次化学检测试验，通过变异系数变化加以验证。并对 2023 年度广东南雄 B2F 进行规模化切基 5 cm、12 cm 与不切基工艺处理，以验证大生产中不同切基方式对自然出片率的影响。

（1）生产原料。

①分切物理指标生产试验原料。切基 5 cm 生产原料：2023 年度广东南雄 B2F 1000 担。

切基 8 cm 生产原料：2023 年度广东南雄 B2F 1017 担，C4F 3000 担，X2F 2000 担；2023 年度湖南永州 B1F 5000 担。

切基 12 cm 生产原料：2023 年度广东南雄 B2F 1306 担。

切基 25 cm 生产原料：2023 年度广东南雄 C2F 1500 担；2023 年度湖南永州 C2F 1500 担。

不切基生产原料：2023 年度广东南雄 B2F 7453 担。

②均质化对比等级配方原料：均质化对比等级配方原料见表 4 – 95。

表 4 – 95　试验等级配方

原烟产地	配方组成	分切模式	成品命名
湖南永州	C2F 上选 2000 担	不分切	C2F1G
湖南永州	C2F 上选 2000 担	分切 25 cm	C2F1Y
广东南雄	X2F 2000 担　C4F 3000 担	不分切	C4FAM
广东南雄	X2F 2000 担　C4F 3000 担	基部分切 8 cm，混打	C4FBY

（2）检测方法。

①物理指标检测。

叶基占比：叶基段重量占全叶重量比例。

叶基段含叶率：叶基段叶片重量占叶基重量比例。

叶片段含叶率：切除叶基后，上部分叶片段的叶片重量占叶片段重量比例。

叶基段叶重占比：叶基部分叶片重量，占全叶重量比例。

自然出片率：产出的片烟重量占生产投料量比例。

②装箱片烟化检数据检测。复烤生产中，每隔 20 箱进行一次常规近红外化学成分检测。处理数据采用 Excel 2020 进行录入，采用 IBM SPSS Statistics 23 计算数据的平均值和标准偏差，同时计算出数据变异系数（CV 值）以判断数据离散程度。

（3）规模化分切实现路径。使用韶关复烤有限公司生产的一种剪切闸式烟叶分切机装置，将其与烟叶分选台连接，采用人机结合方式，分选工可以把分选好的烟叶直接推动至梗把对齐挡板，双刃剪切刀和梗把对齐挡板的距离与需要切除的梗把长度对应，从而保证精度。平均每日能完成 2000 担的烟叶分切进度。

图 4-29　分切现场示意图

（4）工艺及检测实现路径。

①切除 8 cm 叶基后叶身均质化加工工艺：均质化出库方案→按配比比例分选→把头分切→初级润叶→均质化装框→翻箱喂料→一润→风选及在线挑选→仓式喂料→流量 11 000 ~ 12 000 kg/h→二润→打叶→预混柜→满柜后出柜→复烤→打包。

②把头单独加工工艺：把头分切→单独装框→翻箱喂料→一润→风选及在线挑选→仓式喂料→流量 6500 kg/h→二润→打叶→预混柜→满柜后出柜→复烤→打包。

③分切 25 cm 后叶身均质化加工工艺：均质化出库方案→按配比比例分选→把头分切→初级润叶→均质化装框→翻箱喂料→一润→风选及在线挑选→仓式喂料→流量 8000 ~ 10 000 kg/h→二润→打叶→预混柜→满柜后出柜→复烤→打包。

通过检测烤后烟叶投入产出指标，计算出实际生产的物理指标。

（5）主要结果。

①物理指标生产试验验证结果与分析。根据投入产出数据，在实际生产中部分等级切基 8 cm 后加工的物理指标见表 4-96，实际的出片率即叶片段含叶率均在 70% 以上，分切后叶基段叶重占比即实际的切基烟叶损耗在 2.24% ~ 3.02% 浮动。各等级物理指标数据与小规模试验对比如图 4-30 所示。

表 4-96　烟叶切基规模化生产物理指标

等级	产地	处理方式	叶基占比/%	叶片占比/%	叶基段叶重占比/%	叶片段含叶率/%	叶基段含叶率/%
B2F	广东南雄	切基 8 cm	7.80	92.2	3.02	70.93	38.76
C4F	广东南雄	切基 8 cm	9.86	90.14	2.30	78.99	22.86
X2F	广东南雄	切基 8 cm	10.10	89.9	2.24	74.27	22.40
B1F	湖南永州	切基 8 cm	8.52	91.48	2.28	72.30	26.76

从图4-30可以看出，在实际生产中，烟叶切基8 cm的物理指标与小规模试验相比总体上差异不大，叶基占比均低于试验数据结果，表明在实际生产中烟叶切基的长度是偏低的，特别是在实际生产上部叶切基过程中，叶基占比较为明显地低于小规模试验结果。因此在实际生产中，可以适当提高设备切基设置长度，提高切基的精准性。

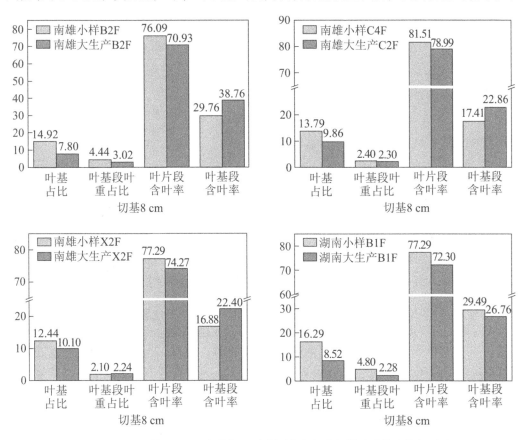

图4-30 烟叶切基8cm复烤加工后实际产生与小规模试验物理指标对比

根据投入烟区数据，在实际生产中部分等级分切25 cm后加工的物理指标见表4-97。两烟区C2F经分切25 cm后，实际出片率即叶片段含叶率均在85%以上，切后剔除的叶片占比在25%左右。

表4-97 烟叶分切规模化生产物理指标

等级	产地	处理方式	叶基占比/%	叶片占比/%	叶基段叶重占比/%	叶片段含叶率/%	叶基段含叶率/%
C2F	广东南雄	分切25cm	26.19	73.81	6.45	88.05	24.63
C2F	湖南永州	分切25cm	31.03	68.97	7.89	85.21	25.43

从图4-31可以看出，在实际生产中，烟叶分切25 cm的物理指标与小规模试验相比总体上差异不大，且分切25 cm的小规模试验与生产之间的差异低于分切8 cm的差异，这可能是由于基部叶片含量较低，分切长度越低，精度相对越难掌控，分切长度越高，叶片含量相对提高，对分切的精度要求会相对降低。和切基8 cm一样，叶基占比均低于试验数据结果，表明在实际生产中烟叶分切的长度是偏低的。综上所述，在实际生产中，特别是针对分切长度较短的切基，需进一步提高精确性。

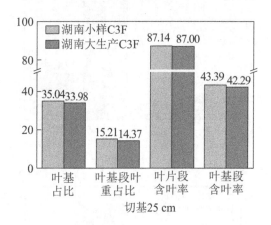 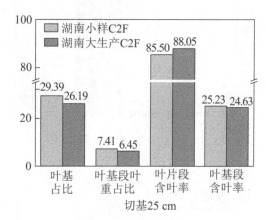

图4-31　烟叶分切25 cm复烤加工后实际生产与小规模试验物理指标对比

从表4-98可以看出，在实际生产中，随着烟叶分切的长度增加，相较于不切基方式生产出片烟的自然出片率减少。切基5 cm相较于不切基处理，自然生产率降低2.79%。切基8 cm相较于不切基处理，自然生产率降低3.17%。切基12 cm相较于不切基处理方式显著降低7.14%。结果表明，大生产中，切基12 cm的处理方式相较于不切基处理方式会显著减低自然出片率，而切基5 cm与8 cm的处理方式的自然出片率较为接近。

表4-98　烟叶切基规模化生产自然出片率指标

原烟产地等级	处理方式	投料			生产片烟	
		生产部分	数量/担	净重/kg	重量/kg	自然出片率
广东南雄 B2F	切基5 cm	叶片	1000	50 000	37 260	67.14%
		叶基	110	5500		
	切基8 cm	叶片	1017	50 850	40 020	66.76%
		叶基	182	9100		
	切基12 cm	叶片	1306	65 300	53 090	62.79%
		叶基	385	19 250		
	不切基	叶片	7000	350 000	244 750	69.93%

②均质化打叶验证。湖南永州 C2F 分切 25 cm 化学成分检测与 CV 值分析。湖南永州 C2F 分切 25 cm 后进行打叶加工,对总糖、还原糖、烟碱、氯、钾、总氮含量进行检测,并计算得出糖碱比。见表 4-99,对 7 次检测数据进行分析,计算得出各指标的标准偏差、平均值、最大值、最小值与变异系数。在总糖方面,该批次烟叶总糖含量平均值为 37.46%,标准偏差为 0.6484,CV 值为 1.73。还原糖方面,平均值为 25.98%,标准偏差为 0.3711,变异系数为 1.43。烟碱方面,平均值为 1.76%,标准偏差为 0.0267,变异系数为 1.52。氯含量方面,平均值为 0.37%,标准偏差为 0.0358,变异系数为 9.68。钾含量方面,平均值为 1.78%,标准偏差为 0.1101,变异系数为 6.19。总氮方面,平均值为 1.95%,标准偏差为 0.0299,变异系数为 1.53。糖碱比方面,平均值为 21.30,标准偏差为 0.5191,变异系数为 2.44。

表 4-99 湖南永州 C2F1Y 片烟化学成分检测表

		总糖/%	还原糖/%	烟碱/%	氯/%	钾/%	总氮/%	糖碱比
	1	36.80	25.55	1.74	0.38	1.76	1.97	21.15
	2	37.30	25.74	1.74	0.34	1.79	1.95	21.44
	3	36.70	25.88	1.76	0.36	2.00	1.96	20.85
检测次数	4	37.57	26.05	1.75	0.38	1.80	1.95	21.47
	5	37.40	25.77	1.80	0.43	1.75	1.90	20.78
	6	38.62	26.66	1.73	0.32	1.66	1.91	22.32
	7	37.81	26.23	1.79	0.39	1.69	1.98	21.12
标准偏差		0.6484	0.3711	0.0267	0.0358	0.1101	0.0299	0.5191
平均值		37.46	25.98	1.76	0.37	1.78	1.95	21.30
最大值		38.62	26.66	1.80	0.43	2.00	1.98	22.32
最小值		36.70	25.55	1.73	0.32	1.66	1.90	20.78
变异系数 CV		1.73	1.43	1.52	9.68	6.19	1.53	2.44

同批次的部分湖南永州 C2F1G 烟叶不分切直接进行打叶加工,对化学指标进行处理分析,见表 4-100。结果表明:在总糖方面,该批次烟叶总糖含量平均值为 38.26%,标准偏差为 1.2725,CV 值为 3.33。还原糖方面,平均值为 26.75%,标准偏差为 1.1743,变异系数为 4.39。烟碱方面,平均值为 1.69%,标准偏差为 0.0288,变异系数为 1.70。氯含量方面,平均值为 0.53%,标准偏差为 0.0524,变异系数为 9.89。钾含量方面,平均值为 1.84%,标准偏差为 0.0986,变异系数为 5.36。总氮方面,平均值为 1.75%,标准偏差为 0.0453,变异系数为 2.59。糖碱比方面,平均值为 22.70,标准偏差为 1.0817,变异系数为 4.77。

表 4-100　湖南永州 C2F1G 片烟化学成分检测表

		总糖 /%	还原糖/%	烟碱 /%	氯 /%	钾 /%	总氮 /%	糖碱比
检测次数	1	37.60	26.98	1.71	0.54	1.85	1.78	21.99
	2	38.47	27.63	1.66	0.57	1.81	1.76	23.17
	3	37.53	26.42	1.67	0.61	1.83	1.69	22.47
	4	35.98	24.44	1.74	0.49	1.80	1.80	20.68
	5	38.66	26.26	1.68	0.58	1.67	1.67	23.01
	6	38.83	26.74	1.69	0.47	1.97	1.77	22.98
	7	38.64	27.03	1.69	0.50	1.98	1.77	22.86
	8	40.38	28.50	1.65	0.48	1.84	1.74	24.47
标准偏差		1.2725	1.1743	0.0288	0.0524	0.0986	0.0453	1.0817
平均值		38.26	26.75	1.69	0.53	1.84	1.75	22.70
最大值		40.38	28.50	1.74	0.61	1.98	1.80	24.47
最小值		35.98	24.44	1.65	0.47	1.67	1.67	20.68
变异系数 CV		3.33	4.39	1.70	9.89	5.36	2.59	4.77

变异系数即 CV 值，主要用于比较一组数据的离散程度。结合分切方式与传统烟叶复烤打叶方式，分析各指标变异系数变化幅度以判断切基方式是否有利于烟叶均质化加工。分切 25 cm 处理方式相较于不切基的处理方式，总糖含量 CV 值下调 40.85%，还原糖含量 CV 值下调 67.43%，烟碱含量 CV 值下调 10.59%，氯含量 CV 值下调 2.12%，总氮含量 CV 值下调 40.93%，糖碱比 CV 值下调 48.85%。结果表明，在大生产实践中，分切处理方式相较于传统的打叶复烤方式显著降低了大部分化学指标的波动，CV 值有不同程度的下降，有利于生产中烟叶同批次的质量均衡，达到均质化加工的要求。

广东南雄 C4F、X2F 切基 8 cm 混打化学成分检测与 CV 值分析。广东南雄 C4F、X2F 切基 8 cm 后进行混打加工，对总糖、还原糖、烟碱、氯、钾、总氮含量进行检测，并计算得出糖碱比。对 19 次检测数据进行分析，计算得出各指标的标准偏差、平均值、最大值、最小值与变异系数，见表 4-101。在总糖方面，该批次烟叶总糖含量平均值为 26.92%，标准偏差为 1.4348，CV 值为 5.33。还原糖方面，平均值为 20.97%，标准偏差为 0.8389，变异系数为 4.00。烟碱方面，平均值为 1.75%，标准偏差为 0.0579，变异系数为 3.31。氯含量方面，平均值为 0.35%，标准偏差为 0.0291，变异系数为 8.31。钾含量方面，平均值为 3.43%，标准偏差为 0.2139，变异系数为 6.24。总氮方面，平均值为 1.66%，标准偏差为 0.0255，变异系数为 1.54。糖碱比方面，平均值为 15.40，标准偏差为 0.6830，变异系数为 2.44。

表 4 – 101　广东南雄 C4FBY 片烟化学成分检测表

		总糖/%	还原糖/%	烟碱/%	氯/%	钾/%	总氮/%	糖碱比
	1	26.36	21.27	1.70	0.36	3.78	1.66	15.51
	2	26.88	20.68	1.72	0.34	3.53	1.60	15.63
	3	32.66	23.99	1.90	0.32	2.73	1.71	17.19
	4	25.95	20.22	1.79	0.31	3.51	1.70	14.50
	5	26.53	20.66	1.73	0.33	3.59	1.65	15.34
	6	26.48	20.11	1.76	0.31	3.27	1.66	15.05
	7	26.16	20.56	1.78	0.35	3.58	1.68	14.70
	8	26.94	21.14	1.74	0.38	3.54	1.65	15.48
	9	26.64	20.09	1.77	0.32	3.50	1.68	15.05
检测次数	10	26.48	20.44	1.74	0.38	3.36	1.66	15.22
	11	26.66	20.78	1.68	0.39	3.47	1.65	15.87
	12	26.86	21.19	1.71	0.33	3.42	1.65	15.71
	13	26.04	20.42	1.85	0.31	3.37	1.69	14.08
	14	26.63	20.99	1.72	0.33	3.37	1.65	15.48
	15	26.49	20.99	1.69	0.38	3.52	1.66	15.67
	16	27.49	21.20	1.67	0.37	3.51	1.62	16.46
	17	26.48	21.02	1.75	0.38	3.48	1.65	15.13
	18	26.97	21.17	1.80	0.34	3.16	1.67	14.98
	19	26.78	21.46	1.72	0.39	3.41	1.66	15.57
标准偏差		1.4348	0.8389	0.0579	0.0291	0.2139	0.0255	0.6830
平均值		26.92	20.97	1.75	0.35	3.43	1.66	15.40
最大值		32.66	23.99	1.90	0.39	3.78	1.71	17.19
最小值		25.95	20.09	1.67	0.31	2.73	1.60	14.08
变异系数 CV		5.33	4.00	3.31	8.31	6.24	1.54	4.44

对该批次的广东南雄 C4FAM 化学指标进行处理分析，见表 4 – 102。结果表明：在总糖方面，该批次烟叶总糖含量平均值为 22.71%，标准偏差为 1.2930，CV 值为 5.69。还原糖方面，平均值为 18.32%，标准偏差为 1.1833，变异系数为 6.46。烟碱方面，平均值为 1.40%，标准偏差为 0.0471，变异系数为 3.36。氯含量方面，平均值为 0.33%，标准偏差为 0.0293，变异系数为 8.84。钾含量方面，平均值为 3.06%，标准偏差为 0.0980，变异系数为 3.20。总氮方面，平均值为 1.82%，标准偏差为 0.0508，变异

系数为 2.80。糖碱比方面，平均值为 16.23，标准偏差为 1.3687，变异系数为 8.43。

表 4 – 102　广东南雄 C4FAM 片烟化学成分检测表

		总糖/%	还原糖/%	烟碱/%	氯/%	钾/%	总氮/%	糖碱比
	1	22.94	18.42	1.38	0.32	3.13	1.81	16.62
	2	22.45	18.12	1.40	0.35	3.10	1.83	16.04
	3	23.76	19.58	1.35	0.32	2.97	1.77	17.60
	4	22.76	18.16	1.39	0.33	3.08	1.83	16.37
	5	22.96	18.31	1.44	0.30	3.10	1.83	15.94
	6	22.26	17.77	1.41	0.37	3.09	1.87	15.79
	7	23.78	19.59	1.37	0.35	2.91	1.77	17.36
	8	22.78	18.45	1.46	0.30	3.11	1.84	15.60
	9	23.64	19.13	1.33	0.35	2.97	1.75	17.77
	10	21.05	16.93	1.42	0.30	3.16	1.84	14.82
检测次数	11	23.14	18.55	1.37	0.34	3.03	1.80	16.89
	12	20.81	16.39	1.47	0.35	3.26	1.89	14.16
	13	21.25	16.99	1.48	0.29	3.21	1.88	14.36
	14	20.97	16.78	1.43	0.40	3.09	1.88	14.66
	15	23.54	19.29	1.38	0.35	2.96	1.77	17.06
	16	24.74	20.24	1.37	0.36	2.93	1.74	18.06
	17	23.15	18.73	1.45	0.32	3.10	1.79	15.97
	18	23.07	18.43	1.42	0.32	2.95	1.82	16.25
	19	23.48	19.03	1.37	0.30	3.03	1.80	17.14
	20	19.34	15.48	1.49	0.36	3.14	1.93	12.98
	21	23.94	19.08	1.34	0.31	2.89	1.77	17.87
标准偏差		1.2930	1.1833	0.0471	0.0293	0.0980	0.0508	1.3687
平均值		22.71	18.32	1.40	0.33	3.06	1.82	16.23
最大值		24.74	20.24	1.49	0.40	3.26	1.93	18.06
最小值		19.34	15.48	1.33	0.29	2.89	1.74	12.98
变异系数 CV		5.69	6.46	3.36	8.84	3.20	2.80	8.43

从上表可以看出，分切 8 cm 处理方式相较于不切基的处理方式，总糖含量 CV 值下调 6.33%，还原糖含量 CV 值下调 38.08%，烟碱含量 CV 值下调 1.49%，氯含量 CV 值下调 6.00%，总氮含量 CV 值下调 45.00%，糖碱比 CV 值下调 47.33%。结果表明，分切处理方式相较于传统打叶复烤方式降低了大部分化学指标的波动，CV 值有不

同程度的下降,有利于实现生产中烟叶同批次的质量均衡,达到均质化加工的要求。但分切8 cm相较于切基25 cm的分切方式对CV值影响较小。

第四节　焦甜醇甜香特色烟叶分切加工工艺工业验证

一、风格特征评价

按照八大香型香韵特征评价方式对湖南永州、广东南雄两地上部烟叶进行香韵特征及香气状态评价。由图4-32可知,分切加工相比未分切的上部烟叶在焦甜醇甜香型香韵特征方面,焦甜香、醇甜香和烘焙香更显露。香气状态方面,两地上部烟叶的香气质、香气量、透发性均有改善,杂气状态中的青杂气、生杂气、枯焦气和木质气均有减弱,整体香气状态有所提升。总体来说,分切工艺有助于提升及改善焦甜醇甜香型上部烟叶的整体风格特征和香气状态。

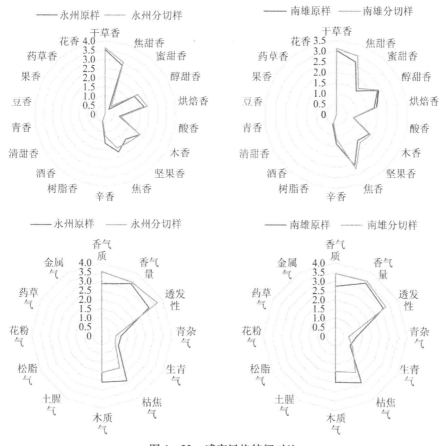

图4-32　感官风格特征对比

二、感官质量评价

从表4-103可以看出，通过分切工艺，湖南永州、广东南雄两地不同部位烟叶感官质量较未分切处理有较大提升，主要表现为分切烟叶的香气质、香气量有所提升，杂气、刺激性、余味等方面有所改善。

表4-103 分切工艺烟叶感官质量评吸

等级	处理	香气质 （9分）	香气量 （9分）	浓度 （9分）	杂气 （9分）	刺激性 （9分）	余味 （9分）	劲头 （9分）	透发性 （9分）	总分
B1F	永州未分切	6.5	6.5	7.0	6.5	6.0	6.0	6.5	8.0	73.0
	永州分切	7.0	7.0	7.0	7.0	6.5	6.5	6.5	8.0	77.0
	南雄未分切	6.0	6.5	7.0	6.0	6.0	6.0	6.0	8.0	71.3
	南雄分切	6.5	7.0	7.0	6.5	6.5	6.5	6.0	8.0	75.3
C2F	永州未分切	7.0	7.0	6.5	6.5	6.5	5.5	5.5	7.0	74.5
	永州分切	7.5	7.5	6.5	7.0	7.0	7.0	5.5	7.0	78.5
	南雄未分切	6.5	6.5	6.5	6.5	6.5	6.5	5.5	7.0	72.0
	南雄分切	7.0	7.0	6.5	7.0	7.0	7.0	5.5	7.0	76.0

主要评价指标采用9分制，个人感官评分标度以0.5分为单位进行打分，总分以评价小组平均分体现，保留一位小数。权重分配：香气质、香气量权重2.5，浓度权重2.0，杂气、刺激性、余味、劲头、透发性权重1.0。

三、配方模块（替代性）评价

（一）平行替代验证

按照烟叶评价结果，对比选取2023年湖南永州、广东南雄两地分切加工的中部烟叶和上部烟叶，对"好日子"品牌通用"熟烟香"基准模块进行平行替代验证。模块设计思路：以焦甜香、醇甜香、坚果香、干草香为主体香韵，辅以清香、辛香、木香香韵，焦甜香香韵微显露，香气悬浮至稍沉溢，浓度稍大，劲头适中；香气质较好，香气量尚充足至充足，烟气细腻、绵长、透发、较柔和，杂气轻微，口腔较干净、舒适，喉部稍有刺激感，主要应用于一类、二类卷烟产品配方。模块设计见表4-104。

表4-104　"好日子"品牌通用"熟烟香"基准模块设计

产区	部位	品系	比例
湖南永州	中部	云系	10%
湖南永州	上部	云系	10%
广东南雄	中部	K系	10%
津巴布韦	混合	混合	20%
云南	中部	混合	10%
云南	上部	云系	20%
贵州	混合	云系	20%

模块平行替代感官质量评价结果见表4-105。

平行替代对比结果为：平行替代模块与原模块相比较，在透发性、香气质、香气量、杂气、余味等5项一级品质指标上均有提高，烟气浓度有所增加，刺激性下降，总体质量水平高于原模块。

表4-105　"好日子"品牌"熟烟香"模块替代验证感官质量评价

模块	一级品质指标					二级品质指标				
	透发性	香气质	香气量	杂气	余味	劲头	浓度	刺激性	燃烧性	灰色
原模块	7.0	7.0	7.0	6.5	6.5	5.5	6.0	6.5	4.0	4.0
平行替代模块	7.3	7.2	7.3	6.8	6.7	5.0	6.3	6.8	4.0	4.0

（二）扩大比例替代验证

选择"好日子"品牌通用"熟烟香"基准模块进行扩大比例使用验证，在正常叶组使用比例的基础上保持原配方结构不变，采用分切工艺烟叶进行叶组配方设计，分别较原叶组用量增加10%、30%、50%三个梯度，同时适当调整叶组中其他等级用量，设计组合见表4-106。

表4-106　"好日子"品牌"熟烟香"模块不同比例替代试验设计

单位：%

产区	部位	原始比例	试验模块1	试验模块2	试验模块3
湖南永州	中部	10	11	13	15
湖南永州	上部	10	11	13	15
广东南雄	中部	10	11	13	15
津巴布韦	混合	20	20	20	20
云南	中部	10	10	10	10
云南	上部	20	20	20	20
贵州	混合	20	20	20	20
合计		100	106	109	115

从焦甜醇甜香项目区域烟叶使用比例来看，试验模块 1 较原叶组模块增加 2.04%，试验模块 2 较原叶组模块增加 5.78%，试验模块 1 较原叶组模块增加 9.13%。扩大比例替代验证的感官评价结果见表 4 - 107。

经专家组评价，扩大比例验证样品叶组模块配方的香气香韵风格与"熟烟香"原模块的香气香韵风格接近。由表 4 - 107 可知，切基工艺烟叶扩大比例试验中，各试验模块均较原模块起到增加香气量、劲头和浓度的作用。平行替代模块和扩大 10% 使用量的试验模块 1 的一级品质指标均高于原模块，在劲头指标上未达到原模块要求；试验模块 3 的香气量充足，烟气浓度较高，劲头较足，但在杂气、余味、刺激性等方面低于原模块，主要表现在枯焦气稍显，余味稍苦，刺激稍显；试验样品 2 感官质量与原模块基本接近，说明较原模块配方增加 30% 项目烟叶使用比例，适量调整原模块叶组配方使用等级和比例，能够保持与原模块基本一致，证明焦甜醇甜香型烟叶通过分切工艺可以有效提升在配方中的使用比例。

表 4 - 107　分切工艺烟叶扩大比例应用试验感官质量评价

模块	一级品质指标					二级品质指标				
	透发性	香气质	香气量	杂气	余味	劲头	浓度	刺激性	燃烧性	灰色
原模块	7.0	7.0	7.0	6.5	6.5	5.5	6.0	6.5	4.0	4.0
平行替代模块	7.3	7.2	7.3	6.8	6.7	5.0	6.3	6.8	4.0	4.0
试验模块 1	7.3	7.2	7.4	6.7	6.6	5.1	6.3	6.7	4	4
试验模块 2	7.1	7.1	7.2	6.5	6.5	5.4	6.5	6.5	4	4
试验模块 3	7.0	6.7	7.1	6.2	6.2	5.8	6.7	6.1	4	4

第五章 "好日子"品牌焦甜醇甜香特色烟叶定向生产组织与管理

烟草的种植和生产在全球范围内具有极高的经济重要性，烟草被广泛认为是商业性非食用经济作物之一。在很多国家和地区，特别是一些发展中国家，烟草产业对于经济增长作出了显著贡献。津巴布韦和马拉维是烟草出口的重要国家。在过去30年里，烟草生产也扩展到了莫桑比克、赞比亚和坦桑尼亚，成为南部非洲数百万人民的主要生计来源。在美国，其烟草产业的历史可以追溯到17世纪。20世纪初，烟草种植成为美国的第一大农业产业，直至现在仍是不可忽视的角色。在中国，烟草种植历史悠久，烟草产业也是国家重要的经济支柱之一，烤烟种植面积和总产量均居世界第一位。截至2022年，我国22个省市区104个地市469个县（市、区、旗）种植烤烟，主要分布在中西部山地丘陵地区。南方烟区生产规模约占89.4%，其中云南（42.8%），贵州、四川、重庆等西南烟区规模约占65.7%，湖南、福建等东南烟区约占18.9%。湖北、陕西等长江中上游烟区约占4.8%，河南、山东等黄淮烟区约占7.9%，黑龙江、吉林、辽宁等北方烟区约占2.7%。云南是我国最大的烟叶生产省份，2019年全年烟叶产量为83.54万吨。

中式卷烟是指能够满足中国卷烟消费者当前和潜在消费需求、具有独特香气风格和口味特征、拥有核心技术的卷烟，主要包括中式烤烟型卷烟和中式混合型卷烟。20世纪八九十年代，以"红塔山""芙蓉王""利群"等为代表，一批国产名优卷烟品牌茁壮成长，深受国内消费者喜爱，奠定了中式卷烟品牌的市场基础。2003年，国家烟草专卖局印发《中国卷烟科技发展纲要》，全面确立中式卷烟发展方向，烟草行业迈入新世纪，行业工业企业承接品牌价值，围绕中式卷烟"一高两低"（高香气、低焦油、低危害）导向持续创新。中式卷烟20年发展的经验告诉我们，中式卷烟原料是中式卷烟创新发展的"本源"。

随着烟草行业的改革不断深化，重点骨干品牌快速成长，对优质烟叶原料的需求急剧增加，传统的千家万户小农分散烟叶种植模式在满足工业企业均质化、个性化、稳定化的原料要求方面越来越步履艰难。推进烟叶生产组织管理模式创新，实现对烟叶生产全过程的科学管理，进而提高烟叶资源配置效率，增强优质烟叶的保障能力，是烟草工商企业正在探索和实践的重大课题，同时也是烟叶资源配置方式改革必须思考的问题。

第一节 现代烟草农业与特色烟叶基地单元建设

一、现代烟草农业及其基本特征

2007 年中央一号文件提出："发展现代农业是社会主义新农村建设的首要任务，是以科学发展观统领农村工作的必然要求。"现代烟草农业是现代农业的组成部分，具有现代农业的基本特点和要求。现代农业相对于传统农业而言，是广泛应用现代科学技术、现代工业提供的生产资料和科学管理方法进行的社会化农业。现代农业的核心是科学化，特征是商品化，方向是集约化，目标是产业化。现代农业的基本特征包括：有完整的高质量的农业基础设施；一整套建立在现代自然科学基础上的农业科学技术，使农业生产由经验转向科学；现代机器体系的形成和农业机器的广泛应用，使农业由手工畜力农具生产转变为机器生产；农业生产社会化程度有很大提高，"小而全"的自给自足生产被高度专业化、商品化所替代，形成农工商一体化产业链；现代管理理论和方法广泛运用；形成良好的高效能的生态系统。现代农业的本质特征是科学发展观、大生产方式、规模化生产、集约化思路、专业化分工（即工业化方法）、信息化手段。

现代烟草农业是在国家大力倡导发展建设农业现代化背景下提出来的。现代烟草农业是用现代物质条件装备烟草农业，用现代科学技术改造传统烟叶生产，用现代手段管理烟草农业，用培养新型烟农发展烟叶生产，通过规模化种植、集约化经营、专业化分工、信息化管理，提高烟田的综合生产能力，建设规模稳定、减工提质、效益增加、烟农增收、持续发展、环境美好，保持烟叶生产可持续健康发展的烟草农业形态。其表现出来的基本特征包括高水平机械化生产、高程度科学化烟草生产管理、高质量生产环境、高素质烟农种植管理、高标准生产条件以及低种植风险等。

现代烟草农业是一个烟草生产组织创新、技术创新、经营创新的过程。其本质在于促进烟叶生产的产质量双提高，其发展是贯彻党中央政策指示精神的重要举措。推进烟草农业产业全链条升级，以及深化烤烟与其他粮经饲作物的融合发展，不仅可以提高烟草农业的综合效益和竞争力，同时也为多元产业的协同发展提供了有力支撑。为了达到这些目标，现代烟草农业致力于构建以烟叶为主体的现代烟草农业产业体系，拓展烟草农业的增值增效空间，同时加快现代烟草农业生产体系的构建，以促进烟农可持续增收。

二、现代烟草农业基地单元建设背景及要求

（一）现代烟草农业基地单元建设背景

20 世纪 90 年代中后期，国内外的卷烟厂开始与烟叶烟区合作，建立烟叶基地。烟

厂选择适合自己配方需要的烟叶产地，由厂家提出烟叶质量要求，烟区组织专家提出生产技术措施方案，并负责组织实施。实行划片管理，体现互利互惠，生产出符合卷烟工业需求的优质原料。2007年，国家烟草专卖局提出"一基四化"的发展目标，初步探索了一条以基地单元建设为载体，以完善烟叶基础设施为重点，以提高专业化服务水平为关键，以创新生产组织形式为突破的整乡整县推进现代烟草农业发展的新路子，以此推进传统烟草农业向现代烟草农业转变。2008—2009年，国家烟草专卖局制定并印发了《关于发展现代烟草农业的意见》《关于推进现代烟草农业建设的意见》等文件，组建现代烟草农业建设领导小组，制定现代烟草农业试点的目标和政策措施，提出在全国开展现代烟草农业试点建设。2010年以来，随着"卷烟上水平"基本方针和战略任务的实施，现代烟草农业建设成为原料保障上水平的根本保证。中国烟叶公司2010年提出以整县推进、单元组织的方式推进现代烟草农业建设，并制定了现代烟草农业建设基地单元规范。同年，国家烟草专卖局办公室印发《基地单元现代烟草农业建设评价验收暂行办法》和《2010年度烟叶基地单元评价验收细则》，2012年经修订印发了《烟叶基地单元工作规范（修订）》（中烟叶生〔2012〕3号）。2014年，国家烟草专卖局印发通知开展特色优质烟叶开发与精益生产试点基地单元（升级版基地单元）建设等。经过十余年的现代烟草农业基地单元建设，烟叶烟区生产力水平得到显著提升，发展方式正从传统粗放型向现代集约型转变，原料供应基地化、烟叶品质特色化、生产方式现代化协调发展水平显著提升。

（二）现代烟草农业基地单元概念及其建设标准

中国烟叶公司印发的《现代烟草农业基地单元建设规范（试行）》（中烟叶生〔2010〕2号）明确指出，基地单元是根据工业企业卷烟品牌原料质量特色需求，地市级烟草公司将烟叶风格特色、生态环境基本一致的区域，划分为烟叶生产、收购、调拨的基本单位，一般种植规模在1.7万亩，产量在5万担左右，单元内可划分片区，并以片区为单位组织烟叶生产。一个基地单元制定一个生产技术方案，执行一套业务流程和标准，服务一家卷烟工业企业。现代烟草农业基地单元是指以现代烟草农业为统领，以品牌原料需求为导向，以基地单元建设为载体，以科研技术力量为主力，建立设施完善、烟叶品质特色明显的卷烟品牌导向型原料基地，提高工业企业优质烟叶原料保障能力；通过推进规模化种植、集约化经营、专业化服务，发展统分结合的现代烟草农业生产方式，提高烟叶生产能力。

2012年，中国烟叶公司修订印发了《烟叶基地单元工作规范（修订）》（中烟叶生〔2012〕3号），就现代烟草农业基地单元建设标准也提出了明确要求，主要有：①一个基地单元原则上配套5万亩左右基本烟田，年种植面积1.7万亩，烟叶产能5万担左右；②设施装备完善，5万亩基本烟田烟水工程、机耕路、防灾减灾设施全面配套，建设800座左右的密集烤房，3.8万平方米左右的育苗设施，烟叶生产关键环节基本实现机械化作业；③生产方式创新，户均种植面积 14 亩以上，育苗、机耕、植保等环节的专业化服务达到 100%，移栽、烘烤、分级环节的专业化服务达到 60% 以上，烟农亩均用工 15 个左右；④技术体系先进，执行一套生产技术方案和技术标准，烟田布局优化，连片规模种植，种植制度一致，移栽田管同步，采收标准统一，先进适用技术全面推广，烟叶生产科技贡献率高；⑤管理服务高效，原则上设 1 个基层站、配套 4 条左右收购线。执行一套业务流程和工作标准，烟叶业务流程优化、管理服务效率高；信息化设备配套完善，信息化管理全流程、全覆盖；⑥烟叶优质安全，烟叶质量与风格特色满足品牌原料质量与风格特色需求；烟叶等级结构优化，等级合格率和工业利用率高；烟叶外观质量好，化学成分协调，烟叶安全性符合工业企业要求。

三、"好日子"品牌特色烟叶基地单元建设的主要内容与实践

（一）现代烟草农业基地单元建设的主要内容

（1）原料供应基地化。发挥工业主导、商业主体、科研主力作用，完善工商合作组织机构，加强队伍建设，优化合作模式，创新合作机制，优化工作流程，强化组织管理，规范基地建设；坚持品牌需求导向，开展基地单元规划建设，开发特色优质烟叶；工业企业深度参与烟叶生产收购，建立烟叶质量管理体系，开展烟叶质量评价和质量追踪，加强配方模块研究，优化加工工艺，提高基地单元烟叶利用率与品牌贡献率。

（2）烟叶品质特色化。注重烟叶生产要素集成，重视烟叶生命周期管理，全面推行标准化生产，提升烟叶质量水平；优化生产布局，择优选择烟田，发挥生态优势；重视品种作用，择优选择品种，彰显烟叶风格特色；集成特色烟叶开发关键技术，强化先进适用技术推广应用，保障烟叶风格特色；推行 GAP 管理，推进"环境友好、清洁生产、节能减排、品质安全"型烟叶生产，加强质量管理，保障品质安全。重点要抓好以下几个方面工作。

①标准化生产。以卷烟品牌需求为导向，建立健全覆盖烟叶生产全过程的标准体系，全面推进基地单元标准化生产，统一耕作制度、统一种植品种、统一技术要求、统一操作规范，提高烟叶生产整体水平和烟叶质量水平。

②特色优质烟叶开发。坚持提高质量、突出特色，优化结构、保障供应的工作方针，立足品牌需求，优化区域布局，发挥生态优势，择优选择品种，加大先进适用技术推广应用，全面推行标准化生产，积极实施烟草 GAP，不断提高烟叶生产整体水平和质量水平，推动实现烟叶品质特色化。

③烟草 GAP 管理。按照"生态、特色、优质、安全"的工作要求建立并推行烟草GAP，注重产地环境选择与保护，推行烟叶标准化生产和清洁作业，控制非烟物质，完

善烟叶质量信息，建立烟叶质量追踪体系。

④等级结构优化。坚持"需求导向、服务烟农、标准生产、规范运作、统筹安排"的工作要求，明确工作职责，规范处理程序，加强过程监督，推进优化等级结构。

⑤技术创新。增强创新意识，重视队伍建设，完善创新体系，持续推动科技创新，加快科技成果转化，不断提高基地单元科技贡献率，有效支撑烟叶原料保障上水平。

（3）生产方式现代化。开展烟叶生产基础设施综合配套建设，全面提升设施装备水平；创新生产组织形式，推动适度规模种植；加快烟农专业合作社建设，完善专业化服务体系，推进烟叶生产专业化分工；不断提高土地产出率、资源利用率和劳动生产率，全面推进集约化经营；优化业务流程，规范业务管理，整合基层站点，优化岗位设置，加强基层队伍建设，强化绩效考核，推进全流程、全覆盖信息化管理。

①基地单元规划。按照"整县推进、单元实施"的工作思路，统筹"三化"建设总体要求，实地查勘、科学规划，系统设计、综合配套，逐级评审、严格把关，保障高水平实施、高标准推进。

②烟叶生产基础设施建设。以基地单元为单位，因地制宜、系统规划、科学设计、综合配套烟叶生产基础设施，全面提升基地单元设施装备水平，不断增强烟区综合生产能力。具体涵盖基本烟田、烟水工程、机耕路、育苗设施、密集烤房、烟草农机具、防灾减灾体系等方面。

③规模化生产与专业化分工。坚持家庭承包经营的基础地位，统分结合、双层经营、专业合作，建立和完善"种植在户、服务在社"的烟叶生产组织形式，推动规模化种植、集约化经营与专业化分工。因地制宜培育种植专业户、家庭农场等种植主体，以户为单位签订烟叶种植收购合同，以家庭为主体投入物资、资金、土地、劳力开展烟叶生产，以自有劳力或聘工完成技术要求不高、用工量不大的烟叶生产环节的田间作业，实现种植在户，推动适度规模种植。以户为单位进行行业投入补贴、生产成本和种植收益核算，实现收益归户，推动以家庭为单位的自主经营，提升烟叶规模化种植水平。坚持自愿民主原则，以烟农为主体组建烟农专业合作社，通过完善的章程和规范的制度设计，实现组织在社，推动烟农自我组织和民主管理。依托育苗工场、烘烤工场和农机具等设施，由烟农专业合作社统一组织育苗、机耕、植保、烘烤、分级、运输等环节的专业化服务，实现服务在社，推动烟农自我服务和专业分工。坚持普惠共享、自负盈亏，合理确定服务价格，自主开展盈余分配，实现分配在社，推动烟农专业合作社自主经营和自我发展。

④集约化经营。促进基地单元内土地流转，提高规模化种植水平，完善专业化服务体系，推进全过程烟草农业机械化作业，集成工厂化作业新技术，加强育苗工场、烘烤工场班组制管理，优化专业化服务流程，提高劳动生产率。高标准建设基本烟田，

综合配套基础设施，建立以烟为主的耕作制度，推行现代烟叶生产方式，推动先进适用技术普及推广，提高烟叶产质量水平，增加烟农收入。改进烘烤设施设备，优化密集烘烤工艺，探索余热回收利用，降低烘烤能耗。探索建立循环经济模式，开展秸秆、农地膜等废弃物的综合利用。

⑤信息化管理。按照"统一标准、统一平台、统一数据库、统一网络"的总体要求，加大信息软硬件配置，加强基层人员信息操作能力教育培训，搭建基层站信息化管理平台，实现烟叶生产、经营全过程的信息化管理。

（二）现代烟草农业基地单元建设的实践

深圳烟草工业公司积极响应国家烟草专卖局建设现代烟草农业基地单元的号召，自 2010 年开始大力实施烟区整合，将烟叶采购区域由原来的 11 省 30 个烟区集中到 7 个烟区，每个烟区烟叶调拨量维持在四五万担，使其达到建立基地单元的最低基数。继 2010 年广东南雄国家烟草专卖局烟叶基地单元建设后，深圳烟草工业公司先后在云南曲靖、湖北恩施、云南昆明、贵州黔东南、湖南永州、四川凉山建立起 7 个"好日子"品牌导向型国家局烟叶基地，2017 年实现了烟叶采购数量与基地数量相匹配的全基地化调拨，烟叶原料采购区域也逐步集中在云南、贵州、四川、湖南、湖北、广东等 6 个烟叶主烟区 7 个国家烟草专卖局烟叶基地单元，年采购烟叶稳定在 30 万担左右，实现了烟叶采购数量与卷烟生产需求相匹配，基地布局与品牌特色需求协调统一。

（1）广东南雄基地单元。广东南雄基地系深圳烟草工业公司建立的第一个国家烟草专卖局烟叶基地单元，其主要建设地点在广东省韶关市南雄湖口镇。南雄市处广东省东北部，东经 114°～114°45′，北纬 25°6′～25°25′，海拔高度 130～530 m，属中亚热带季风型气候和大陆性气候。全年平均日照 193 天左右，年平均气温 19.60℃ 左右，日照时数 1807.9 h 左右，年降雨量 15 527.9 mm 左右，无霜期 293 天左右，日照充足，雨量充沛。南雄植烟土壤以牛肝土田、砂泥田、紫色土为主，pH 值在 4.7～7.5 之间，N、P、K 含量丰富，农业人口约 38 万人，占总人口的 81.97%，发展优质烟叶生产的条件得天独厚。

南雄有 300 多年种烟历史，素有"中国黄烟之乡"美誉，当地土壤、气候与烟农特有的晒黄烟种植传统相结合，因而南雄烟叶具有典型的"浓香型"风格特色。2009年 11 月深圳烟草工业公司与广东省烟草南雄市公司向国家烟草专卖局共同申报，2010年 4 月正式批准建设，规划基本烟田 2.7 万亩，植烟面积 1.5 万亩，收购烟叶 4 万担，2010 年 12 月通过广东省烟草公司验收，并获得广东省烟草公司的肯定和赞誉，被确定为整县推进基地单元广东省示范点。2010 年末，深圳烟草工业公司驻南雄工作人员作为广东现代烟草农业基地建设的工业代表接受《东方烟草报》的采访，作为全国第一批基地单元建设中工业"深度介入"烟叶基地建设的典型进行宣传。2013 年 7 月，

《中国烟草》杂志社就深圳烟草工业公司全面开展烟叶基地单元建设，原料基地化程度全国前列的工作进行专访报道，以《先行先试，渐入佳境》一文专题报道了公司基地单元建设的工作，介绍推广公司烟叶基地建设的模式和经验。2011 年 4 月广东南雄湖口基地单元通过国家烟草专卖局基地单元建设检查组验收，成为全国第一批通过国家烟草专卖局验收的基地单元之一。

（2）湖南新圩基地单元。湖南永州烟叶基地主要建设地点在湖南省永州市新田县。新田县位于湖南省南部永州市东南部，东经 112°02′～112°23′，北纬 25°40′～26°06′，南北长 49.2 km，东西宽 30 km。属亚热带温湿性气候，雨量充沛，光照充足，无霜期长达 280～300 天，年平均降雨量 1400～1500 mm，年日照时数在 1700 h 以上，烟区内基本无工业，是烟草种植最适宜区之一。植烟土壤多为红黄壤土、黑色石灰土，土层深厚，有机质含量高，pH 值在 5.6～7.5 之间。经湖南省地球物理化学勘查院对新田进行全面的土地勘查，结果表明，全县有 1022 km^2 土壤属天然富硒土壤，新田硒含量（适量指标≥0.2 mg·kg^{-1}）面积达到 430 km^2，硒含量（丰富指标≥0.4 mg·kg^{-1}）面积达到 565 km^2。在 2011 年第十四届国际人与动物微量元素大会上，新田被认定为富硒地区，是湖南省公开认定唯一无污染富硒县。水利、能源资源丰富，灌溉条件充足，烤烟烘烤能源充足。

新田县于 1961 年开始种烟，至今已有 60 多年的历史，20 世纪 70 年代末基本形成种植规模，1983—1993 年 10 年间，全县烤烟种植面积一直稳定在 10 万亩左右，收购量保持在 20 万担以上，产量占原零陵地区（现永州市）的 1/3。特别是 1988 年，全县种植烤烟 11 万亩，收购 28 万担，成为全国烟叶生产基地县和全省第二大烤烟生产县，是全国浓香型烟叶适宜种植区域。2017 年，国家烟草专卖局正式批准深圳烟草工业公司与湖南省烟草公司永州市公司共同建设湖南永州新圩烟叶基地单元。新圩基地单元的批复建设是继广东南雄、云南曲靖、湖北恩施、云南昆明、贵州黔东南烟叶基地之后公司烟叶基地建设的又一突破。至此，公司目前共建设有 6 个烟叶基地单元，基地烟叶调拨比率达到 80%。新圩基地规划基本烟田 3.5 万亩，年种植烤烟 1.7 万亩，收购量 4 万担，2019 年 3 月通过永州市局验收，评优指标得分 96 分。作为"好日子"品牌定向生产技术研究示范基地，新圩单元建设有"工商研田间联合实验室"，工、商、研三方围绕"好日子"品牌需求，不断推进品牌个性化生产技术的研究与应用。

（三）现代烟草农业基地单元建设的思考

通过近十余年的现代烟草农业基地单元建设实践，卷烟工业企业开展烟叶基地单元建设需重点抓好以下几个方面的工作。

（1）准确定位特色，科学规划基地单元。基地单元规划中，卷烟工业企业要密切与烟草商业企业及科研单位协调，共同在基地范围内全面调查烟区的生态条件、现代烟草农业现状、烟叶生产收购情况、烟叶综合质量情况、合作社运行状况等，准确定位烟区烟叶特色，根据工业企业卷烟品牌需求，立足烟区实际，科学划分最适宜区、适宜区、不适宜区，按照优化布局的原则，科学规划基地单元区域，严格按规划布局组织生产。同时要明确基地建设及改进提升方向。

（2）完善制度机制，强化建设组织保障。为扎实推进基地单元建设，必须强化工商研基地建设组织保障。可成立由烟区公司烟叶分管领导与工业企业物资分管领导、相关业务部门负责人组成的基地建设领导小组，主要负责基地相关政策的制定和决策以及重大事项的协调处理；成立由工业企业物资、技术部门及烟区公司烟叶生产、技术以及基地建设相关人员、技术依托单位科研人员组成的基地单元建设组、科技项目组、烟叶调拨组，主要负责基地建设具体工作落实、日常事务管理、信息交流与沟通等。同时，工、商、研三方要密切合作，共同制定基地建设工作方案、技术方案、培训方案和项目研究方案等；完善基地建设工作制度、考核办法等。方案覆盖基地烟叶生产、收购管理、复烤加工和调拨服务全过程，明确各方职责，为基地单元各项工作的开展奠定坚实的组织保障。

（3）落实过程参与，深度介入基地单元。

①准确定位烟叶特色与品牌需求。特色烟叶是指具有鲜明地域特点和质量风格，能够在卷烟配方中发挥独特作用的烟叶。基地单元建设要以坚持区域特色生态形成的烟叶特色为基础，充分挖掘和利用当地的生产资源，在准确定位基地单元烟叶质量特色的基础上，不断保持、挖掘、彰显基地烟叶特色。工业企业要坚持以品牌需求为导向，立足烟叶烟区生态条件和风格特色，努力立足品牌特色需求解读"田间长势长相指标""经济技术指标""初烤烟叶主要化学成分""外观质量""风格特色""评吸质量""安全性""调拨要求"等卷烟品牌原料风格特色与质量目标需求。同时，工、商、研三方要进一步加强协调配合，发挥各自优势，联合攻关或共同进行科技项目立项研究，加强烟叶风格特色和配方研究，以提高基地烟叶工业品牌可用性，在特色区域定位研究的基础上进一步着力解决影响烟叶品质特色化、优质化的抗病品种选育问题，以及壮苗培育、配套施肥技术、成熟度、烘烤质量、配套实用烟草农机研发等重要问题，重点研究品质与环境、品质与品种的关系、品质与风格特点的表征评价、不同风格特色烟叶的形成机理与调制技术，力保基地单元优质烟叶的可持续发展。

②落实生产过程介入。"主动参与，深度介入"是烟叶基地建设的关键。卷烟工业企业要制定烟叶基地工作方案，方案对基地建设驻点人员明确分工、细化责任，建议选派农艺师、验级师和配方师"三师"入驻基地单元，农艺师驻点基地单元，全程调

研指导基地烟叶生产，全程参与育苗、大田管理、烘烤和收购环节；验级师跟踪指导烟叶生产，深度介入专分散收、工商交接和复烤加工过程；配方师协同指导专分散收环节，深度介入烟叶工商交接与复烤加工过程。卷烟工业企业深度介入烟叶基地生产、收购过程，重点关注品种布局、深翻、高垄、平衡（配方）施肥、壮苗适时集中移栽、不适用烟叶处理、成熟采烤、鲜烟分类、密集烘烤、下炕初分、专分散收等环节。尤其是烟叶采收成熟度管理，推行"准采制"，即由分片技术员根据烟叶具体成熟情况，待烟叶成熟度达到时发放"准采证"，烟农方可采收，成熟一片采一片，技术员进行现场监督，确保鲜烟采收成熟一致。烟叶烘烤编竿时，推行"鲜烟分级制"，即由技术员指导烟农将采收后的鲜烟叶进行分类、分级后再编竿，确保同竿同质，烤后质量一致。

③强化收购过程参与。要紧紧围绕"烟叶质量"这个中心点，前移质量控制关口，全面推进基地单元散叶收购及烟叶原收原调工作，逐步开展全收全调试点，强化烟叶散叶收购管理，按照《烟叶新烟样品技术规定》要求，抓好烟叶基地单元新烟样品制作、审定及培训工作。卷烟工业企业烟叶业务人员与技术研发中心人员密切配合，深入到基地单元各烟叶收购站点，实行对样收购、对样检查，工商交接环节实行对样交接，如图 5-1 所示。

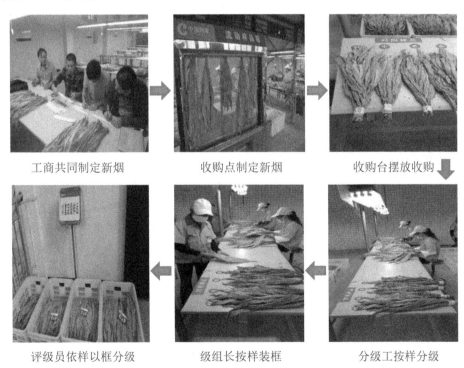

工商共同制定新烟　　　　收购点制定新烟　　　　收购台摆放收购

评级员依样以框分级　　　级组长按样装框　　　　分级工按样分级

图 5-1

249

④建立评价反馈机制，持续改进烟叶质量。为进一步跟踪基地单元烟叶质量，明确改进目标，持续提升烟叶质量，卷烟工业企业技术研发中心对基地单元烟叶质量状况进行了全面评价，物资采购中心根据质量评价报告，并结合基地单元烤烟生产现状，在总结分析基地单元上年度生产技术要点的基础上，制定出基地单元下年度烤烟生产技术改进要点。通过对基地单元烟叶质量评价及反馈机制的有效运作，提高基地单元烟叶生产水平，持续改善基地单元烟叶质量。

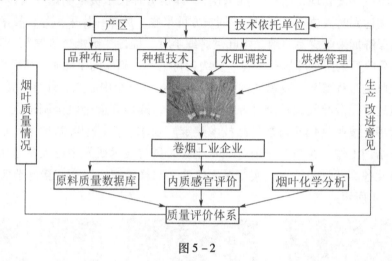

图 5 – 2

第二节 特色烟叶基地单元定向生产组织与管理

一、烟叶生产组织模式概述

从 20 世纪末开始，烟草行业逐渐出现市场饱和、结构性矛盾突出、经济效益下降等问题。进入 21 世纪，仍存在着烟草农业发展滞后，生产组织形式、管理模式和工商合作机制落后的问题。特别是我国目前整个烟叶生产过程受到了传统组织模式的严重制约，主要是以"小农生产、分散种植、粗放经营"为基本特征的农户小规模分散经营模式。在这种模式下，户均种植面积小，种植集中度低，烟农缺乏有效组织，同时由于规模优势的缺失，技术、资金、资源很难实现优化配置。因此急须调整产业组织模式。

产业组织模式的定义为产业链上各主体之间通过某种联结机制组合在一起的具有特定产业形态和功能的经营方式，对形成我国现代农业的生产和经营体系起到重要的支撑作用。国内外学者一直致力于探寻最佳或主流农业组织形式。他们对组织形式选择问题的分析大多数是基于交易费用理论。学者们普遍认为市场信息失灵和不对称会使农户决策出现偏差，从而承担信息失误所带来的巨大的交易损失，这促使基于商业契约的农业产业化经营形式的形成和发展，以有效降低交易风险。针对中国农业产业组织演进中的组织创新，一些学者主张主要形式应该是"龙头企业、中介组织、专业农协等＋农户"的准市场、准企业形式。事实上，即使在一种组织形式发展最充分的领域，另一种组织形式也有自己的发展空间。很多研究对不同农业组织形式的选择依据进行了比较，如罗必良等比较了"公司＋农户"与"公司＋中介组织＋农户"形式在节约交易费用方面所起的不同作用。也有新的研究表明，基于全产业链闭环的"集群＋平台＋龙头企业＋综合服务"的平台性组织可以降低交易频次和成本、提升效率和效益。"农户＋市场"模式为市场外包契约，而"龙头企业＋农户"模式为关系外包契约，但是否存在能实现最优效率的组织模式仍需不断探寻。

烟草农业作为现代农业中的一个分支，其生产效率可以参考上述涉农产业组织模式的研究理论。同时烟草更加注重烟叶品质，如烘烤是烟叶产业中十分重要的环节，是整个烟叶生产过程中劳动强度最大、用时最多的环节，最终决定烟叶质量、产量和经济效益。因此烟草生产组织模式需要有针对性的研究和思考。现阶段烟叶生产主要存在"自种自烤""自种＋专业化烘烤""助＋专业化烘烤""专业化服务＋专业烘烤""互助＋专业服务＋专业烘烤"等 5 种组织模式。其中，前两种模式仍属于传统模式，后三种模式属于创新的组织生产模式。

二、"种、采、烤、分一体化"生产组织与管理

"好日子"品牌烟叶基地单元焦甜醇甜香定向生产组织体系为"种、采、烤、分一体化"生产组织模式。这种模式以工业需求为导向，工商共同确定主栽品种及栽培措施，以烤师为主导、烟农合作社为主体、烟叶工场为依托，按照烟叶成熟采摘、分类编杆、合理装烟、科学烘烤精细分级以及精准收购一体化运作要求，合理利用当地烟叶烘烤、分级场地设施，由烟农专业合作社组织队伍实施服务，基地单元县烟草分公司统一组织技术培训，并安排烟技员全程负责业务指导和服务质量把关，遵循"采摘一房、编杆一房、装烟一房、烘烤一房、分级一房、预检一房、预约一房、收购一房"的作业流程，从烟叶采摘到收购实现全过程商品化服务和市场化运作。

（一）目标任务

以"好日子"品牌工业需求为导向，按照流程化操作、单元化管理、专业化分工的烟叶种、采、烤、分一体化组织模式，以烟农合作社为载体，全面推行烟叶种、采、烤、分一体化运作模式，通过加强对烟叶成熟采收、科学烘烤和烤后分类打捆等关键技术的指导工作，解决烟叶采青采生、烘烤工艺缺位、烟叶分级不纯等突出问题，从而提升烟叶质量、增加烟农收入和实现精准收购的目的。具体目标任务为：

①种、采、烤、分一体化推广覆盖面 100%，烟农烘烤损失控制在 10% 以内。

②"准采烤"制度执行到位率100%，烟叶成熟采收、鲜烟分类上炕合格率85%以上。

③烟农烤后烟叶去青去杂，分颜色、部位、长短100%实现统一规格的分类打捆，确保烟农入户指导到位率100%，捆内烟叶初分合格率80%以上。

④烟农分类小捆按20斤左右的标准，大捆按4或6个小捆组成，打捆合格率95%以上，分网格产量预测准确率95%以上。

⑤专职技术员首炕指导到位率100%，首炕指导成功率95%以上。

（二）保障措施

（1）设施保障。一是成立烘烤设施设备维护中心。合作社成立烘烤设施设备维护中心，联系烤房设备厂家，购置和引进烤房易损设备，做好设备储存工作。二是成立设备维修队伍。基地单元县公司成立由烟叶调制组担任烘烤设施维修队的效劳工作组，由专职技术员、烘烤技术员上门为农户提供设备维修和更换，最大限度保障设备供给，为采烤工作保驾护航。

（2）风险保障。一是建立烘烤风险评价机制。负责开展特殊烟叶的烘烤指导工作，评估烟农烘烤损失，裁定烘烤责任事故，开展烘烤质量综合评估工作。二是明确烘烤风险责任，优化赔偿流程。按照"烟农向合作社提出赔偿损失申请→风险评估小组现场评判→提出评判意见→申请烟农和合作社双方认定签字→不同意评判决议→提交县烟叶质量风险评估领导小组现场评判→提出评判决意→申请烟农和合作社双方认定签字"的流程完成烘烤损失鉴定。三是提取烘烤风险基金。合作社按照烘烤补贴的5%用于协调烘烤责任事故，赔偿烟叶烘烤损失，确保专项资金保障。

（3）技术保障。一是全面开展烘烤师技能鉴定培训工作，培训考试不合格坚决不予上岗。二是坚持准采制度，按照"下部采早，中部采熟，上部采老"的成熟采收原则，加强田间成熟采收的指导力度。根据烟株田间长势和成熟程度，一般情况以5次采收结束为宜，下部叶采早，尽量1次采4片；中部叶按照采熟原则，尽量1次采3片；顶叶采老，尽量1次采4～6片。做好"两停一烤"技术指导，即下部叶采烤结束后停烤7～10天再采收中部叶，中部叶采烤结束后停烤10～15天再采收上部叶。且一律采取《烟叶成熟采摘准采烤证》，并验收确认后由技术指导人员和烟农共同签字，责任共担。三是严格按照《三段式烘烤技术标准》《烘烤户籍化管理手册》及《烘烤技术图表》的技术标准加强烘烤管理，确保烟叶烘烤质量。四是全面开展入户指导。按照"四清一规格"的要求坚持做到烤后下炕烟叶去青去杂，统一规格，按部位、颜色、长短分类打捆，确保产量精准预测。

（4）组织保障。为全面加快种、采、烤、分一体化工作进程，按照"工业需求导向、流程化操作、单元化管理、专业化分工"的新型烟叶采烤组织模式，成立由基地单元县公司与合作社共同组建的烟叶调制、烘烤技术、烟叶质量评估仲裁三个专项组织机构。

（三）岗位工作职责

（1）烘烤主管。负责辖区内专业化烘烤工作的组织实施与运行管理，并做好与合作社烘烤管理的对接；负责指导合作社完成《烘烤效劳价格》《烘烤委托书》等资料，并提交社员代表大会表决通过；负责各烘烤工场烟农推荐烘烤技师的审核，组织人员对专业化烘烤过程进行验收、催促和检查考核；负责催促烘烤技师做好各项记录并汇总上报烟叶生产部，提交其间工作报告和总结；负责催促合作社开展烤房设备维护和维修。

（2）烘烤组长。负责做好本区域内专业化烘烤的常规工作，负责协助调制主管开展专业化烘烤工作的业务培训、督察检查和业务指导工作。

（3）专职技术员。负责做好烤前设施设备及人员筹备工作；负责核实种植面积与烤能的配套及协调工作；负责组织实施设施设备维护、检测及调试；负责落实区域内烤房群烟农专业化烘烤，组织落实好烘烤模式和烘烤技师的择优选聘；负责辖区专业化烘烤组织实施、技术指导、监管管理和考核，指导做好各种烘烤记录；负责指导田间成熟采收、发放准采（烤）证，烟叶分类上炕，分类下炕，打捆称重，统计上报；负责对烘师的管理和考核，对烘师进行星级评价；负责专业化烘烤全过程的实施和平安管理。

（4）烘烤师。负责指导分类上炕工作，负责烤房设备的调试，根据烟叶烘烤情况进行自控仪设置，完善专业化烘烤记录等工作；负责烟叶烤前、烤后技术指导，督促综合作业组烟农做好农残控制、成熟采收、不适用鲜烟叶处理、分类上炕、去青去杂、分类打捆、装袋秤重、数据统计；负责烘烤操作或技术指导，添煤烧火，烤房内外卫生监督管理；负责集群烤房点内各类资料的记录、收集整理和上报；负责烟叶烘烤设备的调试和维护保养。

（四）组织运作模式

根据种、采、烤、分一体化工作方案，主要采取集群专业化和散建指导型两种烘烤组织形式，并结合辖区实际，划分种、采、烤、分一体化作业单元。具体运行模式如下：

（1）集群专业化运行模式。原则上一个烘烤师指导服务的烤房群不能超过 20 间。由烘烤师为烟农统一开展烘烤操作服务，指导综合服务作业组或烟农开展成熟采收、分类装炕、下炕烟叶分类打捆和装袋称重。具体流程为：合作社与烟农、烘烤技师分别签订专业化烘烤协议→验收田间烟叶发放准采（烤）证→烟农自行组织采收、运输、装炕→专业化烘烤（烟农自行回潮下炕分类打捆）→称重统计上报（烟农确认接收并付费）。

（2）散建服务指导型运作模式。五座以下散建烤房，按照就近原则，以村或组为单位，由 10～20 户烟农推荐 1 名烘烤技师，为烟农提供烟叶采收、分类装炕、烘烤操作、下炕烟叶分类打捆，以及烘烤设备维护等方面的技术指导服务。该种模式下所有劳动力及烘烤物资均由烟农自行负责，烘烤技师只负责烟叶成熟度、烘烤曲线设置、下炕分类打捆等专业烘烤工作。

（五）工作流程

①制定方案。根据烟叶基地单元"种、采、烤、分一体化"工作实施方案的具体要求，结合采烤工作实际，按照"工业需求导向、流程化操作、单元化管理、专业化分工"的原则，由调制主管起草拟制符合实际情况的采、烤、分、收一体化工作实施方案，经烟农合作社评审后，上报基地单元县局公司备案。

②宣传发动。在基地单元县局公司方案下发后，组织全体技术员召开采烤工作启动会，全面解读相关政策和开展采烤关键技术培训，确保全员政策理解到位、技术标准清楚。各网格要及时召开烟农培训会，通过现场培训、政策解读、拉横幅写标语等多种形式，切实做好政策宣传和技术指导工作，确保会议精神全面贯彻落实。

③队伍组建。按照基地单元县局公司要求，为加强"种、采、烤、分一体化"工作的组织领导，由烟叶调制组与合作社烘烤技术组共同组建服务队伍。队伍组建如下：

烟叶调制组。按照"全员参与、人人有责"的原则，烟叶调制组实行单元经理负总责、调制主管具体负责、专职技术员主要负责的职责定位，进一步细化工作内容，明确责任分工，建立健全采烤工作的组织领导机构。

烘烤专业队（合作社）。按照"烟农推荐、熟炼烘烤、接受快速、责任心强、服从指导、身体强壮"的原则，由烟农自荐择优选聘烘烤师。烘烤技术队伍（烘烤师）持证上岗率100%。

④协议签订。一是基地单元县局公司与合作社签订种、采、烤、分一体化服务委托协议，将采烤工作全权委托合作社组织实施。明确采烤目标、工作要求、补贴金额和安全注意事项等内容。

二是用工协议签订。合作社与受聘用的烘烤师统一签订用工协议，约定工作内容，量化工作指标，确定工资标准。同时，开展上岗前的安全告知，签订安全协议。

三是服务协议签订。烟农提出服务申请，合作社需与烟农签订专业化服务协议，约定开展服务工作的具体内容和费用结算标准。

三、特色烟叶基地单元烟农专业合作社组织与管理

加强综合服务型烟农专业合作社建设是行业贯彻中央关于农村工作方针的重大举措，是在工业化、城镇化、农业现代化同步推进过程中，构建适应新形势下的生产组织形式的具体措施；是发展现代烟草农业的必然要求，推动生产方式转变，促进集约化经营与专业化分工，推进减工降本，增加种烟收益；是保持烟叶稳定发展的迫切需要，通过专业化服务，提升规模化程度，缓解农村劳动力逐渐减少与烟叶生产稳定发展的矛盾；是加强烟区基础设施管护的有效途径，依托行业补贴形成的大量可经营性资产，交由综合服务型烟农专业合作社使用和管护，保障设施持续发挥作用；是提升

优质原料保障能力的重要途径，通过标准化、流程化作业，推进烟叶标准化生产，提高先进适用技术到位率，提升优质原料供给能力。

（一）综合服务型烟农专业合作社建设原则与职能定位

（1）建设原则。烟农专业合作社是指在农村家庭承包经营基础上，由烟叶生产专业化服务提供者、使用者组成，提供烟叶生产多环节专业化服务的农民专业合作组织，是市场化运作实体。其组建、运行、监督和管理以《中华人民共和国农民专业合作社法》为依据，按照"服务社员、民主管理"的要求，坚持以家庭经营为基础，以服务社员为宗旨，以烟农增收为目的，以自愿民主为核心，依法组建，规范运行。实现"全面覆盖、全程服务、全体受益"。

（2）职能定位。

①生产服务。覆盖育苗、机耕、植保、烘烤、分级5个基本环节，积极拓展移栽、施肥、采收、运输等环节服务，形成全面、全过程的专业化服务体系。

②生产组织。烟农自愿加入烟农专业合作社，通过合作社科学组织，优化烟叶种植品种、烟叶种植区域，调整烟叶种植规模。

③设施管护。将烟叶基础设施的使用、运行、管理、维护纳入综合服务型烟农专业合作社服务体系，发挥合作社对基础设施使用、管护主体作用。

④技术推广。通过综合服务型烟农专业合作社统一作业流程、统一作业标准、统一操作工序，提高先进适用技术落实到位率和标准化生产水平。

⑤物资供应。通过综合服务型烟农专业合作社集中配送育苗、移栽、肥料、植保等环节烟用物资，降低成员运输成本，开展烘烤用煤、多元经营物资统一采购、配送服务。

⑥信息支撑。建立综合服务型烟农专业合作社信息管理平台，提升合作社自身管理水平和服务水平。

（二）综合服务烟农专业合作社机构设置

（1）建立"三会"制度。成员民主选举产生成员代表，成员代表大会成立理事会、监事会，如图5-3所示。

成员代表大会。成员代表以村为单位，按成员5%比例推荐，代表任期2年。

理事会。由成员代表大会选举成员组成，设理事长1名，理事3～5名（理事可兼任经理），任期2年。

监事会。由成员代表大会选举成员组成。设监事长1名，监事两三名，任期2年。烟草站站长可为监事或监事长。

（2）设置四个办公室。理事会下设总经理办公室、综合办公室、财务室、业务室4个办公室。

总经理办公室。与理事长、监事长合署办公。总经理实行聘任制，由理事会聘请社会能人或大学生村干部。所聘请社会能人任总经理，在合作社拿固定工资加提成；所聘请大学生村干部任总经理，在原单位拿工资，在合作社可拿适当补贴。合作社根据需要，可由理事会聘请烟站人员任职业经理，协助总经理工作。所聘请烟站人员不在合作社拿任何报酬。

综合办公室。配备 1 名综合内勤（社会聘请或大学生村干部派驻）。社会聘请内勤在合作社拿固定工资加提成；派驻大学生村干部在原单位拿工资，在合作社可拿适当补贴。

财务室。配备 1 名持证会计（社会聘请或乡镇财税所派驻或委托中介咨询公司记账）。社会聘请会计在合作社拿固定工资加提成；乡镇财税所派驻在原单位拿工资，在合作社可拿适当补贴；委托中介咨询公司记账按《委托合同》约定拿报酬。

业务室。合作社日常业务开展实行理事会领导下总经理负责制，总经理与合作社理事长签订目标管理责任状；各专业队长与总经理签订目标管理责任状。业务室下设专业化服务部、综合利用部和资源服务部 3 个服务部。

专业化服务部。下设机耕、育苗、植保、烘烤、分级等专业化服务队伍。每支服务队设立队长 1 名（可兼职）。

综合利用部。依托两场设施和农机设施，在服务烟叶主业外空闲季节开展其他生产经营业务。设综合利用部主任 1 名（可兼职）。

资源服务部。土地资源中心：收集辖区土地资源详细信息，为种植主体提供连片土地流转信息服务；基础较好的合作社，将可用土地统一流转到资源部，实行数字化管理。劳动力资源中心：分类建立辖区劳动力数量、结构信息，为种植主体提供劳动力信息服务。资源服务主任可由综合内勤兼任。

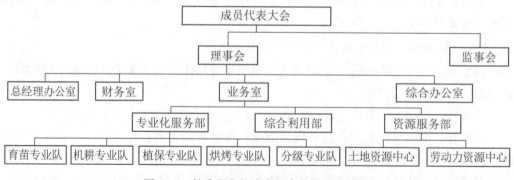

图 5-3 综合服务烟农专业合作社组织机构

（3）报酬标准。理事会、监事会成员原则上不领取固定报酬，但在从事合作社决策、监督职能时予以误工补贴，补贴范围和标准由合作社章程规定或成员代表大会决定；总经理薪酬的支付方式和标准由成员代表大会决定，原则上薪酬水平与业绩挂钩，与当地收入水平基本持平；财务会计人员、专业队队长及其他管理人员报酬由成员代表大会决定，或由成员代表大会委托理事会决定；烟草部门人员不得在合作社入股，烟草部门派驻的监事（或监事长）、职业经理和协助会计等人员不得在合作社领取报酬，不得接受合作社的奖金、补贴等。

（4）综合服务型烟农专业合作社运行机制。

运行机制：烟农专业合作社运行实行理事会领导下的总经理负责制。

①成员代表大会。最高权力部门，行使下列职权：

审议、修改合作社章程和各项管理制度；

选举和罢免理事长、理事、执行监事或监事会成员；

决定成员出资标准及增加或者减少出资；

审议合作社的发展规划和年度业务经营计划；

审议批准年度财务预算和决算方案；

审议批准年度盈余分配方案和亏损处理方案；

审议批准理事会、执行监事或者监事会提交的年度业务报告；

决议重大的财产处置、对外投资、对外担保以及生产经营活动中的其他重大事项；

对合并、分立、解散、清算和对外联合等作出决议；

决定聘用经营管理人员和专业技术人员数量、资格、报酬和任期；

听取理事长或理事会关于成员变动的情况报告；

决定其他重大事项。

②理事会。行使下列职权：

组织召开成员大会并报告工作，执行成员大会决议；

制定合作社发展规划、年度业务经营计划、内部管理规章制度等，提交成员大会审议；

制定年度财务预决算、盈余分配和亏损弥补等方案，提交成员大会审议；

组织开展成员培训和各种协作活动；

管理合作社的资产和财务，保障合作社财产安全；

接受、答复、处理执行监事或监事会提出的有关质询和建议；

决定成员入社、退社、继承、除名、奖励、处分等事项；

决定聘任或者解聘合作社经理、财务会计、内勤或其他专业技术人员；

履行成员大会授予的其他职权。

③理事长。合作社法人代表，行使下列职权：

主持成员大会，召集并主持理事会议；

签署合作社成员出资证明；

签署聘任或解除合作社总经理（职业经理）、财务会计、内勤或其他专业技术人员聘书；

组织实施成员大会或理事会决议，检查决议实施情况；

代表合作社签订合同等；

履行成员大会授予的其他职权。

④总经理（职业经理）。行使下列职权：

主持合作社的生产经营工作，组织实施理事会决议；

组织实施年度生产计划和投资方案；

拟定经营管理制度；

提请聘任或者解聘财务会计人员和其他经营管理人员；

聘任或者解聘除由理事会聘任或者解聘之外的经营管理人员和其他工作人员；

理事会授予的其他职权。

⑤综合服务型烟农专业合作社监督机构。

烟农专业合作社监督机构为监事会。监事长列席理事会会议。

监事会职权：

监督理事会对成员大会决议和合作社章程的执行情况；

监督检查合作社的生产经营业务情况，负责合作社财务审核监察工作；

监督理事长或者理事会成员和经理履行职责情况；

向成员大会提出年度检查报告；

受理社员及农民来访，向理事长或者理事会提出工作质询和改进工作的建议；

提议召开临时成员大会；

代表合作社负责记录理事与本合作社产生的交易情况；

履行成员大会授予的其他职权。

⑥治理结构。烟农专业合作社治理结构为成员代表大会制度、理事会工作制度、监事会工作制度。

（三）综合服务型烟农专业合作社内部管理

（1）组织管理。烟农专业合作社按照"服务社员、民主管理"的要求，坚持"政府引导、烟草扶持、部门配合、烟农主体"组织原则。各级政府及相关部门要为烟农专业合作社设立、生产经营提供服务，要依法解决烟农专业合作社在生产经营中出现的矛盾和纠纷，要落实党中央、国务院、省委省政府对农民专业合作社发展的各项扶持政策，要协调解决合作社两场设施用地等问题，要积极参与烟农合作社服务质量裁定、资产（金）管理与使用监督；烟草部门要履行扶持、指导、服务和监督职能。

（2）资产管理。

资产分类。烟农专业合作社资产包括国家财政补贴所形成的资产、组织或他人捐赠所形成的资产、烟草补贴所形成的资产、成员投入所形成的资产、合作社公共积累所形成的资产等，通常称为合作社可经营性资产。

资产管理：

①建立可经营性资产台账。合作社对可经营性资产进行分类编号，登记造册，建立台账。

②制定可经营资产管（维）护办法。

③进行资产量化。根据可经营资产台账及权利关系，按当年成员种植烟叶面积动态量化合作社可经营性资产，编制资产量化表，并予以公示。

财务管理。烟农专业合作社实行独立的会计核算，按照《湖南省烟农专业合作社财务管理指导手册》完善财务管理制度，健全会计账簿，规范会计记录。定期向成员公布财务状况，并接受地方主管部门和烟草部门指导、监督。

①公积金。烟农专业合作社可按照章程规定或成员代表大会决议从当年盈余中提取公积金。公积金提取比例不超过盈余 20%。公积金用于弥补亏损、维护设施设备、扩大再生产、风险保障或转为成员出资。

②公益金。烟农专业合作社原则上不提取公益金，确须提取必须经过成员代表大会通过并明确提取比例、用途和管理办法。公益金余留部分量化到成员，成员退社时可带走。

③成员账户。记录成员的出资额；成员的基本烟田面积和当年烟叶种植面积；量化为该成员的公积金、公益金份额；成员与本社的交易量（额）；量化为该成员的烟草行业补贴份额。

④成员出资。烟农专业合作社允许成员出资，但不允许社会融资。出资额由合作社章程规定，全体成员均须等额出资，作为本社成员的资格证明之一，但不参与分红。成员退社时带走。

烟农专业合作社成员以土地使用权、实物、现金出资，用于配置合作社设施设备或支付生产经营成本。以现金出资的烟农专业合作社成员不得参与育苗、烘烤工场及附属设施建设。烟农专业合作社成员出资可作为所有者权益和盈余分配的依据。

⑤可分配盈余。合作社在弥补亏损、提取公积金后的当年盈余为可分配盈余。可分配盈余按照以下程序进行，具体分配办法按照章程规定或经成员代表大会决议确定。

专业化服务所产生的可分配盈余，按成员与本合作社的交易量（额）比例返还，返还总额不得低于可分配盈余的 60%。交易量（额）可按合作社成员接受专业化服务量、烟叶种植面积、烟叶交售数量或劳动量测算。其他经营或服务产生的可分配盈余，在考虑行业补贴资产量化的基础上，可根据社员出资、社员在其他经营或服务中的交易额进行分配。

按前项规定返还后的剩余部分，以成员账户中记载的出资额和公积金、公益金份额，以及本烟农专业合作社接受国家财政直接补助和他人捐赠形成的财产平均量化到成员的份额、接受烟草行业补贴形成的资产比例量化到成员的份额，按比例分配给本社成员。

⑥财务审计。由监事会或执行监事对本社的财务进行内部审计，审计结果应向成员大会报告或公示。成员代表大会也可委托审计机构、烟草部门对本社的财务进行审计。

（四）综合服务型烟农专业合作社业务管理

烟农专业合作社业务指合作社以烟为主，开展"5+4"专业化服务；开展土地资源、劳动力资源信息服务和开展增强自身发展能力的两场设施综合利用、技术合作等其他经营性活动。

"5+4"专业化服务即：机耕、育苗、植保、烘烤、分级服务和施肥、中耕培土、采摘、运输服务。

（1）专业化服务管理。

服务模式：

合作社对各服务队专业化服务实行目标管理，即总经理与各专业化服务队队长签定目标管理责任状。目标管理责任状分年度签订，主要内容应包括目标任务、工作要求、考核兑现3部分。即理事长与总经理（或职业经理）、总经理与各服务队长签定目标管理责任状。

管理方式：

①统一组织，内部承包。合作社与成员签订服务协议，收取服务费用，再与专业化服务队签订内部承包协议，约定服务单价和服务标准。合作社统一组织服务开展与服务验收，按队结算服务承包费用。

②统一实施，按队核算。合作社组建专业化服务队，统一组织实施专业化服务，统一服务收费标准和质量要求，统一分配业务，分环节按服务队核算成本费用。

服务流程：

按照签订协议、技术培训、服务准备、服务开展、服务验收、服务结算、服务测评的基本流程操作。

①签订协议。合作社总经理（职业经理）根据年度计划和实际服务能力，协同烟草站代表、烟农成员代表拟定各环节服务方案。服务方案应包括服务范围、服务方式、服务标准以及收费标准。其中对服务成本及收费价格按微利原则制定，并对成员与非成员实行差额服务价格。以乡镇、村或户为单元，签订专业化服务文本协议，约定服务价格与服务标准，与成员签订表格化的具体协议，约定服务面积和收费金额。

②技术培训。合作社组织，烟站负责开展育苗、植保、烘烤、分级等技术培训，县烟草分公司烟叶经营分部或烟叶基础办分管合作社建设副主任负责协调农机部门技

术人员开展农机作业培训，确保服务队员持证上岗。

③服务准备。包括服务所需物资、器械等，在开展服务前必须进行检查、检修，避免带病作业。

④服务开展。总经理（职业经理）根据各服务队服务能力、服务范围，科学组织、合理调配，使服务效率达到最佳化。

⑤服务验收。服务结束，由合作社监事长牵头，组织烟草站代表、烟农成员代表按照服务协议和服务标准对服务质量进行验收，出具文本验收结论，并对服务队服务满意度进行测评。

⑥服务结算。烟草站、服务队协助合作社出纳根据验收结论结算服务款项。禁止服务队员直接与服务对象结算服务款。

（2）劳动力与土地资源信息服务管理。

劳动力资源信息服务：

①建立劳动力资源信息库。合作社资源服务中心对辖区农户家庭状况、劳动力及闲置劳动力情况进行详细调查，分村（或片）按劳动力姓名、性别、年龄、劳动能力、服务意愿、联系方式统计汇总，建立可提供劳动力资源信息库。

②拟定劳动力服务价格。结合劳动力性别、年龄、技术水平，合作社资源服务中心与劳动力提供者代表共同商定服务价格，并实行信息回访。所商定价格作为劳动力资源信息库补充。

③畅通信息互通渠道。合作社资源服务中心主任负责劳动力资源总联系和调度；每村（或片）设立一名联络员，负责所辖区域劳动力信息收集、信息调整、信息联系与去向调度。

④开展劳动力信息服务。合作社资源服务中心根据用工需求，按就近就优的原则通知相关联络员，约定用工地点、用工时间、用工数量、男女结构等。联络员按约定要求具体组织，实行定时、定点服务。

⑤用工结算。实行按月或按季结算。结算时间由合作社资源服务中心约定，劳动用工方根据实际用工与村（片）联络员结算。

土地资源信息服务：

①建立土地资源信息库。合作社资源服务中心对辖区土地情况按"村、户、丘、面积、可流转面积"进行汇总、分类和编号，建立可流转土地资源信息档案。在乡镇、村支两委的配合下，总体规划植烟区域，将富余土地成片流转到合作社，实行数字化管理。

②商定土地流转价格。合作社资源服务中心在乡镇、村支两委协助下，与土地提供者商定土地年租（或季租）与结算方式。

③畅通信息互通渠道。合作社资源服务中心主任负责土地资源总联系和调度；每村（或片）设立一名联络员，负责所辖区域土地信息收集、信息调整、信息联系，代

表所辖土地主的权益。

④开展土地流转服务。合作社资源服务中心根据成员土地需求提报，分析土地资源信息，召集相关村（片）联络员共同组织土地，并与需求者达成意向性租赁条款，反馈至土地主同意后，联络员代表土地主与需方签订土地租赁协议。

⑤租赁结算。按照租赁合同约定，村（片）联络员核定各土地主租金，合作社资源服务中心汇总公示至村，公示 7 日无异议后，约定出租方和承租方及联络员兑现土地年租（或季租）费用。

（3）设施综合利用及其他经营性业务管理。合作社"以烟为主"，积极探索和开展"3＋5"服务业务，拓展增收渠道。"3＋5"业务：设施综合利用、烟农辅导员聘用与管理、物资配送、烟基建设（主要是土地整理项目）、设施管护、技术推广、田间不适用烟叶处理、成员保障。

实施原则：以烟为主，量力而行，注重实效。

实施主体：合作社综合利用部。合作社理事长根据年度计划与总经理（职业经理）签订目标责任书，总经理（职业经理）与综合利用部主任签订目标责任书，实行目标管理与考核。

实施形式：①烟农专业合作社自我经营；②与其他组织或个人采取股份化形式进行经营；③将设施设备租赁给其他组织或个人经营。全市原则上采取第一种形式。

实施程序：选准项目→编制实施方案→签订服务协议→组织实施→项目验收→项目结算。

第三节　特色烟叶科技创新体系的组织与管理

一、烟叶科技创新的意义

"创新是一个民族进步的灵魂，是一个国家兴旺发达的不竭动力。"党的二十大报告强调，要坚持创新在我国现代化建设全局中的核心地位，加快实现高水平科技自立自强，加快建设科技强国。虽然中国烟草年创税利已经逾两万亿元，成为国民经济利税大户，创造了辉煌业绩，但是随着社会和国际环境的发展变化，烟草行业亦面临诸多新挑战，创新是中国烟草行业处在重大改革与发展关键转型期所要研究的重大课题，是关系到烟草行业生死存亡的大事。烟叶作为烟草产业链供应链的最前端，烟叶生产是行业发展的重要基础。科技是第一生产力，也是提升烟叶质量和效益的关键要素。先进的科学技术是传统烟叶生产向现代烟草农业转变的强大动力，发展现代烟草农业应大力推进科技创新，真正使科技成为发展现代烟草农业的助推器。如何通过科技创新提高烟草种植、加工和营销的效率和质量，是业内亟待解决的问题。

另一方面，随着现代烟草农业基地单元建设的持续推进，卷烟工业企业获得了较为稳定的烟叶原料供应，但同时也应该清醒地认识到，中式卷烟要满足不同消费者的多元化需求，就必须要有多元化的烟叶原料保障。当前烟叶生产技术相对比较单一，卷烟产品同质化现象逐渐显现，卷烟工业企业对烟叶品质特色的个性化、差异化要求不断提升。实施原料差异化战略的目的就是追求原料特色，做到别人没有的原料特色我们拥有，以原料特色确保卷烟的个性化、特色风格和市场竞争力。烟叶质量及风格深受品种、生态区域、土壤条件以及栽培措施等因素影响，故实施差异化战略，须注重品种特点，尊重生态多样性，提高生产技术。

二、"好日子"品牌特色烟叶科技创新的重点内容

（1）聚焦烟草种质资源利用与特色品种培育。若没有种质资源，无论是育种还是种质创新，都将会成为"无米之炊""无源之水"。目前在烟草种质资源的收集利用方面，美国、日本和俄罗斯占有较大的优势。美国从1776年起就十分重视烟草种质资源的收集，1913年开始搜集全世界各国的烟草栽培品种，曾两次派考察队到烟草起源中心南美洲的安第斯山搜集古老类型的烟草种质资源和野生种，将搜集到的资源材料编成系统。美国现拥有全套66个烟草野生种和较多的烟草资源材料，其中不少种质具有特殊的使用价值，如抗线虫病的、抗普通花叶病的、高抗青枯的等。日本除了大量收集国外的烟草种质外，1960—1970年间也派人到南美洲考察搜集烟草资源，并发现了一个新的娴草野生种川上烟草。苏联于1920年先后几次组织世界植物考察队考察了50多个国家，共搜集植物种质资源13万份，其中有一部分是烟草资源。我国对烟草种质资源的征集相对较晚，但目前我国保存的烟草种质资源数量居世界第一位，尤其是依托中国烟草总公司青州烟草研究所建立的中国烟草种质资源库，保存有烟草种质资源6000余份，独家保存量居世界首位。但我们也要清醒地认识到，从主栽品种的亲本来源上看，真正在育种中作为亲本使用的只有极少数，大多数种质资源未被开发利用，种质资源的深入研究和利用亟待加强。当前我国烤烟育种使用的核心亲本主要集中在从美国引进的Hicks和Coker139系列及其衍生的K326、G28。美国烤烟种质资源在我国育种工作中被利用的成功率较高，与它们的野生种血缘有着密切关系。为此我们应重视烟草野生资源的收集、研究。同时，利用细胞工程、染色体工程、体细胞杂交、基因工程、辐射诱变及航天诱变等技术手段，诱导变异与导入有益基因相结合，实现烟草种间、属间的基因流动，从而丰富种质库，扩大基因源，创新种质资源。在为烤烟育种提供更多的基础材料方面还有待进一步加强。在特色培育方面，重点研究高香气、低焦油新品种选育；抗病（病毒病、青枯病等）优质新品种选育；抗逆（抗寒、抗旱）优质新品种选育；优质丰产新品种选育；地方特色新品种选育；品种引进与驯化等。近年来，烟草行业以烟草生物育种为依托，坚持"优质、特色、生态、安全"方向，选育了一批抗病、减害、优质、特色烟叶品种，有力保障了烟草种子质量，从

源头上确保了烟叶特色优质。

（2）聚焦特色彰显的烟叶栽培调制。以提高烟叶品质为前提，以满足中式卷烟原料需求和促进烟叶可持续发展为目标，以烤烟为重点，兼顾白肋烟、香料烟、地方名优晾晒烟，对不同烟区、不同类型的烟叶进行科学的品质定位，合理调整烟叶种植布局；针对不同区域的烟叶生产特点，开展烟叶质量与环境关系、特色烟叶开发、优质高效安全栽培技术和有害生物综合治理等方面的研究，解决对烟叶生产有重大影响的关键技术问题，提高烟叶品质和生产综合效益；积极发展现代烟草农业，提高农业劳动生产率。优质高效安全生产技术方面，重点研究主要矿质营养吸收、运输、转化、积累机理，提高主要矿物质吸收能力的综合技术，优质烟叶营养平衡理论和烟叶香气形成机理，烟叶优质高效栽培理论及配套技术，以烟为主的耕作栽培技术，烟叶水肥耦合技术，调控烟叶中烟碱含量、降低烟叶有害物质及其前体物质的栽培、调制技术，烟叶农药残留、重金属控制技术等。烟叶调制技术方面，重点研究不同烟区烟叶成熟度评价，烟叶成熟、调制过程的物质转化、有机物代谢机理及调控技术，烤烟烘烤关键指标和酶控技术，自控节能烘烤设备及烘烤新能源的应用，白肋烟、香料烟、马里兰烟和地方名优晾晒烟调制技术等。

（3）聚焦绿色生态的栽培防控技术。绿色栽培方面，重点研究水分及养分全周期综合管理技术，提高土壤肥力、减少土壤污染的综合技术，烟草农业资源综合优化配置技术，不同区域基本烟田水土资源优化发展的技术预测决策模型，生物降解膜，专用复（混）型缓释、控释肥料研制及施肥技术，烟田废弃物无污染利用技术，烟区资源与生态、烟叶生产监测与决策支持系统等。绿色防控方面，重点研究烟草主要病虫害控制原理，烟草重要、突发性有害生物灾害规律和预警技术，烟草主要病虫草与有益生物相互关系，综合、高效、持久、安全的有害生物综合防治技术，新型高效生物农药研制与应用等。

（4）聚焦减工降本的农机农艺融合。聚焦烟叶生产全程全面机械化工作目标，围绕育苗工场、田间生产、烘烤工场三大作业场景和"耕、种、收、苗、管、烤"六个作业环节，协同推进农艺宜机化再造，统筹考虑烟草与大农业机械化融合发展，因地制宜、质效并重、点面结合、分区推进，建立完善质量和效率并重的烟叶生产技术体系，逐步构建烟叶机械化生产系统，进一步推进烟叶生产减工降本，以烟叶生产现代化积极助力农业现代化。重点研究烟叶田间生产机械化技术，烟叶节水灌溉技术与成套设备，工厂化育苗及机械化移栽配套机具，高效低污染烟用植保机具设备，烟草生长和生态环境信息数字化采集技术，烟草生态系统监测技术及虚拟农业技术，烟草农业远程数字化、可视化信息服务技术等。

（5）聚焦高效利用的烟叶质量评价。重点研究烟叶外观质量、物理特性、化学特性、感官质量评价，烟叶质量评价标准，烟叶化学成分快速检测技术，转基因烟草安全性评价等。

三、"好日子"品牌特色烟叶科技创新的组织与管理

（一）科技创新的组织机制

科技创新组织机制是指为了推进科技创新而采用的组织形式和管理机制。科技创新组织机制的形式多种多样，如研究机构、企业线、产学研联盟等。不同的机制所起的作用也是不同的。

研究机构是科技创新的主要组织形式，可以是由国家、企业、学界等出资设立的，也可以是由研究单位自主设立的。研究机构通过采取多方联合、横向合作、重点突破等组织方式来推进科技创新，为推进产学研的融合和促进协同创新提供了有力保障。

企业线是指企业内部设立的科技创新组织机构，通过集中人员和资源，形成有效的创新链条，实现从研究到开发到生产的无缝连接。企业线机制能够提高科技创新的效率和成果，推动企业转型升级。

产学研联盟是由产、官、学、研等多方组成的，共同致力于推进科技创新、转化成果、产生巨大经济效益的组织形式。产、学、研三方的紧密合作，能够加快科技成果的转化和应用，促进产学研融合。产学研联盟不仅为企业提供了科技创新的资源和支持，同时也为科研机构和个人提供了与企业实践结合的机会，实现科学家和企业管理者的互相促进和共同发展。

总之，科技创新管理和组织机制都对推进科技创新至关重要，都需要注重创新思维、规范制度、合理资源配置等方面的工作。只有在管理和组织机制的科学有效保障下，才能够实现科技创新的高效实施、成功落地和良性循环。

（二）基地单元烟叶科技创新组织与管理

烟叶配置改革后，工业需求成为烟叶生产导向，工业企业更要主动参与、深度介入到烟叶生产指导全过程。这对卷烟工业企业的烟草农业科研水平提出了更高的要求。但工商分家后，很多烟草农业科技人才被划分到商业中，工业企业中农业专业技术人才很少，烟叶科研技术力量相对薄弱。因此，工业企业急须重视科技进步对基地烟叶生产和质量的重要意义，充实以农艺师为主的烟叶人才队伍，努力达到每个烟叶基地配备一名原料技术人员，对烟叶基地进行生产管理、技术指导和科研，与商业共同搞好烟叶生产科技创新、推广，加大科技合作。以农业科研单位、大专院校、基地烟区技术中心为平台，建立烟叶原料产、学、研创新联合体，全面深化基地烟叶生产技术创新与合作。围绕烟叶可持续发展，按照现代烟草农业建设要求，工、商、研三方联合确定技术路线，研究制定生产技术方案，开展关键技术的联合攻关等，明确提高烟叶生产技术指标和要求，抓过程控制，促技术到位，积极开展烟叶科技研究。针对卷烟需求和改进烟叶生产技术目标开展联合攻关，重点抓好特色品种的选育和推广、烟叶栽培技术标准化体系建设、土壤改良和施肥技术改进、农机农艺融合、密集烘烤技

术研究应用，提高烟叶生产水平，改善烟叶质量。同时，加强对基地烟叶生产的技术指导，全面参与基地生产过程管理，保障各基地单元按制定的生产技术方案组织生产，提高各生产环节的技术到位率，实现工商研互动，协同科技兴烟。

在工、商、研联合开展烟叶科技创新活动中，工业企业在烟叶基地科技创新组织与管理方面须重点抓好以下几个方面的工作：

（1）基地战略合作框架。在基地单元烟叶科技创新过程中，卷烟工业企业与商业企业、科研院所的战略合作至关重要。稳定的战略合作是影响烟叶科技创新的重要因素之一。只有建立稳定的合作机制，才能有利于三方共同开展互补、创新合作，持续跟踪和定向改进提高基地单元烟叶生产技术与质量，助力烟区烟叶提质增效、农民增收、乡村振兴。战略合作框架主要包含以下内容：合作目的和内容、双方的权利与义务、科研和技术合作方向、示范推广目标等。

（2）科技项目协议。在确立战略合作框架后，卷烟工业企业要与烟区公司、科研单位（技术依托单位）就具体的基地烟叶科技创新项目达成协议，以提高烟叶科技创新的效率。协议的主要内容包括：①项目基本情况，如项目名称、项目负责人、预算金额等；②双方的权利和义务，如烟草企业提供资金支持，基地提供场地设备等；③知识产权约定，明确科研成果的归属；④项目考核办法，如建立进度和效果绩效考核制等。

（3）科研平台搭建。搭建共享的科研平台也是做好烟叶科技创新的重要环节。科研平台可以促进科研资源的整合与共享，提高研发效率，如图5-4所示。具体来说，可考虑从以下方面着手：①围绕科研项目组建科研团队，汇聚工商研三方专业人才；②建设集科研与试验于一体的创新平台，加强仪器设备配置；③构建协同创新体系，定期或不定期地开展科研项目研讨、座谈与交流，实现信息互通和资源共享。

图5-4

（4）科研实施。在科研平台搭建的基础上，要精心组织科研项目的实施，如图5-5所示。要注重科研项目与企业需求的紧密结合，加强项目管控和过程考核，确保科研质量。主要措施包括：①加强项目绩效管理，实行项目负责人负责制；②优化资源配置，合理安排科研人员；③加强过程监控，及时发现和解决问题。

图 5-5

（5）考核。为促进烟叶科技创新落到实处，项目考核是必不可少的环节。建立科学合理的考核体系，可以有效激发科研人员的工作积极性。考核要按照以下原则进行：①突出目标导向，考核与项目目标挂钩；②注重过程管理，做到岗位考核和阶段考核相结合；③采取定量和定性相结合的考核方法，全面客观；④考核结果与激励挂钩，形成良性循环。

四、"好日子"品牌特色烟叶创新成果的示范与推广

（一）科研成果推广的意义

科研成果推广是科学家将研究的成果有效传播给社会大众、应用于生产实践的过程。推广科研成果具有以下几个重要意义：

①促进科学知识普及。科研成果推广能够帮助公众了解最新的科学发现和技术进展，提高科学素养，推动科学知识的普及化。

②推动社会发展。科学研究是推动社会发展的重要驱动力。将科研成果推广应用于实践，可以推动科技创新、促进产业升级，进而推动经济持续发展。

③解决实际问题。科研成果推广将科学家的研究成果与实际问题相结合，提供了解决问题的方法和思路，为社会发展提供重要支持。

（二）科研成果推广的方法

科研成果推广的方法多种多样，下面介绍几种常用的推广方法。

①学术论文与研究报告。学术论文是科研成果的正规出版物，发表论文可将研究成果传播给同行和读者，获得学术认可并推动学术交流。研究报告则是将研究成果以报告形式向相关机构或团体汇报，以便更好地推动成果应用。

②学术会议与研讨会。学术会议和研讨会是科研成果交流与展示的重要平台，通过在会议上做口头报告或展示海报，科学家可以向来自不同领域的专家和学者介绍自

己的研究成果。

③新闻媒体与网络传播。通过新闻报道、电视节目、网络媒体等形式，科研成果可以被传播给更广泛的受众群体。科学家可以积极与媒体合作，提供相关新闻材料和采访，增强科研成果在大众中的知名度和认可度。

④科普活动和社会推广。科普活动是将科学知识传播给公众的重要方式。科学家可以参与科学展览、科技嘉年华、学术讲座、公益讲座等形式的活动，将科研成果生动有趣地向公众展示和解释，提高公众对科学的兴趣与认识。

（三）烟叶创新成果示范推广实践

这里以深圳烟草工业公司的推广实践为例。深圳烟草工业公司积极加强与烟区公司、技术依托单位合作，紧紧围绕公司"好日子"品牌对各基地烟叶的特色需求，结合烟区生产实际，有针对性地开展烟叶创新成果的示范推广工作，努力将公司品牌个性化生产需求传达到生产一线，促进各基地单元烟叶定向化生产，有效保障公司"好日子"品牌发展对优质烟叶原料的需求。在实际工作中主要采取了以下三种创新技术推广模式。

①线下生产技术培训模式。基地单元建设初期，主要通过生产技术培训的形式开展烟叶创新成果的示范推广，如图5-6所示。该技术推广模式在一定程度上促进了基地单元定向生产技术水平的提高，但同时存在生产技术培训受众面较小、单向信息传递、培训效果一般等问题。线下生产技术培训对象主要为基地烟叶生产技术员，由企业内训师开展课堂培训，再由技术员指导烟农，反馈较差。同时烟叶生产技术不仅仅是理念性知识，还包含一些实操性知识，因此在定向技术要求传达方面效果一般。

图5-6

②"线下＋线上"相结合技术推广模式。基地单元建设中期，在开展线下生产技术培训的同时，充分发挥互联网教学传播速度快、节省时间、随看随学、名师指导、受众面广等优势，把个性化生产技术通过田间拍摄微视频，用微信、电视台、短信等渠道传递给烟农的形式，构建起一套"线上＋线下"联动的生产技术推广体系，如图5-7所示。

图 5 - 7

③"研究 + 线下 + 线上"三位一体技术推广模式。当前,深圳烟草工业公司与烟区公司、技术依托单位基地单元共同打造品牌导向型"科技示范园"及"工商研田间联合实验室"等烟叶定向生产技术创新及示范推广平台,实现了品牌导向型生产技术研究和落地手段的不断升级。由基地建设前期的"生产技术培训"到田间"微课堂"再到田间联合实验室,品牌导向型个性化生产技术研究、示范、推广能力不断提升,有效促进了基地烟叶质量的稳步提升,实现了单元内烟叶质量与公司"好日子"卷烟品牌需求的有效对接。

第四节 "好日子"品牌特色烟叶复烤加工管理

一、烟叶复烤加工概述

将田间采摘的成熟鲜烟叶置于如密集烤房的专用调制设备中,历经变黄、定色、干筋三个阶段的烘烤调制后,得到的干烟叶即为"初烤烟",亦称"原烟"。作为主要原料的原烟,不能直接供给卷烟工业企业使用,还必须经过复烤加工,才能成为卷烟生产的真正原料。烟叶复烤是将烟叶从农产品转变为工业生产原料的一个整理和准备性的加工过程。这一过程的主要任务是干燥,是烟叶调制后的又一次干燥,所以称为复烤。

打叶复烤的作用主要有以下几个方面：

①叶梗分离，利于卷烟工业企业制丝车间生产，便于卷烟加工。

②调整水分，烟叶吸湿性减弱，霉变风险降低，理化特性进一步优化，烟叶品质提高，利于原料的长期储存和醇化。

③排除杂气，净化香气。

④保持色泽，利于生产。

⑤杀虫灭菌，有利储存。

⑥减少仓储面积，改善工厂劳动环境。

⑦减少烟叶造碎，便于烟叶运输。

⑧与国际市场接轨，便于烟叶出口。

新形势对打叶复烤提出了新的要求，诸如通过配方打叶、加料调质重构烟叶原料，对片烟物理结构、化学成分、批间质量的均匀性要求，对装箱水分和密度的精确控制要求，对成品信息齐全可追溯要求等。

打叶复烤生产线工艺流程一般分为五个工艺段，分别为预处理段、梗叶分离段、叶片复烤段、碎叶处理段和预压打包段，如图5-8所示。同时还有配套的除尘系统和电控系统。打叶复烤工艺流程及设置对打叶复烤产品质量和卷烟制品质量具有重要的影响。新《卷烟工艺规范》明确提出"对生产过程中工艺参数进行有效控制，实现由结果控制向过程控制转变"。

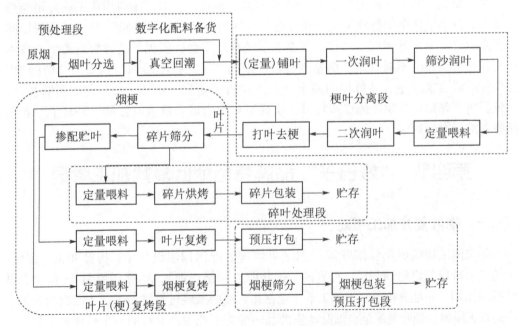

图5-8　打叶复烤工艺流程

（1）预处理段。传统的预处理段主要任务是对来料原烟烟包进行预处理，对烟叶进行清理和挑选以保证符合等级纯度要求，使烟叶原料具备投产条件。当前，为适应均质化加工的要求，在线近红外光谱检测、数字化配料备货及数字化精准铺叶技术亦得到不断发展和应用。

（2）梗叶分离段。对于从预处理段送来的原烟，根据烟叶特性将烟片从烟梗上撕裂下来，并把烟片与烟梗分离开，使烟片与烟梗分别达到其工艺质量指标的要求，并尽量减少造碎。

（3）叶片（梗）复烤段。通过复烤工序的干燥、冷却和回潮，叶梗分离后的烟片（梗）含水率达到规定要求。

（4）碎叶处理段。将有关工序产生的散碎烟叶集中进行分选处理，将碎片干燥至规定含水率并进行包装。

（5）预压打包段。预压打包是打叶复烤的最后一道工序，一般要经过计量控制、预压、复称、打包、刷字、晾包等环节，将复烤后的烟片、烟梗分别按一定的重量和规格进行包装。

二、烟叶复烤加工的组织与管理

（一）原烟收储

原烟收储，是指原料烟叶调入复烤企业，在水分、温度适宜的条件下的一个短期的存放过程，结束于复烤之前。它对保障烟叶质量有着重要的作用。原烟收储有两种主要类型，一是从烟站或中心库调往复烤企业的原烟包，需要特别注意原烟包的水分，若原烟水分超限，必须做相应处理，同时也要注意堆放方式，避免烟包堆放过高从而导致烟叶压油，建议采用标准化框栏盛放烟包，用帆布、棉布或其他新型材料覆盖。二是选后烟叶存储，需要特别注意选后烟叶存放期间水分相对稳定，水分过高则易导致烟叶霉变，水分过低则在摆把加工时会造成过多的造碎，降低出片率。

（二）原烟分选

随着卷烟大品牌发展方式的转变，工业企业对复烤片烟产品提出了更高的要求，原料保障面临更多严峻的挑战，配方工序不断前移。近年来，烟叶原料分选工作逐渐被卷烟工业企业重视，做好做精原料分选工作能为烟叶的高效利用、均质化加工、配方打叶提供基础条件。

1. 分选主要方式分类

面对烟叶的多样化、差异化及卷烟工业需求的个性化，打叶复烤工艺中的烟叶分选已成为烟叶精细化加工、配方打叶、保障片烟质量最重要、最核心的环节之一。烟叶分选可使烟叶符合卷烟品牌的使用需求，提高烟叶的等级纯度，同时也能有效去除烟叶内非烟物质。

　　按照烟叶分选实现方式，可大致将烟叶分选分为机械辅助分选和人工分选。机械辅助分选就是采用机械设备辅助人工分选，主要是由一系列的皮带运输机组合形成的挑选设备，再设置多个工位配置相应的挑选工人，分别挑选不同的烟叶。人工分选就是采用静态的台式挑选方式，由一个人或一组人将单包烟叶按照分选要求完成分类。目前全国大部分烤厂采用的是人工分选方式。

　　烟叶分选按精度可以分为三类：普选、片选和精片选。普选是人工解开烟包，按照客户挑选要求对烟叶进行简单整理或者仅剔除青霉杂烂烟叶的挑选工艺。片选是人工解开烟包，对照烟叶样品或按照客户分级要求，剔除青霉杂烂烟叶并对烟叶逐片整理，分成两个选后等级或类别的挑选工艺。精片选是人工解开烟包，对照烟叶样品或按照客户分级要求，剔除青霉杂烂烟叶并对烟叶逐片整理，分成三个以上（含三个）选后等级或类别的挑选工艺。

　　随着配方前移，模块化加工和个性化加工不断发展，挑选的理念、手段，制定样品的标的、依据也在不断变化，烟叶分选方式也逐渐细化。

　　2. 分选的主要要求和注意事项

　　（1）环境设备要求。烟叶分选须在技术要求下对加工环境（即挑选场地的环境，包括温度、光源、照度、颜色）作出相应的规定。由于各复烤企业所处地域不同，挑选场地和设备不同，挑选加工环境也必然不尽相同。但是有共同的基本要求：

　　①配置环境除尘或雾化加湿设备。

　　②配置专门的选叶灯具，光照强度符合选叶作业需求。

　　③配置选叶台，实施台式选叶或配置机械辅助选叶线，避免或者尽快淘汰地摊式选叶。

　　④选后烟叶尽量实现标准化框栏存储。

　　⑤气候干燥地区配置选前增湿回暖房，对选前烟叶进行增湿增温处理，降低烟叶选叶造碎。

　　⑥选后烟叶使用帆布（棉布、新型材料等）包装，并且有相对固化的选后烟叶存储空间，尽量实现自有室内仓储。

　　（2）人员素质要求。要求挑选人员无色盲，经烟叶分选专业培训并合格人员。当挑选人员的技术水平参差不齐，影响烟叶挑选质量时，需要及时加强培训，同时加大监督力度，绝不能让青、霉、杂及应剔除的低次烟叶混入合格烟叶中。

　　（3）原料的要求。挑选原料的要求主要在于烟叶的水分。选前烟叶水分含量是影响烟叶挑选的重要因素，其含量应不低于15%，最佳含量为17%～18%。原烟水分含量过低，容易造碎；原烟水分含量过高，则选后烟叶容易霉变，且烟框会出现"虚重"，造成不应有的损失，对均质化加工也会产生不良影响，不利于后续加工。因此要及时做选前原烟水分检测。如果水分低于15%，不应挑选，应回潮加湿后再挑选。选后烟叶水分应尽量保持在16%左右，如果水分含量过高或者过低，又不能及时打叶，则可能发生选后烟叶霉变或者造碎过多现象。

（三）均质化加工

当下，复烤加工的工艺设计，基本围绕着均质化加工展开。在国家烟草局颁布的2016 版《卷烟工艺规范》中，新增打叶复烤章节。这是国家烟草局首次将打叶复烤纳入卷烟工艺规范的标准化文件系统中，同时将打叶复烤的地位提升到新的位置。面对新增打叶复烤工艺中提出的"三化一保"（即模块化、均质化、纯净化与保香），国家烟草局在 2016 年提出了重点控制成品烟碱和水分均匀性 2 项关键指标，深入实现均质化复烤加工工作的要求。可见打叶复烤均质化加工已引起行业的足够重视。

均质化加工工艺设计，可以从以下几个方面入手开展：

（1）精细化分选。片选或精片选可以显著提高选后烟叶质量的一致性。相关研究表明，精片选成品的水分波动幅度明显小于不分选和普选模式，说明分选越精细，烟叶等级越高，成品的水分均匀性、化学成分均匀性及叶片结构均匀性控制效果越好。

（2）原料混配均质化。复烤企业可以结合烟叶加工生态、品种、等级、纯度等自身实际，以烟碱含量大小配比为基本方法，积极探索最佳的原料混配方案，从打叶复烤工序前沿从严抓"均质化"，保证原料的稳定性。比如按来料烟碱大小配比投入挑选，根据选后烟框烟碱含量配比摆把投料，采用贮柜混配模式等。或建立"高架库"现代物流系统，烟叶于切断机汇聚皮带处检测化学成分，后经柔性装箱进行暂存，根据化学成分（以烟碱为因子）的高低混配，实现预处理段的物料均匀混配。

（3）水分控制均质化。成品片烟含水率是烟片醇化安全的关键指标。烟叶水分过大则烟叶会霉变损坏，水分过小则加工、运输中造碎增加且不利于后续烟叶的发酵醇化。为满足烟叶安全贮藏和自然醇化的需求，经过复烤加工后的烟叶含水率应满足卷烟工艺规范中规定的 10.5%～13.0%要求，并且均衡一致。

润叶过程是保证烤后水分均匀性的前提。蒸汽润后烟叶水分含量的均匀性好，能有效避免水渍烟出现。复烤机加工过程中应保证单位时间内原料的流量稳定，控制凉房水分均匀性，利用蒸汽回潮技术保障机尾水分的均匀性。李琳琴（2012）通过试验得出，烟叶属性及烤机干燥段和回潮段出口水分是决定复烤后烟叶水分的主要因素。对油分和糖分含量高的烟叶，烤透率应不低于 98%，复烤后烟叶水分尽量趋中下限能较好地保证烟叶品质。潘武宁等（2008）研究发现，"烤透率"在很大程度上影响烤后烟叶的水分均匀性。提高复烤工序烤透率，对回潮后烟叶含水率的均匀性有正面影响。

（4）化学成分均质化。化学成分均质化除控制目前选取的烟碱变异系数这一指标外，对总糖、钾、氯等几个重要的化学成分也可以进行调控。借鉴烟碱调控方法，利用近红外检测对总糖、氯、钾等其他重要化学成分同时进行检测。根据检测数据进行计算后搭配出库，以达到对各重要化学成分进行多重调控的目的。

（5）叶片结构均质化。研究证明，烟丝结构的差异是烟支卷制质量不稳定的源头。而控制烟丝结构的稳定应追溯到打叶复烤过程中的叶片结构。刘志平等（2002）通过复烤后烟叶结构对烟丝尺寸影响的试验得出，当复烤片烟大中片率（超过 12.7mm 的叶片）提高时，超过 3.2 mm 的叶丝比例增加，但不超过 1.4mm 的叶丝比例降低。因此，提高打叶复烤大中片率是获得较优叶丝结构的前提条件，而保障叶片结构的稳定性是关键之一。叶片结构的均质化加工取决于润叶后烟叶的含水率与温度。不同等级、部位的烟叶耐加工强度存在差异，所以对应的润后烟叶含水率与温度应作调整。此外，叶片结构均质化加工还应关注打叶流量、打叶风分设备的高性能打刀、框栏形状、尺寸、打辊转速设置、各级风分效率布置等方面的内容。改良和升级检测设备，将使用人力的离线叶片结构检测改为在打叶风分线上检测，可提高检测效率，做到打后叶片结构、叶中含梗率的实时在线检测，即可根据检测结果快速调整生产参数。进一步明确叶片结构的优化目标"按需备料"。根据后续工序对叶片尺寸的不同需求调整加工策略。

（6）装箱结构均质化。平衡装箱需要加强对 DVR 值的关注力度。宜引用片烟密度偏差率检测仪进行过程平衡装箱检测，控制好装箱密度，避免烟叶结团结饼，一定程度上控制烟叶在醇化过程中的发酵速率、发酵程度，从而为卷烟质量的稳定性提供保障。

（四）打叶复烤质量管理

（1）复烤加工工艺流程及质量管理。

①投料。核对投料等级，检查配打比例。

②真空回潮。必须回软回透，但烟叶不变色，不潮红，无水湿烟叶；烟包不得封存在回潮筒中，出筒后烟包要及时进行拆包加工处理，以免烟叶色泽变深。

③铺叶摆把。更换等级时彻底清理以保证烟叶不混级；配方打叶时，每小时应检查原料投入比例是否与要求相符，及时调整每工位投料；若要掺入碎烟，则碎烟必须先经过挑杂，再振筛均匀掺入；注意检查摆把质量、杂物、霉青烟等；在后方汇总皮带，检查烟叶分切情况。

④润叶。注意在一、二润口出筒处检查烟叶的水分、温度；在二润前检查流量的波动值；时时关注设备故障时间以及润叶桶内烟叶的清理情况。

⑤人工选叶除杂。注意在选后汇总皮带检测杂物、烟叶纯净度。

⑥打叶分风。烤前、烤后均要检测叶片结构；在打叶分风后烟梗输送带上检测烤前长梗率、梗中含叶率；在打叶分风汇总皮带上检测杂物。

⑦叶片复烤。检查冷房水分、机尾水分、温度、烤透率、烤后大中片率，叶片水分的均匀性和纯度（无杂物，叶片不得有水渍、烤红、烤糊现象）。

⑧叶片包装。纸箱包装的烤烟净质量要求为 200 kg ± 0.5 kg；箱内密度偏差应小

于8.0%；严格控制箱芯温度（35～45℃）；打包成型箱回涨不超过25～50 mm；标识检查。

（2）复烤加工过程工业企业监督工作要点。

①了解原烟调入情况。深入了解原烟的等级、数量，烟区的调拨单与复烤企业过磅后的收货单是否一致，误差如何，检查原烟的水分、温度是否符合规定，如超标必须整改处理。

②了解"委托加工协议"及打叶复烤的"技术方案"。

③核对复烤企业下发的"生产计划作业单"（挑选方案、标识名称、质量指标、成品包装种类等）是否符合工业企业的有关要求。

④配打烟叶是否按比例备料，在生产过程中要定时检查配比情况，确保配打均匀。

⑤要经常性检查挑选后的烟叶是否符合挑选方案的要求。

⑥定期检查打叶指标是否符合要求。必要时可以与复烤企业质检人员一起检测。

⑦检查烤片烟水分是否均匀，是否合格，有无水渍（水珠）、烤红（潮红）的烟片，烤后的叶片结构如何。

⑧检查烤后的烟梗水分、温度、长度是否符合要求，包装种类是否正确，标识是否正确、清晰、牢固。随时抽查重量是否准确。

⑨记录每天的生产情况。

⑩收集并核对有关的报表，如质量报告、生产分析报表、结算单等。

⑪检查并跟踪发货情况，发现问题及时反馈。

三、"好日子"品牌特色烟叶区域加工中心建设基本要求与实践

（一）区域加工中心建设的背景与意义

打叶复烤是行业产业链中的重要环节，其上游是烟叶生产、原料基地建设，下游对接卷烟生产制造，对中式卷烟品牌原料保障发挥着重要的桥梁作用。与卷烟生产产业链的其他环节相比，打叶复烤技术发展明显滞后，已成为产业链中技术发展的洼地和短板。品牌原料区域加工中心的建设，是落实国家烟草专卖局烟叶流通环节改革的重要举措，将有利于推动品牌个性化复烤加工技术的创新，有利于加大配方工艺向复烤环节前移力度，有利于增强原料供给质量的稳定性，有利于拓宽原料资源链，提高烟叶资源利用率。因此，推进品牌原料区域加工中心建设，对卷烟工业企业构建高质量的烟叶原料保障体系十分重要，对卷烟企业高质量发展亦十分重要。国家烟草专卖局自2016年至2019年发布的"关于推进重点品牌原料均质化复烤加工的通知"中都要求"推行适度集中加工，加快打造重点品牌原料区域加工中心，实施个性化服务和定制化生产"。2018、2019年度国家烟草专卖局连续发布的《烟叶流通环节改革重点工作任务》，要求"稳步推行烟叶加工集约化，积极促进烟叶资源按照重点品牌原料加工

要求跨区域、跨省份有序流动，建设以重点品牌需求为核心的区域加工中心，实现专业化对接、特色化服务和定制化生产"。2019 年，国家烟草专卖局正式下发《关于全面推进重点品牌原料区域加工中心建设的指导意见》（中烟办〔2019〕152 号）。2020年，中国烟叶公司印发《区域加工中心建设实施细则》（中烟叶复〔2020〕67 号），并按照"品牌导向、分批推进"原则有序推进区域加工中心标准化对标建设。

（二）区域加工中心建设的基本要求

区域加工中心建设要紧紧围绕烟草行业高质量发展总体要求和"大品牌、大市场、大企业"战略任务，以烟叶供给侧结构性改革为主线，以服务重点卷烟品牌发展为核心，推动打叶复烤质量变革、动力变革、效率变革，按照"工业主导、复烤主体、品牌导向、共建共享"建设思路，落实"明确定位、健全机制、提升能力、协同发展"工作要求，统筹推动重点品牌原料区域加工中心建设和打叶复烤产能压缩，提高加工资源配置水平，推动重点品牌核心原料向区域加工中心集中、工业企业原料研究向区域加工中心聚焦、复烤加工资源要素向区域加工中心流动，切实提升打叶复烤企业"加工集约化、工艺标准化、服务个性化、管理现代化"水平，构建与行业高质量发展相适应的打叶复烤现代化加工体系。

（三）区域加工中心建设实践与思考

（1）区域加工中心建设总体情况。近年来，行业重点品牌加快发展，品牌规模和结构进一步提升。深圳烟草工业公司越发重视烟叶原料供给，不断深度介入复烤加工环节。同时打叶复烤企业响应工业需求，深入开展加工服务，双方自发形成数个批服务对象聚焦、加工关系稳定、合作对接密切的重点品牌原料区域加工中心。

深圳烟草工业公司自 2014 年起陆续将省外四川、江西、湖南、山东、贵州、福建等烟区高等级烟叶向广东省内复烤企业集并，开始推进区域加工中心建设工作。2015年，深圳烟草工业公司将云南省内烟叶加工计划由石林、麒麟和陆良三个复烤加工点，整合集并至云南石林复烤厂，加快推进区域加工中心建设工作。目前深圳烟草工业公司建设有广东韶关、云南石林、湖北恩施三个区域加工中心，区域加工中心加工量占深圳烟草工业公司国产烟叶加工计划的 67% 左右。

（2）区域加工中心布局与定位。广东韶关"好日子"原料打叶复烤区域加工中心和打叶复烤联合实验室于 2020 年 9 月正式揭牌，系深圳烟草工业公司与打叶复烤企业共建的第一个区域加工中心，如图 5－9 所示。韶关区域加工中心定位为"好日子"品牌工商协调加工中心，目标是研发基于多产地烟叶的打叶复烤技术体系，实现工艺标准、配方模块定制化，推动打叶复烤从单一烟区烟叶的小批量、多批次分散加工向跨烟区烟叶的集中加工、模块化配方打叶升级转型。工作重点是以打叶复烤联合实验室为载体，开展原料特性研究、模块配打设计、质量指标突破、过程管控升级、加工数据分析、技术创新试验等应用性专项研究任务，确保卷烟工艺前移有效落地，为深圳烟草工业公司中高档卷烟提供适应于大生产、大工艺的相关模块加工的标准和工艺。韶关区域加工中心挂牌以来,深圳烟草工业公司将四川凉山、贵州毕节、湖南永州、福建三明等原料烟区的高等级烟叶逐渐集并至韶关区域加工中心。当前韶关区域加工中心加工量稳定在 7 万担左右,加工量约占深圳烟草工业公司非云南烟区加工计划的40%,在深圳烟草工业公司原料加工体系中具有举足轻重的地位。

图 5 - 9

区域加工中心建设中,工商双方密切合作,围绕"好日子"品牌需求,在烟叶精选、工艺创新、配方加工、质量管理等方面开展工商协同研究与创新,有效提高烟叶加工质量,拓宽烟叶原料使用范围。"全等级切叶基和部分高端等级切叶尖"新工艺在韶关区域加工中心全面应用,与韶关复烤联合开发并使用离线切基工艺,为国内复烤首次采用离线切基模式,烟叶原料使用价值不断得到挖掘,烟叶加工质量及水平显著提升,如图 5 - 10 所示。

云南石林区域加工中心 2020 年挂牌,目前承担云南省内 10.0 万担烟叶加工任务,定位为"好日子"品牌"主料核心烟叶加工中心",目标是打造具有"特色化、模块化"复烤加工基地,以凸显云南清甜香风格特色为导向,研发基于清甜香风格的打叶复烤技术体系,提升特色原料的模块配方加工水平,支持并满足品牌风格塑造对云南特色原料的需求。工作重点是为深圳烟草工业公司的高档卷烟的主料烟核心板块服务,提供适应于结构高、数量少、地区多的模块设计和精细化配打加工方案。

图 5 - 10

湖北恩施区域加工中心2023年挂牌，承担湖北恩施3.3万担烟叶加工任务，定位为"好日子"品牌"特色工艺创新加工中心"，目标是围绕"好日子"品牌原料加工需求，将区域加工中心建设成为卷烟工艺前移研究阵地，充分发挥区域加工中心在卷烟重点品牌原料供应链上的价值作用。工作重点是以打叶复烤联合实验室为载体，开展工业企业原料特性研究、模块配打设计、质量指标突破、过程管控升级、加工数据分析、技术创新试验等应用性专项研究，确保卷烟工艺前移有效落地。

（3）区域加工中心建设目标。

①协同共建水平进一步提升。充分发挥深圳烟草工业公司建设主导作用，从区位分布、功能实现等角度进一步明确区域加工中心建设目标与发展定位。与区域加工中心复烤企业共同制定建设规划，推进具体建设，及时跟进掌握加工中心建设进展和生产运行状态。以区域加工中心建设为载体，强化工商双向对接，深化卷烟工艺前移和技术协同创新，进一步提升复烤加工与卷烟制造融合发展水平，更好发挥加工环节在"好日子"品牌原料供给保障中的职能作用。

②技术装备保障进一步完善。落实《打叶复烤厂建设控制指标》（中烟办〔2021〕86号）要求，加紧完善区域加工中心原烟仓库建设，尽快将存储能力提升至加工规模的60%；全面推行标准烟框存放、新型材料覆盖、电子标签标定的现代化仓储模式，充分满足重点品牌原料分类存储、组模设计、配比出库要求。科学评估生产线设备配置状况，有针对性地实施局部更新、改造，特别是要完善铺叶线配置，有力掌控单次铺叶重量和整体铺叶节奏，将烟叶配比精度提升至公斤级；完善二润及烤片机入口处流量控制装置配置，保证过程流量均匀稳定；完善各类质检设备配置，着力增强实验室化学成分检测能力，充分满足新版《打叶烟叶质量要求》和加工实际检测需要，全面提升工艺装备保障能力。

③生产管控短板进一步补齐。强化生产管控作为增强加工保障能力的重要发力点，以生产操作标准化、过程管控参数化、工艺管理具体化为抓手，严格工艺执行，严控过程质量，下决心、下力气解决好长期存在的主观经验性操作、工艺管理虚化弱化等问题，全面提升打叶复烤过程控制水平。借助信息化手段，着力增强加工各类数据的采集、分析和应用能力，利用原烟检测数据指导工艺策划和物料组织，利用过程质量数据追踪设备运行和工艺状态，利用加工历史数据支撑参数优化和工艺改进，加快推进打叶复烤生产管理数字化转型。

④质量实现能力进一步提升。深刻理解深圳烟草工业公司"好日子"卷烟配方使用对复烤加工片烟的质量要求，有针对性地提升关键质量指标实现能力，特别是要在模块配比实现、均质质量实现和加工提质改善等方面形成更为可靠、有效的加工处理能力。着力提升模块配打实现能力，按照"用途导向、分类清晰、功能明确、组配科学、规模适度"原则，深入推进配方打叶，具备烟叶规模化、多等级组配加工能力；积极参与和融入对应工业的模块设计与维护工作，实质性地推进叶组配方前移，实现

烟叶原料科学定位、合理组配、高效利用。着力提升均质加工实现能力，巩固好近年来均质化加工推进成效，不断强化系列关键技术落地应用，持续优化加工控制模式，推动复烤加工由成品质量均质向过程工艺均质深化发展，使加工片烟更好契合后续卷烟制造需求。着力提升品质改善实现能力，联合工业企业积极探索加工方式创新。

（4）区域加工中心建设重点工作。

①坚持党建引领，推动党建业务工作深度融合。牢固树立"党建抓实就是生产力，党建抓强就是竞争力，党建抓细就是凝聚力"的党建工作思路，通过党建工作互联互通，以主题党日活动、三会一课等党内组织生活为载体，优化提升广大党员干部的创造力、凝聚力、执行力、战斗力，实现党建工作与业务工作同频共振、双向融入、同心同向，真正把党的政治优势、组织优势转化为推进打叶复烤业务工作的强大动力。

②深化工商协同，拓展加工环节原料保障职能。工商双方落实"共建、共管、共享"要求，搭建对接平台，构建协作机制，深化双向融合，合理推进区域加工中心建设，形成更为紧密更加顺畅的加工协作关系。充分发挥"好日子"打叶复烤联合实验室在烟叶评级、感官评吸、模块试配、分选样品制作、复烤样品储存与展示等方面的功能作用，高效传递加工需求，确保关键技术有效落地。

③完善装备保障，提升品牌特色工艺实现能力。推进仓储设施建设、加工装备升级和工艺技术创新，全面提升技术装备水平。进一步完善原烟仓储库容和预处理环节的作业空间保障，以烟叶一体化平台建设为契机，推动加工过程的数字化转型升级。聚焦"好日子"品牌原料个性化加工需求，针对性地实施局部设备改造，着力改善烟叶精准投料、片形结构优化、烤机性能提升等方面工艺实现能力，以设备革新推动技术进步。

④聚焦创新驱动，增强烟叶资源加工利用水平。建立技术合作机制，依托课题研究、工艺试验、科技项目等载体，聚焦烟叶加工新工艺、新技术开展联合研究、协同创新。在均质化加工、定向分选、分切加工、配方组配、特色工艺优化等方面开展深度合作，提升打叶复烤质量的稳定性和均匀性，进一步挖掘烟叶资源潜质，更加高效地提高烟叶资源的利用效率。

⑤强化人才共育，激发烟叶队伍干事创业活力。建立人才交流机制，选派烟叶评级技师、配方师、工程师等烟叶相关人才在加工期间进驻区域加工中心开展 QC 小组活动、座谈研讨、技能培训等多形式的交流活动，不断提高工商双方烟叶队伍的复烤工艺参数优化、配方模块设计、烟叶评级、感官评吸、质量检验等专业能力水平，努力拓宽烟叶队伍成长通道，激发烟叶队伍干事创业活力。

第六章　焦甜醇甜香特色烟叶的工业应用与验证

第一节　焦甜醇甜香特色烟叶"精量轻简"定向生产技术集成与示范

一、"精量轻简"定向生产技术集成与示范的目的与意义

广东南雄、湖南永州烟叶具有独特、绵长而甜润的焦甜香，香气浓郁芬芳，烟气醇厚丰满，余味绵长舒适，具有典型的焦甜醇甜香型特色，在"好日子"品牌中具有不可或缺的作用，是深圳烟草工业公司"好日子"品牌发展的保证。深圳烟草工业公司在前期的研究中开发出一系列有利于彰显广东南雄、湖南永州烟叶焦甜醇甜香风格特色的烟叶生产技术，并将这些技术进行集成应用，有利于提高深圳烟草工业公司广东南雄、湖南永州基地单元烟叶"好日子"匹配度，为"好日子"卷烟品牌重点打造的熟烟香品类特色提供优质、稳定的焦甜醇甜香型特色烟叶供应提供保障。

二、"精量轻简"定向生产技术集成

（一）广东南雄"精量轻简"定向生产技术体系

广东南雄烤烟"精量轻简"技术要点：

①移栽期为2月20—25日（较常规提前5d），采用膜下小苗移栽，烟苗6叶1心。

②移栽时，利用移动式水肥一体化装置施用200ppm促根剂250 mL/穴。

③打顶后立即按照1 kg纯氮/亩施用量追施烤烟专用液体肥。

④利用基于Lab颜色模式（D_{13-15}烟叶颜色参数L^*、a^*、b^*的范围分别为49.34～52.29、-5.81～-3.65、31.79～35.06分两次采收，或D_{17}烟叶颜色参数L^*、a^*、b^*的范围分别为48.07～50.88、-3.48～-0.95、33.25～36.384，6片一次性成熟采收）的上部烟叶采收技术采收。

⑤采取适当延长变黄期、定色期稳温时间的低温慢烤技术烘烤。示范区施钾量为364.50 kg·hm^{-2}（比对照区减少10%），配施5%聚天冬氨酸（18.23 kg·hm^{-2}），N、P_2O_5、K_2O含量比为1:1:3.0，基追肥比例为6:4，滴灌。按行株距1.2 m×0.5 m栽植，亩栽烟约1100株。

对照区：施钾量为405.00 kg·hm^{-2}，N、P_2O_5、K_2O含量比为1:1:2.5，基追肥比

例为6:4，不滴灌。按行株距1.2 m×0.5 m栽植，亩栽烟约1100株。其他生产管理参照深圳烟草工业公司2022年广东南雄湖口"好日子"基地单元生产技术方案。

（二）湖南永州"精量轻简"定向生产技术体系

湖南永州烤烟"精量轻简"技术要点：

①移栽期为3月10—15日（较常规提前5 d），采用膜下小苗移栽，烟苗6叶1心。

②移栽时，人工带水移栽，施用200ppm促根剂250 mL/穴。

③打顶后立即按照每亩1kg纯氮施用量追施烤烟专用液体肥。

④利用基于烟叶外观质量特征的上部烟叶采收技术采收（下部叶：适熟早采，移栽后65 d左右，叶面绿色稍有消退，"绿中带黄"，略见成熟采收。中部叶：适熟采收，特征是"黄中带绿"，主脉2/3变白发亮，茸毛脱落，叶耳浅黄，每次采3～4片，2次采完。上部叶：中部烟叶采完后停烤7～10 d，上数第二片叶黄白相间，主脉2/3变白，一次性采收）。

⑤采取适当延长变黄期、定色期稳温时间的低温慢烤技术烘烤。示范区施钾量为340.20 kg·hm^{-2}（比对照区减少10%），配施5%聚天冬氨酸（17.01 kg·hm^{-2}），N、P$_2$O$_5$、K$_2$O含量比为1:1:2.5，基追肥比例为6:4，滴灌。按行株距1.2 m×0.5 m栽植，亩栽烟约1100株。

对照区：施钾量为378.00 kg·hm^{-2}，N、P$_2$O$_5$、K$_2$O含量比为1:1:2.5，基追肥比例为6:4，不滴灌。按行株距1.2 m×0.5 m栽植，亩栽烟约1100株。其他生产管理参照深圳烟草工业公司2022年湖南永州新圩"好日子"基地单元生产技术方案。

三、示范应用效果

（一）烤后烟叶化学成分对比评价

由表6-1可以看出，综合化学成分协调性分析，但对照区烟碱含量偏高，中上部烟叶示范区优于对照区，主要表现在两糖含量更适宜，两糖差更小，糖碱比更接近优质烟叶质量要求，钾含量示范区均高于对照区。

表6-1 不同处理烟叶化学成分分析结果

处理	等级	总糖/%	还原糖/%	总烟碱/%	总氮/%	钾离子/%	总糖/烟碱	总氮/烟碱
南雄对照区	C3F	23.40	21.30	1.34	1.64	2.00	17.46	1.22
南雄示范区	C3F	28.00	25.00	2.32	1.71	2.22	12.07	0.74
南雄对照区	B2F	18.00	15.40	3.26	1.94	1.72	6.52	0.70
南雄示范区	B2F	24.20	21.80	2.76	2.11	1.92	7.42	0.56

（续上表）

处理	等级	总糖/%	还原糖/%	总烟碱/%	总氮/%	钾离子/%	总糖/烟碱	总氮/烟碱
永州对照区	C3F	26.73	19.91	1.83	1.71	2.30	14.61	0.93
永州示范区	C3F	22.08	17.66	2.03	1.93	2.55	10.88	0.95
永州对照区	B2F	19.88	17.62	3.17	1.95	2.59	6.27	0.62
永州示范区	B2F	23.03	19.86	2.72	2.25	2.79	8.47	0.83

（二）产质量对比分析

由表6-2可知，南雄和永州示范区5个经济性状指标都优于对照区，其中产量较对照区分别提高了 191.71 kg·hm^{-2} 和 194.63kg·hm^{-2}，产值分别提高了 14 608.53 元·hm^{-2} 和14 005.85 元·hm^{-2}，均价分别提高了15.20%和13.70%，上等烟比例分别提高了5.35个百分点和5.39个百分点，中上等烟比例分别提高了7.33个百分点和5.69个百分点，经济性状提升较明显。

表6-2 经济性状调查

处理	产量/(kg·hm^{-2})	产值/(元·hm^{-2})	均价/(元·kg^{-1})	上等烟比例/%	中上等烟比例/%
南雄对照区	1952.47 ± 16.23b	55098.76 ± 211.64b	28.22 ± 0.44b	63.31 ± 1.38b	91.21 ± 0.23b
南雄示范区	2144.18 ± 20.97a	69707.29 ± 183.21a	32.51 ± 0.48a	68.66 ± 1.31a	98.54 ± 0.11a
永州对照区	1895.15 ± 16.23b	55186.77 ± 203.52b	29.12 ± 0.23b	64.22 ± 1.14b	92.44 ± 0.28b
永州示范区	2089.78 ± 20.48a	69192.62 ± 179.05a	33.11 ± 0.43a	69.61 ± 1.52a	98.13 ± 0.17a

（三）烤后烟叶外观质量评价

从表6-3可以看出，示范区上部烟叶外观质量优于对照区，主要表现在烟叶颜色、成熟度、色度等方面；中部烟叶示范区外观质量得分亦高于对照区，主要表现在烟叶成熟度及油分等方面。

表6-3 烤后烟叶外观质量评价

等级	处理	部位(15分)状态	得分	颜色(15分)状态	得分	成熟度(20分)状态	得分	油分(20分)状态	得分	结构(10分)状态	得分	身份(10分)状态	得分	色度(10分)状态	得分	总分
	南雄对照	B	12	F	14	成熟	15	有	12	尚疏松	6	稍厚	6	强	7	72
B2F	南雄示范	B	12	F	15	成熟	16	有	14	尚疏松	7	稍厚	7	强	8	79
	永州对照	B	12	F	14	成熟	16	有	11	尚疏松	7	稍厚	7	强	7	74
	永州示范	B	12	F	15	成熟	17	有	14	尚疏松	8	稍厚	8	强	8	82

（续上表）

等级	处理	部位 (15分)		颜色 (15分)		成熟度 (20分)		油分 (20分)		结构 (10分)		身份 (10分)		色度 (10分)		总分
		状态	得分	状态	得分	状态	得分	状态	得分	状态	得分	状态	得分	状态	得分	
C3F	南雄对照	C	14	F	12	成熟	16	有	12	疏松	9	中等	9	中	4	76
	南雄示范	C	14	F	12	成熟	17	有	14	疏松	9	中等	9	中	5	80
	永州对照	C	14	F	12	成熟	16	有	13	疏松	9	中等	9	中	5	78
	永州示范	C	14	F	12	成熟	17	有	15	疏松	9	中等	9	中	6	82

注：部位：P脚叶（3～1），X下二棚（8～3），C腰叶（15～12），B上部叶（13～8），T顶叶（9～5）。

颜色：F桔黄（15～11），L柠檬黄（14～8），R红棕（12～6），V微带青（10～5），K杂色（4～3），GY青黄（2～1）。

成熟度：完熟（20），成熟（19～15），尚熟（14～9），欠熟（8～5），假熟（4～1）。

油分：多（20～17），有（16～11），稍有（10～5），少（4～1）。

结构：疏松（10～8），尚疏松（8～6），稍密（6～4），紧密（3～1）。

身份：中等（10～8），稍薄（6～5），稍厚（7～6），薄（4～1），厚（5～2）。

色度：浓（10～9），强（8～6），中（5～3），弱（2），淡（1）。

（四）烤后烟叶感官质量评价

从表6-4结果可以看出，在示范区各部位烟叶感官质量均优于对照区，示范区烟叶香气质、香气量及浓度有所提升，杂气、刺激性、余味等方面有所改善。

表6-4　烟叶感官评吸质量结果

等级	处理	香气质 (9分)	香气量 (9分)	浓度 (9分)	杂气 (9分)	刺激性 (9分)	余味 (9分)	劲头 (5分)	甜度 (5分)	总分
B2F	南雄对照区	6.2	6.8	6.8	6.2	6.0	6.0	3.5	3.0	70.8
	南雄示范区	6.8	7.0	7.0	6.4	6.5	6.5	3.5	3.0	74.4
	永州对照区	6.5	6.8	6.8	6.4	6.0	6.5	3.5	3.0	72.0
	永州示范区	7.0	7.0	7.0	6.6	6.2	6.8	3.5	3.0	75.1
C3F	南雄对照区	6.5	6.4	6.6	6.5	6.4	6.4	4.0	3.0	71.8
	南雄示范区	7.2	6.8	6.8	6.8	6.8	7.2	4.0	3.0	76.4
	永州对照区	6.8	6.5	6.6	6.4	6.0	6.5	4.0	3.0	72.8
	永州示范区	7.2	7.0	7.0	6.8	6.8	7.2	4.0	3.0	77.3

注：主要评价指标采用9分制，个人感官评分标度以0.5分为单位进行打分，总分以评价小组平均分体现，保留一位小数。权重分配：香气质、香气量权重2.5，浓度权重2.0，杂气、刺激性、余味、劲头、甜度权重1.0。

（五）烟叶质量风格特色感官评价

由图6-1可知，永州示范区相比对照区的上部烟叶在香韵、香型特征方面焦甜香、辛香、坚果香以及正甜香表现更好，香气特征方面在香气质、香气量、透发性均有全面提升，香气状态特征更明显，烟气、口感特征方面在圆润感、刺激性有改善。整体来说，永州示范区上部烟叶焦甜醇甜香风格更加突出。

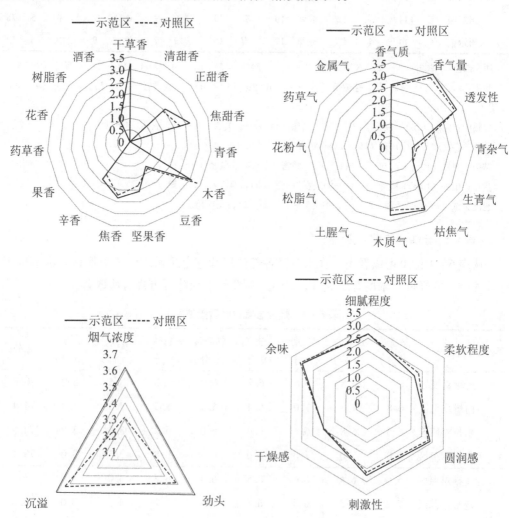

图6-1 永州上部叶感官风格质量差异

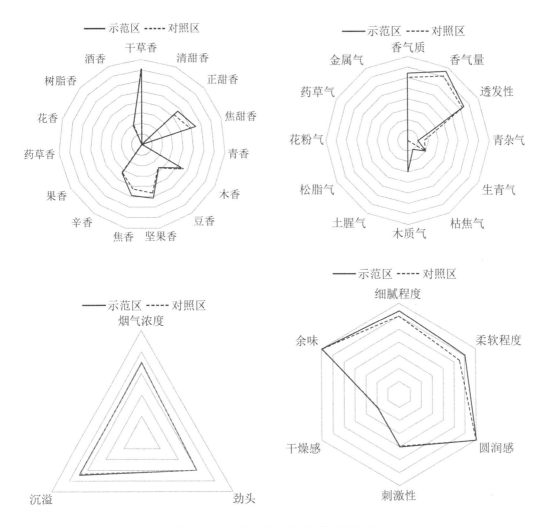

图6-2 永州中部叶感官风格质量差异

由图6-2可以看出，永州示范区中部烟叶在焦甜香、焦香、坚果香以及正甜香表现更好，香气质、香气量、透发性亦有提升，烟气细腻程度、柔和程度方面较对照有提升。

第二节 焦甜醇甜香特色烟叶 "精量轻简" 定向加工技术集成与示范

一、"精量轻简" 定向加工技术集成与示范的目的与意义

在广东南雄、湖南永州烟叶焦甜醇甜香风格特色烟叶 "精量轻简" 生产技术集成

的基础上，对广东南雄、湖南永州主要调拨等级烟叶开展了"好日子"品牌焦甜醇甜香特色烟叶分切加工工艺研究，包括叶面不同区位质量特征研究、不同分切工艺对加工质量的研究、不同分切工艺对感官质量影响的研究及分切工艺的工业验证。将以上研究成果集成进行应用，有利于进一步彰显广东南雄、湖南永州焦甜醇甜香烟叶风格特色，为"好日子"卷烟品牌重点打造的"熟烟香"品类特色提供优质、稳定的焦甜醇甜香型特色烟叶供应提供保障。

二、"精量轻简"定向加工技术集成

（一）焦甜醇甜香烟叶"精量轻简"定向加工技术体系

（1）焦甜醇甜香烟叶切基去杂加工实现路径。

①按照年度烟叶调拨情况和配方使用需求，确定需要进行切基去杂提质的烟叶等级。

②采用广东韶关复烤有限责任公司生产的离线剪切闸式烟叶分切装置对选后原料烟叶进行切基，切基长度为 8 cm。

③将分切基部后的烟叶和基部烟叶分类存储装框，进行烟碱快速测定，进行均质化加工摆把配比。

④设计叶身均质化加工工艺：均质化出库方案→按配比分选→把头分切→初级润叶→均质化装框→翻箱喂料→一润→风选及在线挑选→仓式喂料→流量 11 000 kg/h→二润→柔打打叶→预混柜→满柜后出柜→低温保香工艺慢烤→打包。

⑤设计把头单独加工工艺：把头分切→单独装框→翻箱喂料→一润→风选及在线挑选→仓式喂料→流量 6500 kg/h→二润→打叶→预混柜→满柜后出柜→复烤→打包。把头将加工成为碎片。

（2）焦甜醇甜香烟叶分切提质加工实现路径。

①按照年度烟叶调拨情况和配方使用需求，确定需要进行分切提质的烟叶等级。

②采用广东韶关复烤有限责任公司生产的离线剪切闸式烟叶分切装置对选后原料烟叶进行分切，分切长度为 25 cm。

③将分切后的上部叶身和下部叶身分类存储装框，进行烟碱快速测定，进行均质化加工摆把配比。

④设计上部叶身均质化加工工艺：均质化出库方案→按配比分选→把头分切→初级润叶→均质化装框→翻箱喂料→一润→风选及在线挑选→仓式喂料→流量 8000 ～10 000 kg/h→二润→柔打打叶→预混柜→满柜后出柜→低温保香工艺慢烤→打包。

⑤下部叶身和其他等级混打加工。

（3）焦甜醇甜香特色烟叶切基、分切后叶身柔性打叶技术要点。

将切基、分切后青杂气较重的基部烟叶去除，叶身的含梗率显著降低，叶片结构特征较全叶有较大变化。因此根据叶中含梗率和梗中含叶率，合理调整打辊转速、分风风量，控制好打叶流量。通过降低打辊转速来减少打辊单位宽度上的打叶负荷，并适当增加分风级数以提高分风效率，减少造碎浪费。

（4）焦甜醇甜香特色烟叶切基、分切后叶身低温保香工艺技术要点。

①流量控制。在烟叶低温慢烤过程中，流量控制主要涉及复烤和回潮两个阶段。

在复烤阶段，流量应该控制在较低的水平，以保证烟叶的干燥和复烤效果。具体流量值需要根据烟叶的实际情况和工艺要求进行调整，以达到最佳的复烤效果。在回潮阶段，流量则应该根据烟叶的回潮程度和工艺要求进行控制，以保持烟叶的水分均匀和适度。

同时，需要注意流量波动对烟叶质量的影响，尽量保持流量的稳定，避免波动过大。此外，还需要根据设备的实际情况和工艺要求，定期对流量计进行检查和维护，确保其准确性和可靠性。

②温度控制。低温慢烤技术的关键在于控制温度。要求叶片的复烤温度低于85℃，烤房温度不超过100℃。随着干燥区温度的增加，中部烟大中片率的降低量呈上升趋势，大片率的降低量呈下降趋势。上部烟的大中片率和大片率的降低量都呈下降趋势。以烘烤温度设置原则：上部烟 > 中部烟 > 下部烟。

③湿度控制。烤机湿度控制对烟叶的质量和口感有直接的影响，具体的湿度控制参数需要根据烟叶的品种、厚度、含水量等因素进行调整。

（二）传统焦甜醇甜香烟叶加工技术体系

参照深圳烟草工业公司 2023 年广东韶关区域加工中心加工工艺和产品技术要求执行。

三、定向加工技术生产验证

（一）片烟加工质量稳定性验证

（1）批次间片烟质量的稳定性。2023 年度，湖南永州 C2F 分别进行了分切 25 cm 和不分切加工常规化学指标变异系数对比（分切 25 cm 成品代码为 C2F1Y，不分切成品代码为 C2FG，下同），从表 6 - 5 可以看出，经 25 cm 分切，烟叶各常规化学指标 CV 值均有较大程度的降低，特别是总糖和还原糖两项指标的 CV 值降幅较大。烟叶中烟碱含量的基数本身较低，而总糖和还原糖含量的基数较高，在同一片烟叶从叶基到叶尖含量差异是较大的。因此，25 cm 分切处理，有助于切后烟叶的常规化学成分在同一片上的分布差异更小，再借助各种均质化加工手段，使烤后烟叶的内在质量均匀稳定程度更高。

表6-5 2023年度湖南永州C2F1Y和C2F1G常规化学指标变异系数对比（分切25 cm）

单位:%

	总糖CV值	还原糖CV值	烟碱CV值	氯CV值	钾CV值	总氮CV值	糖碱CV值
C2F1Y	1.73	1.43	1.52	9.68	6.19	1.53	2.44
C2F1G	3.33	4.39	1.70	9.89	5.36	2.59	4.77

2023年度，广东南雄C4F和X2F配方打叶，分别进行了切基8 cm和不切基加工常规化学指标变异系数对比（切基8 cm成品代码为C4FBY，不切基成品代码为C4FAM，下同），见表6-6。从表中可以看出，经8 cm切基，各常规化学指标CV值均有所降低，但降低的幅度不如分切25 cm烟叶的常规化学指标CV值降低的幅度大，主要原因在于切基8 cm主要目的是剔除基部的青霉杂烟，对有效叶片保留程度较大，并不能特别明显地降低烟叶常规化学成分在同一片上的分布差异。尽管如此，依然能够在部分程度降低批次内烟叶常规化学指标CV值，有助于提高片烟内在质量的稳定性。

表6-6 2023年度广东南雄C4FBY和C4FAM常规化学指标变异系数对比（切基8 cm）

单位:%

	总糖CV值	还原糖CV值	烟碱CV值	氯CV值	钾CV值	总氮CV值	糖碱CV值
C4FBY	5.33	4.00	3.31	8.31	6.24	1.54	4.44
C4FAM	5.69	6.46	3.36	8.84	3.20	2.80	8.43

（2）年度间片烟质量稳定性。成品片烟年度间稳定性对卷烟工业企业的生产具有重要意义，成品片烟的年度间稳定性不足，会导致卷烟产品的口感和品质不稳定，生产企业需要针对不同的批次进行相应的调整和控制，会增加生产成本和降低生产效率。2022年度和2023年度，广东南雄分别进行若干批次C4F和X2F配方打叶，分别包含切基8 cm和不切基批次。相关年度间指标见表6-7。

表6-7 C4FAM和C4FBY年度间化学指标稳定性对比

等级批次代码	年份	总糖/%	两年总糖CV值/%	烟碱/%	两年烟碱CV值/%	糖碱比
C4FAM	2022	25.37	18.38	1.59	21.44	16.32
	2023	17.42		1.56		12.05
C4FBY	2022	22.71	10.19	1.4	11.63	16.23
	2023	29.92		1.75		15.4

通过汇总计算对比 2022 年度和 2023 年度切基与不切基批次成品片烟的总糖和烟碱含量，可以发现切基能降低年际间总糖和烟碱的变异系数。对比 2022 年度和 2023 年度成品片烟，不切基处理批次（C4FAM）的总糖 CV 值高达 18.38%，烟碱 CV 值高达 21.44%，同时糖碱比差异较大；切基批次（C4FBY）的总糖 CV 值为 10.19%，烟碱 CV 值为 11.63%，同时糖碱比差异不大。切基处理批次成品片烟的总糖和烟碱含量的年度间差异明显小于不切基处理，这对工业企业配方的稳定性有着积极的意义。

（二）不同分切工艺烟叶替代效果验证

（1）1.8 cm 分切工艺烟叶替代效果。将市场接受度较高、生产量较大的"好日子"牌号 J、H 叶组作为本次替代试验配方叶组，选择本次切基 8 cm 的试验样品广东南雄等级 C4F、X2F、B2F 与同年份同地区的正常样品进行平行替代试验。其叶组配方替代及比例见表 6－8。

表 6－8 "好日子"牌号 J、H 叶组配方结构

单位:%

| 项目 | 配方结构 | | | 叶丝结构 | | |
牌号	叶丝比例	梗丝比例	薄片比例	焦甜醇甜香烟叶比例	焦甜醇甜香烟丝比例	项目烟叶比例
J 牌号原样	78.20	18	3.8	50	40.76	15
H 牌号原样	89.66	0	10.34	38.46	34.48	18

从表 6－9 可以看出，8 cm 分切工艺烟叶替代样总体分值不低于设计分值（牌号 J 设计分值 88 分，牌号 H 设计分值 89 分）。评委评吸后认为，试验样品 1 在烤烟风格的牌号 J 中，试验样品 2 在外香型风格的牌号 H 中，感官评价分值在香气和杂气等方面不低于对照样，刺激、余味等方面高于对照样，符合替代要求。

表 6－9 8 cm 分切工艺样和对照样小试感官质量评价

样品	光泽	香气	协调	杂气	刺激性	余味	总分
试验样品 1	5.0	28.0	5.0	11.0	17.4	22.1	88.5
J 牌号原样	5.0	28.0	5.0	11.0	17.0	22.0	88
试验样品 2	5.0	27.5	5.0	11.5	18.3	22.1	89.4
H 牌号原样	5.0	27.5	5.0	11.5	18.0	22.0	89

替代前后卷烟主流烟气检测指标差异。根据卷烟国标 GB 5606.5—2005 第五部分主流烟气中的相关内容进行检测，检测结果见表 6－10。对比牌号 J 和 H 原样，试验样品均表现为总粒相物上升，焦油量降低，一氧化碳量下降，烟碱升高。可以预见，卷

烟配方中使用试验烟叶时，能在一定程度上降低卷烟的焦油、一氧化碳释放量。

表 6 – 10　主流烟气检测结果

单位：mg/支

样品	总粒相物	焦油	烟碱	一氧化碳
J 牌号原样	11.38	9.40	0.79	10.10
试验样品 1	11.52	9.00	0.78	9.80
H 牌号原样	12.06	9.40	0.77	6.80
试验样品 2	11.33	8.82	0.72	6.67

验证结论。该项目的 8 cm 分切工艺试验烟叶，在感官质量上优于对照样品。试验样的刺激性和余味有明显改善，为保证烟叶的"高适配性"使用发展方向提供了物质基础。卷烟配方中使用该项目的试验烟叶，可以在一定程度上适当降低配方成本，减少卷烟焦油、一氧化碳的释放量。在"好日子"牌号 J、H 中使用该项目的试验烟叶，可以在保持配方原有风格的基础上，提高卷烟的余味，降低卷烟的刺激。

（2）25 cm 分切工艺烟叶替代效果。

验证牌号："好日子"牌号 Z、牌号 W 叶组。验证等级：广东南雄 C2F、湖南永州 C2F，选择本次分切 25 cm 的试验样品与同年份同地区的正常样品进行平行替代试验。其叶组配方替代及比例见表 6 – 11。

表 6 – 11　"好日子"牌号 Z、W 叶组配方结构

单位:%

项目	配方结构			叶丝结构		
牌号	叶丝比例	梗丝比例	薄片比例	焦甜醇甜香烟丝比例	焦甜醇甜香烟丝比例	项目烟叶比例
Z 牌号原样	91.62	4.8	3.6	28.95	26.52	18.18
W 牌号原样	95.24	0	4.76	37.50	33.33	35.71

从表 6 – 12 可以看出，25 cm 分切工艺烟叶替代样总体分值不低于设计分值（牌号 Z 设计分值 88 分，牌号 H 设计分值 89 分）。评委评吸后认为，替换项目烟叶后，在 Z 牌号中，香气、杂气、刺激性、余味等评价分值高于牌号原样，在烟气丰满度、流畅度、甜润度、醇和度等方面优于正常产品；试验样品 4 在牌号 W 中，感官评价分值在香气、杂气、刺激性、余味等高于对照样，在烟香透发度、甜润度、舒适度等方面优于正常产品，均符合替代要求。

表6-12 25 cm 分切工艺样和对照样小试感官质量评价

样品	光泽	香气	协调	杂气	刺激性	余味	总分
试验样品3	5.0	29.3	5.0	11.2	18.4	22.1	91.0
Z 牌号原样	5.0	29.0	5.0	11.0	18.0	22.0	90.0
试验样品4	5.0	30.4	5.0	11.2	18.1	22.3	92.0
W 牌号原样	5.0	30.0	5.0	11.0	18.0	22.0	91.0

25 cm 分切工艺烟叶替代样品检测结果见表6-13。对比牌号 Z 和 W 原样,试验样品在一氧化碳、烟碱指标差异不明显,较明显表现为总粒相物、焦油量下降。可以预见,卷烟配方中使用试验烟叶时,能在一定程度上降低卷烟的总粒相物、焦油的释放量。

表6-13 主流烟气检测结果

单位:mg/支

样品	总粒相物	焦油	烟碱	一氧化碳
Z 牌号原样	11.92	10.1	0.88	8.80
试验样品1	11.62	9.22	0.92	8.60
W 牌号原样	13.70	10.8	1.01	8.00
试验样品2	13.33	9.47	0.87	8.27

验证结论。该项目的 25 cm 分切工艺试验烟叶,在感官质量上优于对照样品。试验样在香气丰富度和烟气舒适度方面有明显增强,在有效利用高等级焦甜醇甜香烟叶方向上拓宽了思路。卷烟配方中使用该项目的试验烟叶,可以在一定程度上强化卷烟产品配方风格,增强消费体验,在一定程度上能够减少卷烟总粒相物、焦油释放量。在"好日子"牌号 Z 和牌号 W 中使用该项目的试验烟叶,可以在保持配方原有风格的基础上,提高卷烟的香气和舒适度。

第三节 焦甜醇甜香特色烟叶在"好日子"品牌卷烟中的应用

卷烟品牌的叶组配方,就是把各种不同类型、不同香型、不同产地或不同性质因素的烟叶,按照卷烟产品的类型、香型、等级、风格等质量标准要求,以不同比例加以合理的混合。因此,如何把各种类型、等级、质量风格的烟叶进行合理配合,以寻求最佳的质量效果,成为卷烟叶组配方设计的主要任务。

一、焦甜醇甜香型烟叶在"好日子"品牌中的使用现状

"好日子"品牌卷烟的原料以清甜香型烟叶为主体原料、焦甜醇甜香型为调香味级主要原料，辅以蜜甜、醇甜以及清甜密甜香型烟叶。焦甜醇甜香型烟叶占叶组配方的比例约为25%～35%，其中国产浓香型烟叶占比约为22%。焦甜醇甜香型烟叶的定位是：起到调香调味主料烟的作用，以支撑卷烟的整体香气骨架，用于协调与改善卷烟香味，调节烟气浓度和劲头。

（一）"好日子"品牌焦甜醇甜香型烟叶的目标定位和质量需求

根据"好日子"品牌对焦甜醇甜香型烟叶在叶组配方中的定位，通过对调拨烟区烟叶的质量进行相关研究，形成了企业内部质量把控体系。其主要从以下几个方面进行质量把控。

（1）焦甜醇甜香型烟叶外观质量需求。

①湖南永州烟叶分选技术要求。湖南永州焦甜醇甜香型烟叶分选技术要求见表6-14，部位需求为腰叶、上二棚，颜色为金黄、橘黄至深黄，成熟度为成熟至完熟，叶片结构为尚疏松至疏松，身份为以中等为主兼有稍厚，油分为多至稍有，色度为浓、强、中，长度和残伤应满足烤烟国标对不同部位相应等级的品质因素规定要求。外观质量把握的重点因素为部位、色度、叶片结构。

表6-14　湖南永州焦甜醇甜香型烟叶分选技术要求

外观性状	重点因素	最适用	适用	不适用
部位	√	腰叶、上二棚	成熟度高的顶叶、下二棚	顶叶
颜色		金黄、橘黄、深黄	柠檬黄、正黄	青黄、淡黄、杂色
成熟度		成熟	成熟、完熟	尚熟、欠熟、假熟
叶片结构	√	疏松、尚疏松	尚疏松	稍密、紧密
身份		中等、稍厚	稍厚、稍薄	厚、薄
油分		有、多	有、稍有	少
色度	√	中、浓、强	中、强	弱、淡
长度		不低于相应等级最低长度（cm）		
残伤		不高于相应等级残伤百分数（%）		

②广东南雄烟叶分选技术要求。广东南雄焦甜醇甜香型烟叶分选技术要求见表6-15。部位需求为腰叶，颜色为金黄至橘黄，成熟度为成熟，身份中等，油分为多至有，色度为浓、强、中，长度和残伤应满足烤烟国标对不同部位相应等级的品质因素

规定要求。外观质量把握的重点因素为部位、颜色、叶片结构、油分和色度。

表6-15 南雄"好日子"烟叶分选技术要求

外观性状	重点因素	最适用	适用	不适用
部位	√	腰叶	上二棚、下二棚	顶叶、脚叶
颜色	√	深橘黄、橘黄	正黄、柠檬黄	青黄、淡黄、杂色
成熟度		成熟	成熟、完熟	假熟、欠熟、尚熟
叶片结构	√	疏松	尚疏松	稍密、紧密
身份		中等	稍厚、稍薄	厚、薄
油分	√	有、多	有、稍有	少
色度	√	中、强、浓	中、强	弱、淡
长度		不低于相应等级最低长度（cm）		
残伤		不高于相应等级残伤百分数（%）		

（2）焦甜醇甜香型烟叶化学成分需求。

①湖南永州烟叶化学成分要求。湖南焦甜醇甜香型烟叶化学成分总体特点为烟碱和钾的含量较高，因而烟叶的氮碱比值相对较低，而钾氯比值相对较高。总体而言（表6-16），湖南烟叶适合的烟碱范围为2.0%~3.5%，总糖含量为20%~30%，还原糖含量为16%~26%，总氮含量为1.6%~2.0%，钾含量不小于2%，氯含量不大于0.5%。总氮和烟碱含量较高、糖含量较低是影响湖南烟叶内在质量的重要因素，优质烟叶化学成分的调控目标应以"提糖、降碱"为主。

表6-16 湖南烟叶主要化学成分适宜含量及派生值适宜范围

指标	适宜范围	指标	适宜范围
烟碱/%	2.0~3.2	糖碱比（T）	8~20
总糖/%	20~30	氮碱比	0.6~1.2
还原糖/%	16~26	钾氯比	≥4
总氮/%	1.6~2.5	两糖比	≥0.8
糖碱比（R）	6~16		

②南雄烟叶化学成分要求。广东南雄焦甜醇甜香型烟叶的糖含量高于湖南烟区，烟碱含量低于湖南烟区，其化学成分的适宜程度总体高于湖南烟区。具体到各指标（表6-17），南雄烟叶适合的烟碱含量范围为1.8%～2.8%，总糖含量为22%～28%，还原糖含量为20%～26%，总氮含量为1.8%～2.2%，钾氯比不小于4。

表6-17 南雄烟叶主要化学成分适宜含量及派生值适宜范围

指标	适宜范围	指标	适宜范围
烟碱/%	1.8～2.8	糖碱比（T）	12～16
总糖/%	22～28	氮碱比	0.6～1.2
还原糖/%	20～26	钾氯比	≥4
总氮/%	1.6～2.0	两糖比	≥0.8
糖碱比（R）	11～16		

（3）焦甜醇甜香型烟叶安全性需求。总体需求为烟气危害性指数低；烟叶中镉、铅、砷、汞4种重金属含量和GB 2763—2019名录中的38种农药残留量符合规定要求。

（二）"好日子"品牌焦甜醇甜香型烟叶的生产与定位

根据"好日子"品牌的原料质量需求，分农业生产环节和工业使用环节对"好日子"原料进行研究，确定焦甜醇甜香型烟叶在"好日子"品牌中的生产和使用定位。

（1）农业生产环节。根据"生态决定特色、品种彰显特色、栽培措施保障特色"的基本原则，"好日子"原料烟叶生产以在焦甜醇甜香生态区位划分的烟区建立基地单元为主要模式，通过在湖南永州建立东安生产示范区、在广东南雄地区建立湖口示范区，推广示范符合"好日子"品牌需求的焦甜醇甜香生产技术。示范区从品种选择、移栽时期、植烟密度等几个重点生产环节（表6-18）开展技术措施推广并进行考核。

表6-18 焦甜醇甜香型烟叶生产示范考核要求

生产技术	永州基地东安生产示范区	南雄湖口基地
移栽时间	每年3月前移栽完毕	每年2月下旬移栽完毕
品种	云烟87	粤烟97
植烟密度	1000～1100株/亩	1000～1100株/亩
施肥	移栽前一周施底肥，移栽后每15～20 d追肥，追3次	分基肥、提苗肥、培土肥、圆顶肥

（续上表）

生产技术	永州基地东安生产示范区	南雄湖口基地
中耕培土	移栽后45 d 左右	移栽后30～35 d
打顶，留叶	初花打顶，16～18 片	现蕾打顶，20～22 片
成熟采收	下部叶：适熟早采（移栽后65 d 左右），叶面绿色稍有消退，"绿中带黄"，略见成熟采收。中部叶：中部叶适熟采收，特征是"黄中带绿"，主脉2/3变白发亮，茸毛脱落，叶耳浅黄，每次采3～4片，分2次采完。上部叶：中部烟叶采完后停烤7～10 d，上数第二片叶黄白相间，主脉2/3变白，一次性采收	下部叶：叶片稍转黄，叶尖5～10 cm变淡黄采收。中部叶：叶片3/4变黄，仅余叶基二侧呈淡绿色，主脉变白，茸毛脱落，叶面有较明显的成熟斑采收。上部叶：叶片全黄，叶基部呈淡黄色，主脉变白发亮，叶尖叶缘变白，茸毛脱落，成熟斑呈黄中透白采收，待顶部4～6片叶在充分成熟的基础上一次性采收

（2）复烤加工环节。

①焦甜醇甜香型烟叶均匀性调控。对不同烟碱含量的烟框进行配比投料，是当前复烤工艺提升焦甜醇甜香型烟叶内在质量均匀性稳定性的主要措施，可以将批次内加工的烟碱 CV 值稳定控制在3%～5%，均质化加工取得较明显效果，如图6－3所示。

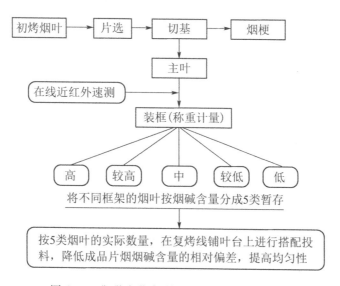

图6－3　焦甜醇甜香型烟叶均质化加工示意图

②焦甜醇甜香型烟叶低温保香复烤。经过多年生产验证，"好日子"品牌焦甜醇甜香型烟叶的低温慢烤技术指标见表6－19。复烤前适当增加烟叶润叶含水量并控制

润叶温度，配合特殊打叶框栏，能有效提高焦甜醇甜香型烟叶润透率，提升中片率，减少大片率和造碎，在有效提升焦甜醇甜香型烟叶利用方面，可以取得明显效果；在保证成品片烟含水率符合"好日子"品牌标准的前提下，在复烤车间环境温度超过15℃，适当降低复烤段烤机温度5～10℃，且最高温度不超过90℃时，有利于烟叶保香。

表 6 – 19　焦甜醇甜香型烟叶复烤环节温湿度控制要求

指标要求		工序及参数					
		一润		二润		回潮区	干燥区
		含水率/%	温度/℃	含水率/%	温度/℃	温度/℃	温度/℃
行业标准	上等烟	15～18	50～60	17～19	50～65	55～65	65～90
	中等烟	17～20	50～63	17～21	50～68	55～65	65～90
"好日子"品牌标准	上等烟	16～18	48～53	18～20	53～63	55～63	65～75
	中等烟	18～20	50～55	18～21	55～65	55～65	65～80

③切基分类加工。为进一步彰显焦甜醇甜香烟叶风格特色，拓宽原料资源链，提高烟叶资源利用率，结合配方模块使用需求，选择有代表性的焦甜醇甜香特色烟叶，配合人机结合的精准切基工艺，开展不同切基模式下的打叶质量、成品片烟质量研究。初步形成"好日子"品牌导向型焦甜醇甜香特色烟叶分类加工的打叶工艺，降低成品片烟内青、霉、杂成分，提高成品片烟的均匀一致性。片烟感官质量有所提高，香气质、香气量均有改善，杂气有所降低，特别是降低了成品片烟霉变的风险，能有效提高烟叶仓储的安全性。

（3）仓储养护环节。为使焦甜醇甜香型烟叶在使用时达到最佳的质量效果和安全性保障，通过相关研究，目前大规模推广应用的相关技术包括"气调养护""空调仓库"等多种安全环保养护技术，彻底摆脱了对磷化铝熏蒸的依赖。

（4）焦甜醇甜香型不同等级烟叶在配方中的具体定位。根据"好日子"品牌风格的需求，焦甜醇甜香型烟叶不同等级在不同配方中的定位见表 6 – 20。由表中可以看出，焦甜醇甜香型烟叶在"好日子"品牌的定位主要是作为调香、调味类主料烟，香气饱满丰富、烟气厚实绵长、余味舒适的中部上等烟叶可以在一类卷烟中作为调香主料烟使用，烟气浓度高、透发性好、劲头足的上部上等烟叶可以在一类卷烟中作为调味主料烟使用。

表6-20 焦甜醇甜香型烟叶不同等级配方定位

	一类烟	二类烟	三类烟
C2F	调香类主料烟	调香类主料烟	—
C3F	调香类主料烟	调香类主料烟	调香类主料烟
C4F	—	调味类主料烟	调香类主料烟
X2F	—	—	辅料烟
B1F	调味类主料烟	调香类主料烟	—
B2F	辅料烟	调味类主料烟	调香类主料烟

二、焦甜醇甜型烟叶在"好日子""熟烟香"品类构建中的应用

"熟烟香"风格卷烟是"好日子"卷烟产品为迎合广大卷烟消费者需求、具有独特口味风格和香气风格、拥有自主核心技术的卷烟产品。"熟烟香"风格卷烟具有以下特点：

①卷烟危害性低（低亚硝铵、低自由基、高安全性）。

②注重烤烟本香。

③"熟烟香"香味风格特征清晰。

④烟香醇和透发，烟气飘逸舒适。

（一）基于焦甜醇甜香型烟叶的卷烟配方功能模块的构建

为增加焦甜醇甜香型烟叶的配方适用性，更好稳定和发挥"好日子""熟烟香"品类的风格特色，项目组依据其各等级在"好日子""熟烟香"品类中的配方定位，以焦香醇甜香型烟叶为组分，分别搭建了熟烟香模块、调香味模块和调烟气和劲头模块，具体模块设计及配方功能见表6-21。

表6-21 基于焦甜醇甜香型烟叶的卷烟配方功能模块

名称	模块组分	配方功能	目标品类
模块1	永州 B1F1、昆明 B2F、毕节 C3F、曲靖 C3F、韶关 C2F	赋予产品主体风格，提供清甜、优雅、飘逸、醇和的特征香气	中高端产品：金万象、金樽
模块2	永州 B1F1、赞比亚 L1O、恩施 C2L、黔东南 C3F、韶关 C3F、韶关 B2F	提升香气透发性、丰富性，提升抽吸流畅感、满足感，部分替代津巴布韦烟叶功能	一类晶彩、祥云
模块3	永州 B1F2、韶关 C4F、韶关 X2F、恩施 C3L、黔东南 B3F	调和烟气，平衡劲头，增加满足感	二类祥和

（二）基于"熟烟香"品类特色的"好日子"卷烟产品风格质量评价方法的构建

为正确量化和剖析"好日子""熟烟香"风格的组成和特点，经"好日子"产品

配方人员的评价、研讨和分析，依托《卷烟　中式卷烟风格感官质量评价方法》（YC/T 497—2014），在"好日子"产品风格质量评价方法的基础上引入模糊综合评判体系，确立了香气特征、舒适感特征和烟气特征三个维度指标体系，以各维度细分指标的风格偏好赋予权重，以定性描述"熟烟香"风格的特点，以定量描述"熟烟香"风格的表达程度，从而很好地为"好日子""熟烟香"特色品类的开发和维护提供理论支撑。

（三）基于"熟烟香"品类特色的"好日子"卷烟产品风格质量评价方法的构建

参考行业标准《卷烟　中式卷烟风格感官质量评价方法》，在风格质量评价指标设计上采用两级指标：一级指标为香气特征、舒适感特征和烟气特征；二级指标为支撑一级指标具体评判的细分指标。两类指标互为补充，共同构成了支撑"好日子""熟烟香"品类的感官评价方法的指标体系。

（1）评价指标及评分标度。各二级指标的评价标度统一按照好、较好、中、稍差、差五个档次进行区分，标度值分别对应等级5、4、3、2、1。二级指标的具体评分标准及文字描述见表6-22。

①香气特征共15项指标，各指标均为正向指标，表现越好评价档次越高。

②烟气特征共6项指标，香气、丰富性、细腻-柔和-圆润烟气浓度为正向指标，表现越好评价档次越高；杂气为反向指标，杂气越明显评价档次越低；劲头适中评价档次最高，过高或过低评价档次则相应降低。具体指标分档见表6-22、表6-23、表6-24。

表6-22　"好日子""熟烟香"品类香气特征指标分档

指标	5	4	3	2	1
烤烟烟香	强烈	较强	有	微有	无
清香	强烈	较强	有	微有	无
甜香	强烈	较强	有	微有	无
果香	强烈	较强	有	微有	无
辛香	强烈	较强	有	微有	无
花香	强烈	较强	有	微有	无
烘焙香	强烈	较强	有	微有	无
青滋香	强烈	较强	有	微有	无
膏香	强烈	较强	有	微有	无
奶香	强烈	较强	有	微有	无
豆香	强烈	较强	有	微有	无
木香	强烈	较强	有	微有	无
药草香	强烈	较强	有	微有	无
可可香	强烈	较强	有	微有	无
晾晒烟烟香	强烈	较强	有	微有	无

表6-23 "好日子""熟烟香"品类烟气特征指标分档

指标	5	4	3	2	1
香气	丰满/协调	充足/协调	较充足/较协调	尚充足/尚协调	淡薄/不协调
丰富性	丰富	较丰富	尚丰富	略丰富	欠丰富
细腻-柔和-圆润	细腻-柔和-圆润	较细腻-较柔和-较圆润	尚细腻-尚柔和-尚圆润	略细腻-略柔和-略圆润	欠细腻-欠细腻-欠圆润
杂气	无	微有	略有	有	明显
烟气浓度	浓郁/饱满	较浓郁/较饱满	尚浓郁/尚饱满	欠浓郁/欠饱满	淡薄/不饱满
劲头	适中	稍强/稍弱	较强/较弱	强/弱	很强/很弱

表6-24 "好日子""熟烟香"品类舒适性特征指标分档

指标	5	4	3	2	1
喉部干燥	无、微有	略有	有	较强	强烈
喉部刺激	无、微有	略有	有	较强	强烈
口腔残留-干燥感	无、微有	略有	有	较强	强烈
口腔刺激-舌部灼烧	无、微有	略有	有	较强	强烈
收敛	无、微有	略有	有	较强	强烈
鼻腔刺激	无、微有	略有	有	较强	强烈

（2）评价因素集和评价语集的确定。根据评价指标，确定样品整体评价的因素集为：$UZ=\{$香气特征、烟气特征、舒适性特征$\}$，香气特征、烟气特征、舒适性特征等3个一级指标的因素集依次为：$UX=\{$烤烟香、清香、辛香、甜香、果香、花香、烘焙香、青滋香、药草香、豆香、奶香、木香、可可香、膏香$\}$，$UY=\{$香气、丰富性、细腻-柔和-圆润，杂气、烟气浓度、劲头$\}$，$US=\{$喉部干燥、喉部刺激、口腔残留-干燥感、口腔刺激-舌部灼烧、收敛、鼻腔刺激$\}$。根据评分标度，将整体感官质量、香气特征、烟气特征、舒适性特征的评价语集统一为 $V=\{$好、较好、重、稍差、差$\}$。

（3）各指标权重向量的确定。①评价指标的重要性标度及其结果。根据"好日子""熟烟香"品类风格特征中各单项指标的相对重要性，按重要程度不减的方式排序，根据重要性比较标度（表6-25），由配方人员进行两两比较并赋予相应的重要性值（由配方人员讨论确定），形成二级指标判断矩阵，具体见表6-26、表6-27、表6-28。

表6-25 重要性标度含义

重要性标度	含义
1	表示2个因素相比，具有同样的重要性
3	表示2个因素相比，一个因素比另一个因素稍微重要
5	表示2个因素相比，一个因素比另一个因素明显重要
7	表示2个因素相比，一个因素比另一个因素强烈重要
9	表示2个因素相比，一个因素比另一个因素绝对重要
2、4、6、8	为上述相邻判断的中值
以上标度的倒数	因素 i 和 j 比较的倒数 R_{ij}，则因素 j 和 i 比较的倒数为 $R_{ji} = 1/R_{ij}$

表6-26 "好日子""熟烟香"香气风格指标重要性比较

	药草香	豆香	奶香	花香	青滋香	烘焙香	果香	木香	可可香	膏香	辛香	甜香	清香	烤烟香
药草香	1													
豆香	2	1												
奶香	3	2	1											
花香	4	3	2	1										
青滋香	4	3	2	1	1									
烘焙香	5	4	3	2	2	1								
果香	5	4	3	2	2	1	1							
木香	6	5	4	3	3	2	2	1						
可可香	6	5	4	3	3	2	2	1	1					
膏香	7	6	5	4	4	3	3	2	2	1				
辛香	8	7	6	5	5	4	4	3	3	2	1			
甜香	8	7	6	5	5	4	4	3	3	2	1	1		
清香	9	8	7	6	6	5	5	4	4	3	2	2	1	
烤烟香	9	8	7	6	6	5	5	4	4	3	2	2	1	1

表6-27 "好日子""熟烟香"烟气特征指标重要性比较

	劲头	烟气浓度	杂气	细腻-柔和-圆润	丰富性	香气
劲头	1					
烟气浓度	2	1				
杂气	3	2	1			
细腻-柔和-圆润	7	5	3	1		
丰富性	8	7	5	3	1	
香气	9	8	7	5	3	1

表6-28　"好日子""熟烟香"舒适性指标重要性比较

	鼻腔刺激	收敛	口腔刺激-舌部灼烧	口腔残留-干燥感	喉部刺激	喉部干燥
鼻腔刺激	1					
收敛	2	1				
口腔刺激-舌部灼烧	3	2	1			
口腔残留-干燥感	6	5	3	1		
喉部刺激	7	6	4	2	1	
喉部干燥	7	6	4	2	1	1

②二级指标APH层次分析结果。根据表6-26～28的判断矩阵，求得各二级指标的层次分析结果，见表6-29～31。

表6-29　香气特性层次分析结果

项	特征向量	权重值/%	最大特征根	CI值
药草香	0.16	1.11		
豆香	0.20	1.44		
奶香	0.28	1.97		
花香	0.39	2.79		
青滋香	0.39	2.79		
烘焙香	0.57	4.09		
果香	0.57	4.09		
木香	0.84	6.02	14.58	0.05
可可香	0.84	6.02		
膏香	1.22	8.71		
辛香	1.75	12.47		
甜香	1.75	12.47		
清香	2.52	18.03		
烤烟香	2.52	18.03		

表 6 - 30　烟气特性层次分析结果

项	特征向量	权重值/%	最大特征根	CI 值
劲头	0.17	2.89		
烟气浓度	0.26	4.25		
杂气	0.40	6.59	6.31	0.06
细腻 - 柔和 - 圆润	0.90	15.03		
丰富性	1.55	25.90		
香气	2.72	45.35		

表 6 - 31　舒适性特性层次分析结果

项	特征向量	权重值/%	最大特征根	CI 值
鼻腔刺激	0.24	3.94		
收敛	0.27	4.51		
口腔刺激 - 舌部灼烧	0.52	8.58	6.07	0.02
口腔残留 - 干燥感	1.21	20.24		
喉部刺激	1.88	31.37		
喉部干燥	1.88	31.37		

注：①一级指标的权重向量 $AZ = \{0.3, 0.4, 0.3\}$。

②二级指标中，香气特征对应的权重向量为（%）$AX = \{1.11, 1.44, 1.97, 2.79, 2.79, 4.09, 4.09, 6.02, 6.02, 8.71, 12.47, 12.47, 18.03, 18.03\}$，烟气特性对应的权重向量为 $AY = \{2.89, 4.25, 6.59, 15.03, 25.9, 45.35\}$，舒适性特性对应的权重向量为 $AS = \{3.94, 4.51, 8.58, 20.25, 31.37, 31.37\}$。

（4）基于焦甜醇甜香型烟叶配方模块的模糊评价结果分析。由深圳烟草工业公司 10 人组成的感官质量评价小组，采用所建立的感官评价方法对三个配方模块进行评价，评价结果以某个指标评价的人数占比表示，如 10 人中有 8 人评价烤烟香为较好，则记为 8/10，具体评价结果矩阵见表 6 - 32。

表 6 - 32　各配方功能模块风格感官质量评价结果

	模块 1					模块 2					模块 3				
	好	较好	中等	稍差	差	好	较好	中等	稍差	差	好	较好	中等	稍差	差
药草香	0	0	0	3/10	7/10	0	0	0	8/10	2/10	0	1/10	2/10	6/10	1/10
豆香	0	0	1/10	2/10	7/10	0	3/10	4/10	3/10	0	0	2/10	5/10	2/10	1/10
奶香	0	0	0	1/10	9/10	0	0	0	0	1	0	0	3/10	6/10	1/10
花香	3/10	5/10	2/10	0	0	1/10	3/10	3/10	2/10	0	0	1/10	2/10	4/10	3/10

（续上表）

	模块 1					模块 2					模块 3				
	好	较好	中等	稍差	差	好	较好	中等	稍差	差	好	较好	中等	稍差	差
青滋香	0	0	5/10	5/10	0	0	0	2/10	5/10	3/10	0	2/10	2/10	4/10	2/10
烘焙香	0	4/10	3/10	3/10	0	0	5/10	3/10	1/10	1/10	0	0	1/10	5/10	4/10
果香	1/10	3/10	5/10	2/10	0	0	3/10	5/10	1/10	1/10	0	1/10	1/10	6/10	2/10
木香	4/10	3/10	2/10	1/10	0	2/10	7/10	1/10	0	0	1/10	5/10	4/10	1/10	0
可可香	0	2/10	2/10	5/10	1/10	1/10	2/10	4/10	2/10	1/10	0	2/10	3/10	3/10	2/10
膏香	1/10	5/10	4/10	0	0	1/10	2/10	4/10	2/10	1/10	0	3/10	6/10	1/10	0
辛香	0	5/10	3/10	2/10	0	2/10	7/10	1/10	0	0	0	3/10	5/10	2/10	0
甜香	1/10	8/10	1/10	0	0	0	7/10	3/10	0	0	0	3/10	6/10	1/10	0
清香	3/10	7/10	0	0	0	0	0	2/10	5/10	3/10	0	0	2/10	4/10	4/10
烤烟香	2/10	8/10	0	0	0	1/10	6/10	3/10	0	0	0	2/10	5/10	3/10	0
劲头	7/10	3/10	0	0	0	1/10	3/10	5/10	1/10	0	2/10	5/10	3/10	0	0
烟气浓度	2/10	6/10	2/10	0	0	0	4/10	5/10	1/10	0	0	5/10	2/10	2/10	1/10
杂气	0	3/10	6/10	1/10	0	0	2/10	5/10	2/10	1/10	1/10	2/10	4/10	3/10	0
细腻－柔和－圆润	0	4/10	4/10	2/10	0	1/10	3/10	3/10	2/10	1/10	0	2/10	5/10	2/10	1/10
丰富性	0	6/10	4/10	0	0	2/10	6/10	2/10	0	0	0	4/10	4/10	1/10	1/10
香气	1/10	8/10	1/10	0	0	0	3/10	5/10	1/10	1/10	0	0	4/10	6/10	0
鼻腔刺激	0	1/10	6/10	3/10	0	2/10	4/10	3/10	1/10	0	0	2/10	4/10	3/10	1/10
收敛	0	1/10	8/10	1/10	0	0	4/10	5/10	1/10	0	0	0	3/10	5/10	2/10
口腔刺激－舌部灼烧	1/10	3/10	4/10	2/10	0	0	5/10	3/10	2/10	0	1/10	2/10	3/10	4/10	0
口腔残留－干燥感	0	1/10	5/10	4/10	0	1/10	6/10	3/10	0	9/10	0	2/10	5/10	3/10	0
喉部刺激	0	3/10	4/10	3/10	0	0	4/10	4/10	2/10	0	0	2/10	4/10	3/10	1/10
喉部干燥	0	3/10	3/10	3/10	1/10	0	5/10	3/10	2/10	0	0	2/10	5/10	2/10	1/10

从表 6－32 可以看出，各感官评价人员对模块的评价并不集中，评价结果存在一定差异，因此单独取平均值作为感官得分并不十分科学。而模糊综合评价是建立在模糊数学基础上所产生的定量评价方式，既能综合反映各感官评价人员的感官差异，又能较为客观、相对准确地反映评价结果。

根据模糊综合评价模型，用矩阵乘法分别计算各模块的综合隶属度。计算公式为 Y

$=A \times R$，则相应地 YX = AX × RX，YY = AY × RY，YS = AS × RS。其中 A 值为各指标的权重向量，R 值为各指标的评价矩阵，具体见表 6 – 33。

通过计算，可得各模块的综合隶属度。

模块 1：YX =（0.15，0.55，0.16，0.1，0.04），YY =（0.07，0.63，0.26，0.04，0），YS =（0.01，0.24，0.41，0.3，0.03）。

模块 2：YX =（0.07，0.41，0.27，0.15，0.1），YY =（0.07，0.41，0.38，0.08，0.05），YS =（0.03，0.48，0.34，0.15，0.18）。

模块 3：YX =（0.01，0.14，0.33，0.38，0.15），YY =（0.01，0.17，0.42，0.36，0.05），YS =（0，0.14，0.40，0.32，0.14）。

对一级指标模糊综合评判的结果进行整理，结果见表 6 – 33。

表 6 – 33　各模块一级指标模糊综合评判结果

		好	较好	中等	稍差	差	评价分值	评价级别
模块 1	YX	0.15	0.55	0.16	0.10	0.04	3.67	较好
	YY	0.07	0.63	0.26	0.04	0.00	3.74	较好
	YS	0.01	0.24	0.41	0.30	0.03	2.89	中等
模块 2	YX	0.07	0.41	0.27	0.15	0.10	3.21	较好
	YY	0.07	0.41	0.38	0.08	0.05	3.31	较好
	YS	0.03	0.48	0.34	0.15	0.18	3.57	较好
模块 3	YX	0.01	0.14	0.33	0.38	0.15	2.49	稍差
	YY	0.01	0.17	0.42	0.36	0.05	2.75	中等
	YS	0.00	0.14	0.40	0.32	0.14	2.53	中等

依据最大隶属度原则，由表 6 – 33 可知：

模块 1 的香气指标最大隶属度是 0.55，为"较好"级别，评价分值 = 0.15 × 5 + 0.55 × 4 + 0.16 × 3 + 0.10 × 2 + 0.04 × 1 = 3.67；烟气指标最大隶属度是 0.63，为"较好"级别，评价分值 = 0.07 × 5 + 0.63 × 4 + 0.26 × 3 + 0.04 × 2 + 0 × 1 = 3.74；舒适性指标最大隶属度是 0.41，为"中等"级别，评价分值 = 0.01 × 5 + 0.24 × 4 + 0.41 × 3 + 0.30 × 2 + 0.03 × 1 = 2.89。

模块 2 的香气指标最大隶属度是 0.41，为"较好"级别，评价分值 = 0.07 × 5 + 0.41 × 4 + 0.27 × 3 + 0.15 × 2 + 0.10 × 1 = 3.21；烟气指标最大隶属度是 0.41，为"较好"级别，评价分值 = 0.07 × 5 + 0.41 × 4 + 0.38 × 3 + 0.08 × 2 + 0.05 × 1 = 3.31；舒适性指标最大隶属度是 0.48，为"较好"级别，评价分值 = 0.03 × 5 + 0.48 × 4 + 0.34 × 3 + 0.15 × 2 + 0.18 × 1 = 3.57。

模块 3 香气指标最大隶属度是 0.38，为"较差"级别，评价分值 = 0.01 × 5 + 0.14 × 4 + 0.33 × 3 + 0.38 × 2 + 0.15 × 1 = 2.49；烟气指标最大隶属度是 0.42，为"中等"级别，评价分值 = 0.01 × 5 + 0.17 × 4 + 0.42 × 3 + 0.36 × 2 + 0.05 × 1 = 2.75；舒适性指标最大隶属度是 0.40，为"中等"级别，评价分值 = 0 × 5 + 0.14 × 4 + 0.40 × 3 + 0.32 × 2 + 0.14 × 1 = 2.53。

对于各模块的整体评价结果，可依据各模块的隶属度，通过矩阵乘法求得 YZ = AZ × RZ，具体见表 6 - 34。

表 6 - 34   各模块整体感官质量的模糊评判结果

	好	较好	中等	较差	差	评价分值	评价级别
模块 1	0.08	0.49	0.28	0.14	0.02	3.50	较好
模块 2	0.06	0.43	0.34	0.12	0.1	3.38	较好
模块 3	0.01	0.15	0.38	0.35	0.11	2.60	中等

依据最大隶属度原则，由表 6 - 34 可知：

模块 1 的整体感官质量最大隶属度是 0.49，属于"较好"级别，评价分值 = 0.08 × 5 + 0.49 × 4 + 0.28 × 3 + 0.14 × 2 + 0.02 × 1 = 3.50；

模块 2 的整体感官质量最大隶属度是 0.43，属于"较好"级别，评价分值 = 0.06 × 5 + 0.43 × 4 + 0.34 × 3 + 0.12 × 2 + 0.10 × 1 = 3.38；

模块 3 的整体感官质量最大隶属度是 0.38，属于"中等"级别，评价分值 = 0.01 × 5 + 0.15 × 4 + 0.38 × 3 + 0.35 × 2 + 0.11 × 1 = 2.60。

（三）主要结论

参考和借鉴了中式卷烟感官评价方法，采用模糊数学的方法，构建了基于模糊综合评判的"好日子""熟烟香"卷烟和配方设计的感官评价方法。该方法具有以下特点：

①方法的构建依托"好日子""熟烟香"品类对具体评价指标的需求与偏好，以卷烟配方人员对各项评价指标的重要性比较为依据，具有鲜明的品牌特色和个性化需求，是对现有行业标准的个性化丰富和补充。

②评价的方法很好地平衡了个体评价水平和评价状态差异，评价结果忠于整体性、客观性，评价结果可靠性较高。

③评价结果既包含对整体和具体指标的定性评价，也可根据评价得分比较不同样品、不同指标的定量评价，可应用于指导卷烟产品研发、产品维护、产品评价等工作。

本研究以"好日子"中高端、一类、二类卷烟产品配方使用为出发点，基于高成熟度上部烟叶垂直构建了功能类别的配方模块，用以探究其在"好日子"中端、中高端乃至高端中的配方适用性。从模块 1、2、3 评价结果来看，开发焦甜醇甜香型高成熟度上部烟叶对"好日子""熟烟香"品类的构建作用主要体现在以下三个方面：

①在功能方面，高成熟度上部烟叶分别作为增香提质、丰富烟香、协调吃味风格模块均能与"好日子"卷烟产品的设计目标相契合，体现出较强的生命力和配伍性。

②在质量层面，高成熟度上部烟叶构建的相应功能模块均表现出较好的工业可用性和配方认可度，工业评价效果较好。

③在应用层面，高成熟度上部烟叶对"好日子"中高端、一类、二类卷烟配方的应用均具有较强的适用性，体现了较强的应用价值。

总体来看，高成熟度上部烟叶对"好日子""熟烟香"特色品类的发展和构建均起到较好的支撑作用。

三、焦甜醇甜香型烟叶构建"好日子""熟烟香"品类及应用成果

通过对湖南永州、广东南雄两地烟叶、国内焦甜醇甜香型烟区烟叶以及进口津巴布韦烟叶感官质量和风格特征的对比，结合"好日子"卷烟产品对焦甜醇甜香型烟叶的质量需求，明确了永州基地东安烟区烟叶的感官质量以提升劲头、浓度和香气量的匹配度为主要任务，在风格特色上以丰富和提升成熟上部烟叶香韵和烟气质量为主要目标。通过配方应用证明，开发的东安烟区上部烟叶在满足"好日子"卷烟配方需求的能力及配方适用性均有较好的表现，并总结为"高浓度、高香气，浓度劲头匹配，焦甜醇甜香韵突出，香韵丰富"的特点。

（一）焦甜醇甜香型烟叶在"好日子"品牌卷烟中的使用情况

"好日子"二类以上卷烟产品的原料构成是以清甜香型烟叶为主体原料、焦甜醇甜香型烟叶为调香味级主要原料，辅以蜜甜、醇甜以及清甜密甜香型烟叶。解析项目前后"好日子"产品配方结构，二类以上规格卷烟中湖南、南雄、进口烟叶使用量稳步提升，总用量从25%左右提升到30%左右。二类以上主力卷烟品牌产量情况见表6-35。

表6-35　深圳烟草工业公司2021—2023年二类以上主力规格产量情况

	2021年	2022年	2023年
软珍品好日子	34.876%	35.95%	36.00%
硬金樽好日子	12.25%	12.54%	15.13%
硬祥和好日子	3.15%	4.18%	4.49%
硬祥云好日子	3.23%	3.12%	3.56%
硬晶彩好日子	6.43%	9.29%	12.68%
细支金樽好日子	1.01%	1.26%	2.24%
金万象好日子	0	0.20%	0.30%
合计	60.94%	66.54%	74.40%

（二）焦甜醇甜香型烟叶构建高端产品"熟烟香"体系

构建"好日子"品牌"熟烟香"体系，焦甜醇甜香型烟叶是"熟烟香"配方模块中不可替代的组成部分，在模块中发挥着重要的作用。"熟烟香"配方模块的建立是为更好稳定和发挥"好日子""熟烟香"品类的风格特色，因此优质焦甜醇甜香型烟叶的原料保障尤为重要。高端产品中"熟烟香"模块的使用情况见表6-36。

表6-36 高端产品"熟烟香"模块使用情况

产品系列	熟烟香模块占比/%	产品系列	熟烟香模块占比/%
硬金樽好日子	22.50	金万象好日子	29.17
细支金樽好日子	20.00		

（三）"好日子"品牌近五年产品结构变化情况

产品结构变化一定程度上反映了卷烟产品市场的接受程度，一是代表卷烟工业企业对烟叶原料使用能力，二则反映出工业企业未来的发展方向和原料需求。从表6-37可以看出，"好日子"品牌的一、二类卷烟占比从五年前的42.6%上升至70.4%，卷烟结构发生了重大的变化，如何解决卷烟原料的品牌性需求已迫在眉睫。

表6-37 "好日子"品牌近五年卷烟结构变化

	2022年	2021年	2020年	2019年	2018年
一类卷烟	31.2%	26.8%	21.2%	18.5%	12.1%
二类卷烟	39.2%	38.0%	34.8%	30.6%	32.5%
三类卷烟	29.6%	35.3%	44.0%	50.9%	55.4%

（四）焦甜醇甜香型烟叶在近五年"好日子"品牌中的使用

"好日子"品牌通过新型过滤技术迭代更新卷烟产品，倾力打造"熟烟香"品类风格特色产品，在中支、细支高端卷烟产品上持续发力，以科技力度提升现有产品质量。产品风格更具特色，得到市场高度认可。焦甜醇甜香型烟叶在"好日子"品牌近五年使用情况见表6-38。

表6-38 焦甜醇甜香型烟叶在"好日子"品牌近五年使用变化

年份	焦甜醇甜香型烟叶占比/%	国产焦甜醇甜香型烟叶占比/%	年份	焦甜醇甜香型烟叶占比/%	国产焦甜醇甜香型烟叶占比/%
2022	28.98	23.58	2019	24.75	17.42
2021	27.61	21.21	2018	24.47	17.12
2020	25.15	19.92			

项目开展至今，具备香气丰富饱满、烟气浓郁透发等优点，易于在过滤、通风等高端中细支卷烟上开发使用的焦甜醇甜香型烟叶在构建"好日子"品牌"熟烟香"品类风格主力原料中起到关键作用。

四、焦甜醇甜香型烟叶在品牌发展中的展望

2010 年深圳烟草工业公司—广东南雄湖口基地单元开始立项建设，深圳烟草工业公司、广东烟草韶关市有限公司、广东省烟草科学研究所——工、商、研三方密切协同合作，立足"好日子"品牌需求，持续推进焦甜醇甜香特色烟叶定向生产技术研究与应用。2017 年湖南永州新圩基地单元获批建设，进一步强化了"好日子"品牌焦甜醇甜香特色烟叶的需求保障能力，通过与华南农业大学、湖南省烟草公司永州市公司三方共建"工商研联合田间实验室"，实现了"好日子"品牌导向型焦甜醇甜香特色烟叶定向技术研究和落地手段的不断升级，品牌导向型个性化生产技术研究、示范、推广能力不断提升，基地单元焦甜醇甜香风格特色持续得到彰显，"好日子"品牌烟叶可用性持续提升。2022 年深圳烟草工业公司－广东韶关"好日子"原料复烤区域加工中心和打叶复烤联合实验室正式揭牌。在区域加工中心建设中，工商双方密切合作，围绕"好日子"品牌对优质焦甜醇甜香风格特色烟叶的需求，在烟叶精选、工艺创新、配方加工、质量管理等方面开展工商协同研究与创新，焦甜醇甜香风格特色烟叶加工质量显著提升。"全等级切叶基和部分高端等级切叶尖"新工艺在韶关区域加工中心全面应用，与韶关复烤联合开发并使用离线切基工艺，为国内复烤首次采用离线切基模式，烟叶原料使用价值得到不断挖掘。

近年来，随着国内卷烟产品结构的逐年提升，工业企业对中部烟叶尤其是中部上等烟的需求增加，烟叶结构性矛盾日益突出，上部烟可用性没有得到有效发掘，严重制约了烟草行业的可持续发展。然而，烤烟上部烟叶是烟叶产量和质量的重要组成部分。长期以来，由于上部烟叶存在身份厚、组织结构紧密、内在化学成分不协调、刺激性大、杂气重等缺点，工业企业难以使用，上部烟叶严重滞销，造成烟农收益降低和资源浪费。近年来随着国内中细支卷烟的快速发展，可用性好的上部烟叶具有香气浓郁、浓度高、配伍性好等诸多优点，上部烟叶成为中细支卷烟配方中不可或缺的一部分。

高可用性上部烟叶开发是国家烟草专卖局深化烟叶供给侧结构性改革的重大举措。2019 年起深圳烟草工业公司坚持按照行业上部烟叶开发文件精神，联合郑州烟草研究院、华南农业大学等行业内外科研院所在湖南永州开展"高成熟度上部烟叶定制开发及其在'好日子''熟烟香'品类构建中的应用研究""提高湖南永州上部烟叶可用性的关键技术集成与示范"等项目研究；2020 年完成 2000 担高可用性上部烟叶开发试点工作，2023 年开发量增加至 11 000 担。四年间，共开发高成熟度上部烟叶 33 000 担，总体开发量和开发效果符合预期。近几年在调拨的高可用性上部烟叶外观质量方面，

僵硬、粗糙、身份厚等缺点得到有效改善，整体叶片柔软、疏松、油分足，成熟度档次显著提升；在感官质量方面，焦甜醇甜香型风格更加凸显，具有明显高浓度、高香气、高成熟度上部叶特色，烟气透发，刺激性减小，杂气减弱，工业可用性显著提升。高成熟度焦甜醇甜香特色上部烟叶所具有的"高烟气浓度、高成熟香气"的感官特色与"好日子"卷烟品牌"熟烟香"的品类需求相契合。

2023 年全国烟叶工作会议指出，"供给结构持续优化升级，高可用性上部烟叶开发迈上新台阶"，工商联合开发高可用性上部烟叶达到 251 万担，同比增加 86 万担，满足对口工业一、二类卷烟配方可用比例达到 95% 左右。深圳烟草工业公司在湖南永州、广东南雄高可用性上部烟叶开发前，库存国产上部烟叶整体可用性不高，绝大多数仅适用于三类卷烟配方，难以进入一、二类卷烟配方中大量使用。随着"好日子"品牌产品结构的提升，三类卷烟的产量将会大幅下降。为了突破上部烟叶难使用的瓶颈，深圳烟草工业公司选择深耕国内优质焦甜醇甜香特色烟叶产区，定向开发符合"好日子"品牌特色的高成熟度国产上部烟叶。通过十余年的焦甜醇甜香特色烟叶定向生产、加工技术的开发与创新及四年高可用上部烟叶的开发工作，湖南永州、广东南雄焦甜醇甜香特色烟叶在"好日子"品牌卷烟配方中的使用比例由 2018 年的 24.47% 增长到目前的 28.98%，其中国产焦甜醇甜香型烟叶使用增加 6.46%，津巴布韦等进口焦甜醇甜香型烟叶使用减少 1.95%，国产高熟高香的焦甜醇甜香型烟叶使用和采购明显增长，库存亦回归至较为理想的水平。基于焦甜醇甜香烟叶的"熟烟香"配方模块在深圳烟草工业公司中高端产品中的使用比例接近 30%，产品风格特色明显，得到市场高度认可，国产焦甜醇甜香特色烟叶在"好日子"品牌"熟烟香"品类构建中发挥了关键作用。模块增加了湖南永州和广东南雄等产区上部烟叶的使用比例，降低了以津巴布韦为主的进口烟叶的使用比例，卷烟配方等级使用范围不断拓展，促进了企业在烟叶使用观念上的转变，推动了卷烟配方设计的改革，有力促进了焦甜醇甜香型烟叶和卷烟品牌的共同发展。

可以预见的是，随着"好日子"品牌焦甜醇甜香特色烟叶定向生产技术体系及复烤加工体系的不断完善与全面应用，湖南永州、广东南雄基地单元全等级烟叶质量将进一步提高，焦甜醇甜香风格特色将得到进一步彰显，烟叶资源利用率持续提升，配方地位不断增强，将实现从一种烟叶特色香韵，到一种产品特色风格，再到一个卷烟特色品类的全面升级。展望未来，湖南永州、广东南雄焦甜醇甜香特色烟叶的发展将更加夺目，其在"好日子"品牌卷烟配方中的地位将稳步提升。

参考文献

[1] 陈建军，吕永华，王维. 烟草品质生理及其调控研究 [M]. 广州：华南理工大学出版社，2009：18，48.

[2] 陈建军，邱妙文，陈俊标，等. 广东浓香型烟叶风格特色定位及其生理基础研究 [M]. 广州：华南理工大学出版社，2019：1 – 8.

[3] 冯颖，竹兰霞，张璧. 粤北山区农业气候资源特征及其利用 [J]. 仲恺农业技术学院学报，1999，12（2）：26 – 32.

[4] 何传宝，周世勇，胡熙林. 桂阳县发展浓香型优质烟叶的生态条件分析 [J]. 现代农业科技，2014，（23）：336.

[5] 金亚波，王军. 南雄主产烟区气候、土壤状况分析 [J]. 安徽农学通报，2014，（17）：71 – 75.

[6] 刘好宝，李锐. 论我国优质烟生产现状及其发展对策 [J]. 中国烟草，1995，（4）：1 – 5.

[7] 李旭华，何传宝，陈建军，等. 广东浓香型特色烟叶关键生产技术理论与应用 [M]. 广州：华南理工大学出版社，2011：12 – 16.

[8] 李婷婷，刘子宁，贾磊，等. 广东韶关地区土壤环境背景值及其影响因素 [J]. 地质学刊，2021，45（3）：254 – 261.

[9] 刘兰. 广东烟区土壤养分特征及烟叶品质分析 [D]. 广州：华南农业大学，2018.

[10] 鲁金舟，袁长才，周晓梅. 2012 年永州烤烟生产气候条件分析 [J]. 农业与技术，2012，32（11）：18 – 19.

[11] 罗登山，王兵，乔学义. 《全国烤烟烟叶香型风格区划》解析 [J]. 中国烟草学报，2019，25（4）：1 – 9.

[12] 邱立友，李富欣，祖韧龙，等. 皖南不同类型土壤植烟成熟期烟叶的基因差异表达和显微结构的比较 [J]. 作物学报，2009，35（4）：749 – 754.

[13] 邱立友，祖朝龙，杨超，等. 皖南烤烟根际微生物与焦甜香特色风格形成的关系 [J]. 土壤，2010，42（1）：42 – 52.

[14] 史宏志，刘国顺. 烟草香味学 [M]. 北京：中国农业出版社，1998：20 – 25.

[15] 史宏志，李志，刘国顺，等. 皖南焦甜香烤烟碳复代谢差异分析及糖分积累变化动态 [J]. 华北农学报，2009，24（3）：144 – 148.

[16] 史宏志，李志，刘国顺，等. 皖南不同质地土壤烤后烟叶中性香气成分含量及焦甜香风格的差异 [J]. 土壤，2009b，41（6）：980 – 985.

[17] 史宏志，刘国顺. 浓香型特色优质烟叶形成的生态基础 [M]. 北京：科学出版社，2016.

[18] 唐远驹. 试论特色烟叶的形成和开发 [J]. 中国烟草科学，2004，（1）：10 – 13.

[19] 唐远驹. 烟叶风格特色的定位 [J]. 中国烟草科学，2008，29（3）：1 – 5.

[20] 王彦亭，谢剑平，李志宏. 中国烟草种植区划 [M]. 北京：科学出版社，2010：75 – 81.

[21] 王怡，陈建军，李福君，等. 广东南雄烟区主要植烟土壤类型养分状况分析 [J]. 广东农业科学，2014（1）：37 – 41.

[22] 叶晓青，陈建军，邹勇，等．定向型特色烤烟生产理论与实践［M］．广州：华南理工大学出版社，2021：252－253，328－331．

[23] 张小全，王军，陈永明，等．广东南雄烟区主要气候因素与烤烟品质特点分析［J］．西北农业学报，2011，20（3）：75－80．

[24] 中国烟草总公司．关于发布全国烤烟烟叶香型风格区划的通知［EB/OL］．（2017－6－29）．http：//10.1.0.71/serviceweb/n391/n392/n397/c661515/0_content.html.

[25] 魏春阳，杨明峰，刘阳，等．县级区域尺度下烤烟外观质量指标的空间特征分析［J］．中国烟草学报，2010，16（2）：45－49．

[26] 左伟标，蔡宪杰，徐海清，等．南岭丘陵生态区——焦甜醇甜香型主产区烤烟外观特征研究［J］．中国烟草学报，2022，28（2）：92－100．

[27] 谢媛媛，燕燕，苏加坤，等．不同传统香型及产地的上部复烤烟叶中多酚类成分含量比较分析［J］．中国烟草学报，2018，24（3）：62－76．

[28] 贾国涛，王晓瑜，孙溢明，等．我国八大香型生态区域烤烟游离氨基酸含量与烟叶品质的关系分析［J］．作物杂志，2023（3）：195－199．

[29] 谷萌萌，王子腾，倪新程，等．湘南烤烟高温逼熟现象发生的生态因素分析［J］．烟草科技，2020，（5）：26－32．

[30] 左天觉．烟草的生产、生理和生物化学［M］．朱尊权，等译．上海：上海远东出版社，1993．

[31] 朱尊权．提高上部烟叶可用性是促"卷烟上水平"的重要措施［J］．烟草科技，2010，43（6）：5－9，31．

[32] 刘辉，祖庆学，王松峰，等．不同成熟度对鲜烟素质和烤后烟叶质量的影响［J］．中国烟草科学，2020，41（2）：66－71，78．

[33] 王春凯，王英俊，矫海楠，等．不同采收成熟度烤后烟叶香气质量评价［J］．中国烟草科学，2016，37（3）：22－28．

[34] 叶晓青，曾嘉楠，邹勇等．温度胁迫对烤烟生理机制的影响及相关调控研究进展［J/OL］．广东农业科学：1－19［2023－10－1］．http：//kns.cnki.net/kcms/detail/44.1267.S.20230828.1739.016.html.

[35] 韩锦峰．烟草栽培生理［M］．北京：中国农业出版社，2003．

[36] 赵东杰，赵喆，毛亚博，等．抚州地区高温逼熟烟叶化学成分与致香成分的相关性［J］．山西农业科学，2017，45（9）：1420－1425．

[37] 云建英，杨甲定，赵哈林．干旱和高温对植物光合作用的影响机制研究进展［J］．西北植物学报，2006，26（3）：641－648．

[38] 王子腾．湘南烤烟"高温逼熟"指标监测及光温对烤烟光合生理的影响［D］．郑州：郑州大学，2017．

[39] 杨利云，段胜智，李军营，等．不同温度对烟草生长发育及光合作用的影响［J］．西北植物学报，2017，37（2）：330－338．

[40] 邹琦．植物生理实验指导［M］．北京：中国农业出版社，2000：36－39，97－99．

［41］ 陈建勋. 植物生理学实验指导［M］. 北京：中国农业出版社，2000：124－126.

［42］ 皇甫晓琼. 不同基因型烤烟对光温环境的生理生化响应研究［D］. 福州：福建农林大学，2012.

［43］ WANG K L, LI H, ECKER J R. Ethylene biosynthesis and signaling networks［J］. Plant Cell, 2002, 14（2）：131－154.

［44］ 丛汉卿. 乙烯诱导蜻蜓凤梨开花相关基因表达分析及其催花分子机制的初步研究［D］. 海口：海南大学，2012.

［45］ 蒋博文，苏家恩，王德勋，等. 外源乙烯诱导烟叶田间成熟的生理变化研究［J］. 南方农业学报，2016，47（10）：1671－1676.

［46］ 王能如，徐增汉，李章海，等. 乙烯利和烘烤方法对靖西烤烟上部叶质量的影响［J］. 安徽农业科学，2007，35（29）：9277－9278.

［47］ 柯德森，王爱国，罗广华. 活性氧在外源乙烯诱导内源乙烯产生过程中的作用［J］. 植物生理学报，1997，23（1）：67－72.

［48］ 胡存彪，葛莎婷，樊超群，等. 乙烯释放剂对烟草抗氧化系统的影响［J］. 河南师范大学学报（自然版），2015（2）：132－135.

［49］ LEE D H, LEE C B. Chilling stress-induced changes of antioxidant enzymes in the leaves pf cucumber: in gelenzyme activity assays［J］. Plant Sci, 2000, 159（1）：75－85.

［50］ 郭丽红，王定康，杨晓虹，等. 外源乙烯利对干旱胁迫过程中玉米幼苗某些抗逆生理指标的影响［J］. 云南大学学报（自然科学版），2004，26（4）：352－356.

［51］ 于红茹，苏国辉. 乙烯利诱导番茄抗叶霉病效果的研究［J］. 辽宁农业职业技术学院学报，1999（4）：17－19.

［52］ 刘国顺. 烟草栽培学［M］. 北京：中国农业出版社，2003.

［53］ 余金恒，王建安，代丽，等. 乙烯利熏黄对烤后烟叶质量的影响［J］. 作物研究，2013（5）：453－454.

［54］ 张连波，陈明，张连巧，等. 浅析气候条件对烟草生长的影响［J］. 新农村，2018（35）：27－30.

［55］ 郑荣豪. 气温对广东烤烟产量和质量的影响［J］. 广东农业科学，2001（1）：13－14.

［56］ 韦学平，周文亮，杨小梅，等. 广西靖西县气象条件对烟草病虫害发生的影响与防御措施［C］. 广西烟草学会学术年会，2012.

［57］ 肖汉乾，陆魁东，张超，等. 基于 GIS 的湖南烟草可种植区域精细化研究［J］. 湖南农业大学学报：自然科学版，2007，33（4）：427－430.

［58］ 孟丹，陈正洪，李建平，等. 基于 GIS 的湖北西部烟草种植气象灾害危险性分析［J］. 中国农业气象，2015，36（5）：625－630.

［59］ 梁兵. 红河烟叶品质特征、影响因子及其提升技术研究［D］. 武汉：华中农业大学，2018.

［60］ 张世浩，杨超，委亚庆，等. 不同井窖封口措施对高海拔烤烟生长和产质量的影响［J］. 农业与技术，2023，43（7）：1－5.

［61］杨超. 重庆烟区主要生态因子特征及其对烤烟产质量的影响［D］. 成都：西南大学，2015.

［62］DONG C J，LI L，SHANG Q M，et al. Endogenous salicylic acid accumulation is required for chilling tolerance in cucumber（Cucumis sativus L.）seedlings［J］. Planta，2014，240（4）：687 – 700.

［63］邓世媛，陈建军，罗福命，等. 外源水杨酸对低温胁迫下烤烟抗氧化代谢的影响［J］. 烟草科技，2012（2）：71 – 74.

［64］陈秋芳，郭月清，宫长荣. 白肋烟调制过程中叶片膜脂过氧化特性的研究［J］. 河南农业大学学报，1997，31（4）：323 – 326.

［65］陈仁霄，何宽信，李立新，等. 气流下降式密集烤房不同装烟密度对烟叶烘烤效果的影响［J］. 江西农业大学学报，2014，36（2）：272 – 278.

［66］程联雄，李喜旺，张之矾，等. 节能改造烤房的烘烤效果及对烤后烟叶等级质量的影响［J］. 作物研究，2013，27（S）：45 – 47.

［67］崔国民，黄维，赵高坤，等. 不同烘烤工艺对原烟外观等级质量及关键化学成分的影响［J］. 园艺与种苗，2013，（9）：52 – 56.

［68］崔国明. 不同品种不同部位烟叶在烘烤过程中过氧化氢酶活性变化规律研究［J］. 云南农业大学学报，2004，19（1）：58 – 62.

［69］裴晓东，王涛，李帆，等. 密集烘烤过程中烘烤上部叶颜色参数与主要化学成分变化［J］. 华北农学报，2012，27（S）：218 – 222.

［70］甘露萍，谢守勇，邹大军. 基于计算机视觉的烤烟鲜烟叶含水量无损检测及 MATLAB 实现［J］. 西南大学学报（自然科学版），2009，31（7）：166 – 170.

［71］高传奇. 土壤质地对烤烟生长和品质的影响［D］. 郑州：河南农业大学，2013.

［72］宫长荣. 烟草调制学［M］. 北京：中国农业出版社，2011：203 – 210.

［73］宫长荣，李常军，李锐，等. 烟叶在烘烤过程中氮代谢的研究［J］. 中国农业科学，1999，32（6）：89 – 92.

［74］宫长荣，李艳梅，李常军. 烘烤过程中烟叶脂氧合酶活性与膜脂过氧化的关系［J］. 中国烟草学报，2000，6（1）：39 – 41.

［75］宫长荣，王爱华，王松峰. 烟叶烘烤过程中多酚类物质的变化及与化学成分的相关分析［J］. 中国农业科学，2005，38（11）：2316 – 2320.

［76］宫长荣，王晓剑，马京民，等. 烘烤过程中烟叶的水分动态与生理变化关系的研究［J］. 河南农业大学学报，2000，34（3）：229 – 231.

［77］宫长荣，汪耀富，陈江华. 烘烤中的膜脂过氧化作用及其对烟叶内在质量的影响［J］. 中国烟草学报，1999，5（3）：11 – 15.

［78］宫长荣，袁红涛，陈江华. 烤烟烘烤过程中烟叶淀粉酶活性变化及色素降解规律的研究［J］. 中国烟草学报，2002，8（2）：16 – 20.

［79］宫长荣，袁红涛，周义和，等. 烟叶在烘烤过程中淀粉降解与淀粉酶活性的研究［J］. 中国烟草科学，2001，（2）：9 – 11.

［80］宫长荣，赵铭钦，汪耀富，等. 不同烘烤条件下烟叶色素降解规律的研究［J］. 烟草科技，

1997，（2）：33 – 34.

[81] 宫长荣，周义和，杨焕文．烤烟三段式烘烤导论［M］．北京：科学出版社，2005：98 – 104.

[82] 宫长荣，王能如，汪耀富．烟叶烘烤原理［M］．北京：科学出版社，1994：103 – 105.

[83] 霍开玲，江凯，贺帆，等．鲜烟叶烘烤特性影响因素研究进展［J］．湖北农业科学，2010，49
　　（5）：1225 – 1228.

[84] 霍开玲，宋朝鹏，武圣江，等．不同成熟度烟叶烘烤中颜色值和色素含量的变化［J］．中国农
　　业科学，2011，44（10）：2013 – 2021.

[85] 霍开玲，张勇刚，樊军辉，等．密集烘烤中烤烟颜色变化及其与主要成分的关系研究［J］．湖
　　南农业科学，2011（9）：115 – 119.

[86] 韩富根，焦桂礅，刘学芝．烟草叶片多酚氧化酶的提取及其特性研究［J］．河南农业大学学
　　报，1995，29（1）：98 – 101.

[87] 韩富根，赵铭钦，朱耀东，等．烟草中多酚氧化酶的酶学特性研究［J］．烟草科技，1993，
　　（6）：33 – 36.

[88] 韩锦峰，李荣兴，韩富根，等．烤烟烘烤过程中多酚氧化酶活性变化规律的初步探讨［J］．中
　　国烟草，1984，（3）：4 – 8.

[89] 李丛民．植物多酚对烟草制品品质的影响［J］．烟草科技，2000，（1）：27 – 28.

[90] 李卫芳，张明农，林培章，等．烟叶烘烤过程中呼吸速率和脱水速率变化的研究［J］．烟草科
　　技，2000，（11）：34 – 36.

[91] 李雪震，张希杰，李念胜，等．烤烟烟叶色素与烟叶品质的关系［J］．中国烟草，1988，（2）：
　　23 – 27.

[92] 刘加红，强继业，徐建平，等．烤烟下部烟叶在烘烤过程中叶绿素的降解研究［J］．安徽农业
　　科学，2008，36（3）：1090 – 1092.

[93] 刘晓迪，景延秋，宫长荣．烘烤过程中烤烟类胡萝卜素类及多酚的变化［J］．烟草科技，
　　2013，（12）：41 – 44.

[94] 孟祥东，赵铭钦，瞿永生，等．烤烟农艺性状与经济指标间的灰色关联度分析［J］．甘肃农业
　　大学学报，2009，44（5）：67 – 71.

[95] 聂荣邦，唐建文．烟叶烘烤特性研究Ⅰ：烟叶自由水和束缚水含量与品种及烟叶着生部位和成
　　熟度的关系［J］．湖南农业大学学报（自然科学版），2002，28（4）：290 – 292.

[96] 浦秀平，徐世峰，任杰，等．不同装烟方式对密集烘烤效率及烟叶质量的影响［J］．中国烟草
　　科学，2013，34（4）：98 – 102.

[97] 任杰．亚氯酸钠处理提高烤后烟叶质量［J］．农家顾问，2013，（2）：32.

[98] 谭兴杰，李月标．荔枝果皮多酚氧化酶的部分纯化及性质［J］．植物生理学报，1984，10
　　（4）：339 – 344.

[99] 唐经祥，孙敬权，任四海，等．烤烟不同品种烘烤特性的研究初报［J］．安徽农业科学，
　　2001，29（2）：250 – 252.

[100] 唐莉娜，林祖斌，谢风标，等．气候条件对福建烤烟生长和烟叶质量风格特征的影响［J］．

314

中国烟草科学，2013，(5)：13－17.

[101] 藤田茂隆，田岛智之，艾树理. 烤烟易烤性的遗传及香吃味 [J]. 中国烟草，1984，(3)：45－49.

[102] 王爱华，王松峰，韩志忠，等. 烤烟新品种中烟 203 密集烘烤过程中的生理生化特性研究 [J]. 中国烟草科学，2013，34 (2)：74－80.

[103] 王传义，张忠锋，徐秀红，等. 烟草叶片中自由水含量测定方法比较分析 [J]. 中国烟草科学，2008，29 (3)：29－31.

[104] 王定斌，吴传华. 不同部位烟叶烘烤技术研究 [J]. 现代农业科技，2013，(6)：192－198.

[105] 王瑞新，韩富根，杨素琴，等. 烟草化学品质分析法 [M]. 郑州：河南科学技术出版社，1998：37－170.

[106] 王松峰，王爱华，程森，等. 引进烤烟新品种 NC55 的烘烤特性研究 [J]. 华北农学报，2012，27 (S)：158－163.

[107] 王涛，贺帆，詹军，等. 烘烤过程中不同部位烟叶颜色值和主要化学成分的变化 [J]. 湖南农业大学学报（自然科学版），2012，38 (2)：125－130.

[108] 王亚辉，卢秀萍，杨雪彪，等. 烤烟新品种云烟 202 的烘烤特性初报 [J]. 中国农学通报，2007，23 (11)：105－108.

[109] 王正刚，孙敬权，唐经祥，等. 充分发育烟叶失水特性及烘烤失水调控初报 [J]. 中国烟草科学，1999，(2)：3－6.

[110] 魏春阳，张云鹤，宋瑜冰，等. 基于颜色分形的不同产地烟叶聚类分析 [J]. 农业机械学报，2010，41 (8)：178－183.

[111] 武圣江，潘文杰，宫长荣，等. 不同装烟方式对烤烟烘烤烟叶品质和安全性的影响 [J]. 中国农业科学，2013，46 (17)：3659－3668.

[112] 武圣江，周义和，宋朝鹏，等. 密集烘烤过程中烤烟上部叶质地和色度变化研究 [J]. 中国烟草学报，2010，16 (5)：72－77.

[113] 武云杰，杨铁钊，张小全，等. 打顶时期对不同烤烟品种烘烤特性的影响 [J]. 中国烟草科学，2013，34 (6)：30－37.

[114] 徐晓燕，孙五三，王能如. 烟草多酚类化合物的合成与烟叶品质的关系 [J]. 中国烟草科学，2003，(1)：3－5.

[115] 杨立均，宫长荣，马京民. 烘烤过程中烟叶色素的降解及与化学成分的相关分析 [J]. 中国烟草科学，2002，(2)：5－7.

[116] 杨树勋，荣翔麟. 烟叶烘烤前期失水对烟叶变黄的影响 [J]. 作物研究，2013，27 (6)：668－671.

[117] 杨天旭，李旭华，文俊，等. 烟叶不同部位成熟度与质量的关系 [J]. 广东农业科学，2012，(12)：30－32.

[118] 姚恒，王亚辉，曾建敏. 云南与津巴布韦烟叶烘烤理化特性的比较 [J]. 安徽农业科学，2011，39 (23)：14353－14356.

[119] 曾建敏，王亚辉，肖炳光，等. 不同烤烟品种经济烘烤效率和叶片失水特性差异研究 [J]. 江西农业学报，2011，23（1）：1-5.

[120] 张树堂，崔国民，杨金辉. 不同烤烟品种的烘烤特性研究 [J]. 中国烟草科学，1997，（4）：39-43.

[121] 张树堂，杨雪彪. 红花大金元的烘烤特性和烘烤方法 [J]. 烟草科学研究，2000，（1）：44-47.

[122] 中国农业科学院烟草研究所. 中国烟草栽培学 [M]. 上海：上海科学技术出版社，2005：23-27.

[123] 訾莹莹，韩志忠，孙福山，等. 烤烟烘烤过程中品种间的生理生化反应差异研究 [J]. 中国烟草科学，2011，32（1）：61-65.

[124] 左天觉. 烟草的生产、生理和生物化学 [M]. 朱尊权，等译. 上海：上海远东出版社，1993：45-50.

[125] ABUBAKAR Y, YONG J H, JOHNSON W W. Changes in tobacco chemicals composition of flue-cured tobacco during curing [J]. Tobacco Science, 2000, (44): 51-58.

[126] AKEHURST B C. Tobacco [M]. New York: Humanities Press, 1981: 616-618.

[127] BACON C W, WENGER R, BULLOCK J F. Chemical changes in tobacco during fluecuring [J]. Industrial and Engineering Chemistry, 1952, 44 (2): 292-296.

[128] BURTON H R, KASPERBAUER M J. Changes in chemical composition of tobacco laminar during senescence and curing plastid pigments [J]. Journal of Agricultural and Food Chemistry, 1985 (33): 879.

[129] CHUTICHUDET B, CHUTICHUDET P, KAEWSIT S. Influence of developmental stage on activities of polyphone oxides internal characteristics and color of lettuce [J]. American Journal of Food Technology, 2011 (3): 215-225.

[130] COURT W A, HENDET J G. Changes in leaf pigments during senescence of fluecured tobacco [J]. Canadian Journal of Plant Science, 1984 (64): 229.

[131] ENZELL C R, WAHLBERG I. Leaf composition in relation to smoking quality and aroma [J]. Recent Advance of Tobacco Science, 1980 (6): 64-122.

[132] FORREST G, VILCINS G. Determination of tobacco carotenoids by resonance raman spectroscopy [J]. Journal of Agricultural and Food Chemistry, 1979 (27): 609.

[133] HASSLER F J. Leaf temperature measurement in tobacco curing research [J]. Tobacco Science, 1957 (1): 64-67.

[134] PARK J W. Study on the pyrolysis of polyphenols from tobacco by direct in letter [J]. Yakhak Hoechi, 1982 (2): 123-128.

[135] SONG Z P, Li T S, ZHANG Y G, et al. The mechanism of carotenoid degradation in fluecured tobacco and changes in the related enzyme activities at the leaf-drying stage during the bulk curing process [J]. Agricultural Sciences in China, 2010 (9): 1381-1388.

［136］SHEEN S J. Incorporation of leaf chemical constituents into tobacco brown pigments ［J］. Beitrztabak-forch, 1978 (4): 248.

［137］WAHLBERG I K, KARLSSON K, JOHNSON W H, et al. Effects of fluecuring and aging on the volatile neutral and acidic constituents of Virginia tobacco ［J］. Photochemistry, 1977, 16 (1): 217 −231.

［138］WEEK W W. Chemistry of tobacco constituents influencing flavor and aroma ［J］. Recent Advance of Tobacco Science, 1985 (11): 175 −200.

［139］王怀珠, 汪健, 胡玉录, 等. 茎叶夹角与烤烟成熟度的关系 ［J］. 烟草科技, 2005 (8): 32 −34.

［140］郑明. 光照强度对烤烟生长发育和叶片组织结构及品质影响的研究 ［D］. 长沙: 湖南农业大学, 2010.

［141］马中仁. 提高河南烤烟钾含量的技术措施 ［J］. 烟草科技, 2000 (5): 38 −40.

［142］李佛琳, 彭桂芬, 萧凤回, 等. 我国烟草钾素研究的现状与展望 ［J］. 中国烟草科学, 1999, 20 (1): 22 −25.

［143］常爱霞, 杜咏梅, 付秋娟, 等. 烤烟主要化学成分与感官质量的相关性分析 ［J］. 中国烟草科学, 2009, 30 (6): 9 −12.

［144］杜咏梅, 郭承芳, 张怀宝, 等. 水溶性糖、烟碱、总氮含量与烤烟吃味品质的关系研究 ［J］. 中国烟草科学, 2000, 21 (1): 7 −10.

［145］章平, 陈树琳. 氨基酸和还原糖类反应的研究 ［J］. 贵州工学院学报, 1996, 25 (4): 90 −93.

［146］张树堂, 段玉琪. 不同采收成熟度对烤烟可溶性糖及品质的影响 ［J］. 广东农业科学, 2013, 40 (4): 10 −13.

［147］王林, 周平, 贺佩, 等. 糖类物质对烟草香气品质的影响研究进展 ［J］. 中国烟草科学, 2021, 42 (6): 92 −98.

［148］刘绚霞, 刘朝侠. 影响烟叶烟碱含量的因素分析 ［J］. 甘肃农业科技, 1996 (7): 39 −40.

［149］颜克亮, 武怡, 曾晓鹰, 等. "三段式"分切烟叶醇化品质差异性比较与分析 ［J］. 中国烟草科学, 2011, 32 (4): 23 −27.

［150］矫海楠, 欧亚非, 胡林, 等. 马里兰烟区位品质差异化及工业适用性研究 ［J］. 山东农业大学学报 (自然科学版), 2020, 51 (3): 426 −431.

［151］马一琼, 姚倩, 程良琨, 等. 河南浓香型烤烟叶面不同分区常规化学成分的差异研究 ［J］. 西北农林科技大学学报 (自然科学版), 2020, 48 (12): 26 −33.

［152］刘继辉, 高辉, 王玉真, 等. 初烤烟叶主脉化学成分的变化趋势 ［J］. 云南农业大学学报 (自然科学), 2019, 34 (2): 277 −283.

［153］韩锦峰, 宋娜娜. 烤烟香型表征研究 ［J］. 中国烟草学报, 2014, 20 (6): 150 −154.

［154］郝捷, 季嫱, 李力群, 等. 生物酶和微生物技术改善烟叶香气的研究进展 ［J］. 生物技术进展, 2022, 12 (6): 817.

[155] 周昆，周清明，胡晓兰．烤烟香气物质研究进展 [J]．中国烟草科学，2008，29（2）：58 -61．

[156] 王琛玮．烤烟香气物质的研究进展 [J]．安徽农业科学，2011，39（14）：8582 - 8584．

[157] 于存峰，张峻松，闫洪洋，等．烟草中多酚类化合物研究进展 [J]．河南农业科学，2008，4：10 - 14．

[158] 穆童．烤烟香气特性的变异及与烟叶化学成分的关系 [D]．郑州：河南农业大学，2018．

[159] 徐安传．烟叶不同区位多酚主要组分的分布特征研究 [J]．云南农业大学学报（自然科学），2013，28（6）：819 - 824．

[160] 户艳霞，周志刚，杨艾勇，等．烤烟叶片总多酚积累的位置差异分析 [J]．云南农业大学学报（自然科学版），2009，24（6）：825 - 828．

[161] 赵勇，宋春满，陈明玮，等．烟草有机酸研究进展 [J]．中国农学通报，2014，30（1）：114 -119．

[162] 潘高伟，郭伟雄，韩佳彤，等．广东烤烟不同区位叶面的 pH 值差异化分析 [J]．河南农业科学，2022，51（8）．

[163] 刘超，纪晓楠，陈泽少，等．烤烟叶片不同区位半挥发性有机酸含量的变化 [J]．西北农林科技大学学报（自然科学版），2019（7）：71 - 77．

[164] 刘继辉，汪显国，刘静，等．烟叶主脉不同位置烟梗挥发性香味物质的变化 [J]．中国烟草学报，2017，23（6）：11 - 15．

[165] 貊志杰，邓帅军，史素娟，等．烤烟品种中烟特香 301 烤后烟叶石油醚提取物分析 [J]．中国烟草科学，2022，43（3）：71 - 77．

[166] 祁林，陈伟，王政，等．浓香型烟叶不同分切区位石油醚提取物的含量 [J]．烟草科技，2014（1）：53 - 55．

[167] 闫铁军，吴凤光，王海明，等．烤烟物理特性差异分析及核心指标选择 [J]．江西农业学报，2014，26（4）：76 - 79．

[168] 高辉，杨晶津，李思源，等．基于初烤烟叶表面微观结构特征的叶片区段划分 [J]．烟草科技，2021．

[169] 杨波，张福建，杨继福，等．安徽皖南上部烟叶分切不同段位质量变化研究 [J]．湖南文理学院学报（自然科学版），2019，31（2）：60 - 63．

[170] 权佳锋，李晓闯，饶超奇，等．湖南郴州中低等烟叶分切技术研究 [J]．安徽农业科学，2023，51（9）：175 - 177，183．

[171] 李少鹏，胡宗玉，张天兵，等．基于质量差异的翠碧 1 号烟叶分切研究及应用 [J]．江苏农业科学，2020．

[172] 欧明毅，吴有祥，杨洋，等．烟叶分切打叶复烤应用研究 [J]．湖北农业科学，2019，58（1）：66．

[173] 龙明海，资文华，华一崑，等．主成分分析结合 Fisher 最优分割法在烟叶分切中的应用 [J]．烟草科技，2016，49（8）：83 - 88．

［174］杨波，张福建，杨继福，等．福建烟叶分切不同段位质量变化研究［J］．农产品加工，2019，19．

［175］郑宏斌，刘江豫，杜阅光，等．浓香型烟叶分切不同段位质量变化研究［J］．湖北农业科学，2014，53（16）：3824 – 3827．

［176］张忠峰，张世成，齐海涛．分切打叶工艺设备的研究与应用［J］．烟草科技，2011（6）：16 – 19．

［177］张晖，邓昌建，张其龙，等．打叶复烤烟叶分切加工设备设计与应用［J］．安徽农业科学，2015，43（20）：283 – 284．

［178］陆俊平，郑倩东，施力寿，等．一种烟片梗头分切设备［P］．2018 – 07 – 16．

［179］杨永锋，刘超，杨志忠，等．一种可调可控分切比例的烟叶分切装置［P］．2019 – 09 – 06．

［180］潘文，金玉波，陈忠明，等．一种烟片分切刀轮装置［P］．2018 – 12 – 29．

［181］张腾健，肖锦哲，杨全忠，等．分切工艺对打叶复烤全过程加工质量的影响［J］．中国烟草学报，2018，24（3）：30 – 36．

［182］郑红艳，熊开胜，武凯，等．一种激光分切烟叶的装置［P］．2017 – 10 – 17．

［183］杨波，彭振兴，卢幼祥，等．打叶复烤不同工艺路径对烟叶基部处理的影响研究［J］．湖南文理学院学报（自然科学版），2021．

［184］毕思强，杨杰，王国良，等．不同分切打叶方式对片烟形状特征的影响［J］．贵州农业科学，50（11）：129．

［185］刘江豫，袁超，李彦周，等．烟叶分切关键质量控制指标研究［J］．安徽农业科学，2017，45（29）：74 – 76．